建筑识图与构造

主　编　王宇平　刘　勇　练祥宇
副主编　谢　芮　李国升　郑　思　陈家志

中国建材工业出版社
北　京

图书在版编目（CIP）数据

建筑识图与构造 / 王宇平，刘勇，练祥宇主编；谢芮等副主编. -- 北京：中国建材工业出版社，2024.4
ISBN 978-7-5160-3566-5

Ⅰ. ①建… Ⅱ. ①王… ②刘… ③练… ④谢… Ⅲ. ①建筑制图－识图－教材 ②建筑构造－教材 Ⅳ. ① TU2

中国版本图书馆 CIP 数据核字（2022）第 155914 号

建筑识图与构造
JIANZHU SHITU YU GOUZAO
主　编　王宇平　刘　勇　练祥宇
副主编　谢　芮　李国升　郑　思　陈家志

出版发行：中国建材工业出版社
地　　址：北京市西城区白纸坊东街 2 号院 6 号楼
邮　　编：100032
经　　销：全国各地新华书店
印　　刷：北京印刷集团有限责任公司
开　　本：787mm×1092mm　1/16
印　　张：34
字　　数：550 千字
版　　次：2024 年 4 月第 1 版
印　　次：2024 年 4 月第 1 次
定　　价：**65.00 元**

本社网址：www.jccbs.com，微信公众号：zgjcgycbs

本书编委会

主　　编

王宇平　刘　勇　练祥宇

副主编

谢　芮　李国升　郑　思　陈家志

参　　编

陈　纲　蒙良柱　吴代生　王唯佳　詹建祥　郑义海

前 言

本书对应的课证融通课程“建筑识图与构造”是土建类专业的一门重要技术基础课。本书以掌握识图与绘图的核心能力为导向，培养学生用图形表达基本建筑形体、掌握基本制图规则、识读建筑施工图的能力，并能理解建筑的组成和构造要求。这在建筑工程的各个工作岗位中是最基本、最常见的工作任务。学会正确识读建筑图纸才能准确地理解设计意图、合理地进行施工、准确地进行工程造价分析和计算，这是建筑行业从业人员所必须具备的基本知识和基本技能。

本书是作者在多年教学经验的基础上，融入了课程思政、现代化信息技术教育手段，并依据最新国家标准和规范编写的新形态、立体化教材。它具有以下特点：

1. 以党的二十大精神为指引，坚持立德树人，培养建筑业高素质技术技能人才

本书以党的二十大精神为指引，高举中国特色社会主义伟大旗帜，全面融入思政教育，各知识点均设置“思政导入”环节，以思政案例引出各章节的学习内容，培养文化自信，激发民族自豪感，增强中华优秀传统文化认同与发展。培养学生“具备中华优秀传统文化的传承与发展的内在动力，正确的工程伦理观与低碳环保理念、劳模精神与大国工匠精神，科学思维方法及创新思维能力，科技报国的家国情怀和使命担当”的核心素质。

2. 信息化资源丰富，易教易学

本书配套有微课、三维动画、房屋构造认知小程序等资源，这些资源在书中以二维码的形式呈现，读者扫码观看更有助于掌握相关知识点。本书还配套一门超星学银精品在线开放课程，课程网址 https://www.xueyinonline.com/detail/227809113，打开课程网址，或者扫描教材封面的课程二维码报名课程，即可开始学习。报名课程并通过课程考核获得课程合格证书。

教材配套在线课程也诚邀各位老师加入教学团队，加入后方便管理班级，使用在线题库发布学习任务和相关学习活动开展教学。

3. 本书配备活页手册，对接企业专门岗位必备能力训练，体现职业化特色

本书配套有活页手册，内容对接建筑业的施工员、资料员、预算员、测量员、质检员、安全员和各技能操作岗位等施工一线岗位人才必备的基础能力，包括图纸会审、填写识图卡、编制识图报告、房屋构造调研、施工图绘图实操等，对接企业专门岗位的真实工作任务，体现高等职业教育教材职业化特色。

4. 推进课证融通，对标“1+X”职业技能等级证书，突出“敲门砖”职业技能生成

本书内容与职业技能相融合，知识点涵盖建筑工程识图职业技能等级考试的考点，建筑工程识图职业技能等级证书为第三批“1 + X”证书。通过学习，考生能够参加建筑工程识图职业技能等级初级、中级（建筑设计方向）考试并获取相应的职业技能等级证书。本书旨在引导学生掌握投影原理和制图规范，并能运用所学知识针对工作任务开展识图与绘图。这是建筑类专业学生必须掌握的专业技能，同时与众多职业岗位需求结合紧密，受众面广，是进入职业岗位的重要敲门砖。

5. 本书融入装配式建筑教学内容，对接行业新技术领域

2016 年国务院办公厅印发了《关于大力发展装配式建筑的指导意见》，指出发展装配式建筑是建造方式的重大变革，是推进建筑业供给侧结构性改革的重要举措。2017 年住房城乡建设部在《“十三五”装配式建筑行动方案》中提出：到 2020 年，全国装配式建筑占新建建筑的比例达到 15% 以上。装配式建筑在集成化生产、节约能源、环保施工等方面都有着突出优势，本教材融入装配式建筑结构的教学，与行业最新的技术、规范接轨。

本书是编者与“1+X”建筑工程识图职业技能等级证书评价组织机构广州中望龙腾软件股份有限公司共同编写的教材，由王宇平、刘勇、练祥宇担任主编，谢芮、李国升、郑思、陈家志担任副主编，陈纲、蒙良柱、吴代生、王唯佳、詹建祥、郑义海参编。本书在编写过程中参阅了大量图书和相关文献资料，在此表示衷心的感谢。

由于编者水平有限，书中不足之处在所难免，希望广大专家、同行和读者提出宝贵的意见和建议。

编者

2023 年 6 月

目　录

模块 1

制图基础知识

思维导图

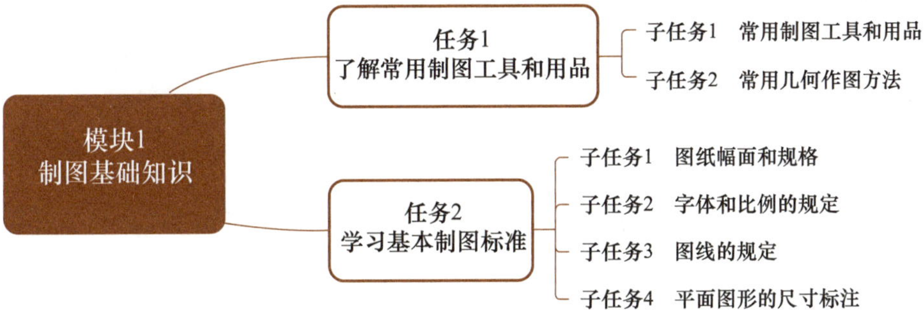

任务 1　了解常用制图工具和用品

子任务 1　常用制图工具和用品

思政导入

中国古代测绘工具——平行尺

我国具有悠久的农业和手工业发展历史，在发展与探索的过程中，各个领域形成了最原始的知识积累。图形知识就是其中之一，包括测绘工具的制造和使用、图形概念的表现形式、土地等平面面积和粮仓等立体体积的计算等。但你是否好奇，在绘图工具不发达、绘图体系尚未建立的情况下，古人能用什么工具进行测绘？

古语有云：“禹不爱尺璧而爱寸阴。”意为大禹不喜欢一尺长的玉璧，却珍惜一寸长的光阴。由此可见，在夏朝时期“尺”已经成为生活中的测绘工具。以“尺”为基础，又衍生出了绘制平行线专用的“平行尺”。“平行尺”通过上下铜件连接而成，做工精致，用料考究，用活动枢纽将两对等长的尺相连，两两相对，成平行四边形。使用时先将一尺对准原线压住，再将另一尺对准所作线之点，即可随尺作平行线。

伴随着时代的发展，测绘工具变得越来越智能、越来越方便。本节课，我们就一起学习现代常用的制图工具和用品。

内容引导

扫描下方二维码，观看子任务配套微课。回答问题：

微课 1.1.1　了解常用制图工具和用品

1. 图板的规格有哪几种？
2. 你会用哪些绘图工具绘图？

知识精讲

一、绘图工具

常用的绘图工具有图板、丁字尺、三角板、曲线板、圆规和分规。

1. 图板

图板用来固定图纸。图纸的表面要求平整光洁，图板的左边为工作边，要求平直、光滑，以便使用丁字尺，如图 1-1-1 所示。

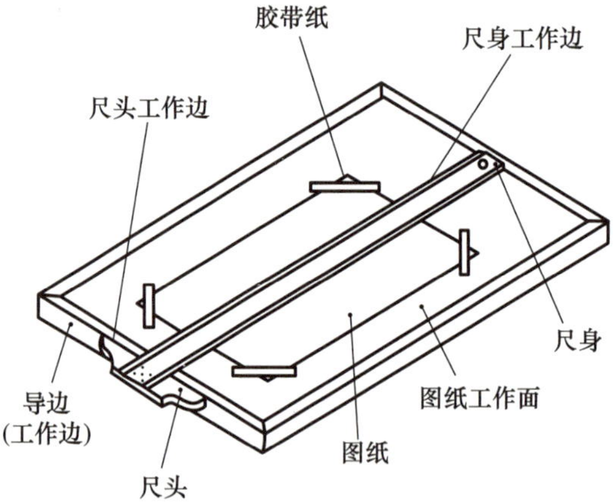

图 1-1-1　图板配合丁字尺绘图

图板的规格代号包括 0、1 和 2，尺寸规格见表 1-1-1。

表 1-1-1　图板规格代号　　单位：mm

图板规格代号	0	1	2
图板尺寸（宽 × 长）	920×1220	610×920	460×610

2. 丁字尺

丁字尺由尺头和尺身构成，主要用于画水平线。画线时，左手应将尺头紧靠图板的左侧导边并上下移动。右手沿丁字尺的工作边自左向右画水平线，如图 1–1–2 所示。

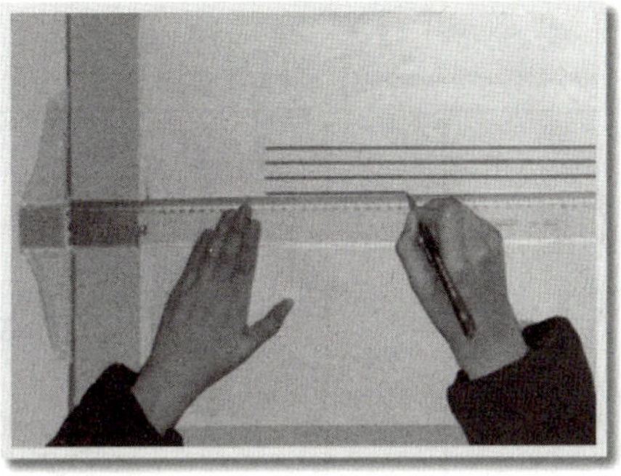

图 1–1–2　用丁字尺画水平线

3. 三角板

一副三角板由 45° 板和 30° 板、60° 板组成。三角板常常与丁字尺配合使用，如图 1–1–3 所示。使用时，丁字尺的尺头紧靠图板左侧上下移动，绘制水平方向直线；三角板与丁字尺配合，可以画垂直线、从 0° 开始间隔 15° 的倾斜线及其平行线，要随时注意将三角板下边缘与丁字尺尺身工作边靠紧。丁字尺也可以和三角板配合绘制 90° 的垂线，如图 1–1–4 所示。

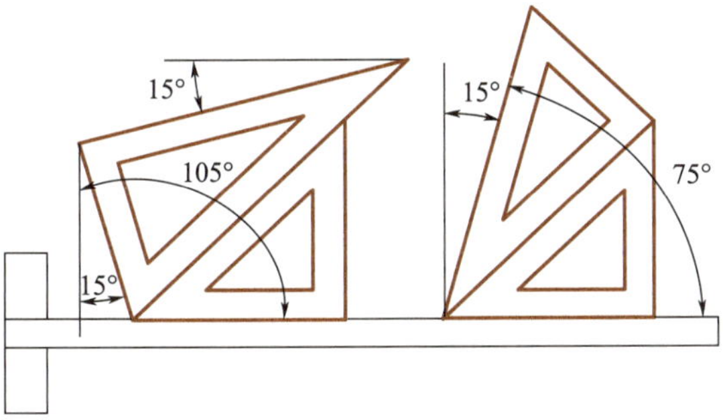

图 1–1–3　三角板配合丁字尺画不同角度的直线

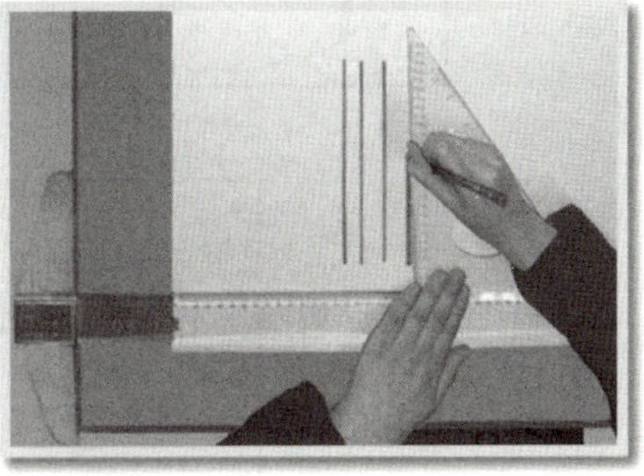

图 1–1–4　丁字尺搭配三角板绘制 90° 垂线

4. 曲线板

曲线板用来描绘各种非圆曲线。描绘曲线时，首先徒手将已求出的各点顺序轻轻地连成曲线；再根据曲线曲率大小和弯曲方向选择曲线板上与所绘曲线相吻合的一段（至少对准 3~4 点）进行描绘；描绘时应分段进行，前面一段为上次所画，后面一段留待下次连接，以保证连接光滑流畅。

5. 圆规

圆规是绘图仪器中的主要工具，用来画圆及圆弧。

使用方法（图 1-1-5）：①先调整针尖和铅芯插腿的长度，使针尖略长于铅芯；②取好半径，以右手握住圆规头部，左手食指协助将针尖对准圆心；③匀速顺时针转动圆规画圆；④如所画圆较小，可将插腿及钢针向内倾斜；⑤如果所画圆较大，可加装延伸杆。

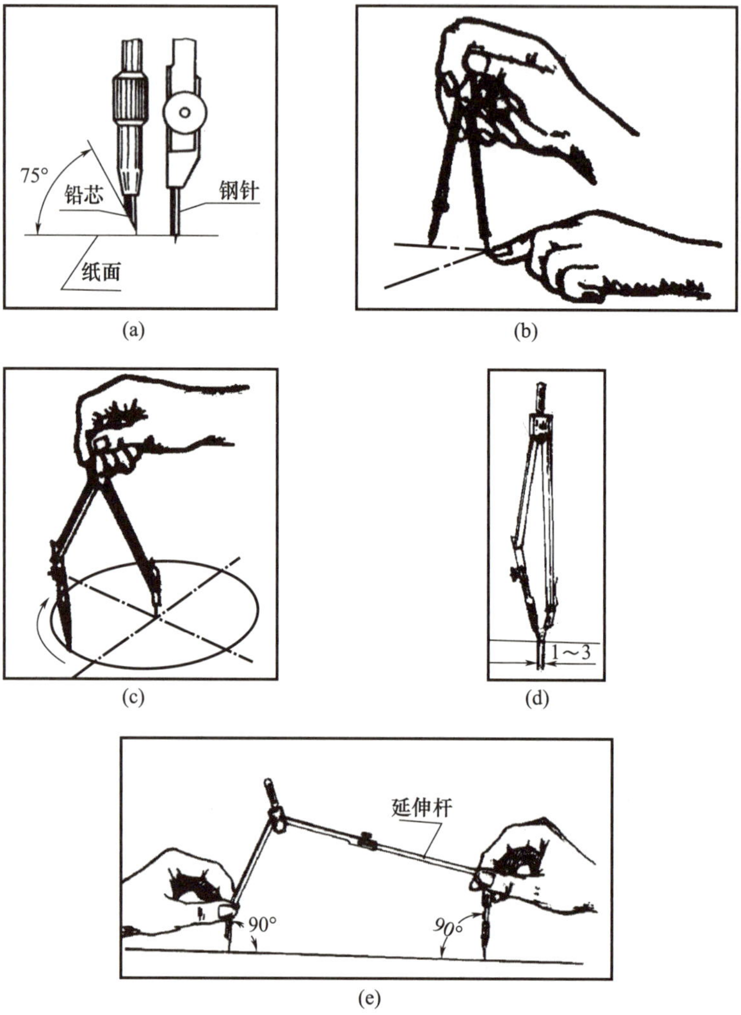

图 1-1-5　圆规的使用方法

6. 分规

分规是用来等分线段和量取线段长度的工具。使用前先将两针尖对齐，再量取距离，如图 1-1-6 所示。

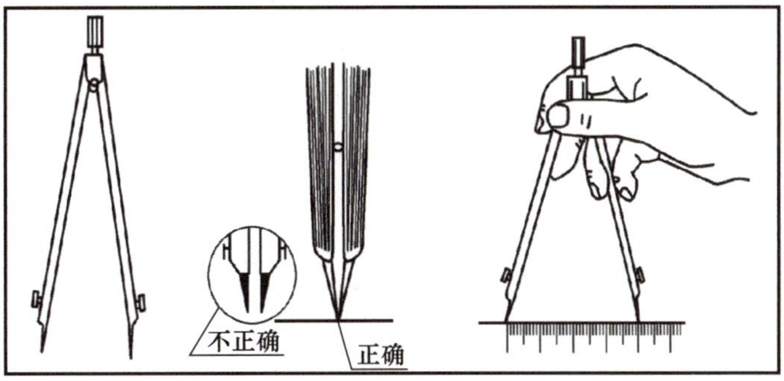

图 1-1-6 分规的使用方法

二、绘图用品

常用的绘图用品有：绘图铅笔、擦图片、各种模板等。

1. 绘图铅笔

绘图铅笔分硬铅、中软铅和软铅三类。其中硬铅用于画底稿线，中软铅用于写字或加深细线，软铅用于加深或加粗图线，如图 1-1-7 所示。

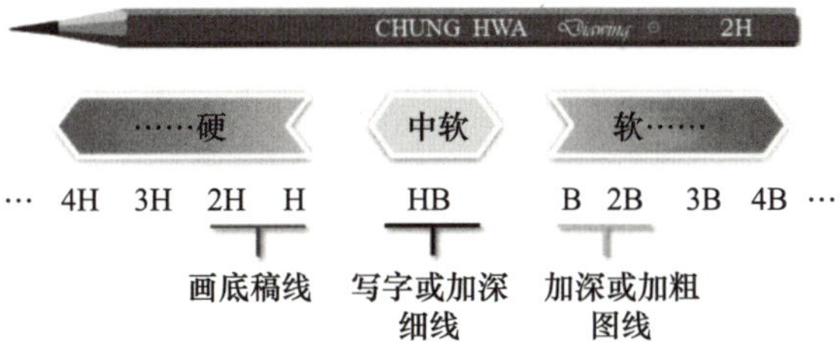

图 1-1-7 不同硬度的绘图铅笔

2. 擦图片

擦图片用于修改图线时遮盖不需要擦掉的图线，如图 1-1-8 所示。

图 1-1-8 擦图片

3. 各种模板

各种模板用于直接绘制特殊图形，如图 1-1-9 所示。

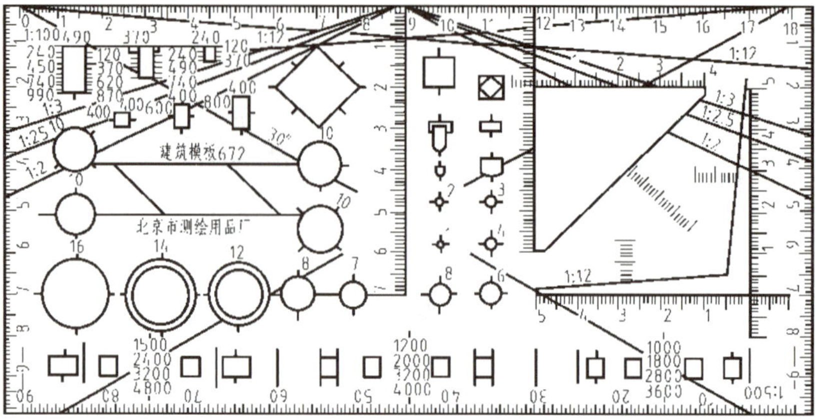

图 1-1-9　各种模板

此外，还有计算机制图工具 CAD 绘图软件。CAD 绘图软件指的是计算机辅助设计（Computer Aided Design）领域流行的 CAD 软件包。CAD 绘图软件具有良好的用户界面，通过交互菜单或命令行方式便可以进行各种操作。CAD 绘图软件具有广泛的适应性，它可以在各种操作系统支持的微型计算机和工作站上运行。

知识测评

填空题

（1）常用的手工制图工具有________。

（2）________是常用的计算机制图软件。

任务实施

任务描述：准备绘图板、丁字尺、三角板、橡皮、绘图铅笔、绘图纸（A4 图幅）、透明胶带等。在 A4 纸上绘制水平线、垂直线，以及与水平线夹角为 15°、30°、45°、60°、75° 的直线。

子任务 2　常用几何作图方法

思政导入

中国古代几何学

早在 2300 多年前，我国古代思想家墨子的《墨经》中就提到了关于力学、光学、几何学、工程技术知识和现代物理学、数学的要素。《墨经》中记载了许多我们生活中常见的现象，例如小孔成像和平面镜、凹面镜、凸面镜成像。《墨经》把圆定义为“圆，一中同长也”。意思是圆有且仅有一个中心，从圆心到圆周上任意一点距离相等。墨子提出该理论 100 多年后，古希腊的欧几里得也提出了类似的理论。由此可见，在几何领域中有很多我国古人智慧的缩影。今天我们就来学习常用的几何作图方法。

内容引导

扫描下方二维码，观看子任务配套微课。回答问题：

微课 1.1.2　常用几何作图方法

本节微课视频中提到的作图方法有哪些？

知识精讲

尽管计算机制图在土木工程领域已经普及，但是手工制图仍是工程师应该掌握的重要基础技能。在遵循国家制图标准的前提下，掌握正确的几何作图方法和正确使用绘图工具，可以帮助我们提高绘图工作效率，为计算机制图的学习打下扎实的基础。接下来，我们学习几种常用的几何作图方法。

1. 三角板、丁字尺与图板的配合使用

如图 1-1-10 所示，丁字尺的尺头紧靠图板左侧上下移动，可以用于绘制水平方向直线；三角板与丁字尺配合，可以画垂直线、从 0° 开始间隔 15° 的倾斜线及其平行线，要随时注意将三角板下边缘与丁字尺尺身工作边靠紧。

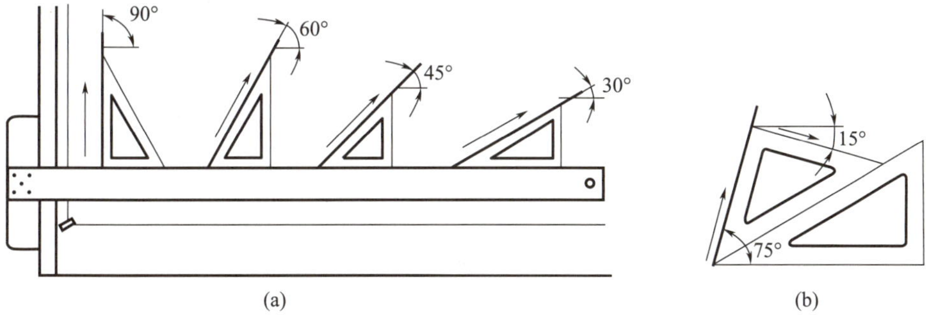

图 1-1-10　三角板、丁字尺与图板的配合使用

2. 绘图步骤

（1）粘贴图纸

图纸铺放在图板的左侧偏下位置，纸的水平边与垂直边必须对齐图板边，以保证图线的水平和垂直。将透明胶带纸粘贴在图纸的四角，使纸面平整地固定在图板上。

（2）绘制水平线

丁字尺的尺头内侧紧靠在图板的左侧，上下移动，绘出水平线。

（3）绘制垂直线

三角板的直角边靠在丁字尺的上边左右移动，绘出垂直线。

（4）绘制 60°、45°、15° 和 75° 直线

将 60° 三角板直角边靠在丁字尺上边，根据三角板的斜边绘出 60° 直线。

将 45° 三角板直角边靠在丁字尺上边，依靠三角板斜边绘出 45° 直线。

将 30° 三角板直角边靠在丁字尺上边，45° 三角板斜边紧挨 30° 三角板斜边，可根据 45° 三角板的上侧直角边绘出 15° 直线。根据 45° 三角板的下侧直角边绘出 75° 直线。

3. 作直线段的垂直平分线

已知直线段 *AB*，作出它的垂直平分线。

以大于二分之一 *AB* 的线段 *R* 为半径，以 *A*、*B* 为圆心画弧交于点 *C* 和点 *D*，以直线连接 *C*、*D*，线段 *CD* 便是线段 *AB* 的垂直平分线，如图 1–1–11 所示。

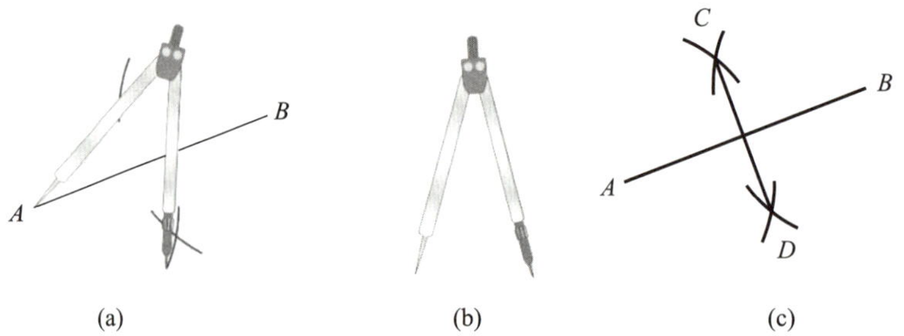

图 1–1–11　直线段的垂直平分线作图过程

4. 直线段的任意等分

将直线段 *AB* 分为五等分。过点 *A* 作任意直线段 *AC*，用直尺在 *AC* 线上从点 *A* 起截取任意长度的等分，得 1、2、3、4、5 点，连接 *B*5，过 4、3、2、1 点分别作 *B*5 的平行线，它们与 *AB* 的交点即 *AB* 线等分点，如图 1–1–12 所示。

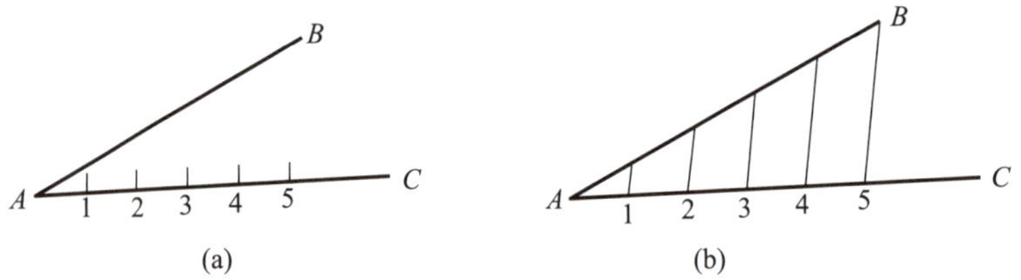

图 1–1–12　直线段的任意等分作图过程

5. 平行两直线段之间的距离的任意等分

将平行两直线段 *AB*、*CD* 之间的距离分为五等分。

将直尺 0 点放于直线段 *CD* 上，使刻度 25 落在 *AB* 上，沿刻度边缘每隔 5mm 定出 1、2、3、4 各等分点，过各等分点作 *AB* 的平行线，即为所求，如图 1–1–13 所示。

6. 作圆内接正方形

画出正方形的外接圆，作出 45° 直径，交圆周于 *A*、*B* 两点，过 *A*、*B* 两点作水平线、竖直线，完成作图，如图 1–1–14 所示。

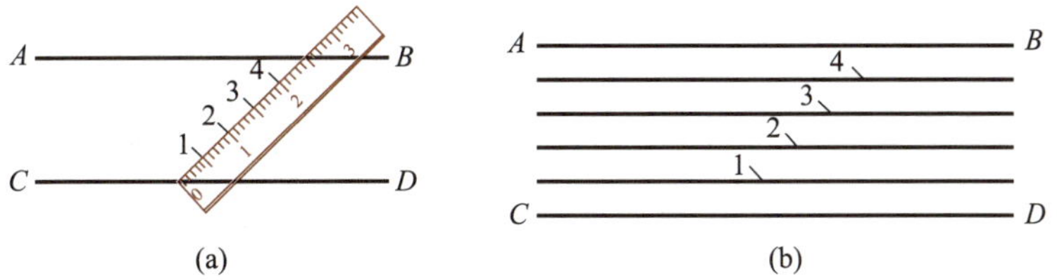

图 1–1–13　平行两直线段之间的距离的任意等分作图过程

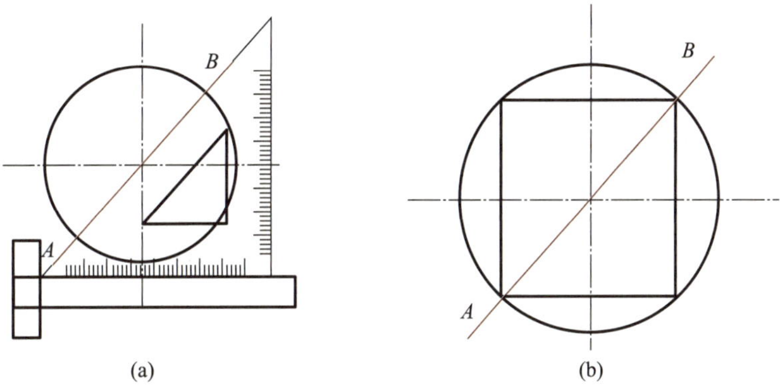

图 1–1–14　圆内接正方形作图过程

7. 作圆弧与正交两直线连接

作半径为 R 的圆弧与正交两直线段 AB、AC 连接，以 A 为圆心，R 为半径作圆弧交 AC、AB 于 T_1、T_2，以 T_1、T_2 为圆心，R 为半径作圆弧交于点 O，以 O 为圆心，R 为半径作圆弧 T_1T_2，圆弧 T_1T_2 即为所求，T_1、T_2 为连接点，如图 1–1–15 所示。

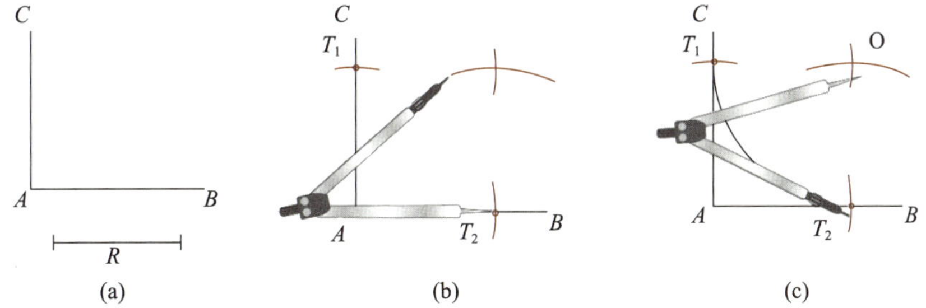

图 1–1–15　圆弧与正交两直线连接作图过程

8. 作圆弧与斜交两直线段连接

作半径为 R 的圆弧与斜交两直线段 AB、AC 连接，分别作出与 AB、AC 平行，相距为 R 的两直线，其交点 O 即为所求圆弧的圆心，如图 1–1–16 所示。

过点 O 分别作 AC、AB 的垂线，垂足 T_1、T_2 即为所求连接点，以 O 为圆心，R 为半径作连接弧 T_1、T_2，如图 1–1–17 所示。

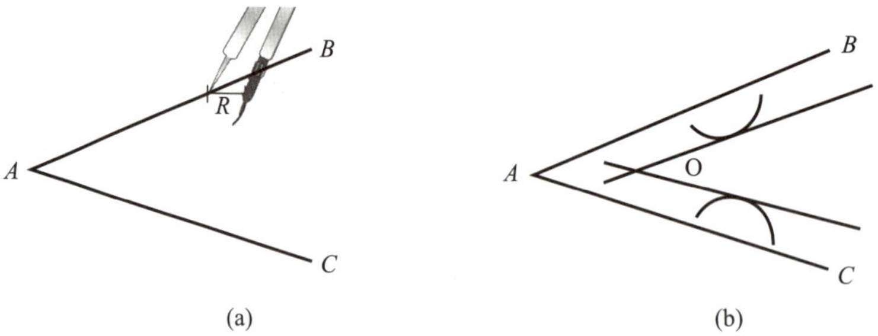

图 1-1-16　确定圆心

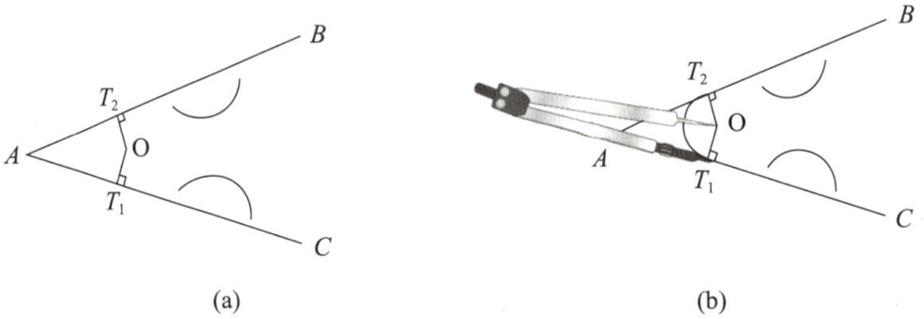

图 1-1-17　作圆弧与斜交两直线连接

9. 椭圆的画法

已知椭圆的长短轴画椭圆。

已知椭圆长轴 *AB*、短轴 *CD*，连接 *AC*，以 O 为圆心，O*A* 为半径作弧交短轴延长线于 *E*，如图 1-1-18 所示。

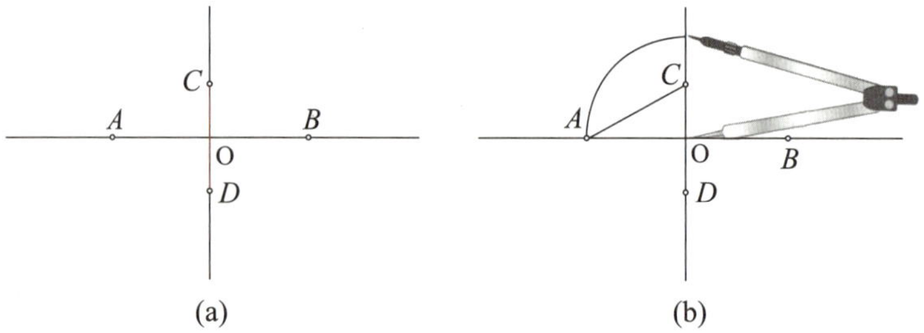

图 1-1-18　椭圆的画法（1）

以 *C* 为圆心，*CE* 为半径画弧交 *AC* 于 *F*；作 *AF* 的垂直平分线交长轴于 O_1、交短轴于 O_3。在 *AB* 上截取 $OO_2=OO_1$，在 *CD* 延长线上截取 $OO_4=OO_3$，连 O_1O_3、O_1O_4、O_2O_4、O_2O_3 并延长之，如图 1-1-19 所示。

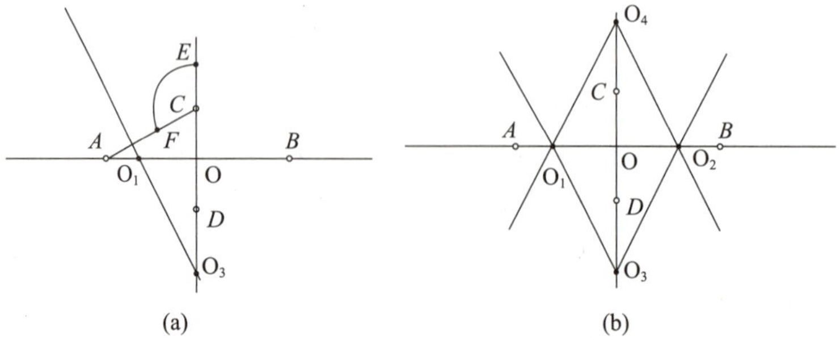

图 1-1-19　椭圆的画法（2）

以 O_1、O_2 为圆心，O_1A 为半径画弧与 O_1O_4、O_1O_3 和 O_2O_4、O_2O_3 的延长线交于 *H*、*G*、*J*、*I* 点，以 O_3、O_4 为圆心，O_3C 为半径画弧 *GI*、*HJ*，如图 1-1-20 所示。

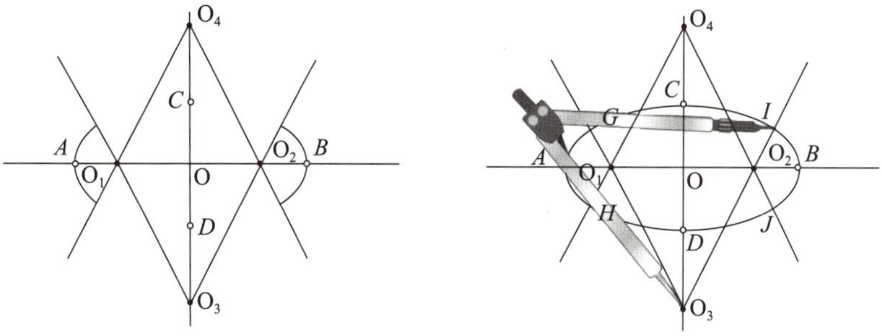

(a)　　(b)

图 1-1-20　椭圆的画法（3）

知识测评

按要求完成绘图。

（1）五等分线段 *AB*。

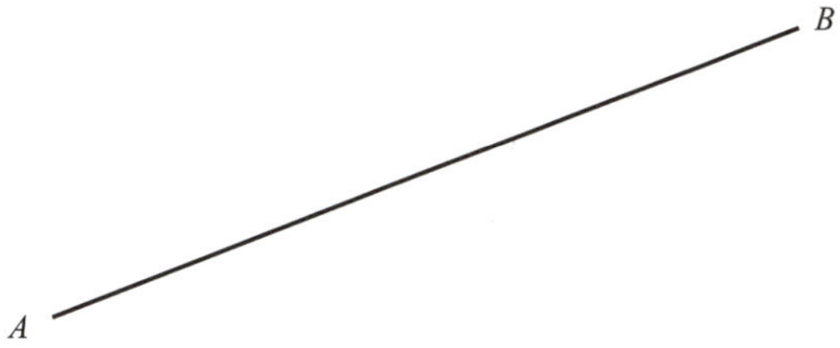

（2）绘制任意一个椭圆。

（3）已知 *AB*//*CD*，作图六等分两平行线。

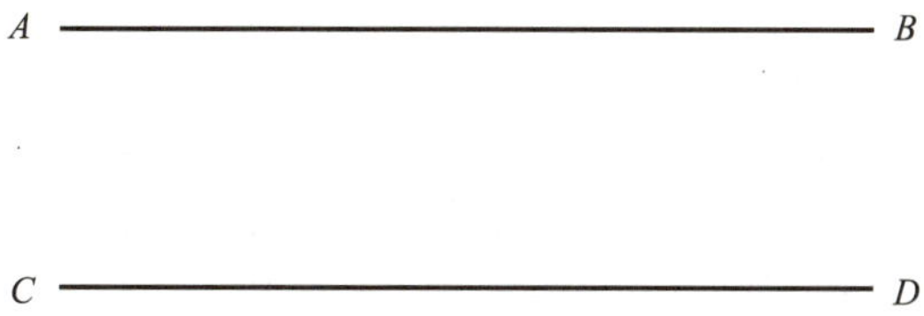

任务2　学习基本制图标准

子任务1　图纸幅面和规格

思政导入

中国制图学之父——裴秀

裴秀，字季彦，我国“制图学之父”，魏晋时期河东闻喜县人，出生在魏国的一个官宦家庭，自幼聪慧好学，著名的《禹贡地域图》就是出自裴秀之手。图上古今地名相互对照，不仅是当时最完备、最精详的地图，也是中国见于文字记载的最早一部地图集，更重要的是它采用了科学的绘制方法。他在为此阁撰写的序中提出的“制图六体”，第一次明确建立了中国古代地图的绘制理论，为地图学的发展奠定了理论基础。

而今谈到制图，就离不开图纸的幅面与规格。

内容引导

扫描下方二维码，观看子任务配套微课。回答问题：

微课 1.2.1　图纸幅面和规格

图纸的幅面有几种规格？它们之间有着怎样的关系？

知识精讲

1. 图幅

图幅全称图纸幅面，指图纸本身的大小规格。为了便于图样的装订、管理和保存，图样的大小规格应整齐统一。建筑工程图纸的幅面及图框尺寸见表 1–2–1。

表 1–2–1　建筑工程图纸尺寸表　　　　单位：mm

幅面代号	A0	A1	A2	A3	A4
$b \times l$	841 × 1189	594 × 841	420 × 594	297 × 420	210 × 297
c	10			5	
a	25				

标准图纸的幅面代号有 A0、A1、A2、A3、A4。

表 1–2–1 中，*b* 代表短边尺寸，*l* 代表长边尺寸，*a*、*c* 为图框线与幅面线之间的宽度，单位为 mm。A0 号图幅的幅面面积为 $1m^2$。将几张不同图幅的图纸放在一起，可发现如下规律：

A0 号图幅对折后变为 A1 号图幅，A1 号图幅对折后变成 A2 号图幅。以此类推，上一号图幅的短边，即是下一号图幅的长边，如图 1–2–1 所示。

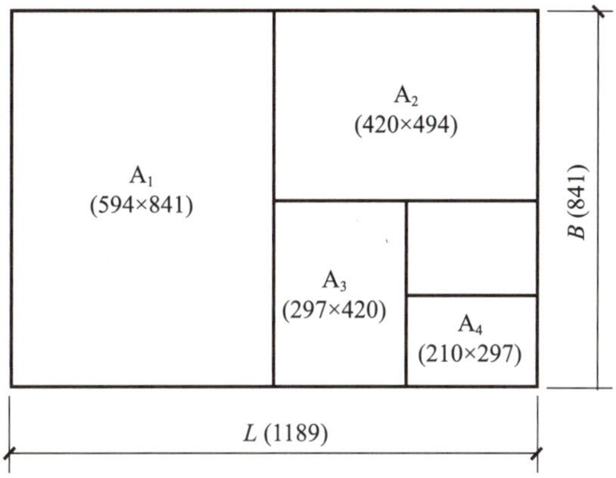

图 1–2–1　各种图纸幅面

图幅分横式和立式两种。图纸以短边作为垂直边称为横式，如图 1–2–2 所示。

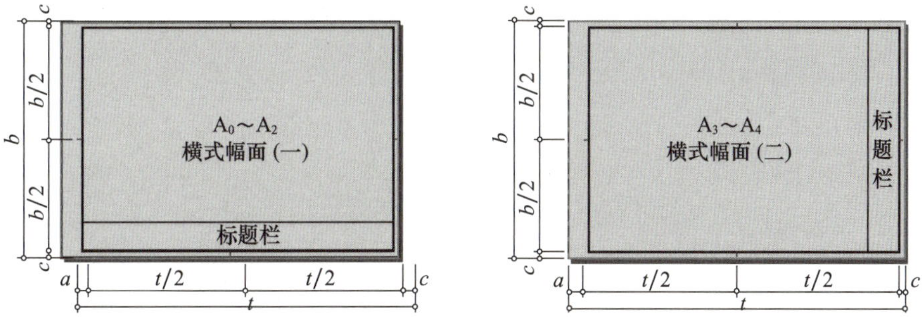

图 1–2–2　横式图幅

以短边作为水平边称为立式，如图 1–2–3 所示。

需要微缩复制的图样，一边应附有一段准确米制尺度，四边应附有对中标志，米制尺度的总长应为 100mm，分格应为 10mm。对中标志应画在图样各边长的中点处，线宽应为 0.35mm，应伸入内框边，在框外为 5mm。

同一项工程的图样应整齐统一，选用图幅时宜以一种规格为主，尽量避免大小图幅掺杂使用，一般不宜多于两种幅面，目录及表格所采用的 A4 幅面，可不在此限。为便于携带，施工图常采用 A2 图幅。

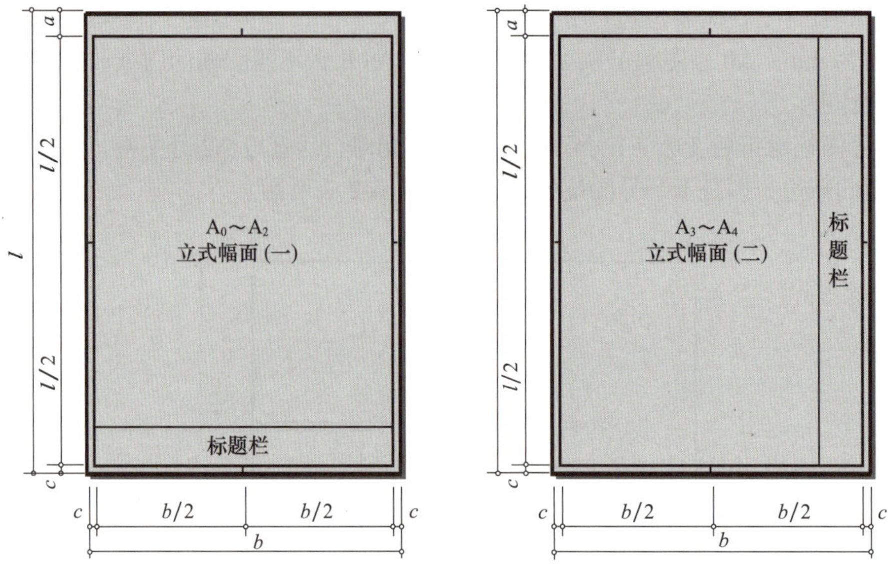

图 1-2-3　立式图幅

2. 标题栏的规格及分区

图样的标题栏也简称图标，图标竖向排布，宽度应取 40~70mm；横向排布，宽度应取 30~50mm。如图 1-2-4 所示。

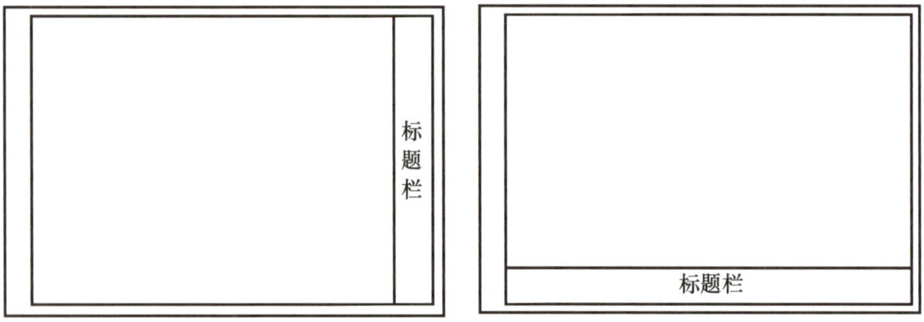

图 1-2-4　标题栏的规格

一般来说，标题栏内容竖向从上到下、横向从左到右分别包括设计单位名称、注册师签章、项目经理签章、修改记录、工程名称区、图号区、签字区和会签栏，如图 1-2-5 所示。

会签栏的绘制格式如图 1-2-6 所示。栏内应填写会签人员所代表的专业、实名、签名、日期（年、月、日）；一个会签栏不够时可另加一个，两个会签栏应并列；不需要会签的图纸可不设此栏。当在计算机制图文件中使用电子签名与认证时，应符合国家有关电子签名法的规定。

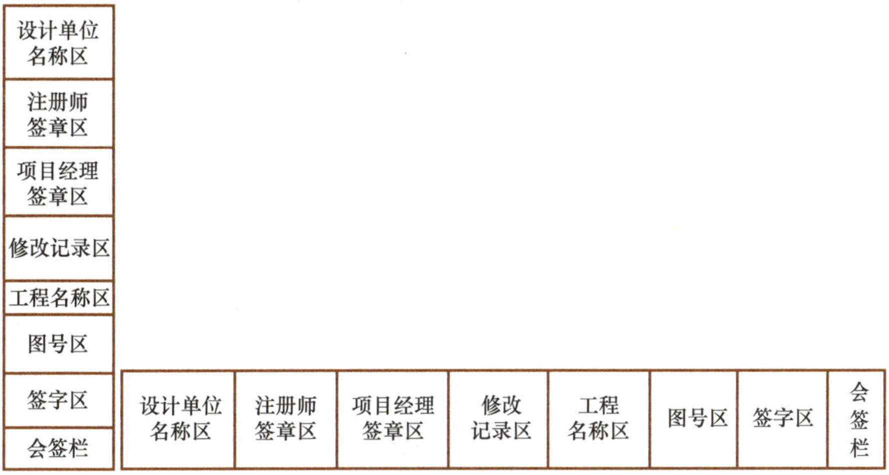

图 1-2-5　标题栏的分区

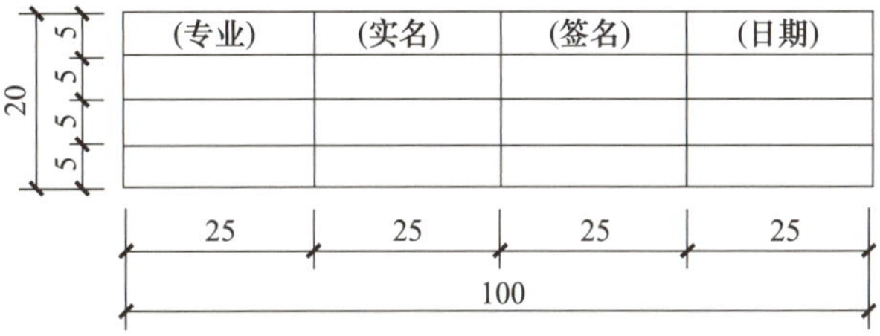

图 1-2-6　会签栏的绘制格式

知识测评

填空题

（1）标准图纸的幅面代号有____、____、____、____、____。

（2）A0 图幅的尺寸是____ mm × ____ mm。

（3）A1 图幅的尺寸是____ mm × ____ mm。

（4）A2 图幅的尺寸是____ mm × ____ mm。

（5）A3 图幅的尺寸是____ mm × ____ mm。

（6）A4 图幅的尺寸是____ mm × ____ mm。

（7）图幅分横式和立式两种。图纸以短边作为垂直边称为__________。以短边作为水平边称为__________。

子任务 2　字体和比例的规定

思政导入

中国古代字体

中华民族是一个伟大的民族，中国的文化绵延不断地传承下来，我们的汉字也是从古代一直演变过来的没有间断过的文字形式。秦始皇为实行“书同文”的政策，命李斯等人以秦国文字为基础，略改变大篆繁复的笔画，并加以整理，使之统一，定为标准字体，此即为小篆。小篆一直使用至西汉末年，才逐渐被隶书所取代。但由于其字体优美，始终被书法家所青睐。汉字的发展，大致经历了古文、篆书、隶书、楷书四个阶段的演变过程。发展至今，汉字也顺应时代演变出了更多的字体。在现代制图领域中，我们使用的是什么字体呢？

内容引导

扫描下方二维码，观看子任务配套微课。回答问题：

微课 1.2.2　字体和比例的规定

根据国家制图标准，哪些是优先选择的比例？

知识精讲

1. 比例

比例就是图形与其实物相应要素的线型尺寸之比。例如某建筑物的结构尺寸为 50m，画在工程图纸上的长度为 0.1m，则该图纸的比例为 $\frac{\text{图形上的线段长度}}{\text{实物上的线段长度}}=\frac{1}{500}$，记为 1∶500。比例的大小是指其比值的大小。

原值比例是指比例为 1 的比例。放大比例是指比例大于 1 的比例，如 2∶1、4∶1、5∶1；缩小比例是指比值小于 1 的比例，如 1∶2、1∶5、1∶10。

比例宜注写在图名的右侧，字的基准线应取平；比例的字高宜比图名的字高小一号或两号。图名下画一条粗实线，长度需以文字长短为准，如图 1-2-7 所示。

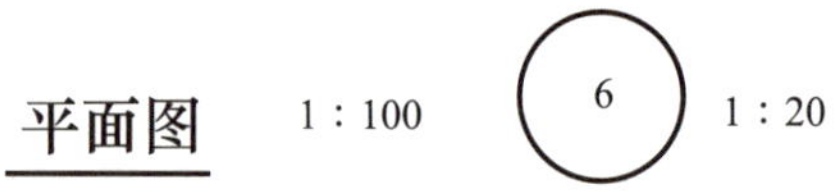

图 1-2-7　比例标示

比例的选择应符合《房屋建筑制图统一标准》（GB/T 50001—2017），见表 1-2-2。一般情况下，一个图样应选用一种比例。根据专业制图需要，同一图样可选用两种比例。特殊情况下也可自选比例。

表 1-2-2　制图比例选择表

种类	优先选择系列	允许选择系列
原值比例	1∶1	无

续表

种类	优先选择系列	允许选择系列
放大比例	5∶1　2∶1 5×10^{n}∶1　2×10^{n}∶1　1×10^{n}∶1	4∶1　2.5∶1 4×10^{n}∶1　2.5×10^{n}∶1
缩小比例	1∶2　1∶5　1∶10 1∶2×10^{n}　1∶5×10^{n}　1∶1×10^{n}	1∶2　1∶5　1∶10 1∶2×10^{n}　1∶5×10^{n}　1∶1×10^{n} 1∶4　1∶6 1∶4×10^{n}　1∶6×10^{n}

如图 1–2–8 所示，同一形体在不同比例下图形有所区别。由此可以得知，图样上所标注的尺寸是物体的真实尺寸，与比例无关。

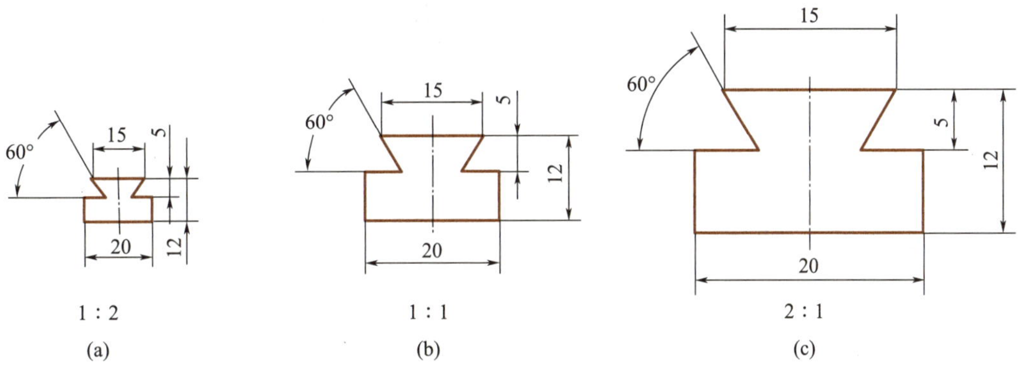

图 1–2–8　用不同比例绘制的同一形体

2. 字体

在图纸上书写的文字、数字或符号等，都应该保证笔画清晰、字体端正、排列整齐，标点符号应清楚正确。

文字的字高，应从 3.5mm、5mm、7mm、10mm、14mm、20mm 几个高度中选取。

为了使字行清楚，行距应大于字距。通常字距约为字高的 1/4，行距约为字高的 1/2。如需书写更大的字，其高度应按$\sqrt{2}$的比值递增。在同一张图样上，只允许选用一种类型的字体，如图 1–2–9 所示。

图 1–2–9　图纸文字示例

图样及说明中的汉字，宜采用长仿宋体，并应采用国家正式公布的简化字，如图 1-2-10 所示。

10号字　字体工整笔画清楚间隔均匀排列整齐

7号字　横平竖直　注意起落　结构均匀　填满方格

5号字　技术制图　机械电子　汽车船舶　土木建筑

3.5号字　螺纹齿轮　航空工业　施工排水　供暖通风　矿山港口

图 1-2-10　图样及说明中的文字示例

拉丁字母、阿拉伯数字与罗马数字的书写与排列，应符合表 1-2-3 中规定。

表 1-2-3　各种数字、字母的书写规格

书写格式	一般字体	窄字体
大写字母高度	*h*	*h*
小写字母高度（上下均无延伸）	7/10*h*	10/14*h*
小写字母伸出的头部或尾部	3/10*h*	4/14*h*
笔画宽度	1/10*h*	1/14*h*
字母间距	2/10*h*	2/14*h*
上下行基准线最小间距	15/10*h*	21/14*h*
词间距	6/10*h*	6/14*h*

拉丁字母、阿拉伯数字与罗马数字若需写成斜体字，斜体的倾斜度应是对底线逆时针旋转 75°，其高度和宽度均与相应的直体相等，若与汉字并列书写时，应写成直体字，字高比汉字的字高宜小一号或两号，但不应小于 2.5mm，如图 1-2-11 所示。

图 1-2-11　各种字母的斜体形式

数量的数值注写应采用正体阿拉伯数字，如图 1-2-12 所示。各种计量单位凡前面有量值的，均采用国家颁布的单位符号注写，单位符号应采用正体字母。

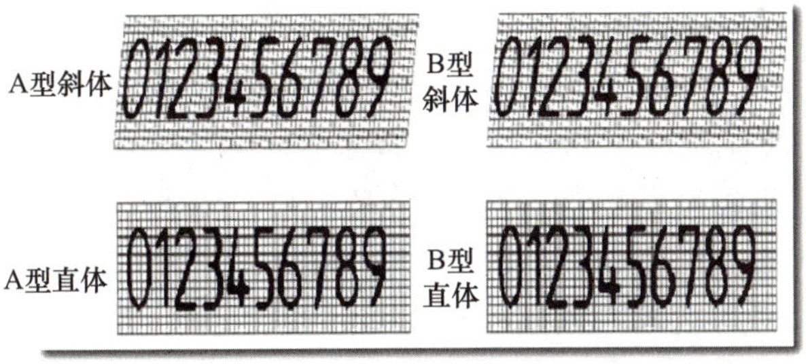

图 1-2-12　数量的数值注写

知识测评

1. 填空题

（1）比例就是____与____之比。

（2）某建筑物的结构尺寸为 1m，画在工程图纸上的长度为 0.1m，则该图纸的比例为____。

（3）原值比例是指____的比例。放大比例是指比例____1 的比例，缩小比例是指比值____1 的比例。

（4）比例宜注写在图名的____侧，字的基准线应取平；比例的字高宜比图名的字高____。图名下画一条____线，长度需以文字长短为准。

（5）拉丁字母、阿拉伯数字与罗马数字。写成直体字时，字高比汉字的字高宜小一号或两号，但最小字高应不小于____。

2. 选择题

（1）图样上所标注的尺寸是物体的（　　），与比例（　　）。

A. 缩小尺寸，无关　　B. 放大尺寸，有关

C. 真实尺寸，无关　　D. 真实尺寸，有关

（2）图样及说明中的汉字，宜采用（　　），并应采用国家正式公布的（　　）。

A. 宋体，简化字　　B. 楷体，简化字

C. 长仿宋体，简化字　　D. 长仿宋体，繁体字

（3）下列哪些比例是放大比例？（　　）。

A. 2∶1　　B. 1∶10　　C. 1∶50　　D. 1∶20

（4）下列哪些比例是缩小比例？（　　）。

A. 1∶1　　B. 1∶100　　C. 2∶1　　D. 5∶1

子任务 3　图线的规定

思政导入

几千年来，中国画作为中国传统艺术的一个重要分支，其线条受到了中国书法的极

大影响，含有许许多多的书法元素。中国画线条的作用不仅仅是表现物体本身，其更赋予了中国画更多的精神内涵，使线条本身成为了画面重要的组成主体。因为有了书法的元素，所以线条的表现就更加自由，往往从线条中就能看出画家的功力。中国画家注重线条的质感，更注重线条的力量、内涵、节奏的表现，注重情感表现，强调意境、笔墨、魅力。因此，线在中国画中超越了简约的造型功能，它是情感、环境和意图的有机结合。在现代制图过程中，任何建筑图样都是用图线绘制而成的，因此，熟悉图线的类型及用途，掌握各类图线的画法是建筑制图最基本的技能。

内容引导

扫描下方二维码，观看子任务配套微课。回答问题：

微课 1.2.3　图线的规定

国家制图标准中规定的线宽组有几组？每一组线宽中有几种宽度的线型？

知识精讲

为了表示不同内容，并且能分清主次，建筑图样必须使用不同线型和不同粗细的图线。常用的有实线、虚线、单点长画线、双点长画线、折断线和波浪线 6 类。图线的宽度 b，宜从线宽以粗实线的宽度为基本线宽 b，b、$0.7b$、$0.5b$、$0.25b$ 称为一个线宽组，b 通常的取值有 1.4、1.0、0.7、0.5，单位为毫米（mm）。详细线宽比及线宽组可从表 1–2–4 中得知。

表 1–2–4 《房屋建筑制图统一标准》（GB/T 50001—2017）线宽规定

线宽比	线宽组			
b	1.4	1.0	0.7	0.5
$0.7b$	1.0	0.7	0.5	0.35
$0.5b$	0.7	0.5	0.35	0.25
$0.25b$	0.35	0.25	0.18	0.13

实际操作中，同学们应根据每个图样的复杂程度与比例大小，先选定基本线宽 b，再从表中选用相应的线宽组。

实线和虚线按宽度不同分为粗、中粗、中、细 4 种；单点长画线、双点长画线按宽度不同又分为粗、中、细 3 种；折断线和波浪线一般均为细线。图线的选用详细情况可参见表 1-2-5。

表 1-2-5 《房屋建筑制图统一标准》（GB/T 50001—2017）图线的选用

名称		线型	线宽	一般用途
实线	粗		b	主要可见轮廓线
	中		$0.5b$	可见轮廓线
	细		$0.25b$	可见轮廓线、图例线
虚线	粗		b	见各有关专业制图标准
	中		$0.5b$	不可见轮廓线
	细		$0.25b$	不可见轮廓线、图例线
单点长画线	粗		b	见各有关专业制图标准
	中		$0.5b$	见各有关专业制图标准
	细		$0.25b$	中心线、对称线等
双点长画线	粗		b	见各有关专业制图标准
	中		$0.5b$	见各有关专业制图标准
	细		$0.25b$	假想轮廓线、成形前原始轮廓线
折断线			$0.25b$	断开界线
波浪线			$0.25b$	断开界线

一、房屋建筑室内装饰装修制图常用线型

1. 实线

实线分有粗实线、中粗实线、中实线、细实线。

（1）粗实线

选用粗实线的情况主要有：

①平、剖面图中被剖切的房屋建筑和装饰装修构造的主要轮廓线；

②房屋建筑室内装饰装修立面图的外轮廓线；

③房屋建筑室内装饰装修构造详图、节点图中被剖切部分的主要轮廓线；

④平、立、剖面图的剖切符号。

（2）中粗实线

选用中粗实线的情况主要有：

①平、剖面图中被剖切的房屋建筑和装饰装修构造的次要轮廓线；

②建筑室内装饰装修详图中的外轮廓线。

（3）中实线

使用中实线的情况主要有：

①房屋建筑室内装饰装修构造详图中的一般轮廓线；

②小于 0.75*b* 的图形线、家具线、尺寸线、尺寸界线、索引符号、引出线、地面、墙面的高差分界线等。

（4）细实线

一般用作图形和图例的填充线。

2. 虚线

虚线分有中粗虚线、中虚线、细虚线。

（1）中粗虚线

一般用于：

①表示被遮挡部分的轮廓线；

②表示被索引图样的范围；

③拟建、扩建房屋建筑室内装饰装修部分轮廓线。

（2）中虚线

一般用于：

①表示平面中上部的投影轮廓线；

②预想放置的房屋建筑或构件。

（3）细虚线

用于表示内容与中虚线相同，适合小于 0.5*b* 不可见轮廓线。

3. 点画线

0.7*b* 用于运动轨迹线，0.25*b* 用于中心线、对称线、定位轴线。

4. 折断线

用于不需要画全的断开界线。

5. 波浪线

一般用于：

①不需要画全的断开界线；

②构造层次的断开界线；

③曲线形构件断开界线。

6. 点线

作为制图需要的辅助线。

7. 样条曲线

用于不需要画全的断开界线或用于制图需要的引出线。

8. 云线

一般用于：

①圈出被索引的图样范围；

②标注材料范围；

③标注需要强调、变更或改动的区域。

示例一：如图 1-2-13 所示。

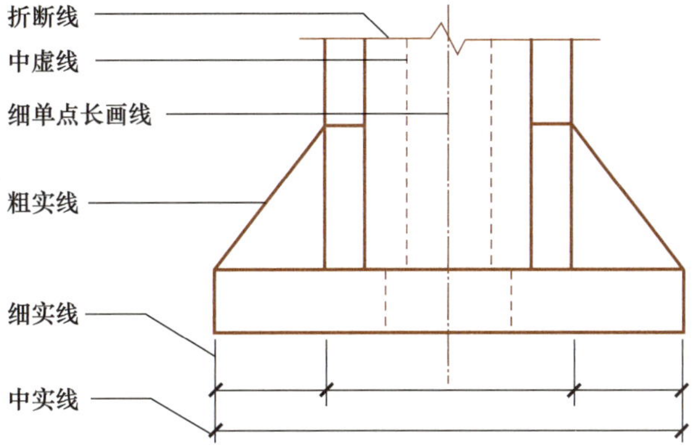

图 1-2-13　工程制图中线型应用举例

二、图线的规定画法

互相平行的图线，其间隙不宜小于其中的粗线宽度，且不宜小于 0.7mm。

虚线、单点长画线或双点长画线的线段长度和间隔，宜各自相等。如图 1-2-14 所示。

线素	线型	长度
点	点画线、双点画线	≤0.5*d*
短间隔	虚线、点画线	3*d*
画	虚线	12*d*
长画	点画线、双点画线	24*d*

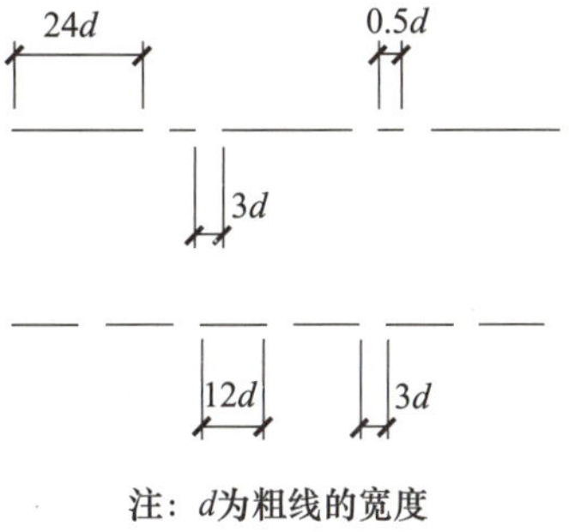

图 1-2-14　图线的规定画法

单点长画线或双点长画线，当在较小图形中绘制有困难时，可用实线代替。

单点长画线或双点长画线的两端，不应是点。如图 1-2-15 所示。

图 1-2-15　单点长画线与双点长画线的画法

点画线和点画线交接或点画线与其他图线交接时，应是线段交接。如图 1-2-16 所示。

图 1-2-16　点画线的交接画法

虚线与虚线或虚线与其他图线交接、转折时，应是线段的交接、连接。如图 1–2–17 所示。

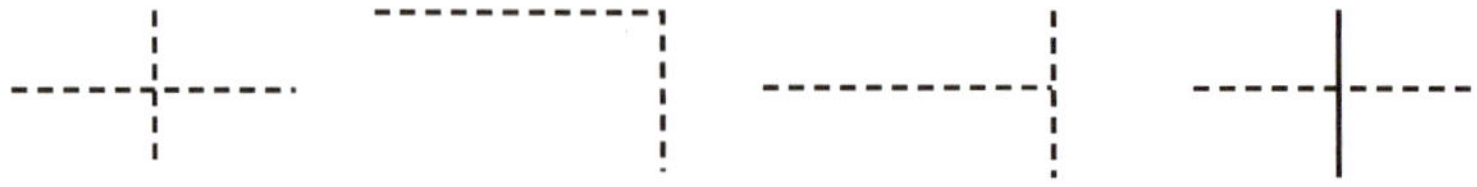

图 1–2–17　虚线的交接、转折画法

虚线为实线的延长线时，不得与实线连接。如图 1–2–18 所示。

图 1–2–18　虚线为实线的延长线画法

图线不得与文字、数字或符号重叠、混淆，不可避免时，应首先保证文字等的清晰。

示例二：如图 1–2–19 所示。

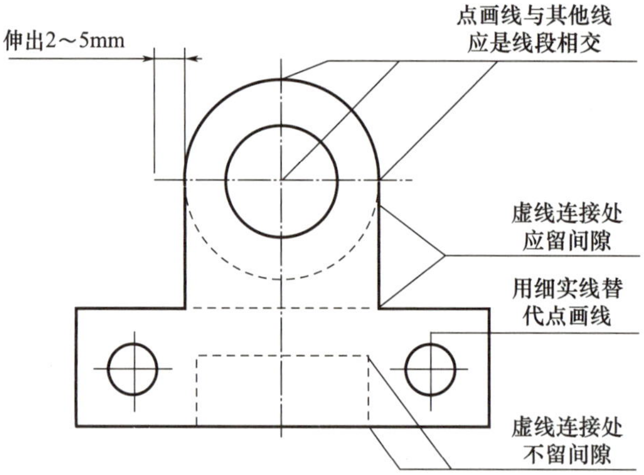

图 1–2–19　工程制图中线型画法举例

知识测评

1. 填空题

（1）工程制图中，建筑图样必须使用不同____的图线。常用的有____、____、____、____、____和____6 类。

（2）图线有____种线宽，分别为____、____、____、____。图线的粗线宽度为 b，则中粗线为____b、中线____b、细线____b，b 通常的取值有____、____、____、____四种，单位为毫米（mm）。

2. 选择题

（1）在工程制图中，平、剖面图中被剖切的房屋建筑和装饰装修构造的主要轮廓线采用（　　）线。

A. 粗实线　　B. 中粗实线　　C. 中实线　　D. 细实线

（2）在工程制图中，房屋建筑室内装饰装修立面图的外轮廓线采用（　　）线。

A. 粗实线　　B. 中粗实线　　C. 中实线　　D. 细实线

（3）在工程制图中，图形和图例的填充线采用（　　）。

A. 粗实线　　B. 中粗实线　　C. 中实线　　D. 细实线

（4）在工程制图中，被遮挡部分的轮廓线采用（　　）。

A. 中粗虚线　　B. 中虚线　　C. 细虚线　　D. 粗实线

（5）在工程制图中，定位轴线采用（　　）。

A. 实线　　B. 虚线　　C. 细单点长画线　　D. 粗单点长画线

子任务 4　平面图形的尺寸标注

思政导入

《山海经》是一部先秦时期的古籍，古人在其中记载了大量神话传说和山川河流的位置信息，这对我们研究古代的地理信息提供了极大的帮助。在没有卫星的年代，古人是怎么制图的呢？古人利用自己的聪明才智，首先进行实地考察，凭借简单的定向设备确定位置，将亲眼侦测到的地理信息绘制在图上。这样的地图虽然精度上比不上我们的现代制图，但是古人凭借自己的智慧记录下了我们祖国的大好河山和水土变迁，为经济社会发展添上浓墨重彩的一笔。但由于古代技术受限，对尺寸的标注精度无法与现代媲美，那么现代我们又是怎么表示尺寸的呢？

内容引导

扫描下方二维码，观看子任务配套微课。回答问题：

微课 1.2.4　平面图形的尺寸标注

在工程制图中，为什么要标准图形尺寸？

知识精讲

图样上的图形只能表示物体的形状，至于物体各部分的具体位置和大小，还必须在图上标注出物体的尺寸作为施工的依据。尺寸标注要求完整、准确、清晰、整齐。

1. 尺寸的基本要素

图样上的尺寸由尺寸界线、尺寸线、尺寸起止符号和尺寸数字组成。如图 1-2-20 所示。

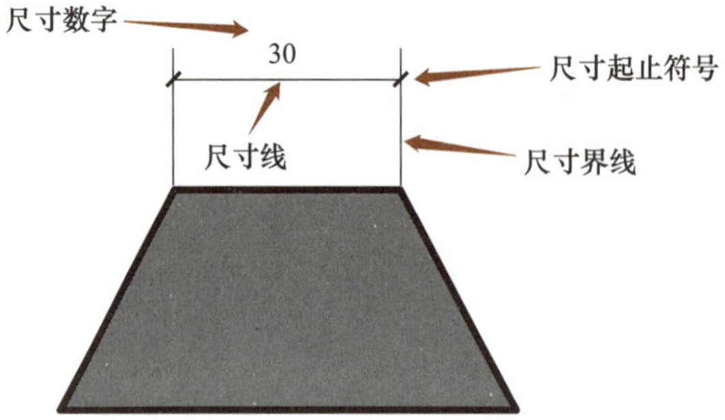

图 1-2-20　图样尺寸标注要求

2. 尺寸标注的一般规定

（1）图样上标注的尺寸反映物体的真实大小，与绘图时采用的比例以及绘制的准确度无关。

（2）尺寸单位规定。标高及总平面图以（m）为单位，如图 1-2-21 所示。其他图样均以（mm）为单位。

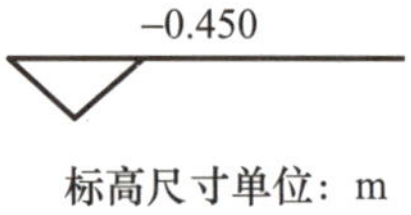

图 1-2-21　标高尺寸标注

（3）尺寸界线和尺寸线用细实线绘制，且尺寸线与所要标注的轮廓线平行，与尺寸界线垂直，不得超过尺寸界线。

（4）尺寸起止符号一般用中粗斜短线绘制，其斜度方向应与尺寸界线成顺时针 45°，长度宜为 2~3mm。

（5）尺寸界线与所要标注轮廓线垂直，其一端应离开图样轮廓线不小于 2mm，另一端宜超出尺寸线 2~3mm，如图 1-2-22 所示。

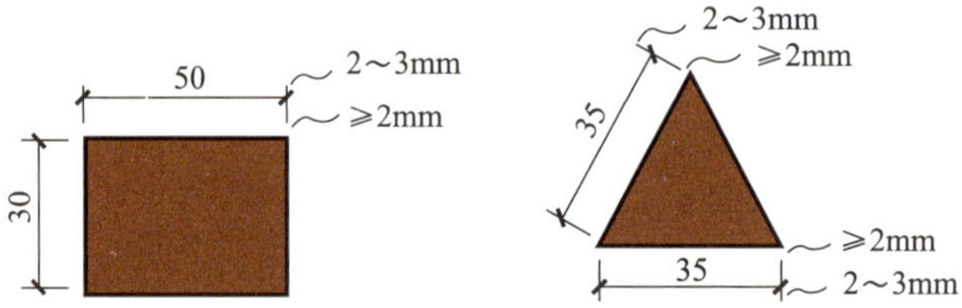

图 1-2-22　尺寸界线作法

（6）尺寸数字应根据其方向注写在靠近尺寸线的上方中部，如图 1-2-23 所示。

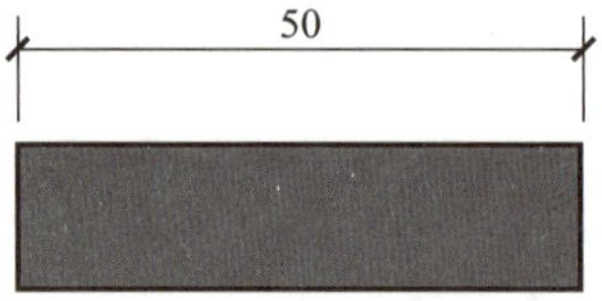

图 1-2-23　尺寸数字的标注

（7）尺寸数字不可被任何图线所通过，当无法避免时，必须将该图线断开。如图 1–2–24 所示。

图 1–2–24　尺寸数字与图线的作法

（8）尺寸数字应按图所示方向注写，并尽可能避免在图示 30° 范围内标注尺寸。如图 1–2–25 所示。

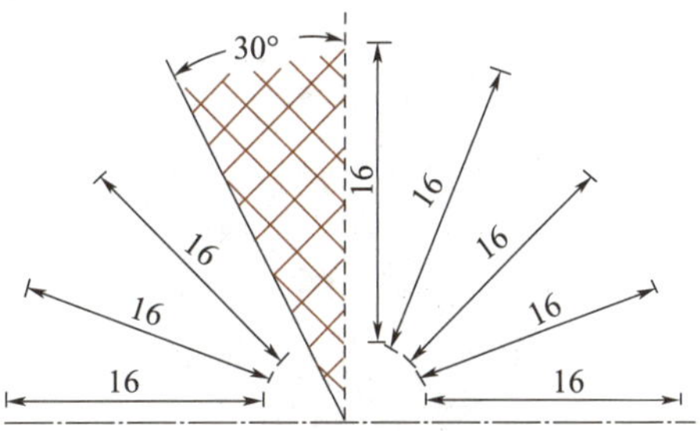

图 1–2–25　尺寸数字标注方向

（9）当无法避免时可按图 1–2–26 的形式标注。

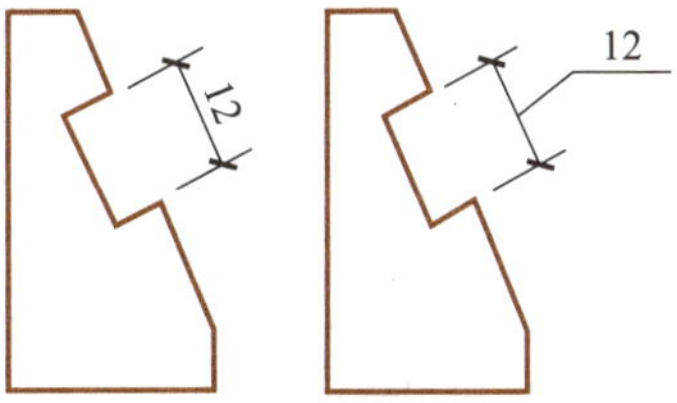

图 1–2–26　尺寸数字的特殊标注方式

（10）尺寸数字如果没有足够的注写位置，最外面的尺寸数字可注写在尺寸界线的外侧，中间相邻的尺寸数字可错开注写。如图 1–2–27 所示。

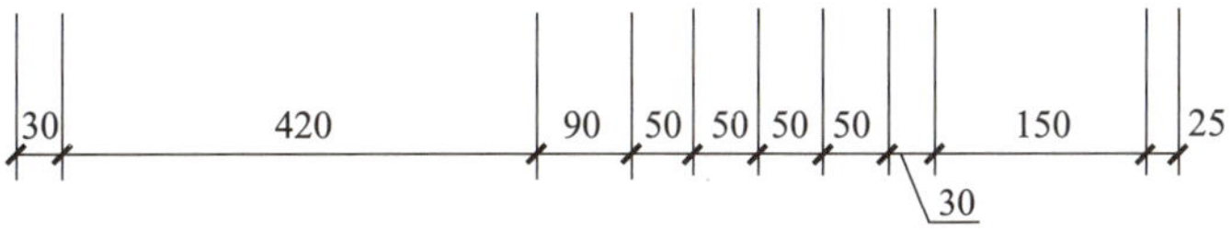

图 1–2–27　尺寸数字可标注在尺寸界线外侧

（11）连续排列的等长尺寸，可用“等长尺寸 × 个数＝总长”的形式标注。如图 1–2–28 所示。

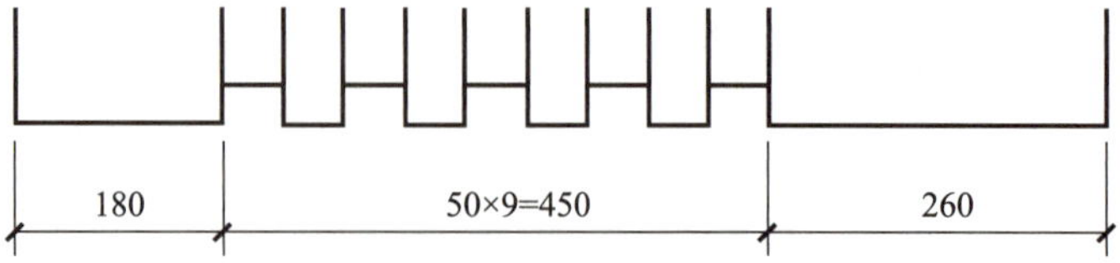

图 1-2-28　连续排列的等长尺寸标注

3. 直径的标注

（1）完整的圆或大于 1/2 圆周的圆弧通常标注直径尺寸，直径数字前应加直径符号“ϕ”，如图 1-2-29 所示。

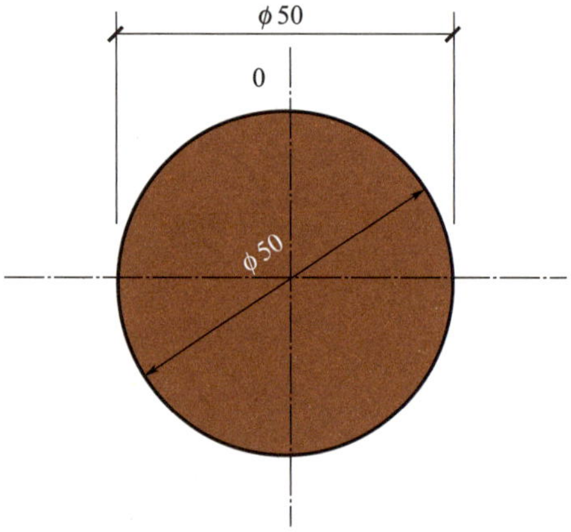

图 1-2-29　直径尺寸的标注

（2）在圆内标注的尺寸线应通过圆心，两端画箭头指向圆弧，如图 1-2-30 所示。

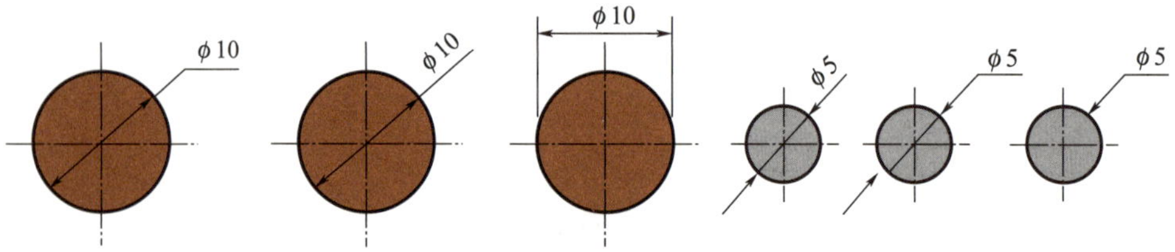

图 1-2-30　圆内标注的尺寸线

4. 半径的标注

（1）小于或等于 1/2 圆周的圆弧通常标注半径尺寸。

（2）半径的尺寸线应一端从圆心开始，另一端箭头指向圆弧。半径数字前应加半径符号“*R*”。如图 1-2-31 所示。

（3）较小圆弧的半径，可按图 1-2-32 的样式标注。

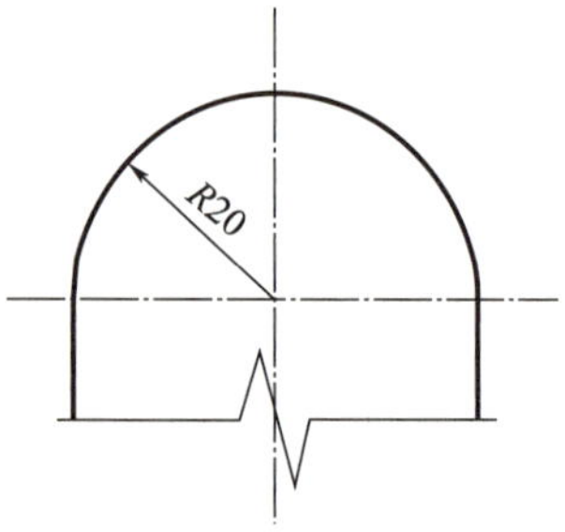

图 1-2-31　半径尺寸的标注

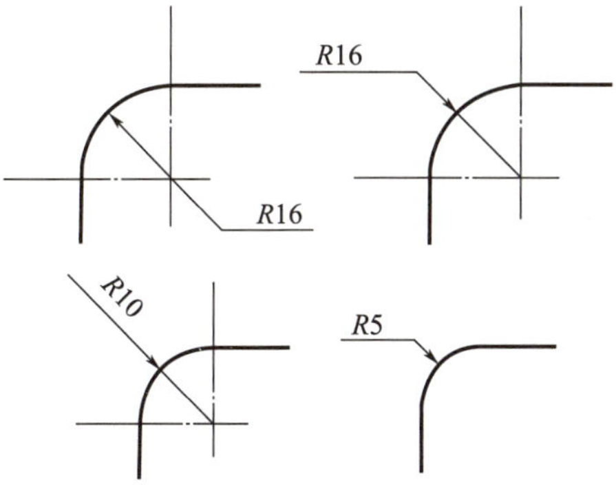

图 1-2-32　较小圆弧的半径标注

（4）较大圆弧的半径，可按图 1-2-33 中样式标注。

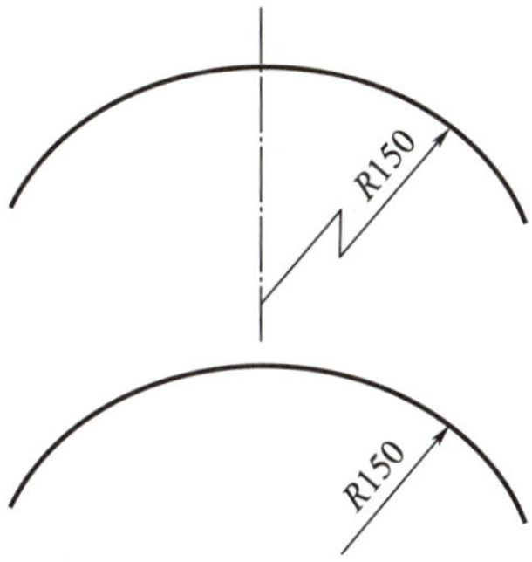

图 1-2-33　较大圆弧的半径标注

5. 角度、弧长的标注

（1）角度

①角度的尺寸线应以圆弧表示。该圆弧的圆心应是该角的顶点，角的两条边为尺寸界线。

②起止符号以箭头表示，如没有足够位置画箭头，可用圆点代替。

③角度数字应按水平方向书写，如图 1-2-34 所示。

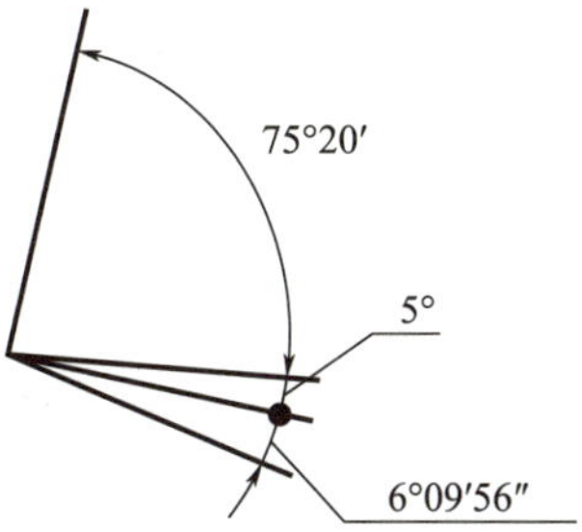

图 1-2-34　角度数字的标注

（2）弧长

①标注圆弧的弧长时，尺寸线应以与该圆弧同心的圆弧线表示，尺寸界线应垂直于该圆弧的弦，起止符号用箭头表示。

②弧长数字上方应加注圆弧符号“⌒”，如图 1–2–35 所示。

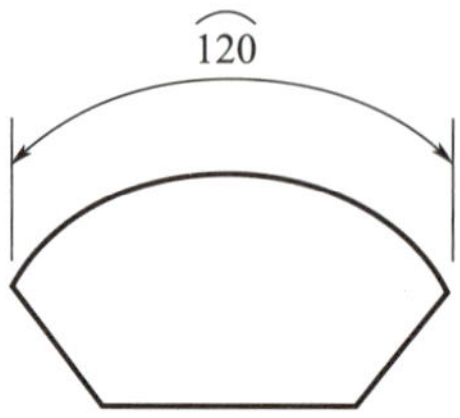

图 1–2–35　弧长的标注

知识测评

1. 填空题

（1）图样上的尺寸由________、________和________组成。

（2）尺寸单位规定。标高及总平面图以________为单位，其他图样均以________为单位。

（3）尺寸起止符号一般用________线绘制，其斜度方向应与尺寸界线成________，长度宜为________。

（4）连续排列的等长尺寸，可用“________”的形式标注。

（5）完整的圆或大于 1/2 圆周的圆弧通常标注直径尺寸，直径数字前应加直径符号“________”。

（6）小于或等于 1/2 圆周的圆弧通常标注________。半径的尺寸线应一端从圆心开始，另一端箭头指向圆弧。半径数字前应加半径符号“________”。

（7）弧长数字上方应加注圆弧符号“________”。

2. 选择题

（1）图样上标注的尺寸反映物体的（　　），与绘图时采用的比例以及绘制的准确度（　　）。

A. 真实大小，无关　　B. 比值大小，有关

C. 真实大小，有关　　D. 比值大小，无关

（2）尺寸界线和尺寸线用（　　）绘制，且尺寸线与所要标注的轮廓线平行，与尺寸界线垂直，不得超过尺寸界线。

A. 粗实线　　B. 中实线　　C. 细实线　　D. 虚线

（3）尺寸界线与所要标注轮廓线垂直，其一端应离开图样轮廓线（　　）。另一端宜超出尺寸线（　　）。

A. 不小于 2mm，3~5mm　　B. 不大于 2mm，3~5mm

C. 不小于 2mm，2~3mm　　D. 不大于 2mm，2~3mm

模块 2

正投影的基本知识

思维导图

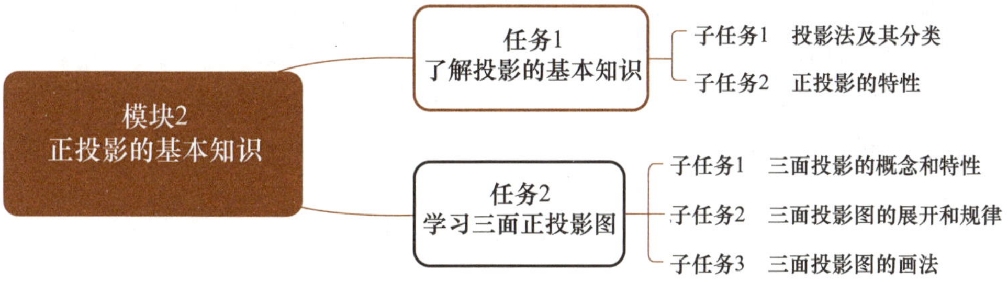

任务 1　了解投影的基本知识

子任务 1　投影法及其分类

思政导入

日晷仪

日晷，是使用太阳的位置来测量时间的一种设备，主要由一根投射太阳阴影的指标、承受指标投影的投影面（即晷面）和晷面上的刻度线组成。那么日晷的工作原理是什么呢？其原理就是利用太阳的投影方向来测定并划分时刻，在北半球，早晨的影子在西方，中午的影子在北方，傍晚的影子在东方。利用日晷计时的方法是古人在天文计时领域的重大发明，这项发明被人类沿用达几千年之久，充分展现了我国悠久的历史和古人的智慧。在建筑学中，投影法也被广泛应用，本节课我们一起来学习投影。

内容引导

扫描下方二维码，观看子任务配套微课和教学动画。回答问题：

微课 2.1.1 投影法及其分类

动画 1 中心投影与平行投影

1. 什么是投影？

2. 生活中有哪些投影属于中心投影？

3. 生活中有哪些投影类似平行投影？

知识精讲

1. 投影

在投影理论中，把发出光线的光源称为投射中心；光线称为投射线；落影的平面称为投影面；组成的影子能反映物体形状的内、外轮廓线称为投影。

投影法是指用投影表示物体的形状和大小，其中可见轮廓线画实线，不可见轮廓线画虚线，将空间立体转换为平面图形的方法。

2. 投影法的分类

投影按投射线的不同类型可分为中心投影法和平行投影法。

（1）中心投影法

中心投影法是自然界的光照投影。

如图 2-1-1 所示，由一点发出投射线投射物体所形成的投影，称为中心投影。中心投影的投射线相交于一点 S，投影的大小与物体离投影面的距离有关。在投射中心点 S 与投影面距离不变的情况下，物体离点 S 越近，投影越大，反之越小。自然界的光照投影便属于中心投影。

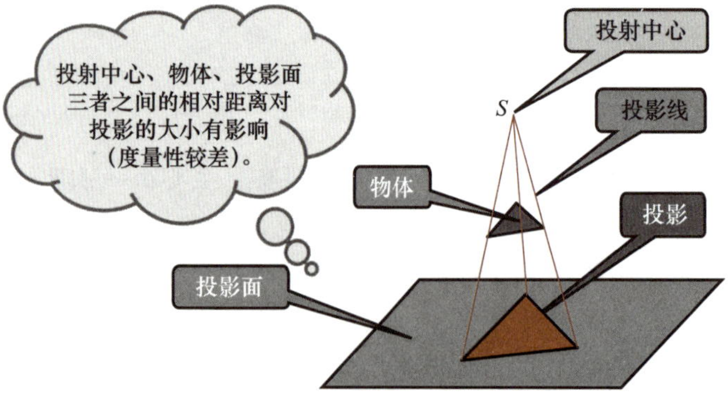

图 2-1-1 中心投影法

（2）平行投影法

平行投影法是工程图样的投影。

由相互平行的投射线投影物体所形成的投影，便是平行投影。投影大小与物体和投影面之间的距离无关（图 2–1–2）。

根据投影线和投影面的夹角不同，平行投影又分为正投影和斜投影两种。平行投影线垂直于投影面时所得的投影，称为正投影；平行投影线倾斜于投影面时所得的投影，称为斜投影（图 2–1–3）。

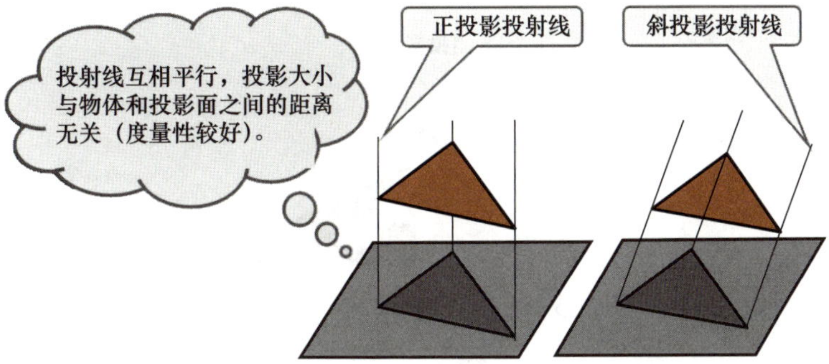

图 2–1–2　平行投影法

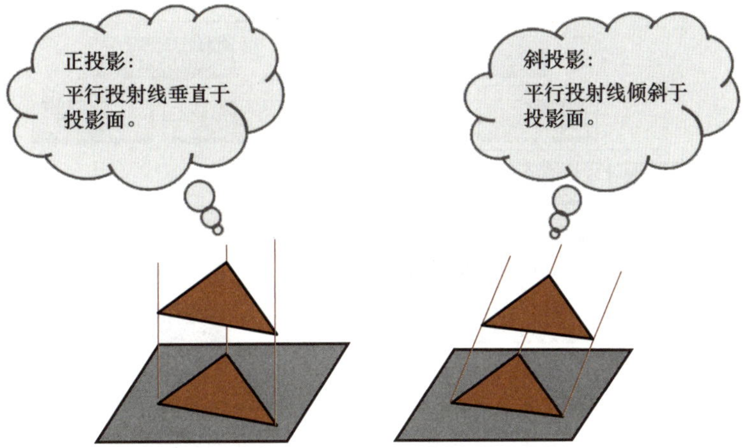

图 2–1–3　正投影与斜投影

3. 投影法的应用

在工程中，不同投影法有着不同的应用（图 2–1–4）。

（1）中心投影法用于绘制透视图

透视图自然且富有真实感，与照相机所拍得的相片非常相似。但形体各个部分的形状和大小不能在图中直接反映和度量出来。透视图用在建筑设计、装饰设计的方案和效果图中。

（2）斜投影法用于画斜轴测图

斜轴测图富有立体感，画法较透视图简易。但形体在图面上改变了它的真实形状，一般作为建筑工程图的辅助图样。

（3）正投影法画正投影图

正投影图能反映形体各个侧面的真实形状和大小，具有可度量性，而且作图简便，合乎工程技术上的要求。

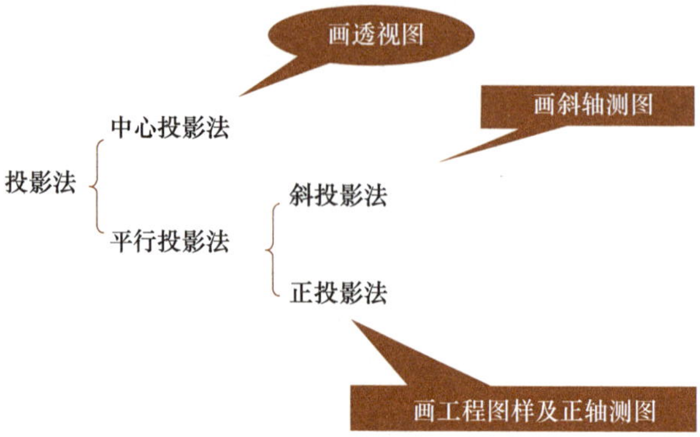

图 2-1-4　投影法的应用分类

工程中常用的投影图详细分类可参照图 2-1-5。

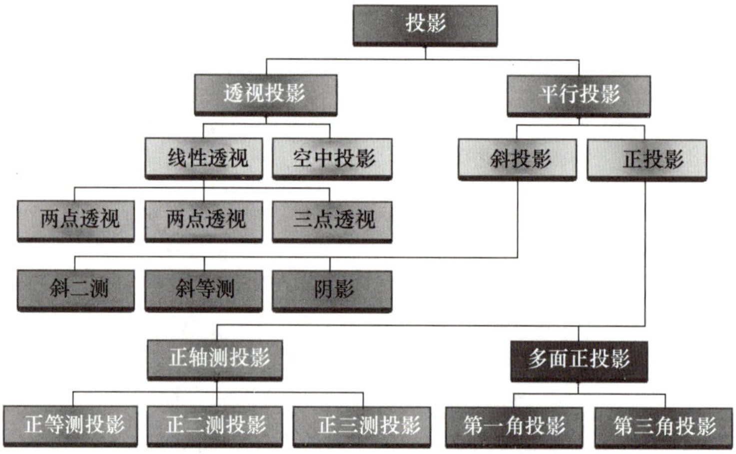

图 2-1-5　工程中常用投影图详细分类

知识测评

1. 填空题

（1）投影按投射线的不同类型可分为________和________。

（2）根据投影线和投影面的夹角不同，平行投影又分为________和________。

2. 选择题

（1）在工程中，(　　）用于绘制透视图。

A. 中心投影法　　B. 斜投影法　　C. 正投影法

（2）在工程中，(　　）用于绘制斜轴测图。

A. 中心投影法　　B. 斜投影法　　C. 正投影法

（3）在工程中，(　　）用于绘制工程图样及正轴测图。

A. 中心投影法　　B. 斜投影法　　C. 正投影法

3. 简答题

（1）为什么平行投影法度量性较好？

（2）为什么中心投影法度量性较差？

子任务 2　正投影的特性

思政导入

全息投影技术

全息投影技术，是利用干涉和衍射原理记录并再现物体真实的三维图像的技术，其不仅可以产生立体的空中幻象，还可以使幻象与表演者产生互动，一起完成表演，产生令人震撼的演出效果。木偶剧《嫦娥奔月》是中国首部采用全息投影的木偶剧，舞台上呈现出三个层次，其中最前面的和最后面的布景皆由全息投影所呈现，将传统与现代技术相结合，让传统非遗在保留原有特色的基础上，焕发新活力。本节课我们就一起来学习投影中的一种——正投影，看其如何在建筑识图中发挥作用。

内容引导

扫描下方二维码，观看子任务配套微课。回答问题：

微课 2.1.2　正投影的特性

1. 一般工程图样都是采用什么原理绘制的？

2. 正投影的特性有哪些？

知识精讲

1. 正投影的基本特性

正投影条件下使物体的某个表面平行于投影面，则该面的正投影可反映其实际形状，标上尺寸就可知其大小。所以，一般工程图样都选用正投影原理绘制。用正投影法绘制的图样称为正投影图。在正投影图中，习惯上将可见的内、外轮廓线画成粗实线；将不可见的孔、洞、槽等轮廓线画成细虚线。

2. 直线和平面的正投影特性

（1）实形性

当直线和平面平行于投影面时，它们的投影分别反映实长和实形。在正投影中具有反映实长或实形的投影特性称为显实性。如示例所示：物体上与投影面平行的平面 P，其投影 p 反映实形；与投影面平行的直线 AB，其投影 ab 反映实长（图 2–1–6）。

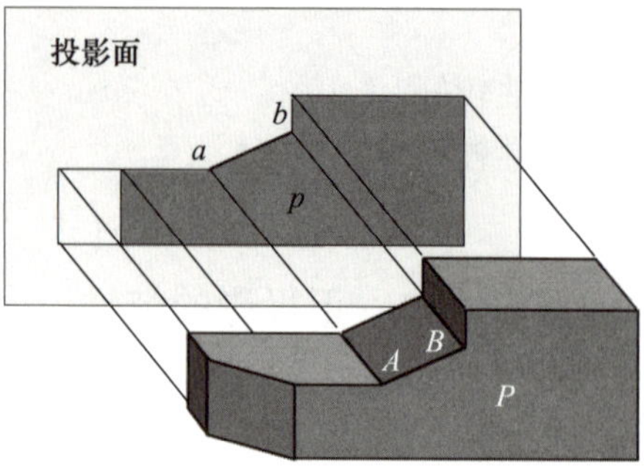

图 2-1-6　直线和平面正投影特性——实形性

（2）类似性

当直线与平面均倾斜于投影面时，直线的投影都比实长短；平面的投影比原来的实际图形面积小，但仍反映其原来图形的类似形状，在正投影中这种特性称为类似性。如示例所示，物体上倾斜于投影面的平面 *R*，其投影 *r* 缩小，呈类似性；倾斜于投影面的直线 *EF*，其投影 *ef* 比实长短（图 2-1-7）。

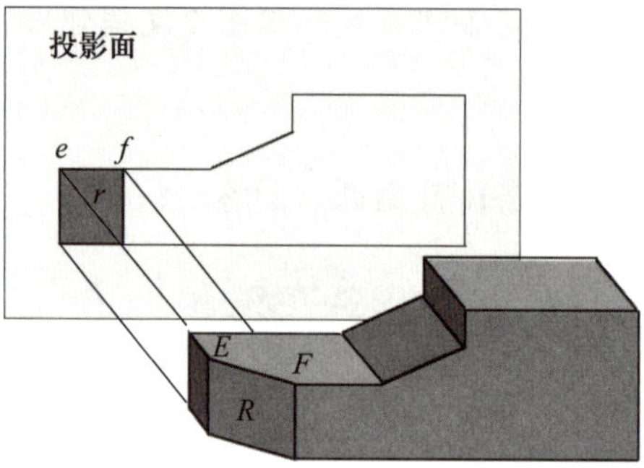

图 2-1-7　直线和平面正投影特性——类似性

（3）积聚性

当空间的直线和平面垂直于投影面时，直线的投影变为一个点，平面的投影变为一条直线。这种具有收缩、积聚性质的正投影特性称为积聚性。如示例所示，物体上与投影面垂直的平面 *Q*，其投影 *q* 积聚为一直线，与投影面垂直的直线 *CD*，其投影 *cd* 积聚为一点（图 2-1-8）。

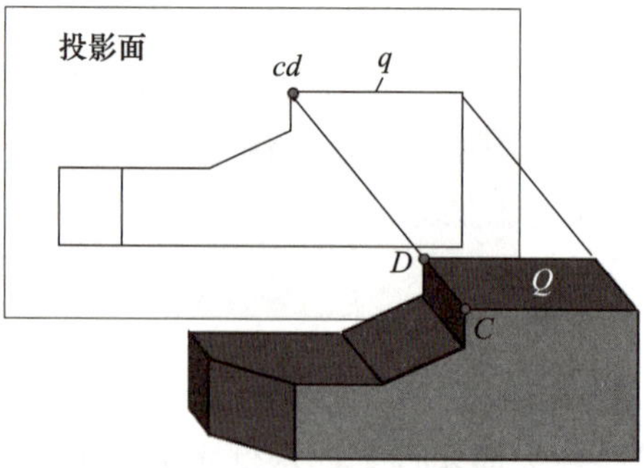

图 2-1-8　直线和平面正投影特性——积聚性

此外，正投影还具有以下特性。

（4）平行性

空间平行线段的投影仍然平行。

（5）定比性

空间平行线段的长度比在投影中保持不变。

（6）从属性

几何元素的从属关系在投影中不会发生改变，如直线上点的投影必属于直线的投影，平面上点和线的投影必属于平面的投影。

3. 点、线、面的正投影特点

平行投影的基本特性是指某一投影面与空间几何元素的关系，几个特性中只有积聚性是可逆的。

（1）点的投影

点的投影仍然是点。

（2）直线段的投影

当直线段平行于投影面时，其投影反映实长。该线段的长度可以从其正投影的长度来度量。

当直线段垂直于投影面时，其投影积聚为一点。

当直线段与投影面倾斜时，其投影小于实长。

互相平行的两直线在同一投影面上的正投影仍然保持平行。

点在直线段上，则点的投影必在直线段的投影上。点分直线段所成的比例，等于点的投影分线段的投影所成的比例。

（3）平面的投影

当平面平行于投影面时，其投影反映实形，该平面图形的形状和大小可以从其正投影的长度来确定和度量。

当平面垂直于投影面时，其投影积聚成直线。

当平面与投影面倾斜时，其投影类似于平面实形。

总之，正投影的特性有三个：实形性、类似性、积聚性（图 2–1–9）。

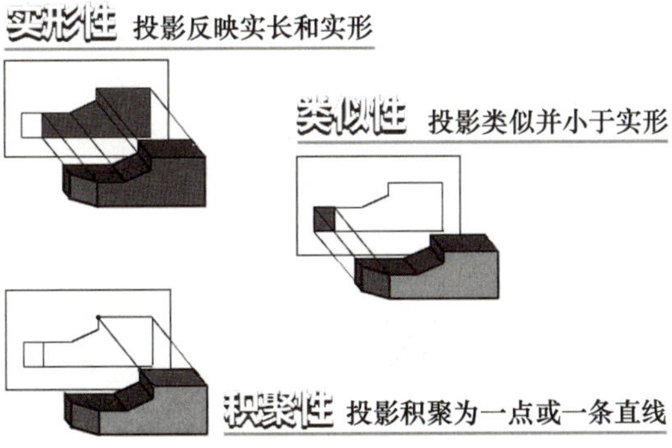

图 2–1–9　正投影的三个特性

知识测评

1. 填空题

（1）正投影的特性有：________、________和________。

（2）一般工程图样都选用________绘制。用________绘制的图样称为正投影图。

（3）在正投影图中，习惯上将可见的内、外轮廓线画成________线；不可见的孔、洞、槽等轮廓线画成________线。

2. 选择题

（1）正投影的（　　）特性，投影反映实长和实形。

A. 实形性　　B. 类似性　　C. 积聚性

（2）正投影的（　　）特性，投影类似并小于实形。

A. 实形性　　B. 类似性　　C. 积聚性

（3）正投影的（　　）特性，投影积聚为一点或一条直线。

A. 实形性　　B. 类似性　　C. 积聚性

任务2　学习三面正投影图

子任务1　三面投影的概念和特性

思政导入

上海中心大厦

上海中心大厦，位于上海市陆家嘴金融贸易区银城中路501号，是一座巨型超高层地标式摩天大楼，为中国第一高楼，始建于2008年11月29日，于2016年3月12日完成建筑总体的施工工作。超高层建筑施工难度大，建造技术高，建造一座上海中心大厦既需要建设者的匠心付出，也需要有先进的建造技术作后盾，将二维的图纸转化为立体的建筑。在这个过程中需要用到一种绘图方法和一定的理论根据，本节课我们就来学习其中之一——三面投影。

内容引导

扫描下方二维码，观看子任务配套微课和教学动画。回答问题：

微课2.2.1　三面投影的概念及特性

1. 形体都具有哪几个方向的尺寸?

2. 一共需要几个面的投影才能把形体表示清楚?

知识精讲

1. 三面正投影体系

由于正投影法具有图示方法简便、能真实反映物体的形状和大小、容易度量等特点，因此正投影图成为建筑工程领域中主要采用的图样形式。

从正投影的概念可以知道，当确定投影方向和投影面后，一个物体便能在此投影面上获得唯一的投影图，但这个正投影图并不能反映该物体的全貌。如图 2-2-1 中所展示的几种形体在投影面上的投影均是相同的长方形，所以由一个投影图不能确定唯一的形体。

这是因为形体是由长、宽、高 3 个尺寸确定的，而一个投影图只反映其中两个尺寸，所以要准确地、全面地表达形体的形状和大小，一般需要两个或两个以上投影图。

为此，我们设立三个相互垂直的平面作为投影面，如图 2-2-2 所示，四个不同的物体在三个投影面上的投影就看出差异了。显然，有了三面投影就能够全面、正确地表达物体形状。

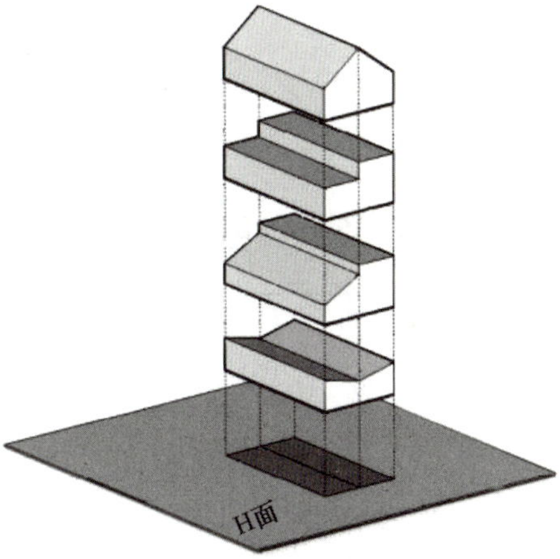

图 2-2-1　投影图不能确定唯一的形体

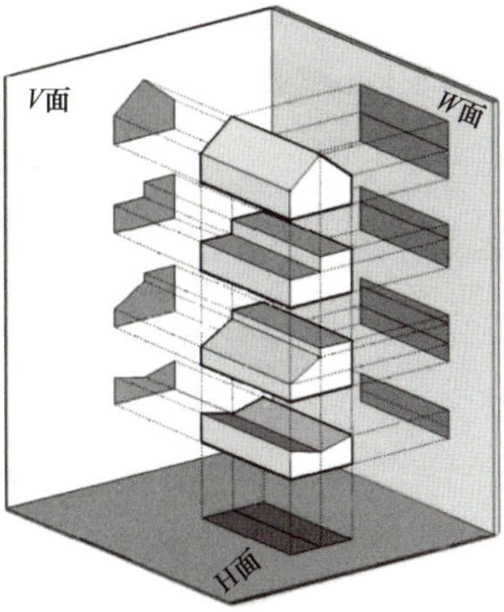

图 2-2-2　用三面投影全面展示物体形状

处于水平位置的投影面称为水平投影面，简称水平面，用 H 表示。处于正立位置的投影面称为正立投影面，简称正立面，用 V 表示。处于侧立位置的投影面称为侧立投影面，简称侧立面，用 W 表示。这三个投影面互相垂直相交，形成 OX、OY、OZ 三条交线，称为投影轴。三条轴线的交会点 O 称为投影原点。这样三个投影面围合而成的空间投影体系，称为三面正投影体系。如图 2-2-3 所示。

2. 三面投影的特性

形体与投影面的相对关系不同则呈现不同的特性。

当形体平行于投影面时，呈现显实性，如图 2-2-4 所示。当形体垂直于投影面时，呈现积聚性，如图 2-2-5 所示。当形体倾斜于投影面时，呈现类似性，如图 2-2-6 所示。

物体的空间形态有正面、侧面和顶面三个方向。

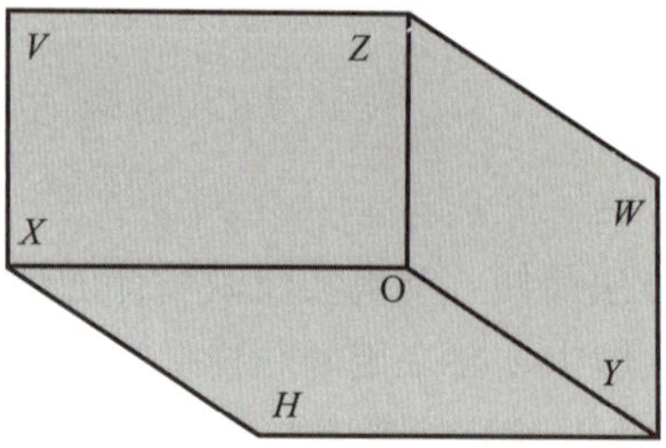

图 2-2-3　三面投影体系

物体具有长度、宽度和高度三个方向的尺寸，并且物体在每一面视图中的投影均反映两个方向的尺度，*H* 面反映长和宽，*V* 面反映长和高，*W* 面反映宽和高，综合三面投影图可得到形体在空间的形状和大小。如图 2-2-7 所示，为形体的三面投影展开图。

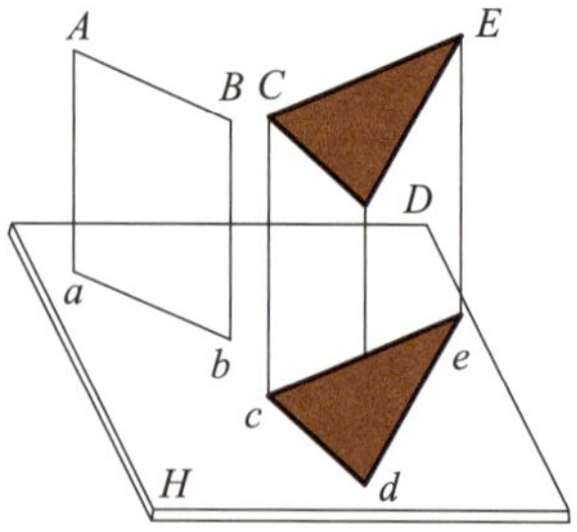

图 2-2-4　投影呈现显实性

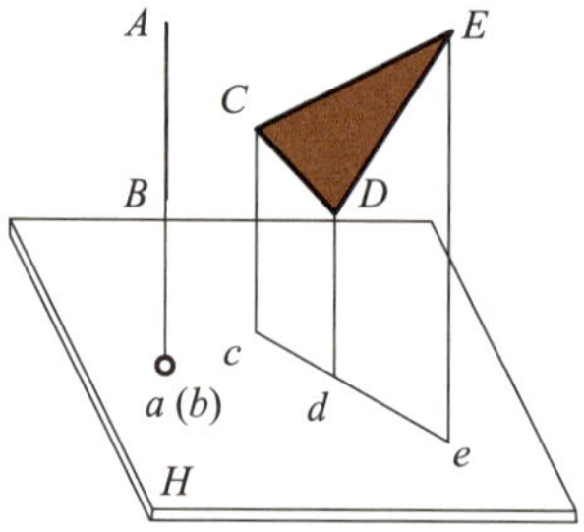

图 2-2-5　投影呈现积聚性

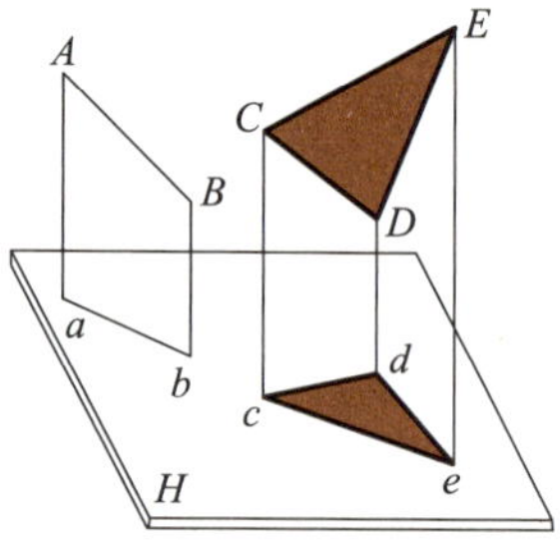

图 2-2-6　投影呈现类似性

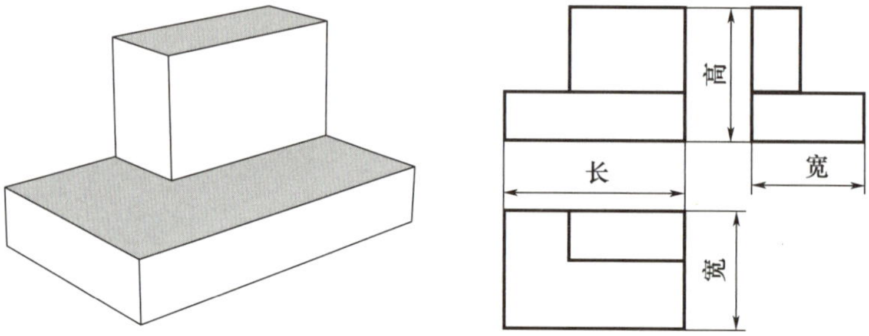

图 2-2-7　形体的三面投影展开图

知识测评

1. 填空题

（1）三面正投影体系中，处于水平位置的投影面称为______面，简称______面，用______表示。处于正立位置的投影面称为______面，简称______面，用______表示。处于侧立位置的投影面称为______面，简称______面，用______表示。

（2）三个投影面互相垂直相交，由这样三个投影面围合而成的空间投影体系，称为________体系。

（3）三面投影的特性有________、________、________。当形体平行于投影面时，投影呈现________。当形体垂直于投影面时，投影呈现________。当形体倾斜于投影面时，投影呈现________。

2. **选择题**

（1）三面投影体系中，*H* 面反映（　　）和（　　）。

A. 长　宽　　　　B. 长　高　　　　C. 宽　高

（2）三面投影体系中，*V* 面反映（　　）和（　　）。

A. 长　宽　　　　B. 长　高　　　　C. 宽　高

（3）三面投影体系中，*W* 面反映（　　）和（　　）。

A. 长　宽　　　　B. 长　高　　　　C. 宽　高

子任务 2　三面投影图的展开和规律

思政导入

两小儿辩日

一天，孔子向东游历，看到两个小孩在争辩。一个小孩说："我认为太阳刚刚升起时离人近一些，中午的时候离人远一些。"另一个小孩认为太阳刚刚升起时离人远些，而中午时离人近些。一个小孩说："太阳刚出来时像车盖一样大，到了中午却像个盘子，这不是远时看起来小而近时看起来大吗？"另一个小孩说："太阳刚出来时有清凉的感觉，到了中午却像把手伸进热水里一样，这不是近时热而远时凉吗？"

从这个故事中，我们能得到什么启示呢？争辩的两个小孩都只是看到了事物的一个特点，这是远远不能反映事物的全貌的，想要认识一个事物，必须要更为全面地了解。如果我们要描述一个形体，至少要考虑几个角度呢？

内容引导

扫描下方二维码，观看子任务配套微课和教学动画。回答问题：

微课 2.2.2　三面投影图的展开和规律　　　　动画 2　三面投影图的展开和规律

1. 三面投影图的三个投影面是怎么命名的？
2. 三面投影图是怎么形成的？

知识精讲

1. **三面投影图的形成**

在建立的三面正投影体系中放入一个物体，根据正投影的概念，只有当平面平行于投影面时，它的投影才反映实形，所以我们将物体的底面平行于 *H* 面，正面平行于 *V* 面。采用三组不同方向的平行投影线向三个投影面垂直投影，在三个投影面上分别得到该物体的正投影图，我们称之为三面正投影图。

由于这三个投影图与我们观察的视线方向一致，因此在制图中常简称为三视图。*H* 投影面上的投影图，称为水平投影图或俯视图；*V* 投影面上的投影图，称为正面投影图或正视图；*W* 投影面上的投影图，称为侧面投影图或侧视图。如图 2-2-8 所示。

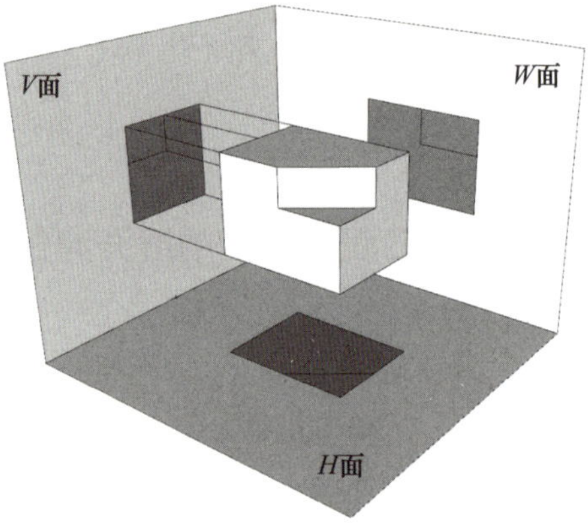

图 2-2-8　物体的三视图

2. 三面投影图的展开

在工程制图中，我们需要将空间形体图表示在二维平面上，即图纸上。所以我们必须将三个垂直投影面上的投影图画在一个平面上，这就是三面投影图的展开。展开时，必须遵循一个原则：*V* 面始终保持不动，首先将 *H* 面绕 O*X* 轴向下旋转 90°（图 2-2-9），然后将 *W* 面绕 O*Z* 轴向右旋转 90°，最终使三个投影图位于一个平面图上。此时，O*Y* 轴线分解成 OY_W、OY_H 两根轴线，它们分别与 O*X* 轴和 O*Z* 轴处于同一直线上（图 2-2-10）。

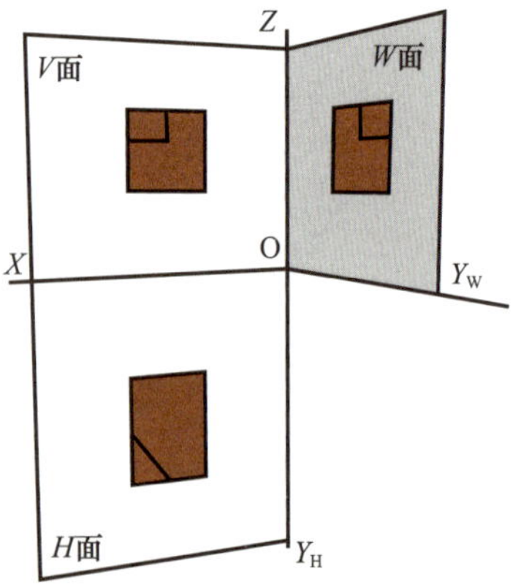

图 2-2-9　三面投影图的展开（1）

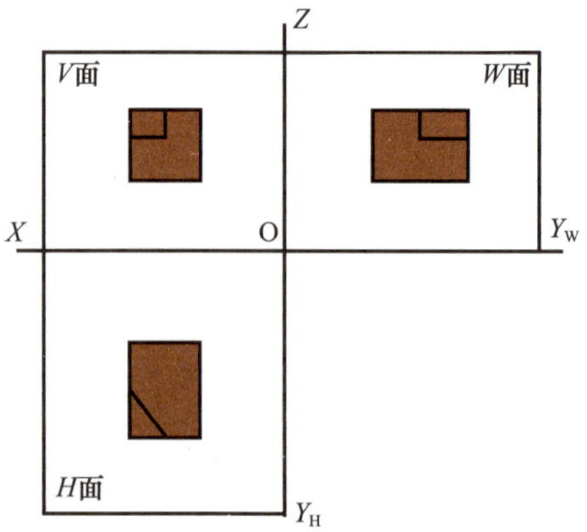

图 2-2-10　三面投影图的展开（2）

三面投影体系的位置是固定的，投影面的大小与投影图无关。在实际作图中，只需画出物体的三面投影图，不必画出三个投影面的边框线，也不用字样注明投影面、轴线与原点。如图 2-2-11 所示。

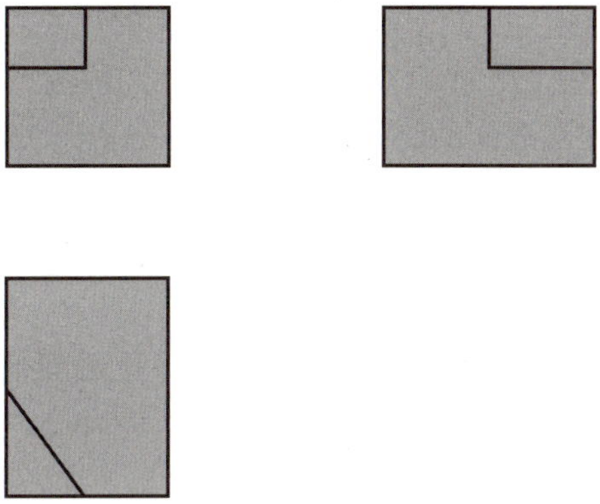

图 2-2-11　三面投影的实际作图

3. 三面投影图的规律

在展开的三面正投影图中可以看出，一个空间形体具有正面、侧面和顶面方向的形状，具有长度、宽度和高度三个方向的尺寸。

在三面投影体系中，平行于 O*X* 轴的形体上，两端点之间的距离称为长度；平行于 0*Y* 轴的形体上，两端点之间的距离称为宽度；平行于 O*Z* 轴的形体上，两端点之间的距离称为高度。

分析三面投影图，可以发现三面投影图两两之间，都存在着一定的联系：正面投影和侧面投影具有相同的高度；水平投影和正面投影具有相同的长度；侧面投影和水平投影具有相同的宽度。因此在作图中，必须使 *V*、*H* 面投影位置左右对正，即遵循“长对正”的规律；使 *V*、*W* 面投影上下平齐，即遵循“高平齐”的规律；使 *H*、*W* 面投影宽度相等，即遵循“宽相等”的规律。“三等关系”是三面投影图的基本规律，如图 2-2-12 所示。

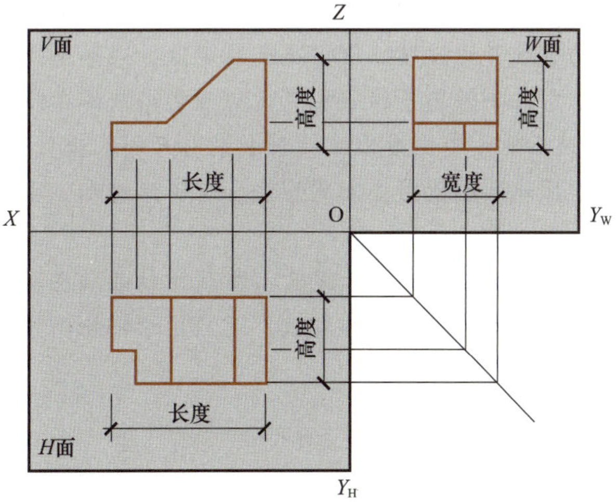

图 2-2-12　三面投影图“三等关系”

知识测评

1. 填空题

（1）一个空间形体具有____、____和____三个方向的尺寸。

（2）在三面投影体系中，平行于 OX 轴的形体上，两端点之间的距离称为____；平行于 OY 轴的形体上，两端点之间的距离称为____；平行于 OZ 轴的形体上，两端点之间的距离称为____。

（3）"三等关系"是三面投影图的基本规律。"三等关系"指的是____、____、____。

2. 选择题

（1）三面投影图每两图之间，存在的联系是：正面投影和侧面投影具有相同的（　　）。

A. 长度　　B. 宽度　　C. 高度

（2）三面投影图每两图之间，存在的联系是：水平投影和正面投影具有相同的（　　）。

A. 长度　　B. 宽度　　C. 高度

（3）三面投影图每两图之间，存在的联系是：侧面投影和水平投影具有相同的（　　）。

A. 长度　　B. 宽度　　C. 高度

子任务 3　三面投影图的画法

思政导入

圭表

我们日常生活中用钟表和手表来记录时间，古人们用什么来记录时间呢？圭表，是度量日影长度的一种天文仪器，由"圭"和"表"两个部件组成。圭表和日晷一样，也是利用日影进行测量的古代天文仪器。所谓圭表测影法，通俗地说，就是垂直于地面立一根杆，通过观察记录它正午时影子的长短变化来确定季节的变化。垂直于地面的直杆叫"表"，水平放置于地面上刻有刻度以测量影长的标尺叫"圭"。早在公元前 20 世纪，陶寺遗址时期，我国中原地区已使用圭表测影法。到了汉时期，古人还采用圭表日影长度确定"二十四节气"。

通过对投影的利用来进行时间的记录是古人智慧的结晶。在现代生活中，我们虽已不再直接使用投影来记录时间，但是投影却被广泛应用于描绘物体的形状。本节课，我们就一起来学习三面投影图的画法。

内容引导

扫描下方二维码，观看子任务配套微课。回答问题：

微课 2.2.3　三面投影图的画法

我们在绘制三面投影图时，为什么要先确定 V 面投影的方向呢？

知识精讲

1. 三面投影图的画法

已知形体的轴测图，如何根据轴测图来绘制形体的三面投影图呢？

如图 2–2–13 所示，我们所看到的是一个组合体的正等轴测图。根据正等轴测图的特点，我们可以得知，组合体尺寸与正等轴测图比例为 1∶1。在进行三面投影图的绘制前，我们先确定三面投影图的投影方向，按图 2–2–14 箭头所示方向确定 V 面，确定 V 面后，我们便能确定 H 面和 W 面（图 2–2–15）。

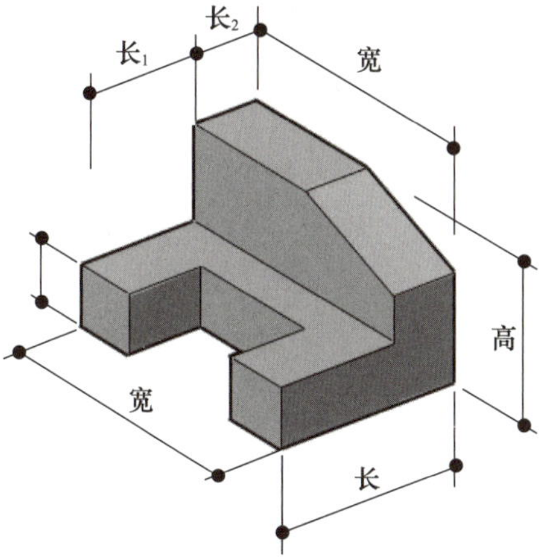

图 2–2–13　组合体的正等轴测图

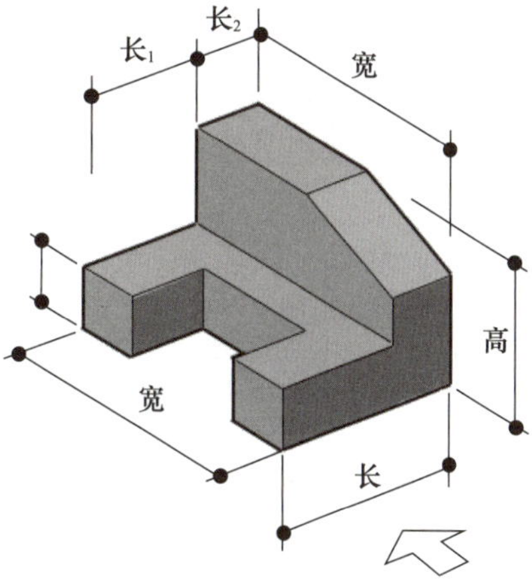

图 2–2–14　确定组合体的 V 面

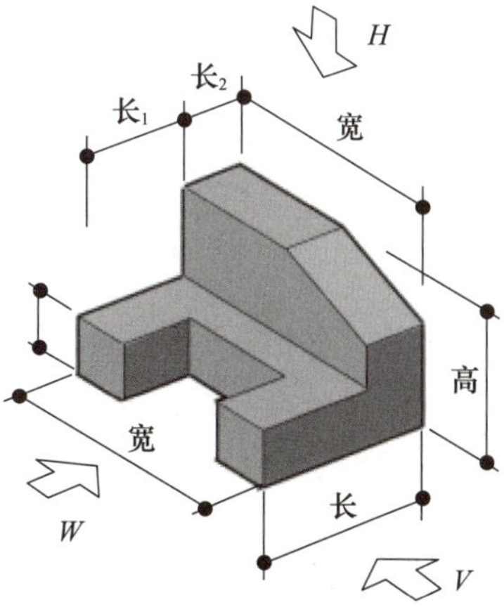

图 2–2–15　确定组合体的 H 面和 W 面

2. 绘制步骤

（1）绘制 *V* 面投影

首先我们绘制该组合体的 *V* 面投影，量取所需要绘制的线段的尺寸（图 2–2–16）。然后根据所量取的尺寸进行绘制（图 2–2–17）。

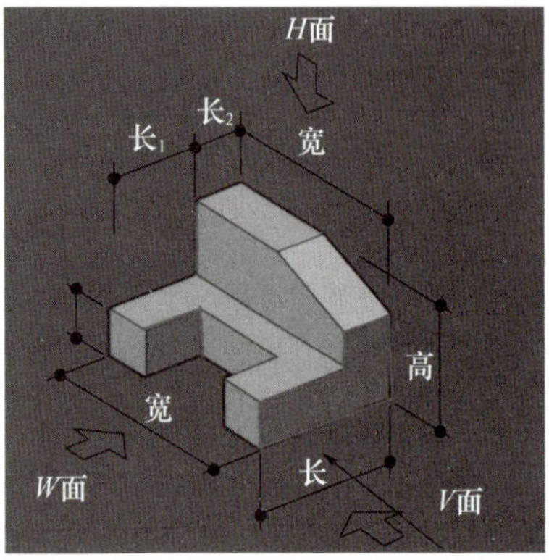

图 2–2–16　量取线段尺寸

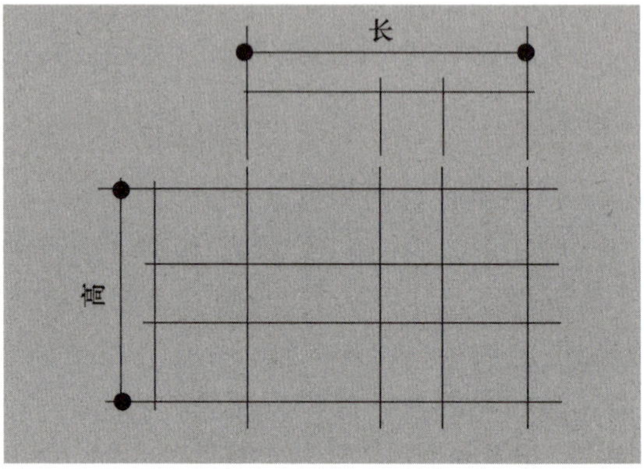

图 2–2–17　根据尺寸进行绘制

观察组合体可以得知，该线条在 *V* 面投影时是被挡住（图 2–2–18），所以我们在绘制 *V* 面投影时，要将其绘制成虚线（图 2–2–19）。

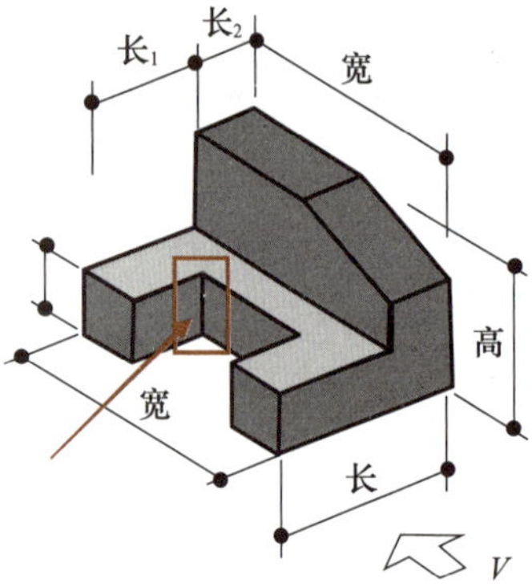

图 2–2–18　组合体中被遮挡的线条

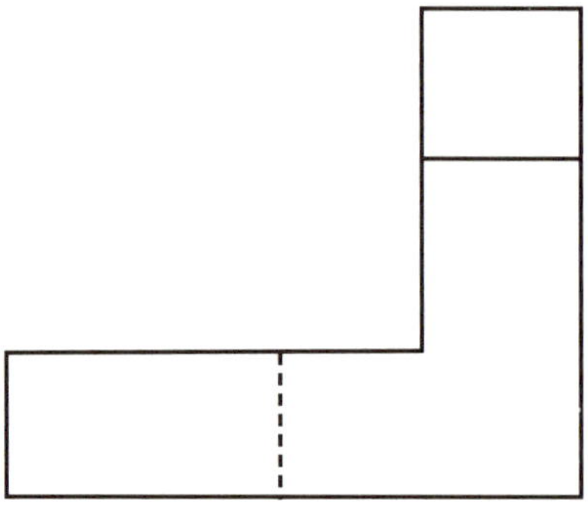

图 2–2–19　被遮挡线条应绘制虚线

（2）*V* 面投影绘制完成后，我们根据三面投影“长对正”和“高平齐”的特征从 *V* 面投影中引出辅助线，如图 2–2–20 所示。

（3）设定形体最后端所在位置

为了利用 *H* 面投影和 *W* 面投影“宽相等”的规律绘制另外两面的投影图，我们首先设定一个形体的最后端位置，画出对应投影线，如图 2–2–21 所示。我们找到设定的 *H* 面投影和 *W* 面投影的最后端线段的交点，以该交点为端点画出 45° 斜线，如图 2–2–22 所示。

（4）绘制 *W* 面投影

首先量取我们所需要的线段的长度，如图 2–2–23 所示。在投影图中，以设定的最后端位置为基准，画出 *W* 面投影，如图 2-2-24 所示。再画出 *W* 面投影和 *H* 面投影符合“宽相等”的辅助线，如图 2-2-25 所示。

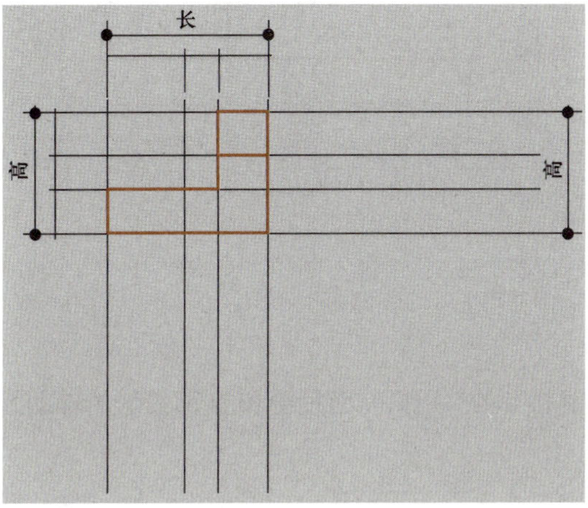

图 2-2-20　从 *V* 面投影引出辅助线

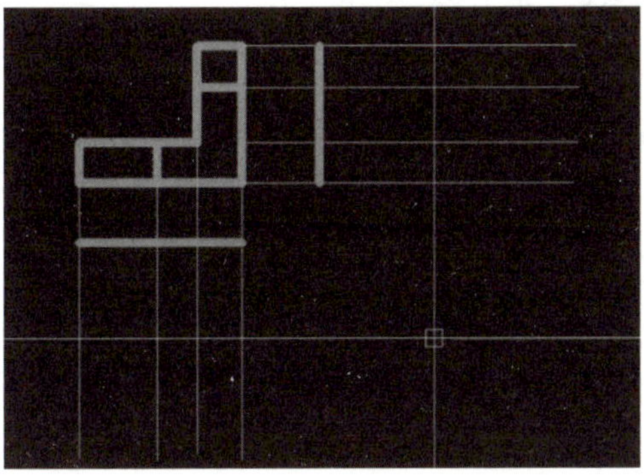

图 2-2-21　作对应投影线

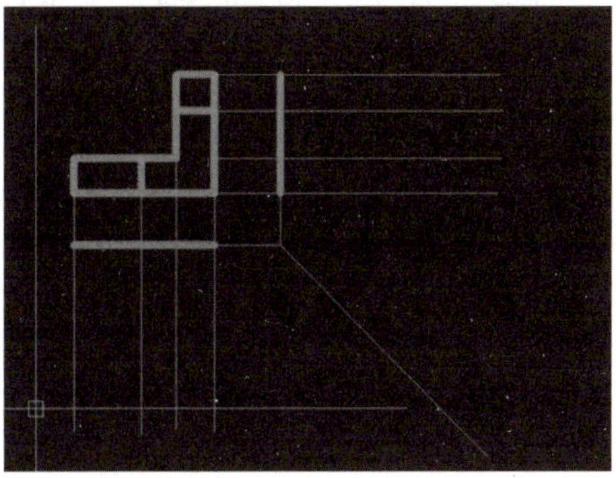

图 2-2-22　作 45° 斜线

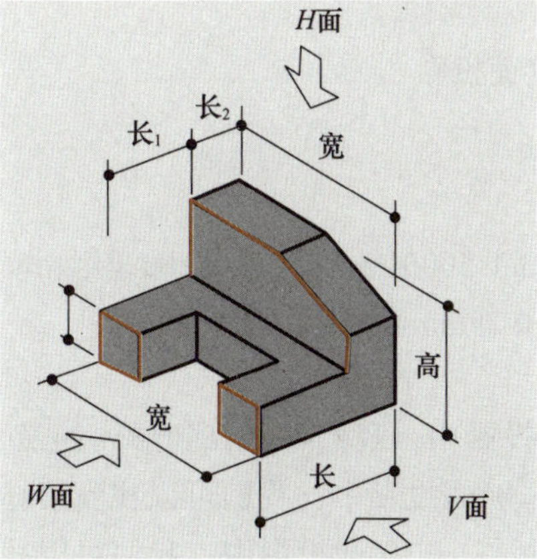

图 2-2-23　量取线段长度

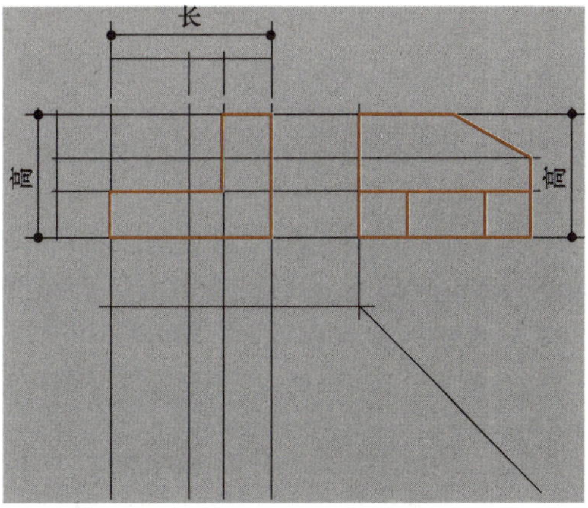

图 2-2-24　绘制 *W* 面投影

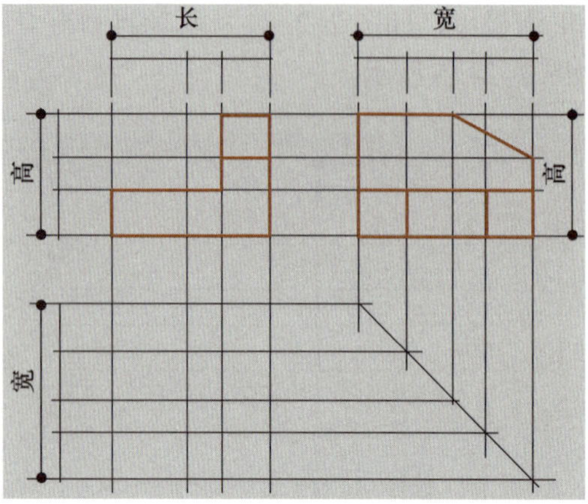

图 2-2-25　作 W 面投影和 H 面投影的辅助线

（5）绘制 H 面投影

我们已经根据“长对正”和“宽相等”画好足够的长度辅助线和宽度辅助线，所以我们不用再量取 H 面的对应线段的尺寸。根据组合体的形状，我们进行 H 面投影的绘制。绘制时应注意线所在位置应符合组合体的形状，如图 2-2-26 所示。

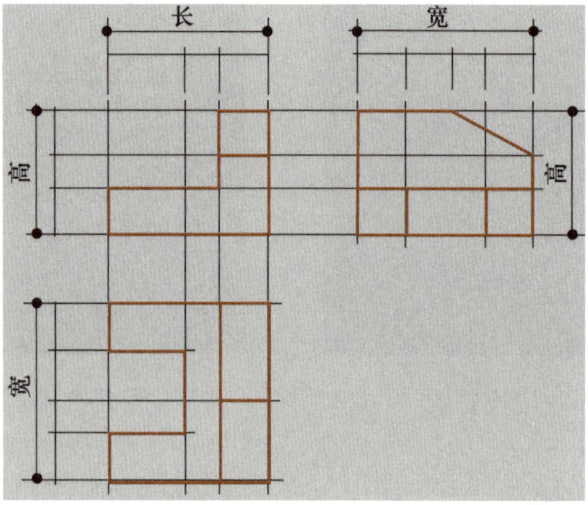

图 2-2-26　绘制 H 面投影

（6）清除辅助线（图 2-2-27）

（7）核对线宽

线宽应该满足《房屋建筑制图统一标准》（GB/T 50001—2017），轮廓线用粗实线绘制，当我们采用 1mm 的粗实线时，虚线可以采用 0.25mm 的细线。

3. 三面投影形体分析

从绘制完成的形体的三面投影图里，在 V 面投影中，我们可以找到形体的最上端、最下端、最左端和最右端，如图 2-2-28 所示。在 W 面投影中，我们可以找到形体的最上端、最下端、最后端和最前端，如图 2-2-29 所示。在 H 面投影中，我们可以找到形体的最后端、最前端、最左端和最右端，如图 2-2-30 所示。

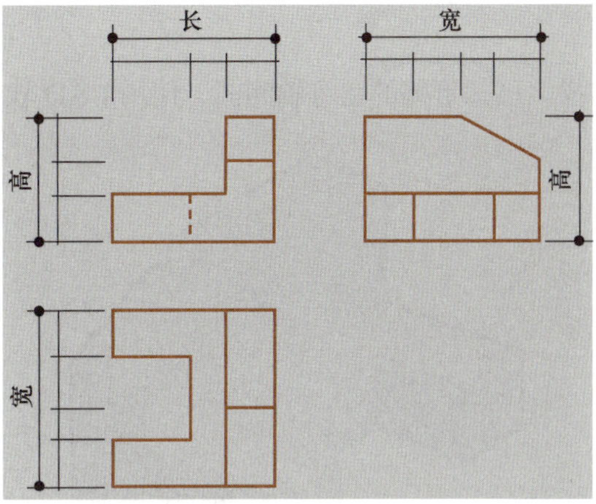

图 2-2-27　清除辅助线

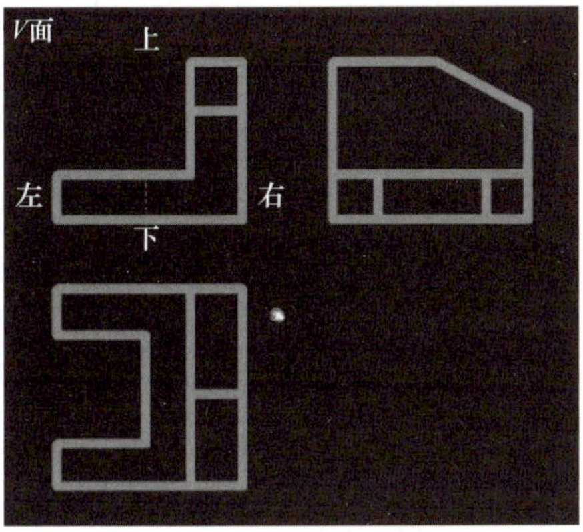

图 2-2-28　*V* 面投影分析

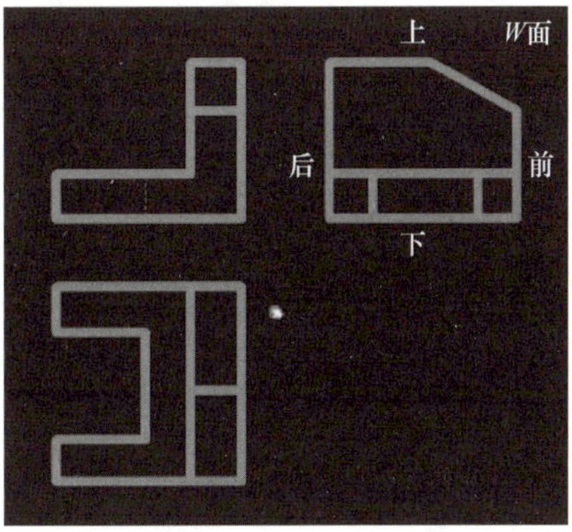

图 2-2-29　*W* 面投影分析

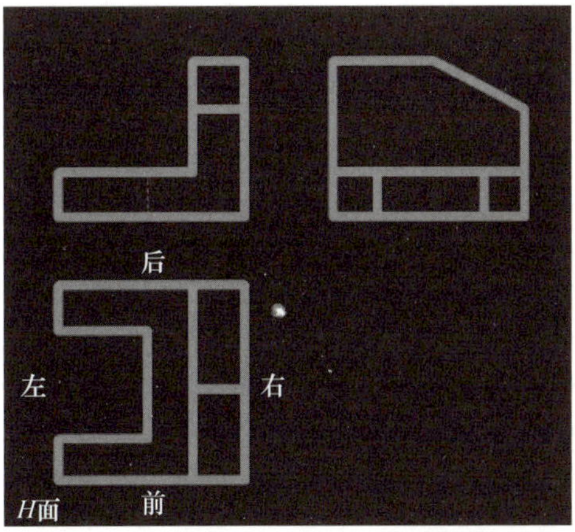

图 2-2-30　*H* 面投影分析

任务实施

任务描述：上机实操。已知形体的正等轴测图，使用 CAD 软件绘制三面投影图。

模块 3

点、直线、平面的投影

思维导图

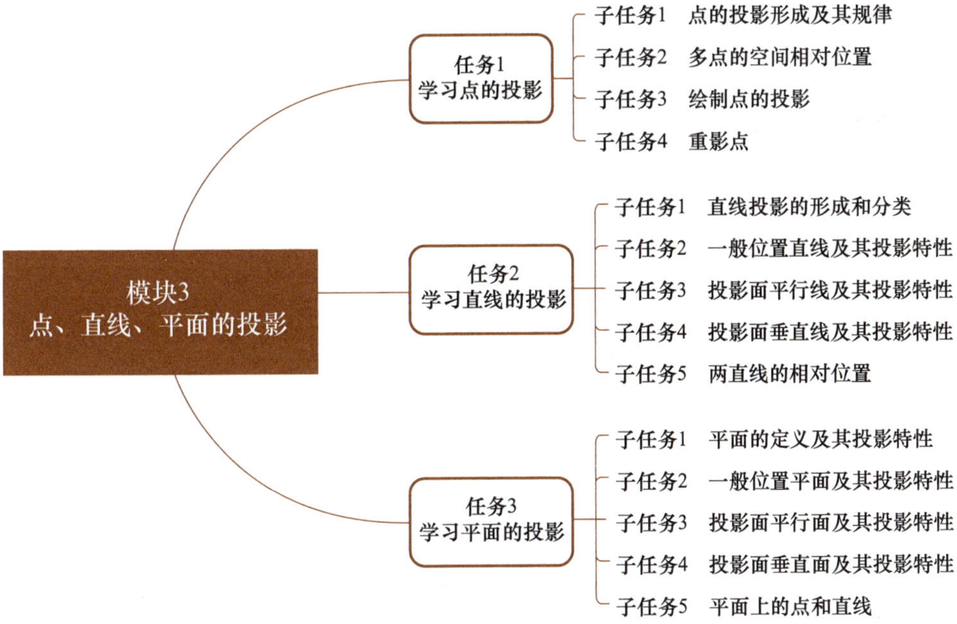

任务 1　学习点的投影

子任务 1　点的投影形成及其规律

思政导入

杨善洲（1927—2010 年），云南省原保山地委书记，他一辈子全心全意为群众谋利益，艰苦创业、廉洁奉公，鞠躬尽瘁、死而后已。在职期间，他带领干部群众发展粮食生产、推广科学种田、开展多种经营、兴修水利设施，为改变贫穷落后面貌、让老百姓过上好日子不懈奋斗，把深山大沟建成了全国闻名的“滇西粮仓”。1988 年退休后，他主动放弃进省城安享晚年的机会，带领群众历尽艰辛义务植树造林 20 多年，建成了约 5.6 万亩的大亮山林场，使昔日的荒山变成了绿洲。2009 年 4 月，他将价值超过 3 亿元的大亮山林场经营管理权无偿交给国家，2010 年 10 月 10 日因病逝世。杨善洲的事迹告诉我们，人的价值发挥不在于你所处岗位的高低，而在于要找准自己的人生定位。杨善洲把自己的一生“定位”在了深山之中，身体力行地用自己的光和热装点祖国的山川河流，他为祖国、为人民兢兢业业奉献一生的精神值得我们学习。从人生的定位出发，本节课我们一起学习点的定位及其投影的形成。

内容引导

扫描下方二维码，观看子任务配套微课。回答问题：

微课 3.1.1　点的投影形成及其规律

1. 点的特点是什么？
2. 点投影是如何形成的？

知识精讲

1. 点

点、线、面是任何空间形体的构成要素。其中，点是形体最基本的要素，是形体定位的依据。点的投影是线、面、体投影的基础，存在于形体上的任何部位。

2. 点的投影形成

如图 3–1–1 所示，过空间一点 A 向投影面 H 作垂直投射线，投射线与投影面相交于点 a，成为点 A 在 H 投影面上的投影。假设投射线上有三个点 B、B_1、B_2，则其在投影面上的投影重合为一点。空间点用大写字母表示，点的投影用对应的小写字母表示。当点的投影重合时，对不可见的点用括号表示。

3. 点的三面投影

将空间点 A 置于三面投影体系中，过 A 点分别作 H 面、V 面和 W 面的垂线，在 H 面上的垂足点为 a，称为空间点 A 的水平投影；在 V 面上的垂足点为 a'，称为 A 的正面投影，在 W 面上的垂足点为 a''，称为侧面投影，如图 3–1–2 所示。

将三面投影体系展开，即得到点 A 的三面投影图。如图 3–1–3 所示，为便于投影分析，在展开图上将点的相邻投影用细实线连起来，如 aa'，$a'a''$，称为投影连线。aa' 与 X 轴交于 a_X；$a'a''$ 与 OZ 轴交于 a_Z；a 与 a'' 相连的方法，作图时常借助 45° 斜角线或圆弧线来完成。

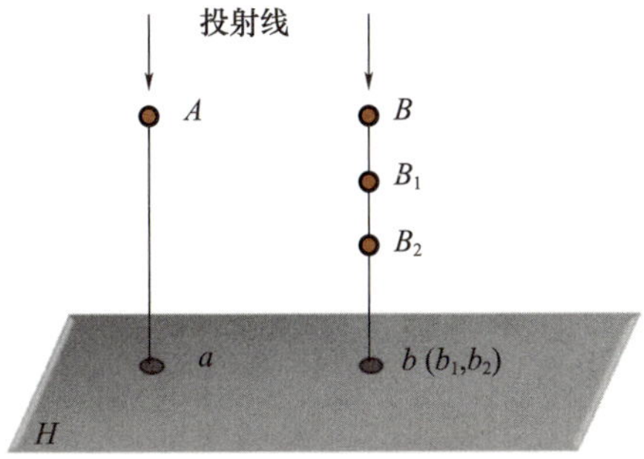

图 3-1-1　点投影的形成

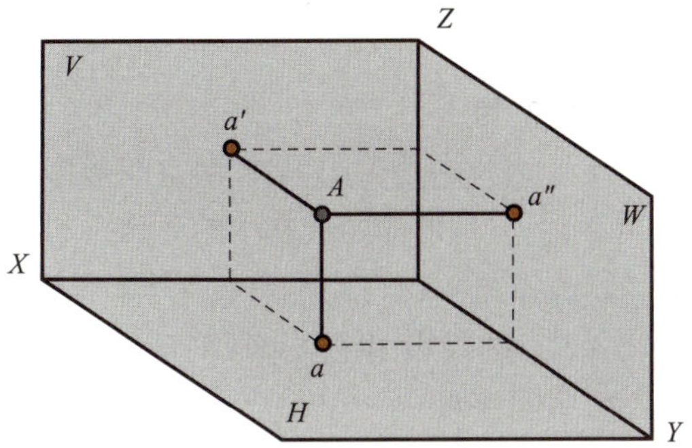

图 3-1-2　点的三面投影体系

4. 点的投影规律

从图 3-1-4 中可以看出：

1）点的正面投影 a' 和水平投影 a 的连线垂直于 OX 轴，即 $a'a \perp OX$；

2）点的正面投影 a' 和侧面投影 a'' 的连线垂直于 OZ 轴，即 $a'a'' \perp OZ$；

3）点的水平投影 a 到 OX 轴的距离等于点的侧面投影到 a'' 到 OZ 轴的距离。

以上投影关系说明，在点的三面正投影图中，任何两个投影都有一定的联系。因此，只要给出一点的任意两个投影，就可以求出其第三投影。

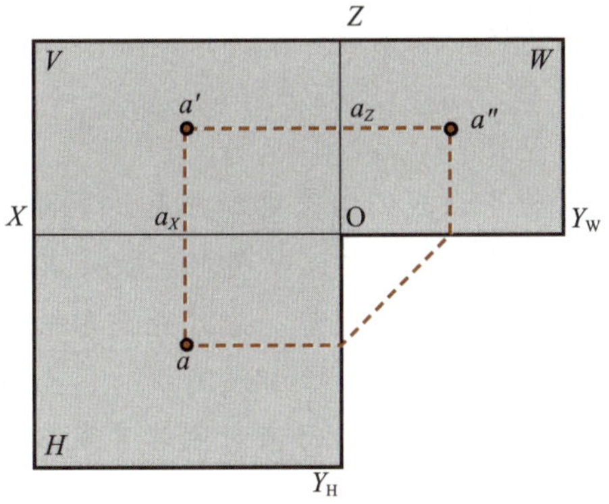

图 3-1-3　点的三面图

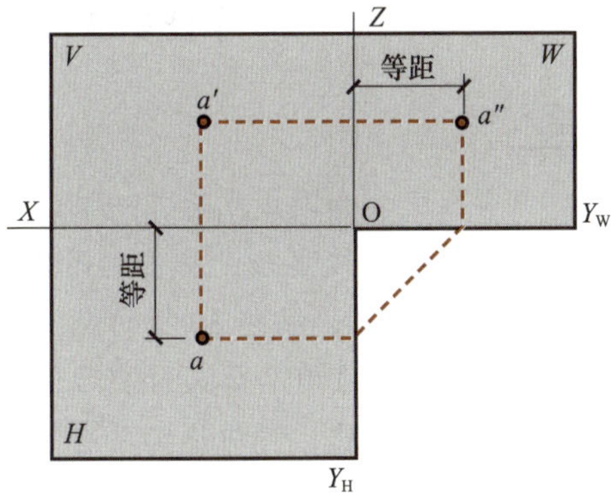

图 3-1-4　点的投影规律

5. 点的坐标

在三面投影体系中，空间点及其投影的位置可以由点的坐标来确定。将三面投影体系看作一个空间直角坐标系，点 O 为坐标原点；X，Y，Z 轴为坐标轴；H 面、V 面、W 面为坐标平面。空间一点 A 到三个投影面的距离，就是点 A 的三个坐标，用小写字母 x，y，z 表示。

因此，点 A 的空间坐标可表示为 A（x，y，z），点 A 的 H 面投影为 a（x，y，O）；点 A 的 V 面投影为 a'（x，O，z）；点 A 的 W 面投影是 a''（O，y，z）。

知识测评

1. 填空题

（1）____、____、____是任何空间形体的构成要素。

（2）____是形体的最基本的要素。

2. 选择题

（1）点的投影用空间点所对应的（　　）表示。

A. 大写字母　　B. 小写字母　　C. 数字

（2）当点的投影重合时，对不可见的点用（　　）表示。

A. 括号　　B. 特殊字母　　C. 特殊符号

（3）在空间中有点 A，点的水平投影 a 到 OX 轴的距离（　　）点的侧面投影到 a'' 到 OZ 轴的距离。

A. 大于　　B. 小于　　C. 等于

3. 简答题

（1）什么是点的三面投影？

（2）点投影的规律是什么？

子任务 2　多点的空间相对位置

思政导入

在中华人民共和国成立后，一批又一批的先辈为了让我们国家更加强大，不再受人欺负，他们投身科技事业，肩负起时代的使命，“中国核潜艇之父”黄旭华就是其中之一。从 1958 年开始，整整 30 年的光阴，黄旭华没有回家看过父母。他只能偶尔给父母写信，但是他从来没有告诉父母自己做什么工作，过得如何，什么都没有说。甚至自己父亲去世，因为工作，黄旭华都没有回家给父亲奔丧。而这也让母亲对他非常寒心，觉得这个孩子为了自己在大城市享福，不为父母尽孝。

1987 年，黄旭华寄给母亲一本杂志，有篇关于中国核潜艇总设计师的文章，上面写“黄总设计师”妻子李世英的名字，母亲这才知道，“黄总设计师”，就是她那个 30 年没有回过老家的三儿子。自古忠孝不能两全，相对家庭来讲，黄旭华不是一个合格的儿子、丈夫、父亲，但对国家来讲，黄旭华是当之无愧的“中国脊梁”，他说，“对国家的忠，就是对父母最大的孝”。

在工作与生活中，每个人的位置都是相对的。同样，在建筑识图中多点之间也存在相对位置，本节课我们就一起来学习。

内容引导

扫描下方二维码，观看子任务配套微课和教学动画。回答问题：

微课 3.1.2　多点的空间相对位置　　动画 3　多点的空间相对位置

什么是点的相对位置?

知识精讲

1. 多点的空间相对位置

点的相对位置是指沿平行于投影轴 OX、OY、OZ 方向的左右、前后和上下的相对关系，是由点与点相对于投影面 W、V、H 面的距离决定的。

X 坐标差表示点的左右位置，Y 坐标差表示点的前后位置，Z 坐标差表示点的上下位置。X 坐标大者在左，小者在右；Y 坐标大者在前，小者在后；Z 坐标大者在上，小者在下。

如图 3-1-5 所示，在 V 面视图中，表达的空间位置是左右关系和上下关系，而无法判断前后关系；在 W 面视图中，表达的空间位置是前后关系和上下关系，而无法判断左右关系；在 H 面视图中，表达的空间位置是左右关系和前后关系，而无法判断上下关系。

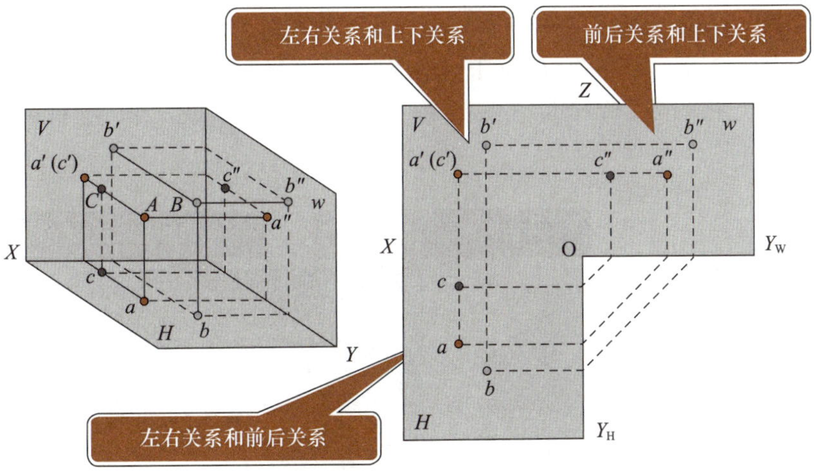

图 3-1-5　点的空间相对位置

例 1：分析 A 点和 C 点的关系，如图 3-1-6 所示。

分别从三个视图进行分析。在 V 面视图中，A 点和 C 点积聚为一点，X、Z 坐标相同，即没有上下和左右的差别；Y 坐标无法判断，只能通过 H 面视图或 W 面视图判断前后关系。在 H 面视图中，A 点的 Y 坐标大于 C 点的 Y 坐标，X 坐标相同，即可判断 A 点在 C 点正前方，没有左右差别；Z 坐标无法判断，只能通过 V 面视图和 W 面视图判断上下关系。在 W 面视图中，A 点和 C 点的 Z 坐标相同，没有高差；A 点的 Y 坐标大于 C 点，即可判断 A 点在 C 点正前方；X 坐标无法判断，只能通过 V 面视图和 H 面视图判断左右关系。

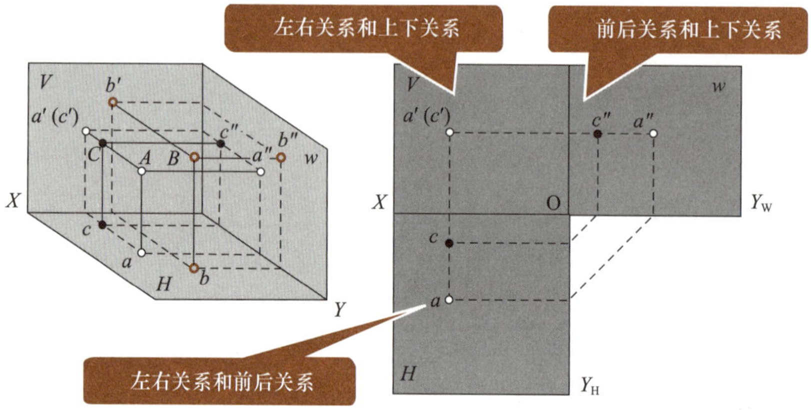

图 3-1-6　例 1 示意图

例 2： 分析 A 点和 B 点的空间关系，如图 3-1-7 所示。

分别从三个视图进行分析。在 V 面视图中，A 点的 X 坐标大于 B 点，Z 坐标小于 B 点，即可判断 A 点位于 B 点的左侧和下方；Y 坐标无法判断，只能通过 W 面视图和 H 面视图判断前后关系。在 H 面视图中，A 点的 X 坐标大于 B 点，Y 坐标小于 B 点，即可判断 A 点位于 B 点的左侧和后方；Z 坐标无法判断，只能通过 W 面视图和 V 面视图判断上下关系。在 W 面视图中，A 点的 Z、Y 坐标均小于 B 点，即可判断 A 点位于 B 点的下方和后方；X 坐标无法判断，只能通过 H 面视图和 V 面视图判断左右关系。

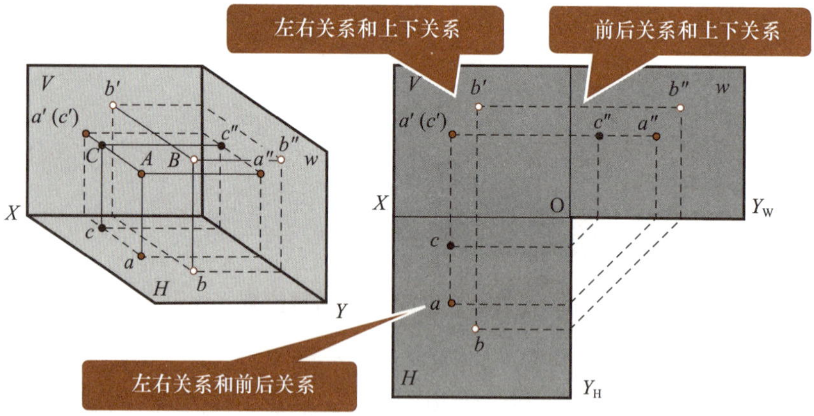

图 3-1-7　例 2 示意图

2. 两点相对位置的识读

例 3： 在图 3-1-8 中指出点 B 与点 D，点 D 与点 C 的位置关系。

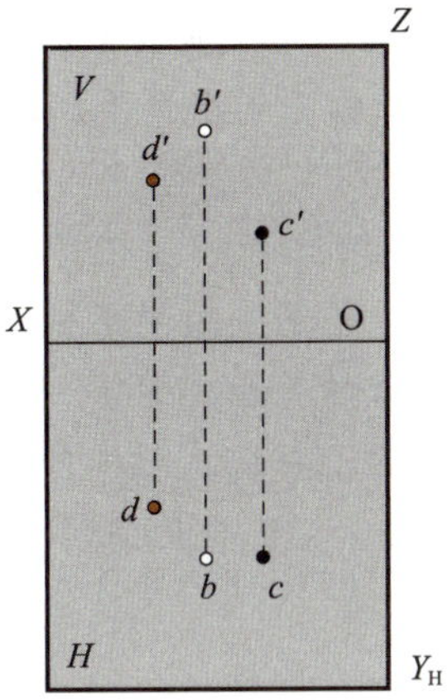

图 3-1-8　例 3 示意图

以点 *D* 为基准，从 *B*、*D* 两点的 *H* 面投影来看，*b* 在 *d* 的右前方；*V* 面投影中，*b'* 在 *d'* 的右上方，由此判定：点 *B* 在点 *D* 的右前上方。以点 *C* 为基准，*H* 面投影中，*d* 在 *c* 的左后方；*V* 面投影中，*d'* 在 *c'* 的左上方，由此判定：点 *D* 在点 *C* 的左后上方。

知识测评

1. 填空题

（1）在____坐标体系中，点的____坐标大者在左，小者在右。

（2）在____坐标体系中，点的____坐标大者在前，小者在后。

（3）在____坐标体系中，点的____坐标大者在上，小者在下。

2. 选择题

（1）*X* 坐标差表示点的（　　）位置。

A. 左右　　B. 上下　　C. 前后

（2）*Y* 坐标差表示点的（　　）位置。

A. 左右　　B. 上下　　C. 前后

（3）*Z* 坐标差表示点的（　　）位置。

A. 左右　　B. 上下　　C. 前后

3. 简答题

（1）在 *V* 面视图中，能表达点的什么空间位置，无法判断点的什么关系？

（2）在 *H* 面视图中，能表达点的什么空间位置，无法判断点的什么关系？

（3）在 *W* 面视图中，能表达点的什么空间位置，无法判断点的什么关系？

子任务 3　绘制点的投影

思政导入

到 2020 年末，我国如期全面建成小康社会，人民生活的质量和社会共享水平取得了历史性进步，实现全方位跃升，全面打赢脱贫攻坚战，9899 万农村贫困人口全部脱贫。在这期间，300 多万名第一书记和驻村工作人员下沉到一个个贫困村，全社会扶贫构筑起强大合力，一个个点勾勒描绘出了脱贫攻坚事业的作战图，“时代楷模”黄文秀就是其中最闪亮的一个“点”。习近平总书记批示：“黄文秀同志研究生毕业后，放弃大城市的工作机会，毅然回到家乡，在脱贫攻坚第一线倾情投入、奉献自我，用美好青春诠释了共产党人的初心使命，谱写了新时代的青春之歌。”新时代工匠应以黄文秀同志为榜样，不忘初心、牢记使命，勇于担当、甘于奉献，在各自的领域争做最闪亮的那一个“点”，由一个个“点”投影出全面建成社会主义现代化强国的奋进新征程。

内容引导

扫描右方二维码，观看子任务配套微课。回答问题：

什么是点的三面投影方框定律？

微课 3.1.3

绘制点的投影

知识精讲

绘制点的投影应以点的三面投影规律及特性为依据，当确定了两点位置，第三点位置即可找到。

例 1：已知 a' 点和 a'' 点，连线成框即找到 a 点，如图 3-1-9 所示。

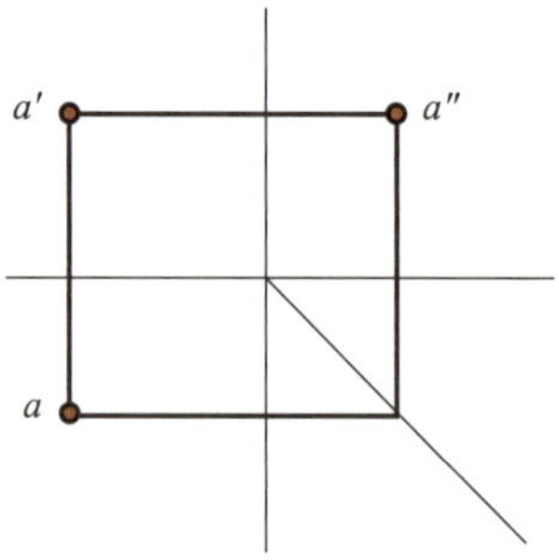

图 3-1-9　例 1 示意图

例 2：已知 b' 点和 b 点，连线成框找到 b'' 点，如图 3-1-10 所示。

例 3：已知 c 点和 c' 点位于原点，即可判断 c'' 点也在原点，如图 3-1-11 所示。

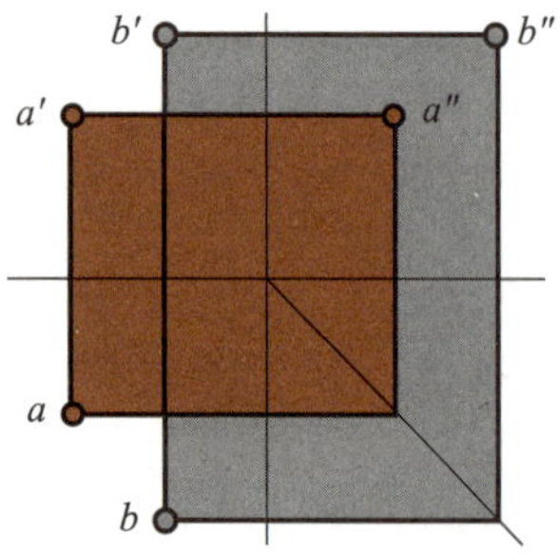

图 3-1-10　例 2 示意图

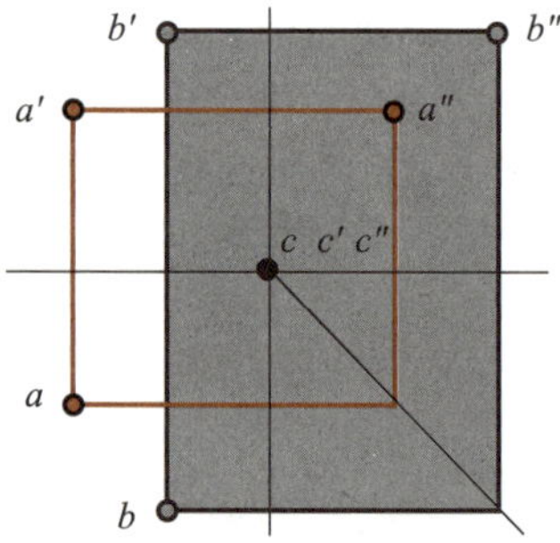

图 3-1-11　例 3 示意图

根据示例详细介绍点的投影绘制方法。

例 4： 已知点 A 的坐标（30，15，20），求其投影。

三投影面体系可以看作空间直角坐标系，投影面 H、V、W 相当于坐标平面；投影轴 OX、OY、OZ 分别相当于坐标轴 X、Y、Z。

投影轴原点 O 相当于坐标系原点。A 点坐标（30，15，20），所以该点在 OX 轴上与原点的距离为 30（单位：mm），在 OY 轴上与原点的距离为 15（单位：mm），在 OZ 轴上与原点的距离为 20（单位：mm）。分别标出三个轴上对应该点的位置。根据点的投影规律便可作出点 A 在 H、V、W 三个面上的投影 a、a'、a''（图 3–1–12）。

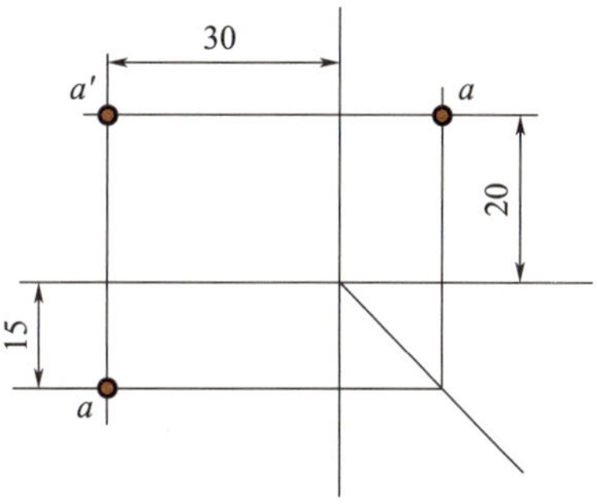

图 3–1–12　例 4 示意图（单位：mm）

例 5： 已知点的两个投影，求其第三投影。

首先我们对已知条件进行分析，已知点 A 的正面投影 a' 和水平投影 a，根据点的投影规律可知，a' 和 a 的连线垂直于 OX 轴。关于这道题有两种解法。

解法一：如图 3–1–13 所示，根据点的投影规律，点的水平投影 a 到 OX 轴的距离等于其侧面投影 a'' 到 OZ 轴的距离，即 $aa_X=a''a_Z$，根据这个特性，我们在投影图中作出 45° 线作为辅助线，便可得出点 A 的侧面投影 a'' 。

解法二：如图 3–1–14 所示，用圆规直接量取 a 到 OX 的距离即 aax，根据 $aa_x=a''a_z$，便可以在 W 面上找出 a'' 的位置。

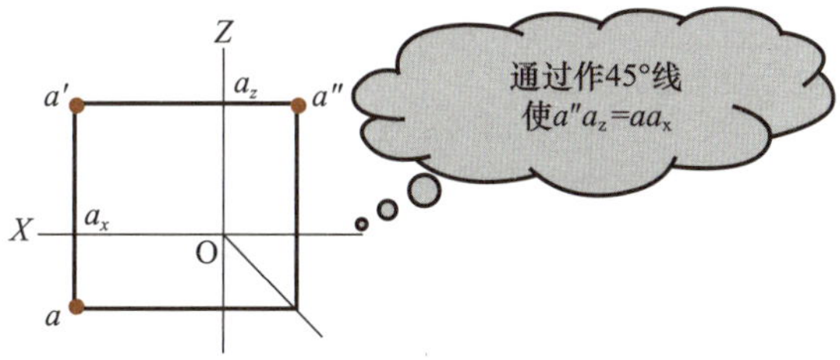

图 3–1–13　例 5 解法一示意图

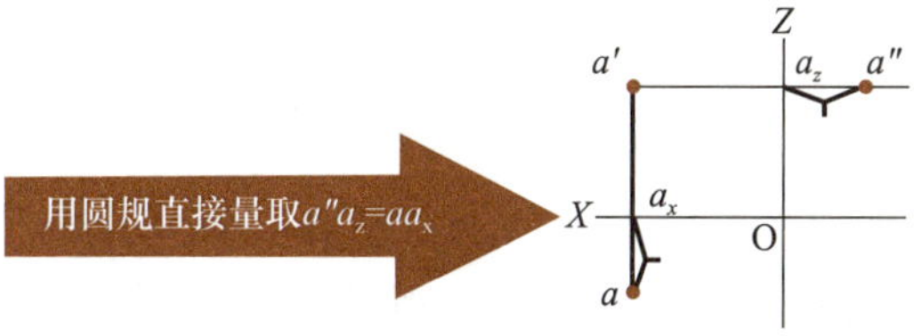

图 3–1–14　例 5 解法二示意图

例 6：已知投影 a' 和 a''，求 a 的投影。

如图 3–1–15 所示，分析已知条件：根据点的投影规律，点的正面投影 a' 和侧面投影 a'' 的连线垂直于 OZ 轴。

根据 $aa_X=a''a_Z$ 的投影规律，作出 45° 辅助线，找出 a 距离 OX 轴的距离，又因为点的正面投影 a' 和水平投影 a 的连线垂直于 OX 轴，便可作图得出 a。

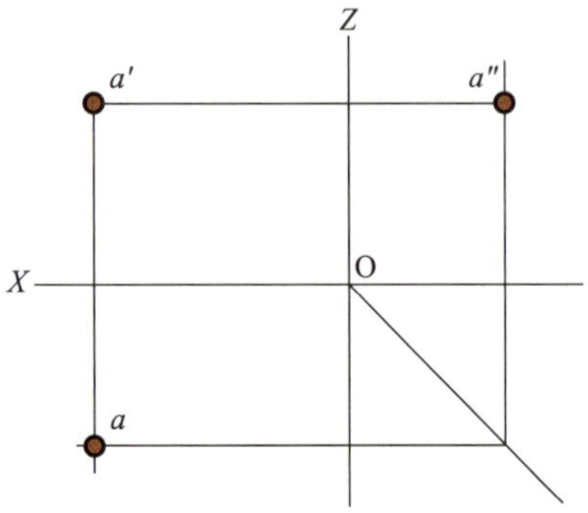

图 3–1–15　例 6 示意图

例 7：已知点 A 距 H 面距离为 30，距 V 面距离为 20，距 W 面距离为 40，求其投影。

如图 3–1–16 所示，根据已知条件我们可以得知，点 A 距 H 面距离为 30，意味着 a' 和 a'' 距离 OX 轴的距离为 30，点 A 距离 V 面距离为 20，可得出 a 和 a'' 距离 OX 轴的距离为 20，点 A 距离 W 面距离为 40，意味着 a' 和 a 距离 OZ 轴的距离为 40，由此可画出 a'、a、a''，如图 3–1–17 所示。

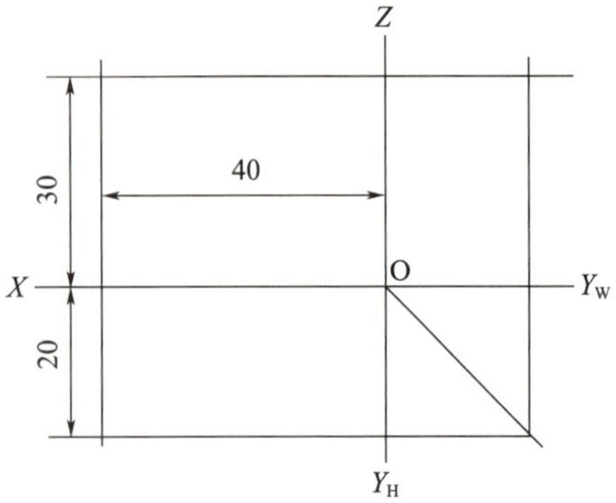

图 3–1–16　例 7 示意图（1）

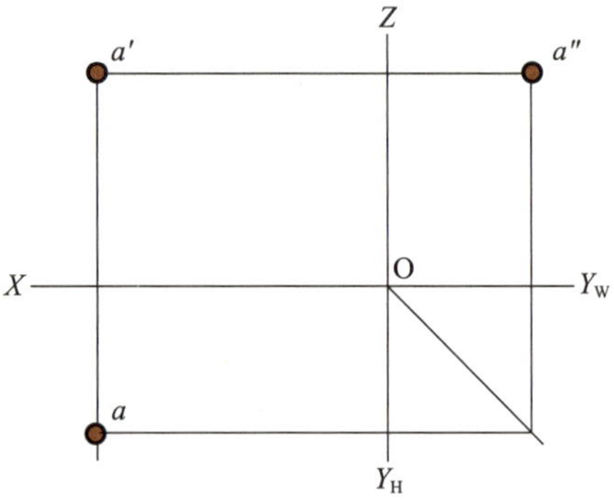

图 3–1–17　例 7 示意图（2）

知识测评

1. 绘图题

（1）已知点 A 的坐标（28，15，18），求其投影。

（2）已知点 A 距 H 面距离为 32，距 V 面距离为 20，距 W 面距离为 42，求其投影。

子任务 4　重影点

思政导入

全国劳动模范、天津港中煤华能煤码头有限公司孔祥瑞操作队队长、党支部书记孔祥瑞，1972 年初中毕业后到天津港工作，成为一名门吊司机。他把工作岗位作为课堂，把生产实践作为教材，把设备故障作为课题，把身边拥有一技之长的工友作为老师，勤奋学习、不断钻研，攻克了一个又一个技术难关，被誉为与时俱进的“蓝领专家”。

“孔祥瑞”式的大国工匠是我国制造业的脊梁，在工业体系中占据着重要的位置，凭借着优秀的专业技能和工匠精神，我们便能肩负起建设中华民族的伟大复兴的重任。无数的工匠与我们在社会中的定位相同，也正因为大家的齐心协力，工匠们挥汗如雨的身影重叠在一起，我们的民族才能如此辉煌。

接下来我们来学习空间两点位置关系中的重影点的相关知识吧。

内容引导

扫描下方二维码，观看子任务配套微课。回答问题：

微课 3.1.4　重影点

1. 什么是重影点？
2. 重影点可见性如何判断？

知识精讲

1. **重影点**

空间两点的某两个坐标相同，某一投影面上的投影重合为一点时，则称此两点为该投影面的重影点。判断重影点的可见性时，需要看重影点在另一投影面上的投影，坐标值大的点投影可见；反之，坐标值小的点投影不可见。如图 3–1–18 所示，A、C 位于同一投射线，在 H 面上的投影 a 和 c 重合，且 A 距离 H 面的距离大于 C。因此，在 H 面投影中 a 为可见，C 为不可见，在被挡住的 c 上加一括号以示区别。

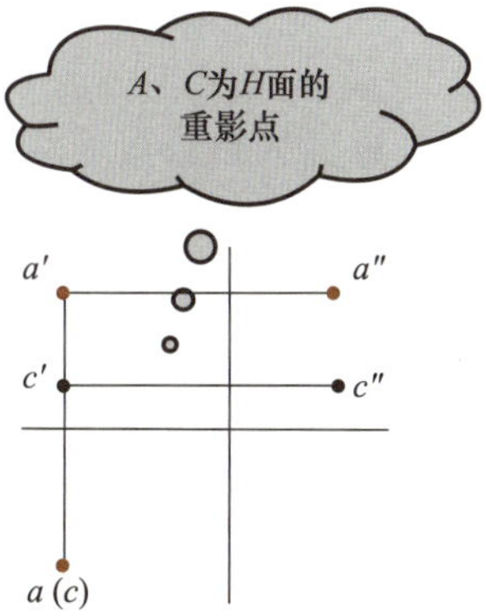

图 3–1–18　重影点

2. **重影点及可见性判断**

H 面的重影点（上下重影）：如图 3–1–19 所示，由于 A、B 两点的 X、Y 坐标相同，且位于向 H 面的同一投射线上。又由于 A 的高度大于 B，即 $ZA > ZB$，所以向 H 面投影时，A 遮挡 B，点 A 的投影可见，点 B 的投影不可见。所以在水平投影面上 a、b 两点重合，重合标记为 a（b）。

V 面的重影点（前后重影）：如图 3-1-20 所示，由于 C、D 两点的 X、Z 坐标相同，且位于向 V 面的同一投射线上。又由于 C 点距 V 面的距离大于 D 点，即 $YC > YD$，所以向 V 面投影时，C 遮挡 D，点 C 投影可见，点 D 投影不可见。所以在正立投影面上 c、d 两点重合，重合标记为 c'（d'）。

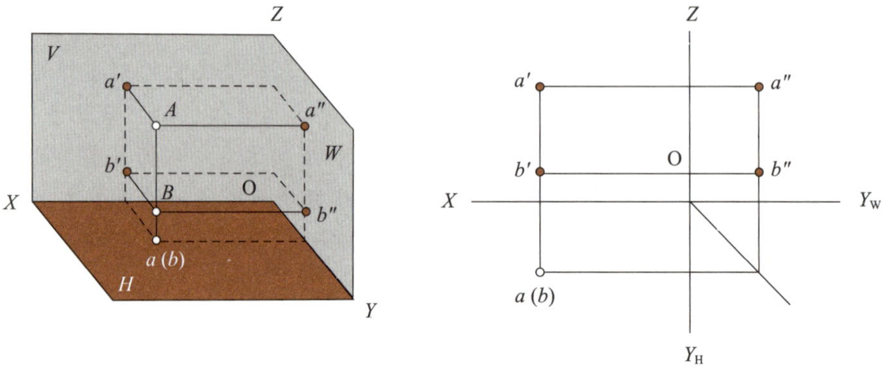

图 3-1-19　H 面的重影点

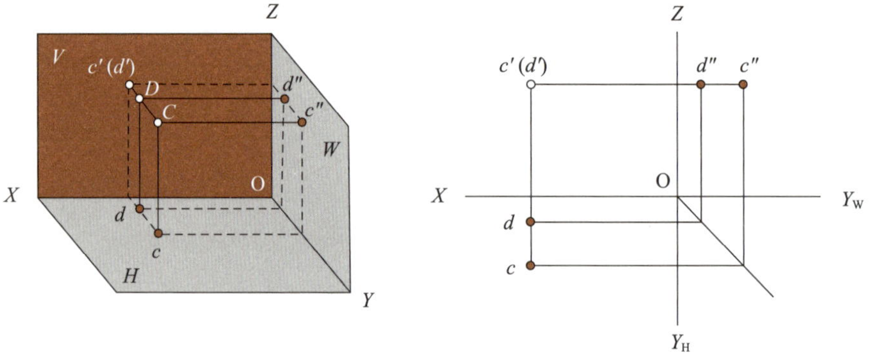

图 3-1-20　V 面的重影点

W 面的重影点（左右重影）：如图 3-1-21 所示，由于 E、F 两点的 Z、Y 坐标相同，且位于向 W 面的同一投射线上。又由于 E 点距离 W 面的距离大于 F 点，即 $XE > XF$，所以向 W 面投影时，E 遮挡 F，点 E 投影可见，点 F 投影不可见。所以在正立投影面上 e、f 两点重合，重合标记为 e''（f''）。

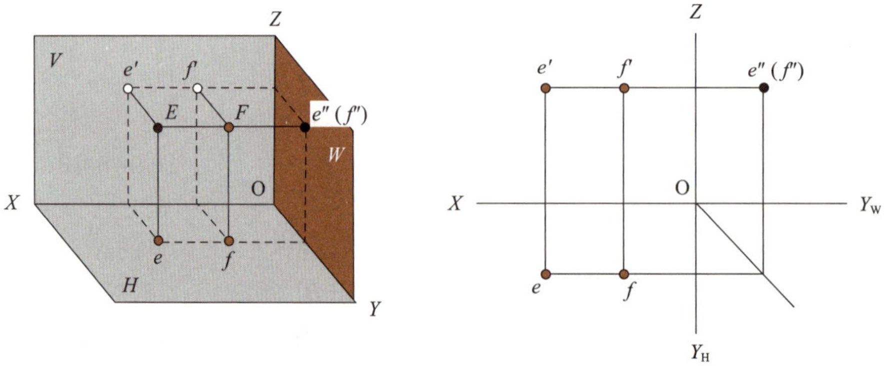

图 3-1-21　W 面的重影点

知识测评

1. 填空题

判断重影点的可见性时，坐标值大的点投影可见，坐标值小的点投影不可见，在被挡住的坐标值小的点投影上加____以示区别。

2. 选择题

（1）*H* 面的重影点其实质是（　　）。

A. 上下重影　　B. 前后重影　　C. 左右重影

（2）*W* 面的重影点其实质是（　　）。

A. 上下重影　　B. 前后重影　　C. 左右重影

（3）*V* 面的重影点其实质是（　　）。

A. 上下重影　　B. 前后重影　　C. 左右重影

3. 简答题

（1）什么是 *H* 面的重影点？

（2）什么是 *V* 面的重影点？

（3）什么是 *W* 面的重影点？

任务 2　学习直线的投影

子任务 1　直线投影的形成和分类

思政导入

师昌绪，金属学及材料科学家，中国高温合金和新型合金钢的重要奠基人，材料腐蚀与防护领域的开拓者。1951 年 5 月，北洋大学曾向当时赴美留学的师昌绪发出聘书，欲聘其为“冶金系副教授”。本想读完博士以后回国的师昌绪，却被美国司法部列入明令禁止回国的 35 名中国学者名单中，因此无法成行。后来，他排除万难，回国工作，先后在中国科学院、中国科学院金属研究所、国家自然科学基金委员会等单位任职，因其在材料学领域的突出贡献，于 2010 年被授予国家最高科学技术奖。师昌绪院士以科技报国，所展现的家国情怀和使命担当令人动容，他曾说过，“人生观定了以后，它就永远不会变。我的人生观就是要使祖国强大”。师昌绪沿着爱国这条“直线”走完了他默默奉献的一生，并将这种精神无限延展。

本节课我们一起来学习直线投影的形成和分类。

内容引导

扫描下方二维码，观看子任务配套微课。回答问题：

微课 3.2.1　直线投影的形成和分类

1. 什么是直线投影规律？

2. 直线投影作图方法是什么？

知识精讲

1. 直线投影规律及作图方法

根据几何学定义，直线的空间位置可以由直线上的任意两点来确定，因此，直线的投影可通过直线上任意两点的投影确定。

如图 3–2–1 所示，求作直线的投影，只要作出直线上两点的投影，两点的同面投影连线，就是直线在该投影面上的投影。

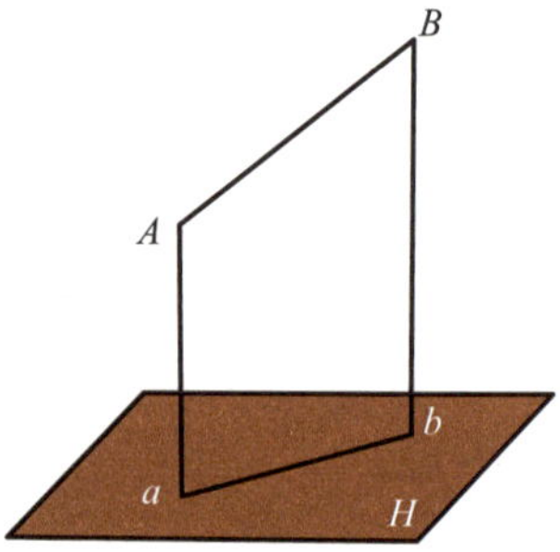

图 3–2–1　直线的投影

2. 直线投影的形成

直线的投影一般情况下仍是直线，特殊情况下投影为一个点。作某一直线的投影时，只要作出该直线上两个端点的三面投影，再将两端点的同面投影相连，即得直线的三面投影。

3. 直线的特性

直线倾斜于投影面投影比空间线段短，$ab=AB\times\cos\alpha$，表现出直线投影性质中的类似性，如图 3–2–2 所示。直线平行于投影面投影反映线段实长 $ab=AB$，表现出直线投影性质中的实形性，如图 3–2–3 所示。直线垂直于投影面，投影重合为一点 $ab=0$，表现出直线投影性质中的积聚性，如图 3–2–4 所示。

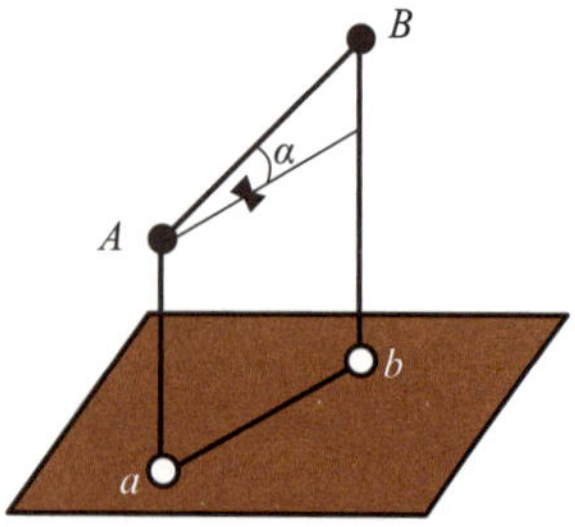

图 3–2–2　直线投影的类似性

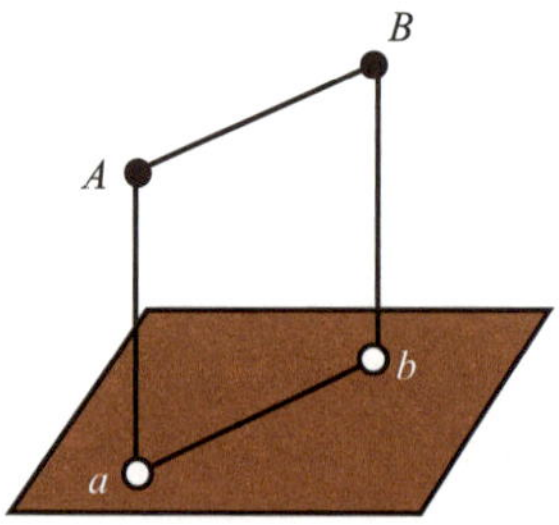

图 3–2–3　直线投影的实形性

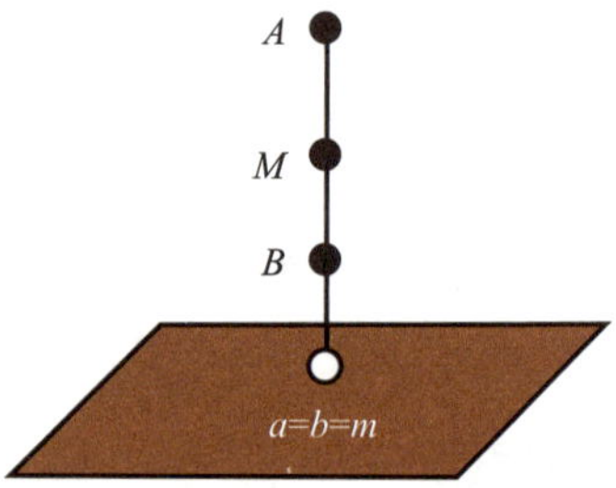

图 3–2–4　直线投影的积聚性

4. 直线投影的分类

根据直线相对于投影面的位置不同，直线可以分为 3 种：投影面平行线、投影面垂直线、一般位置直线，前两种又称为特殊位置直线。

一般位置直线指的是与三个投影面均呈倾斜的直线，投影面平行线指的是平行于某一投影面，倾斜于其余两投影面的直线投影，投影面垂直线指的是垂直于某一投影面，平行于其余两投影面的直线投影。

知识测评

1. 填空题

（1）直线的投影一般情况下是____，特殊情况下投影为____。

（2）根据直线相对于投影面的位置不同，直线可以分为 3 种：____、____、____。

2. 选择题

（1）直线倾斜于投影面投影比空间线段短，表现出直线投影性质中的（　　）。

A. 类似性　　B. 实形性　　C. 积聚性

（2）直线平行于投影面投影反映线段实长，表现出直线投影性质中的（　　）。

A. 类似性　　B. 实形性　　C. 积聚性

（3）直线垂直于投影面投影重合为一点，表现出直线投影性质中的（　　）。

A. 类似性　　B. 实形性　　C. 积聚性

3. 简答题

（1）什么是一般位置直线？

（2）什么是投影面平行线？

（3）什么是投影面垂直线？

子任务 2　一般位置直线及其投影特性

思政导入

在我国的工程发展史上有一位做出巨大贡献的科学家——李书田，他是中国著名的高等教育专家、水利学家，历任多所学院院长，中国近代水利科学的开拓者之一。参与编制了海河流域首个河系规则——《永定河治本计划》，实施了一批海河水利工程。他首开我国国立大学水利工程教育先河，于 1935 年建立水利工程研究院，建立水力学与水力机械、土工、材料、地质实验室，培养出了我国第一批工学硕士。大国工程的发展离不开这些为了科研奉献出自己一生的大师们，我们未来也要肩负起实现中华民族伟大复兴的重担。

内容引导

扫描下方二维码，观看子任务配套微课。回答问题：

微课 3.2.2　一般位置直线及其投影特性

什么是一般位置直线?

1. 一般位置直线

如图 3–2–5 所示，像直线 *AB* 这样，与三个投影面都倾斜，并与 *H*、*V*、*W* 三个投影面都有倾角，且倾角均为锐角的直线称为一般位置直线，简称为一般直线。

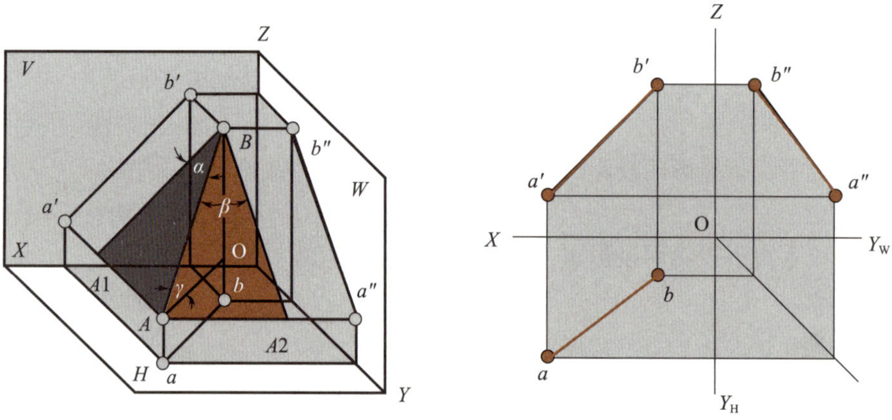

图 3–2–5　一般位置直线

2. 一般位置直线的投影特点

①一般直线在三个投影面上的投影都倾斜于投影轴，如图 3–2–6 所示。

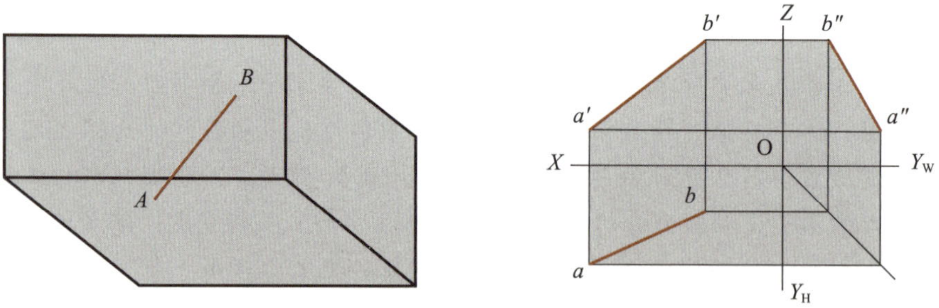

图 3–2–6　一般位置直线的投影特点 1

②一般直线的投影与三个投影轴的夹角，均不反映空间直线对投影面的倾角，如图 3–2–7 所示。

③一般直线的投影长度都短于实长，如图 3–2–8 所示。

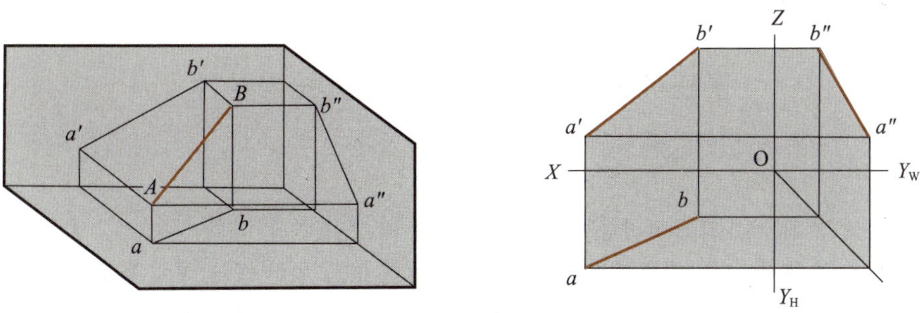

图 3-2-7　一般位置直线的投影特点 2

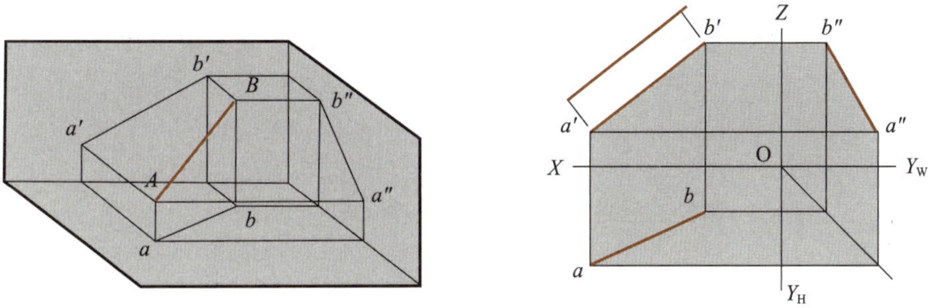

图 3-2-8　一般位置直线的投影特点 3

3. 一般位置直线的实长及其对投影面的倾角

由一般位置直线的投影特点可以得知，直线的投影不反映实长，投影与投影轴的夹角也不反映空间直线对投影面的倾角。在投影图中可运用直角三角形法求解一般直线的实长及其倾角。

在投影图上求线段实长的方法是：以线段在某个投影面上的投影为一直角边，以线段两端点到该投影面的距离差为另一直角边作一个直角三角形，这个直角三角形的斜边就是所求线段的实长，此斜边与投影的夹角就等于线段对该投影面的倾角。

知识测评

1. 填空题

（1）在投影图中可运用____求解一般直线的实长及其倾角。

（2）一般直线的投影与三个投影轴的夹角，均____空间直线对投影面的倾角。

2. 选择题

（1）一般直线在三个投影面上的投影都（　　）于投影轴。

A. 平行　　B. 垂直　　C. 倾斜

（2）一般直线的投影长度都（　　）实长。

A. 长于　　B. 等于　　C. 短于

3. 简答题

投影图上求线段实长的方法是什么？

子任务 3　投影面平行线及其投影特性

思政导入

孟广喆，中国著名机械工程和焊接专家，全国焊接专业创始人之一，天津大学首批博士生导师，被誉为中国焊接第一人。为了培养焊接人才，促进焊接事业的发展，孟广喆在他从事教育工作 52 周年之际，于 1984 年拿出个人积蓄捐款 1 万元设立了“焊接技术基金”，奖励有突出贡献的焊接专业教师和学习成绩优秀的学生。孟广喆治学严谨、诲人不倦、自立自强、攻坚克难的精神值得我们学习。

在焊接时，焊条要与焊缝平行。同学们有没有想过，与投影面平行的直线有什么投影特性呢？

内容引导

扫描下方二维码，观看子任务配套微课。回答问题：

微课 3.2.3　投影面平行线及其投影特性

1. 什么叫投影面平行线？
2. 投影面平行线有几种形式？

知识精讲

1. 投影面平行线

投影面平行线属于特殊位置直线，是指平行于一个投影面，但对另两个投影面都倾斜的直线。其形式有三种，如图 3-2-9 所示。

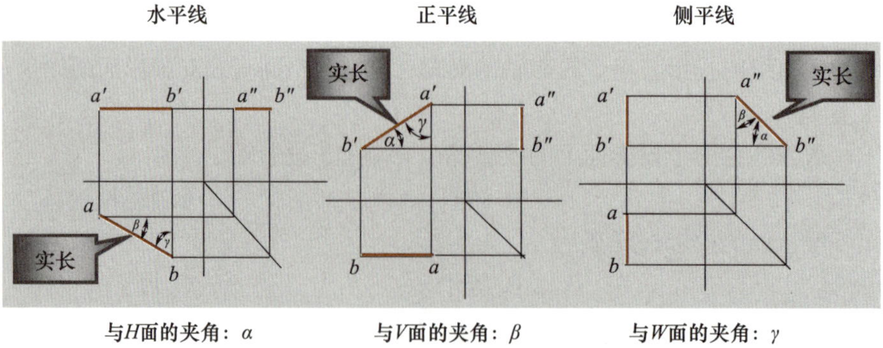

图 3-2-9　投影面平行线

水平线：平行于水平投影面 H 的直线，其水平投影反映实长，与 V 面和 W 面的倾角如图所示。V 面投影和 W 面投影分别平行于 OX 轴和 OY_W 轴，如图 3-2-10 所示。

正平线：平行于正立投影面 V 的直线，其正面投影反映实长，与 H 面和 W 面的夹角如图所示。H 面投影和 W 面投影分别平行于 OX 轴和 OZ 轴，如图 3-2-11 所示。

侧平线：平行于侧立投影面 W 的直线，其侧面投影反映实长，与 H 面和 V 面的夹角如图所示。H 面投影及 V 面投影分别平行于 OY_H 轴和 OZ 轴，如图 3-2-12 所示。

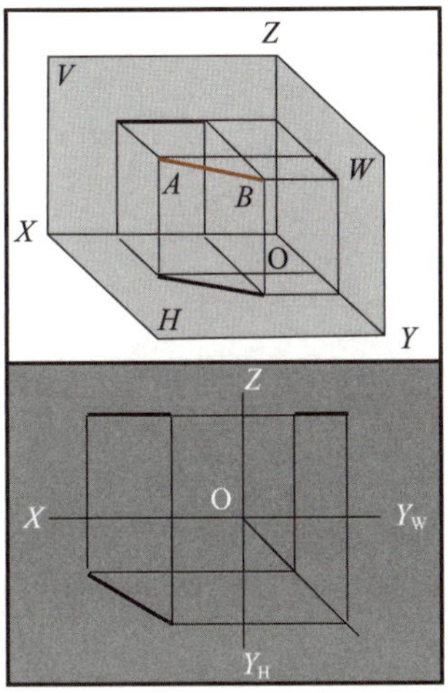

水平线

图 3-2-10　水平线

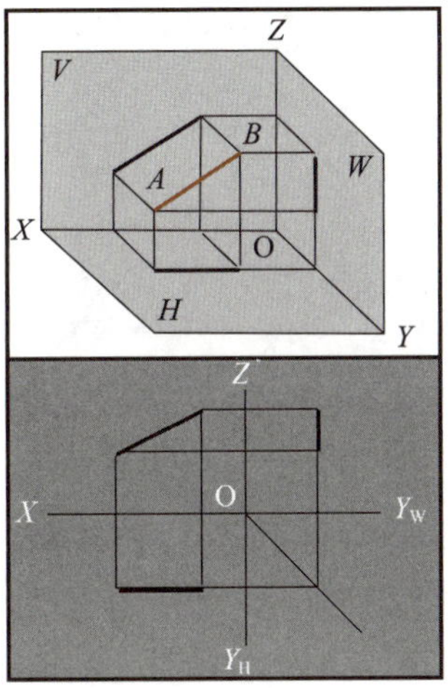

正平线

图 3-2-11　正平线

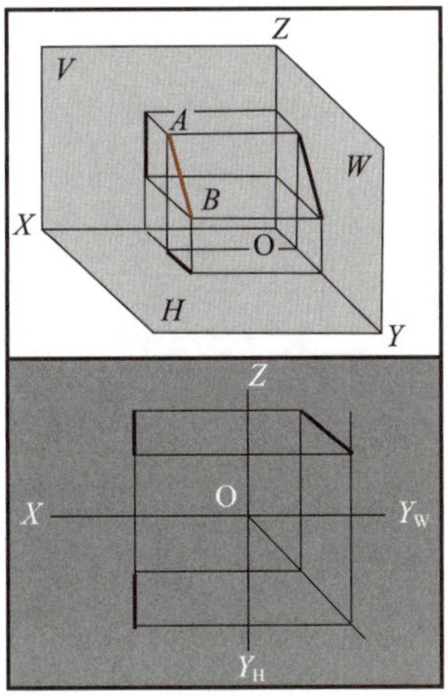

侧平线

图 3-2-12　侧平线

2. 投影面平行线的投影特性

根据对上述三种情况进行分析，可以总结归纳出投影面平行线的投影特性：

1）投影面平行线在它所平行的投影面上的投影反映实长，投影与投影轴的夹角反映直线与相应投影面的倾角。

2）投影面平行线的其他两个投影平行于相应的投影轴，但均不反映实长且比实长短。

接下来我们来看几道例题。

例 1： 请在图 3-2-13 中指出直线 AB 的形式。

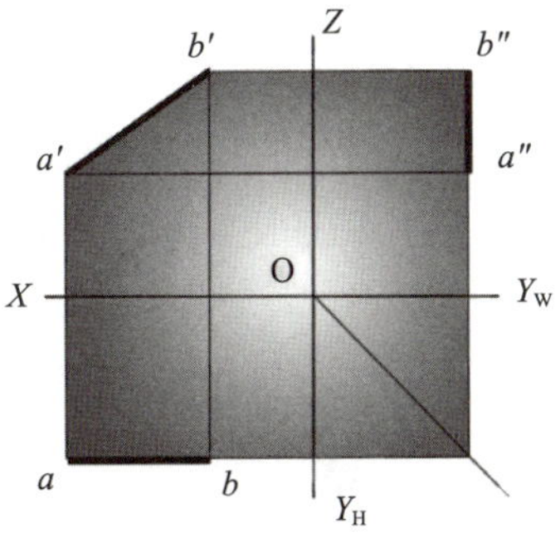

图 3-2-13　例 1 示意图

根据三视图进行分析，从图中分析出该直线：*V* 面投影反映实长。*V* 面投影与 OX 轴、OZ 轴的夹角，分别反映直线 *AB* 与 *H* 面、*W* 面的倾角。*H* 面投影及 *W* 面投影分别平行于 OX 轴和 OZ 轴，但均不反映实长，且比实长短。结合投影面平行线的投影特性，我们可以得知，直线 *AB* 为正平线。

例 2：请在图 3–2–14 中指出直线 *AB* 的形式。

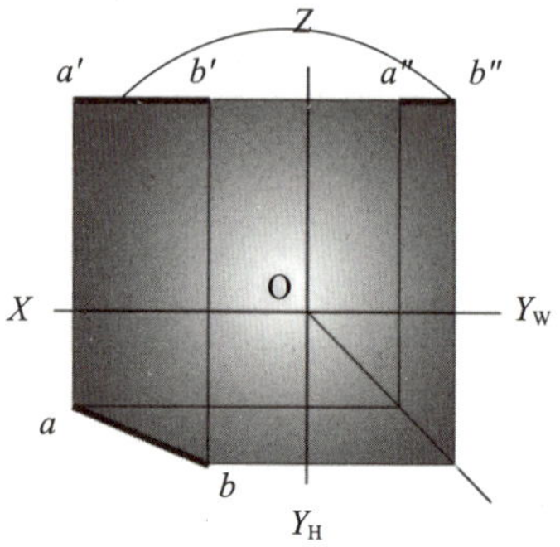

图 3–2–14　例 2 示意图

根据三视图进行分析，从图中分析出该直线：*H* 面投影反映实长。*H* 面投影与 OX 轴、O*YH* 轴的夹角，分别反映直线 *AB* 与 *V* 面、*W* 面的倾角。*V* 面投影及 *W* 面投影分别平行于 OX 轴和 O*YH* 轴，但均不反映实长，且比实长短。结合投影面平行线的投影特性，我们可以得知，直线 *AB* 为水平线。

例 3：请在图 3–2–15 中指出直线 *AB* 的形式。

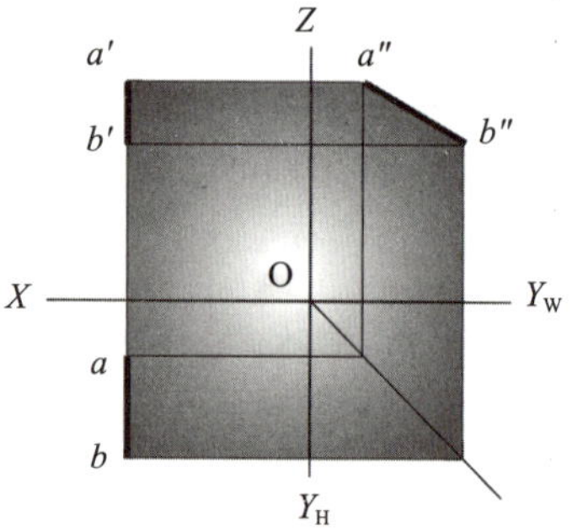

图 3–2–15　例 3 示意图

根据三视图进行分析，从图中分析出该直线：*W* 面投影反映实长。*W* 面投影与 OY_W 轴、OZ 轴的夹角，分别反映直线 *AB* 与 *H* 面、*V* 面的倾角。*H* 面投影及 *V* 面投影分别平行于 OY_H 轴和 OZ 轴，但均不反映实长，且比实长短。最后结合投影面平行线的投影特性，我们可以得知，*AB* 为侧平线。

知识测评

1. 填空题

（1）水平线中，平行于水平投影面 *H* 的直线，其____反映实长。

（2）正平线中，平行于正立投影面 V 的直线，其____反映实长。

（3）侧平线中，平行于侧立投影面 W 的直线，其____反映实长。

2. 选择题

（1）水平线中，V 面投影和 W 面投影分别平行于（　　）。

A. OX 轴和 OY_W 轴　　B. OX 轴和 OZ 轴　　C. OY_H 轴和 OZ 轴

（2）正平线中，H 面投影和 W 面投影分别平行于（　　）。

A. OX 轴和 OY_W 轴　　B. OX 轴和 OZ 轴　　C. OY_H 轴和 OZ 轴

（3）侧平线中，H 面投影及 V 面投影分别平行于（　　）。

A. OX 轴和 OY_W 轴　　B. OX 轴和 OZ 轴　　C. OY_H 轴和 OZ 轴

3. 简答题

投影面平行线的投影特性是什么？

子任务 4　投影面垂直线及其投影特性

思政导入

伴随着科学技术不断的进步与发展，当今社会逐步走向智能化，很多科学技术成果都给我们的日常生活带来了重大影响，比如为了满足摄影者的需求，无人机因便捷性和功能强大性成为大多数人的心头之爱。目前，中国无人机已占全球市场的 80%，成为全球无人机行业的领跑者，是中国制造向中国“智”造转型的创新。同学们，作为中国特色社会主义伟大事业的建设者和接班人，作为实现中华民族伟大复兴重任的承担者，我们必须自觉培养创新意识，主动适应未来社会的要求，筑牢理论根基，笃定创新源泉。

下面，我们进入本节课的内容——投影面垂直面及其投影特性。

内容引导

扫描下方二维码，观看子任务配套微课。回答问题：

微课 3.2.4　投影面垂直线及其投影特性

1. 什么是投影垂直线？

2. 投影垂直线的形式有几种？

知识精讲

1. 投影面垂直线

垂直于一个投影面，平行于另两个投影面的直线称为投影面垂直线。其形式有如下三种。

（1）铅垂线

垂直于水平投影面 H 面的直线。在 H 面上积聚为点，平行于 V 面和 W 面，且 V 面和 W 面的投影反映实长，如图 3-2-16 所示。

（2）正垂线

垂直于正立投影面 V 面的直线。在 V 面上积聚为点，平行于 H 面和 W 面，且 H 面和 W 面的投影反映实长，如图 3-2-17 所示。

（3）侧垂线

垂直于侧立投影面 W 面的直线。在 W 面上积聚为点，平行于 H 面和 V 面，且 H 面和 V 面的投影反映实长，如图 3-2-18 所示。

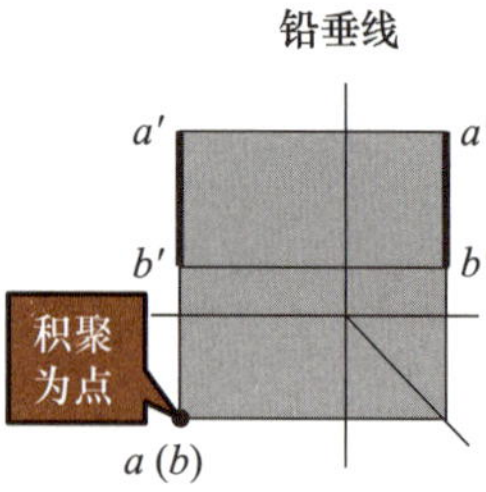

图 3-2-16　铅垂线

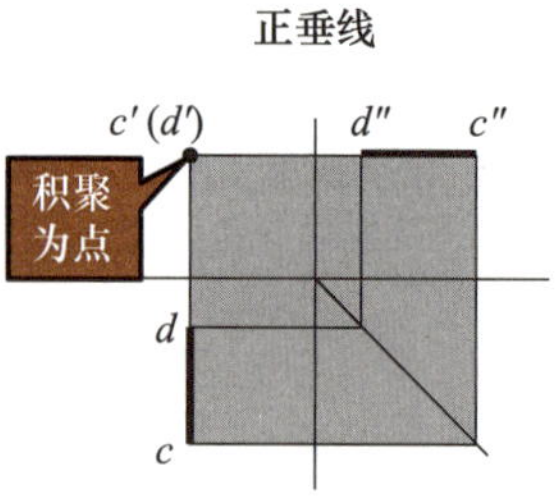

图 3-2-17　正垂线

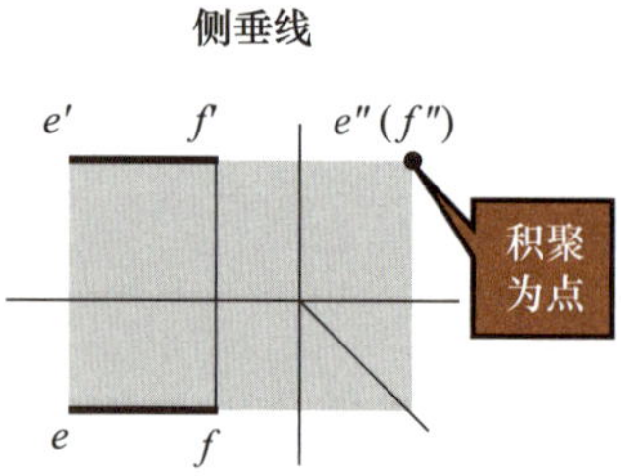

图 3-2-18　侧垂线

识图分析和判断以下几条直线。

例 1：请在图 3-2-19 中指出直线 AB 的形式。

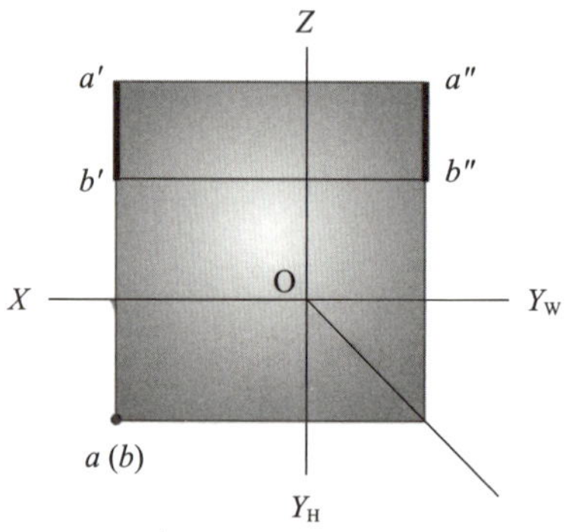

图 3-2-19　例 1 示意图

分析直线 AB 的三面投影图可以得知：直线在 H 面上投影积聚为一点。V 面投影与 W 面投影分别垂直于 OX 轴、OY_W 轴，且均反映 AB 的实长。所以根据铅垂线的特点可以得出，直线 AB 为铅垂线。

例 2：请在图 3-2-20 指出直线 AB 的形式。

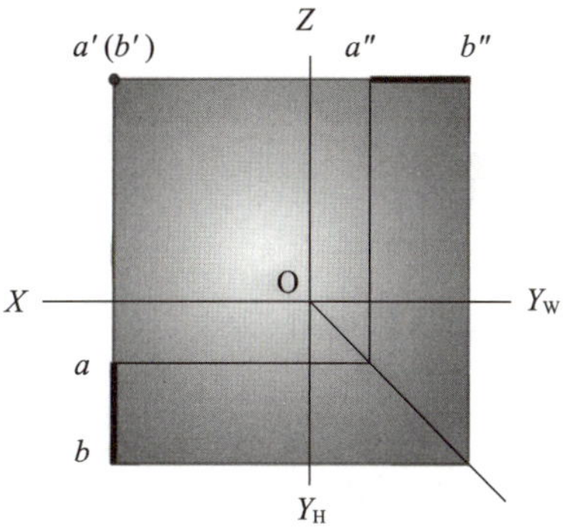

图 3–2–20　例 2 示意图

分析直线 *AB* 的三面投影图可以得知：直线在 *V* 面上投影积聚为一点。*H* 面投影与 *W* 面投影分别垂直于 O*X* 轴、O*Z* 轴，且均反映 *AB* 的实长。根据正垂线的特点可以得知，直线 *AB* 为正垂线。

例 3： 请在图 3–2–21 中指出直线 *AB* 的形式。

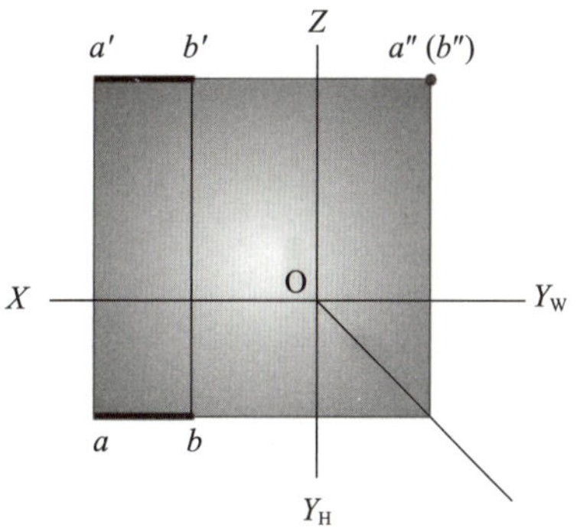

图 3–2–21　例 3 示意图

分析直线 *AB* 的三面投影图可以得知：直线在 *W* 面上投影积聚为一点。*V* 面投影与 *H* 面投影分别垂直于 O*Z* 轴、OY_H 轴。且均反映 *AB* 的实长。根据侧垂线的特点可以得知，直线 *AB* 为侧垂线。

如何根据给出的投影快速、准确地判断出是哪一种直线呢？

当直线的投影有“点”存在时，可判断为投影面的垂直线，点在哪一投影面上，可判断为哪一面的垂直线；当三个投影均为线，则看是否有与投影轴平行的投影线存在，若有则可判为投影面的平行线，在哪一面有斜线，则为哪一面的平行线；否则可直接判断为一般位置直线。

2. 投影面垂直线的投影特性

根据以上内容的认识，我们可以归纳总结出投影面垂直线的投影特性：

1）投影面垂直线在它所垂直的投影面上的投影积聚成一点。

2）投影面垂直线的其他两个投影分别垂直于相应的投影轴，并反映实长。

知识测评

1. 填空题

（1）垂直于水平投影面 H 面的直线，称为____。

（2）垂直于正立投影面 V 面的直线，称为____。

（3）垂直于侧立投影面 W 面的直线，称为____。

2. 选择题

（1）铅垂线中，在 H 面上积聚为点，平行于 V 面和 W 面，且（　　）的投影反映实长。

A. V 面和 W 面　　B. H 面和 W 面　　C. H 面和 V 面

（2）侧垂线中，在 W 面上积聚为点，平行于 H 面和 V 面，且（　　）的投影反映实长。

A. V 面和 W 面　　B. H 面和 W 面　　C. H 面和 V 面

（3）正垂线中，在 V 面上积聚为点，平行于 H 面和 W 面，且（　　）的投影反映实长。

A. V 面和 W 面　　B. H 面和 W 面　　C. H 面和 V 面

3. 简答题

投影面垂直线的投影特性是什么？

子任务 5　两直线的相对位置

思政导入

在工程中，钳工是个普通不过的工种，但手工装配精度达到 0.002mm 绝不简单，这相当于头发丝直径的 1/40。30 多年来，夏立亲手装配的天线指过北斗，送过神舟，护过战舰，亮过“天眼”。夏立也从学徒工成长为身怀绝技的大国工匠。他的事迹告诉我们：只要努力付出就会有所回报。老虎钳是钳工常用的工具，同学们想想，老虎钳的钳柄就像两条空间直线，它们在工匠的手中挥舞的时候，就像两条直线在不断变换相对位置，同学们知不知道两直线的相对位置都有哪些呢？

内容引导

扫描下方二维码，观看子任务配套微课和教学动画。回答问题：

微课 3.2.5　两直线的相对位置　　　　动画 4　两直线的相对位置

两直线的相对位置有几种？

知识精讲

1. 两直线的相对位置

两直线在空间的相对位置有三种：平行、相交和交叉。其中，平行直线的投影特点是两直线在各个同面投影均分别平行。相交直线的投影特点是两直线的三个投影都具有交点且同为一点。交叉直线的投影特点指的是两直线在空间既不平行也不相交。

2. 两直线平行

根据平行投影的特性可知：两直线在空间互相平行，则它们的同面投影也互相平行。反之，若两直线的各个同面投影分别互相平行，则两直线在空间平行。

如图 3–2–22 所示，*AB*、*CD* 是组合体上的两条直线，根据该组合体的几何性质可判断出 *AB* 和 *CD* 在空间中相互平行。已知该组合体的三视图，在 *V* 面投影上找到直线 *AB* 和 *CD* 的投影 *a'b'* 和 *c'd'*，可以判断出 *a'b'* 和 *c'd'* 平行，根据长对正的投影规律，在 *H* 面投影上找到直线 *ab* 和 *cd*，可以判断出 *ab* 和 *cd* 平行，根据宽相等和高平齐的投影规律，在 *W* 面上找到直线 *a''b''* 和 *c''d''*，可以判断出两直线平行。

3. 两直线相交

两直线相交则两直线三个投影都具有交点且为同一点。由此可知，两直线在空间相交，则它们的同面投影也相交，而且交点的投影符合点的投影规律。如果不符合，则两直线不相交。

已知组合体及其三面投影如图 3–2–23 所示，其上两直线 *AB* 和 *CD* 相交，交点为点 *E*。在 *V* 面投影中，可以找到呈现积聚性的 *AB* 和 *CD* 的投影 *a'b'*、*c'd'* 及其交点 *e'*。根据长对正、宽相等、高平齐的投影规律，分别找到直线 *AB*、*CD* 及其交点 *E* 的三面投影。可以判断得知，点 *E* 的投影符合点的投影规律，两直线交点的三面投影为同一点。

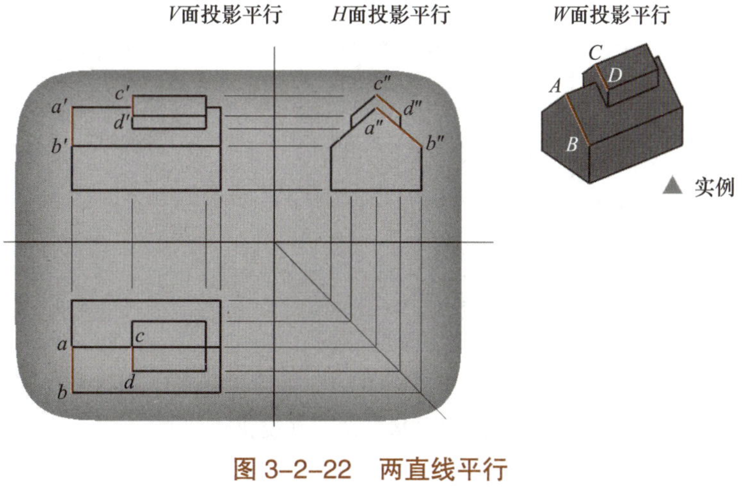

图 3–2–22　两直线平行

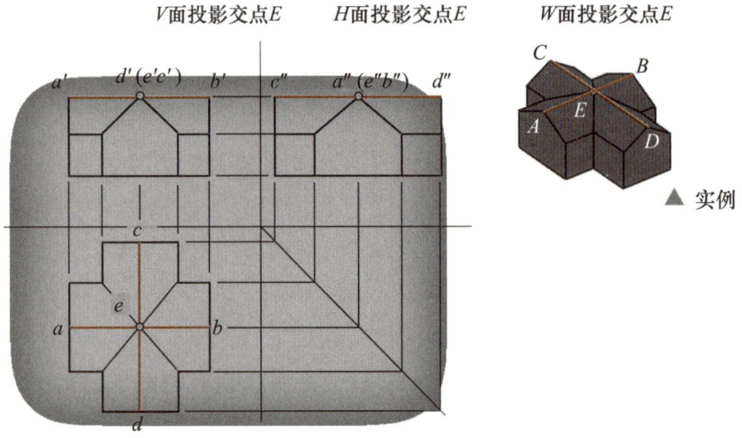

图 3-2-23　两直线相交

4. 两直线交叉

两直线在空间中既不平行也不相交便被称为交叉直线。因为交叉两直线不同属于一个平面，所以在几何学上又称为“异面直线”。

判断一般位置两直线是相交还是交叉，就是要判断它们的三面投影的交点是否符合点的投影规律。若是真正的交点则表示相交，若交点不符合点的投影规律则表示是交叉。

已知组合体及其三面投影如图 3-2-24 所示，找出 *AB* 和 *CD* 两条直线。已知 *AB* 和 *CD* 的 *V* 面投影，根据长对正、高平齐、宽相等的投影定理，可以找出 *AB* 和 *CD* 在三面投影图中的位置。直线 *AB* 和 *CD* 在 *V* 面投影和 *H* 面投影平行，在 *W* 面投影相交，故 *AB* 和 *CD* 的相对位置为两直线交叉。

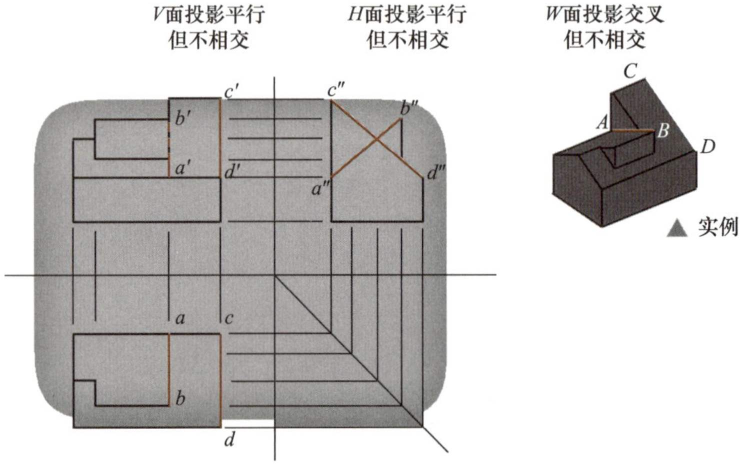

图 3-2-24　两直线交叉

知识测评

1. 填空题

（1）两直线相交则两直线三个投影都具有交点且为____。

（2）若两直线的各个同面投影分别互相平行，则两直线在____。

2. 选择题

（1）两直线在空间互相平行，则它们的同面投影也互相（　　）。

A. 平行　　B. 垂直　　C. 相交

（2）两直线在空间相交，则它们的同面投影也（　　）。

A. 平行　　B. 垂直　　C. 相交

3. 简答题

如何判断两直线交叉？

任务 3　学习平面的投影

子任务 1　平面的定义及其投影特征

思政导入

核能综合利用安全高效发展，是完整准确全面贯彻新发展理念的重要一环。乔素凯是我国第一代核燃料师，他与核燃料打了 25 年交道，全国一半以上核电机组的核燃料都经过他的操作检验。他的团队也是国内唯一能对破损核燃料进行水下修复的团队。25 年来，乔素凯核燃料操作保持零失误。能在 25 年来保持零失误既是责任也是经验，更是处于“安全大于天”的敬畏。作为新时代工匠精神的传承者，我们一定要牢固树立安全意识，既是为了他人也是为了自己。科学的安全意识需要我们对专业知识有足够的了解，本节内容——平面的定义需要同学们认真学习。

内容引导

扫描下方二维码，观看子任务配套微课。回答问题：

微课 3.3.1　平面的定义及其投影特征

1. 平面是如何确定的？

2. 平面是由什么组成的？

知识精讲

根据几何学定义，平面可以由以下几何元素来确定，如图 3-3-1 所示：不在同一直线上的三个点；一直线和线外一点；两相交直线；两平行直线；任一平面图形。

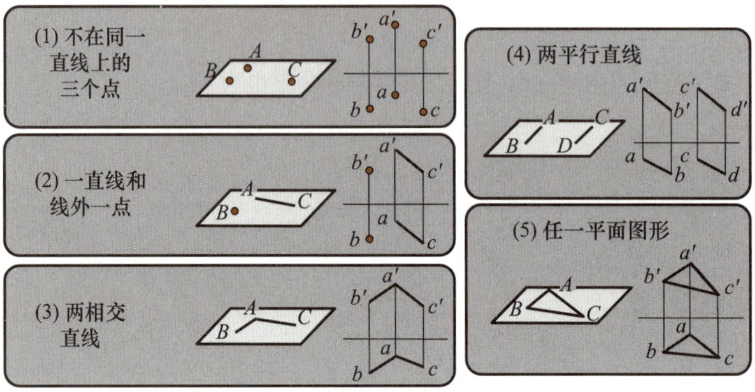

图 3-3-1　几何元素表示法

以上五种平面的表示方法，称为几何元素表示法。这几种方法所表示的平面位置是唯一的，而且可以相互转换，后四种方法可由第一种基本方法转化而来。

通过上述的每一组元素，只能作出唯一的一个平面。为了表述明确，通常用一个平面图形来表示平面，比如平面图形 *ABC*，是指在三角形 *ABC* 范围内的那一部分平面。如果说平面 *ABC*，则应理解为通过三角形 *ABC* 的一个无线广阔的平面。

平面通常是由点和线或线和线所围成。因此，求作平面的投影，实质上也是求作点和线的投影。

1. 平面对投影面的投影特征

如图 3-3-2 所示，当平面倾斜于投影面时，投影类似于原平面，体现出投影性质中的类似性。如图 3-3-3 所示，当平面平行于投影面时，投影与原平面相同，体现出投影性质中的显实性。如图 3-3-4 所示，当平面垂直于投影面时，投影积聚成一条直线，体现出投影性质中的积聚性。

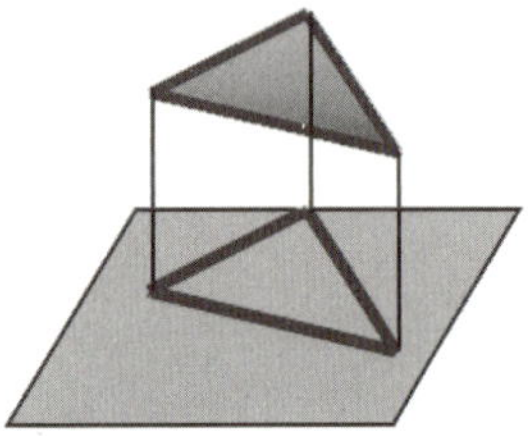

图 3-3-2　类似性

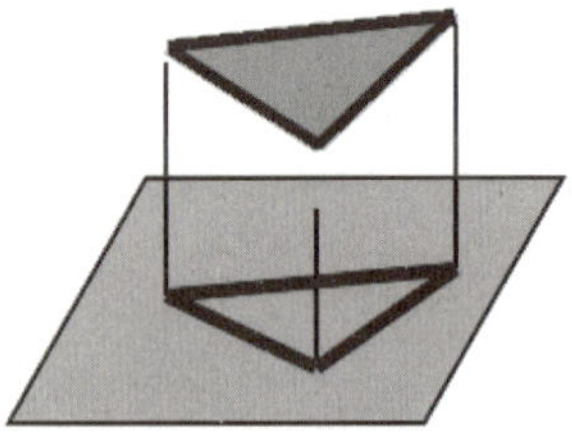

图 3-3-3　显实性

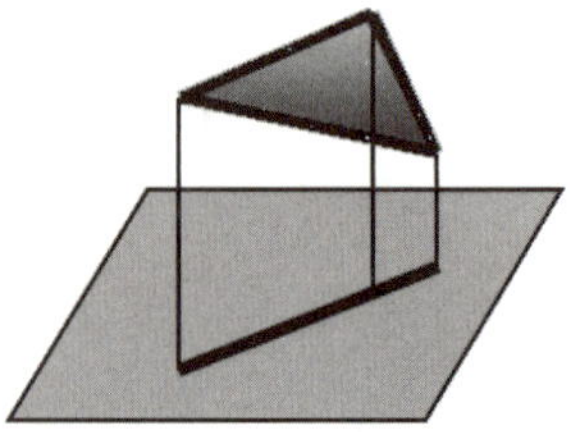

图 3-3-4　积聚性

2. 平面的空间位置

平面的空间位置分为一般位置平面和特殊位置平面。

其中一般位置平面指的是与三个投影面都倾斜的平面。

特殊位置平面分为投影面平行面和投影面垂直面。投影面平行面是指平面平行于某一投影面而与其余两投影面垂直，可细分为平行于 V 面的正平面、平行于 W 面的侧平面和平行于 H 面的水平面。

投影面垂直面是指平面垂直于某一投影面而与其余两投影面倾斜，可细分为垂直于 V 面的正垂面、垂直于 W 面的侧垂面和垂直于 H 面的铅垂面。

知识测评

1. 填空题

（1）平面的空间位置分为____和____。

（2）____指的是与三个投影面都倾斜的平面。

2. 选择题

（1）当平面倾斜于投影面时，投影类似于原平面，体现出投影性质中的（　　）。

A. 类似性　　B. 显实性　　C. 积聚性

（2）当平面平行于投影面时，投影与原平面相同，体现出投影性质中的（　　）。

A. 类似性　　B. 显实性　　C. 积聚性

（3）当平面垂直于投影面时，投影积聚成一条直线，体现出投影性质中的（　　）。

A. 类似性　　B. 显实性　　C. 积聚性

3. 简答题

什么是特殊位置平面？

子任务 2　一般位置平面及其投影特性

思政导入

陈行行，国防军工行业的年轻工匠，在新型数控加工领域，以极致的精准向技艺极限冲击。用在尖端武器装备上的薄薄壳体，通过他的手，产品合格率从难以逾越的 50% 提升到 100%。陈行行将青涩华年化为多彩绽放，精益求精生成青春信仰。大国重器的加工平台上，他用极致书写精密人生。

精益求精是我们工匠的职业精神，覆盖在武器装备上的薄壳可以看作空间中的平面，空间中的一般位置平面都有哪些投影特性呢？

内容引导

扫描右方二维码，观看子任务配套微课。回答问题：

如何判断一般位置平面？

微课 3.3.2　一般位置平面及其投影特性

知识精讲

1. 一般位置平面

其在各投影面上的投影既不反映平面实形，也不具有积聚性，投影均为原图形的类似形，且各投影的图形面积均小于实形，也不反映平面对投影面的倾角的实形。

平面 *ABC* 的三面投影如图 3-3-5 所示，可以从三面投影图中看到 *V* 面投影中的 $a'b'c'$ 形状与平面 *ABC* 类似，但面积明显小于平面 *ABC*。*H* 面投影中的 *abc* 和 *W* 面投影中的 $a''b''c''$ 也是如此，均与平面 *ABC* 形状类似，呈三角形，但面积不同，小于原图形。

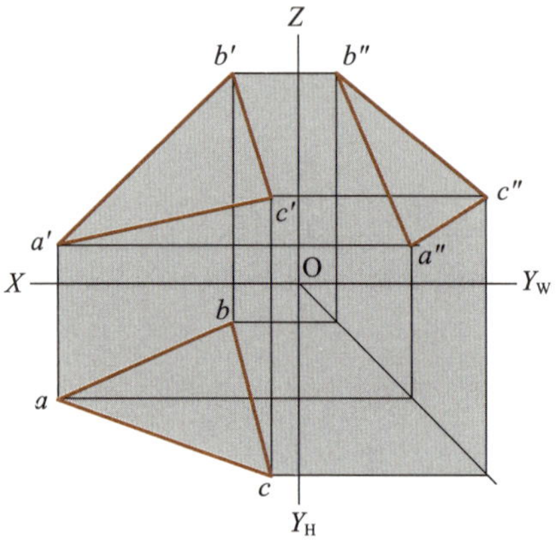

图 3-3-5　一般位置平面投影

接下来我们来看一个示例，如图 3-3-6 所示，请同学们说出平面 *ABC* 的名称。

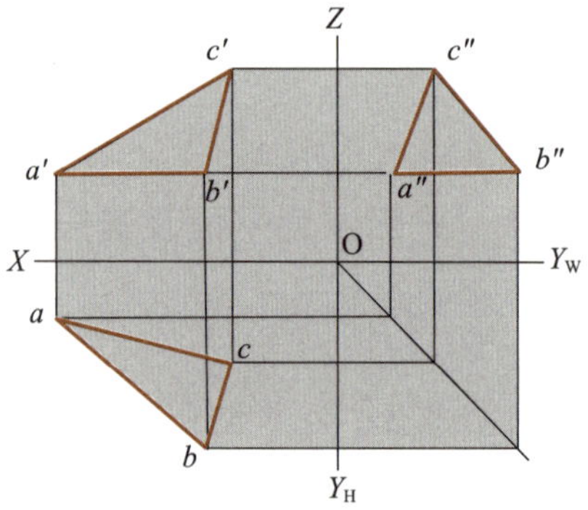

图 3-3-6　示例示意图

从平面 *ABC* 的三面投影图中可以看出，平面 *ABC* 在 *H* 面、*V* 面和 *W* 面上的投影都是各不相同的三角形，各自都体现三面投影规律中的类似性。所以根据一般位置平面的投影特性，我们可以得知，平面 *ABC* 为一般位置平面。

2. 一般位置平面的识读

在平面的三个投影中，三个投影均为平面图形，即可判别该平面为一般位置平面。

知识测评

1. 填空题

（1）一般位置平面在各投影面上的投影____平面实形。

（2）一般位置平面在各投影面上的投影____积聚性。

2. 选择题

（1）一般位置平面在各投影面上的投影均为原图形的（　　）。

A. 原型　　B. 类似型　　C. 积聚型

（2）一般位置平面在各投影面上的投影的图形面积均（　　）实形。

A. 大于　　B. 等于　　C. 小于

子任务 3 投影面平行面及其投影特性

思政导入

党的十八大以来，习近平总书记关于弘扬劳模精神和工匠精神的一系列重要论述，使我们深刻认识工匠及工匠精神的重要理论与实践意义。王树军，一名普通的发动机维修工，一位新时代工匠精神的传承人。他突破技术封锁，大胆改造进口生产线核心部件的设计缺陷，生产出我国自主研发的大功率低能耗发动机，让中国在重型柴油机领域与世界站在了同一条水平线。精益求精与科技创新一直是工匠精神的精髓所在，同学们在未来的工作中一定要怀着创新精神，争做时代先锋，以科技报国。

内容引导

扫描下方二维码，观看子任务配套微课。回答问题：

微课 3.3.3 投影面平行面及其投影特性

1. 什么叫投影面平行面？
2. 投影面平行面有几种形式？

知识精讲

1. 投影面的平行面

投影面平行面指的是平行于某一投影面，垂直于其余两投影面的空间平面。

投影面平行面有以下三种形式，如图 3-3-7 所示：

水平面，平行于 H 面，垂直于 V、W 面。

正平面，平行于 V 面，垂直于 H、W 面。

侧平面，平行于 W 面，垂直于 H、V 面。

观察水平面的三面投影，如图 3-3-8 所示，我们可以分析出 H 面投影反映实形，V 面投影与 W 面投影分别积聚成直线，且分别平行于 OX 轴和 OY_W 轴。

观察正平面的三面投影，如图 3-3-9 所示，我们可以分析出 V 面投影反映实形，H

面投影与 W 面投影分别积聚成直线，且分别平行于 OX 轴和 OZ 轴。

观察侧平面的三面投影，如图 3–3–10 所示，可以看到 W 面投影反映实形，V 面投影与 H 面投影分别积聚成直线，且分别平行于 OZ 轴和 OY_H 轴。

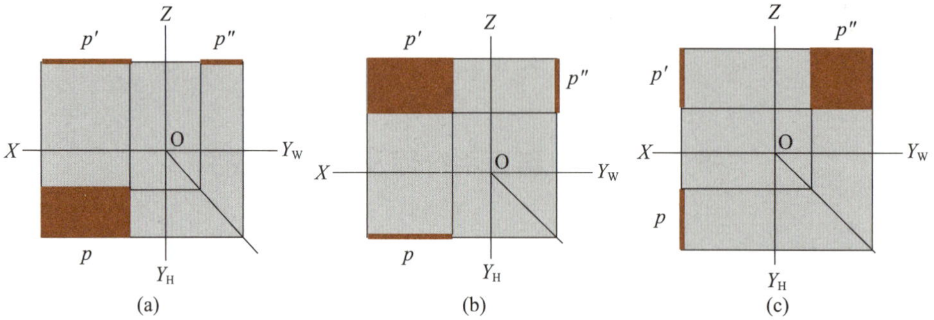

图 3–3–7　投影面平行面

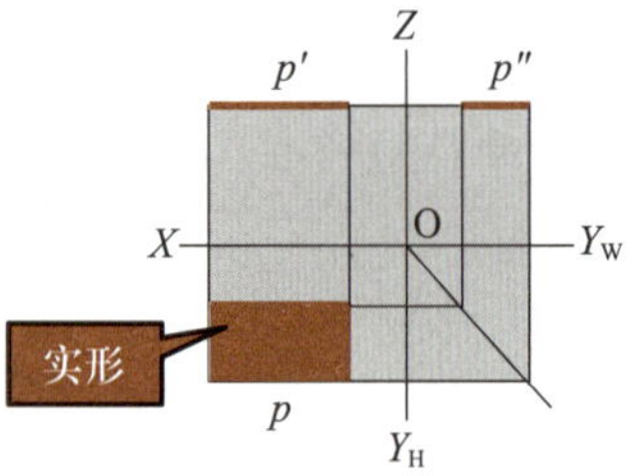

图 3–3–8　水平面的三面投影

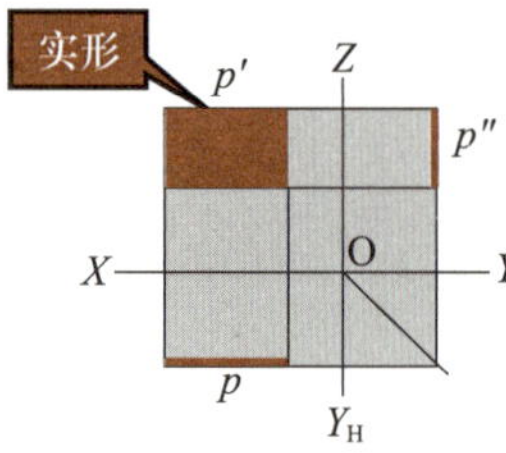

图 3–3–9　正平面的三面投影

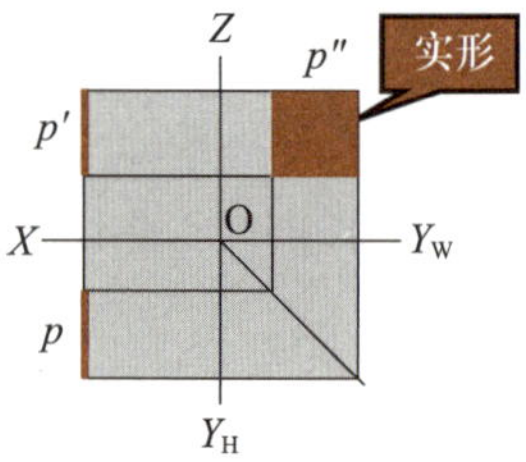

图 3–3–10　侧平面的三面投影

2. 投影面平行面的投影特性

通过对以上三种平行面的分析归纳，我们可以总结出投影面平行面的投影特性，如图 3–3–11 所示。

（1）投影面平行面在它所平行的投影面上的投影反映实形。

（2）投影面平行面在另外两个投影面上的投影积聚成直线，该直线分别平行于相应的投影轴。

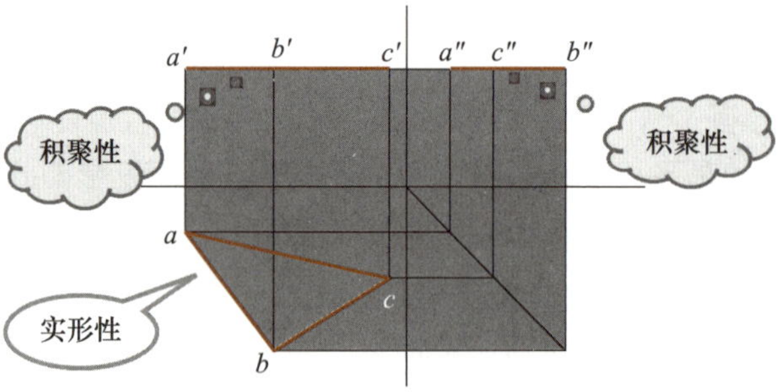

图 3–3–11　投影面平行面的投影特性

下面我们通过几个例题来巩固本小节学习内容。

例 1： 平面投影的三视图如图 3–3–12 所示。请说出平面 P 的名称。已知该平面上一

点 A 的水平面投影，求作其三面投影。

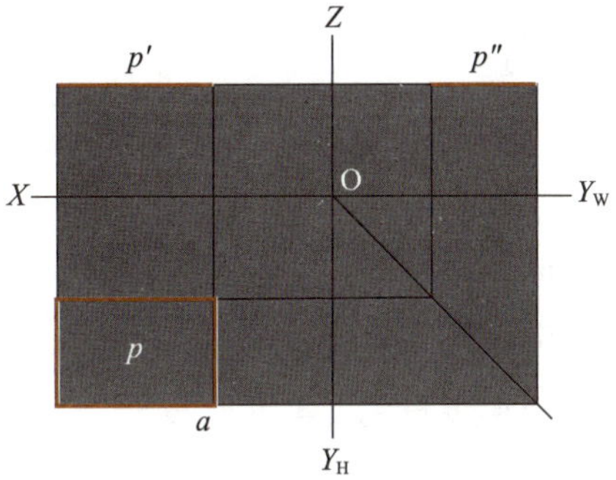

图 3–3–12　例 1 示意图

分析平面 P 的三面投影，我们可以看到投影图中的 H 面投影呈现显实性，而 V 面和 W 面呈现积聚性，所以可以判断出该平面为水平面。根据长对正、宽相等、高平齐的原则，可以作出 A 点的三面投影。（作图省略）

例 2：平面 P 的三面投影如图 3–3–13 所示，请说出平面 P 的名称。

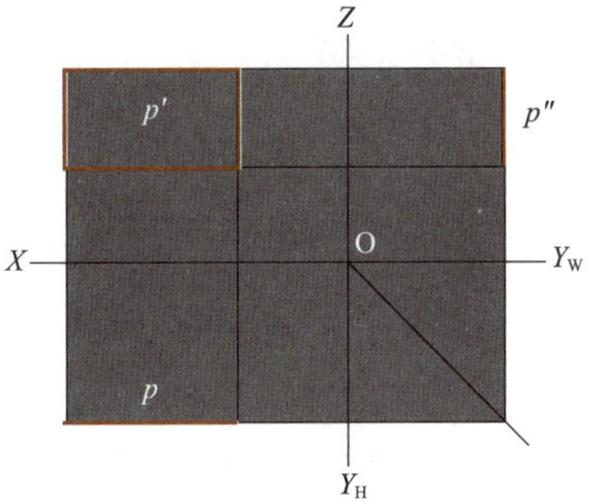

图 3–3–13　例 2 示意图

通过观察三面投影，我们可以得知，该平面的 V 面投影呈现显实性，而 W 面和 H 面投影呈现积聚性，所以该平面为正平面。

例 3：平面 P 的三面投影如图 3–3–14 所示，请说出平面 P 的名称。

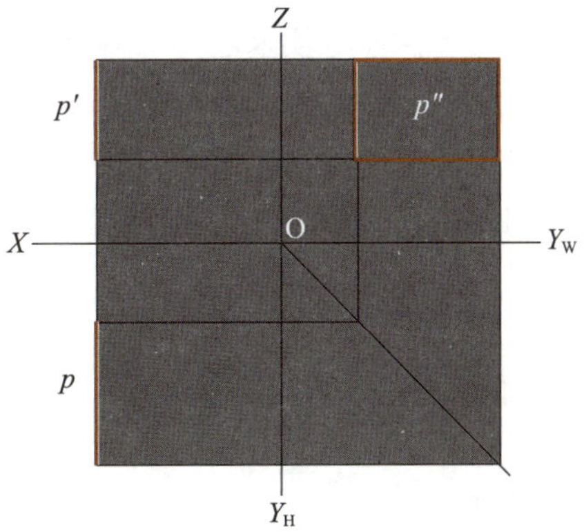

图 3–3–14　例 3 示意图

通过观察三面投影，我们可以看出该平面的 W 面投影呈现显实性，而 H 面和 V 面投影呈现积聚性，所以该平面为侧平面。

知识测评

1. 填空题

（1）水平面，平行于____面，垂直于____面。

（2）正平面，平行于____面，垂直于____面。

（3）侧平面，平行于____面，垂直于____面。

2. 选择题

（1）水平面的三面投影中，H 面投影反映实形，V 面投影与 W 面投影分别积聚成直线，且分别平行于（　　）。

A. OX 轴和 OY_W 轴　　B. OX 轴和 OZ 轴　　C. OY_H 轴和 OZ 轴

（2）正平面的三面投影中，V 面投影反映实形，H 面投影与 W 面投影分别积聚成直线，且分别平行于（　　）。

A. OX 轴和 OY_W 轴　　B. OX 轴和 OZ 轴　　C. OY_H 轴和 OZ 轴

（3）侧平面的三面投影中，W 面投影反映实形，V 面投影与 H 面投影分别积聚成直线，且分别平行于（　　）。

A. OX 轴和 OY_W 轴　　B. OX 轴和 OZ 轴　　C. OY_H 轴和 OZ 轴

3. 简答题

投影面平行面的投影特性？

子任务 4　投影面垂直面及其投影特性

思政导入

石油是重要的工业原料，在国民经济的发展和国家安全中都发挥着至关重要的作用。谭文波，坚守大漠戈壁 20 多年，被称为油田的发明家。他冒着生命危险研制出的电动液压地层封闭技术实现了中国自主产权，打破了底层封闭工具都要从国外引进的局面。作为世界首创的新技术，电动液压地层封闭技术也为世界石油技术实现了一次重大革新。谭文波用黑色的眼睛闪亮石油的“中国路径”。

钻机探索石油时垂直于地面进行挖掘，本节学习内容也与立体几何里的垂直相关。掌握好垂直面的概念，打好专业基础，为未来以科技报国做准备。

内容引导

扫描下方二维码，观看子任务配套微课。回答问题：

1. 什么是投影面垂直面？

2. 投影面垂直面形式有几种？

微课 3.3.4　投影面垂直面及其投影特征

知识精讲

1. 投影面垂直面

垂直于一个投影面，而倾斜于另外两个投影面的平面，称为投影面垂直面。投影面垂直面有以下三种位置，如图 3-3-15 所示。

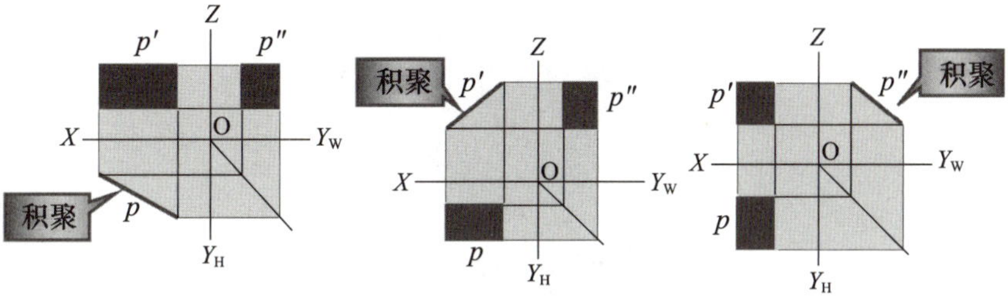

图 3-3-15　投影面垂直面

铅垂面：垂直于 H 面，倾斜于 V、W 面。

正垂面：垂直于 V 面，倾斜于 H、W 面。

侧垂面：垂直于 W 面，倾斜于 H、V 面。

根据铅垂面的三面投影图，可以看到，铅垂面的 H 面投影积聚为一倾斜直线；V 面、W 面投影为原平面图形的几何类似形，且小于实形。从正垂面的三面投影图中，我们可以看到，正垂面的 V 面投影积聚为一倾斜直线；H 面、W 面投影为原平面图形的几何类似形，且小于实形。从侧垂面的三面投影图中，我们可以看到，W 面投影积聚为一倾斜直线；H 面、V 面投影为原平面图形的几何类似形，且小于实形。

2. 投影面垂直面投影特性

综合分析上述铅垂面、正垂面、侧垂面的投影规律，我们可以归纳出投影面垂直面的投影特性，如图 3-3-16 所示。

1）平面在所垂直的投影面上的投影积聚为一条倾斜于投影轴的直线，该直线与投影轴的夹角反映空间平面对另外两个投影面的倾角。

2）在另外两个投影面上的投影为原平面图形的几何类似形，且小于实形。

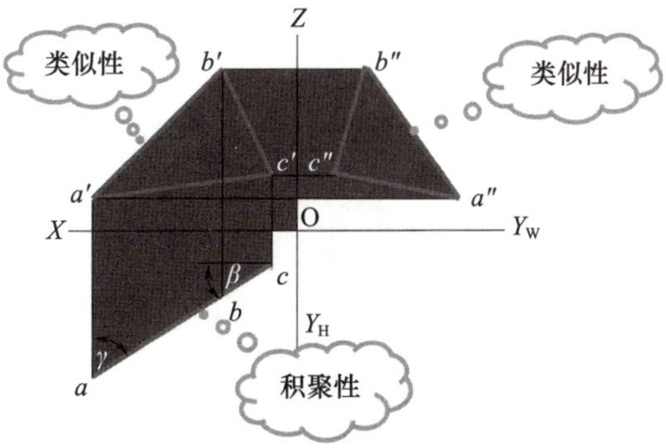

图 3-3-16　投影面垂直面的投影特性

根据几个例题，回顾投影面垂直面的相关知识。

例题 1： 空间平面 P 的三视图如图 3-3-17 所示，请说出平面 P 的名称。

分析三面投影图，我们可以看到平面 P 的投影在 V 面积聚为一倾斜直线，在 H 面和 W 面的投影图类似，都是矩形。那么我们可以判断出，该平面为正垂面。

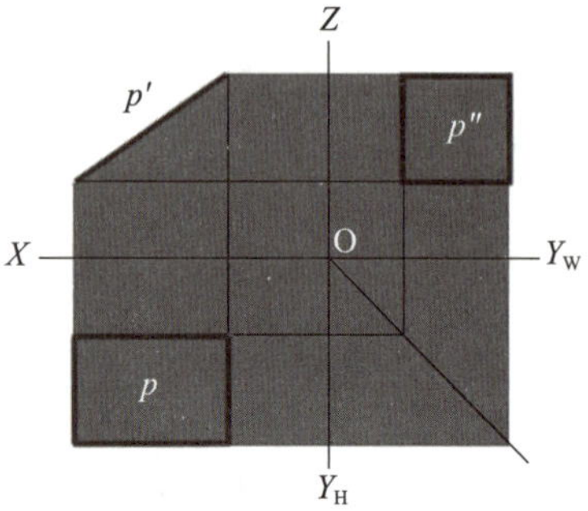

图 3-3-17　例 1 示意图

例题 2： 空间平面 P 的三视图如图 3-3-18 所示。请说出平面 P 的名称。

分析三面投影图，我们可以看到平面 P 的投影在 W 面积聚为一倾斜直线，在 V 面和 H 面的投影图类似，都是矩形。那么我们可以判断出，该平面为侧垂面。

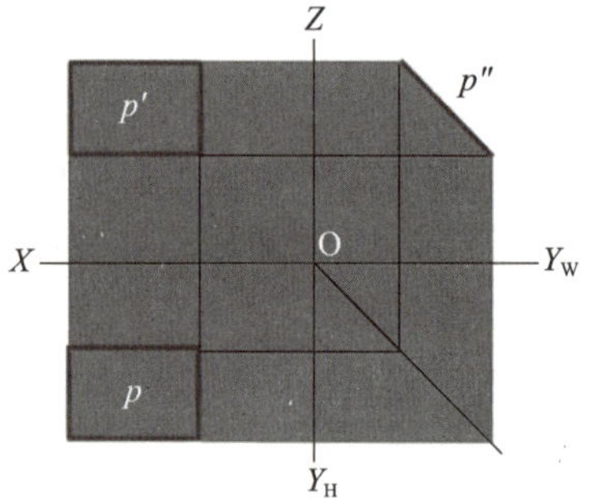

图 3-3-18　例 2 示意图

例题 3： 空间平面 P 的三视图如图 3-3-19 所示，请说出平面 P 的名称。

分析三面投影图可知，平面 P 的投影在 H 面积聚为一倾斜直线，在 V 面和 W 面的投影图类似，都是矩形，那么我们可以判断出，该三面投影是铅垂面的三面投影，所以平面 P 为铅垂面。

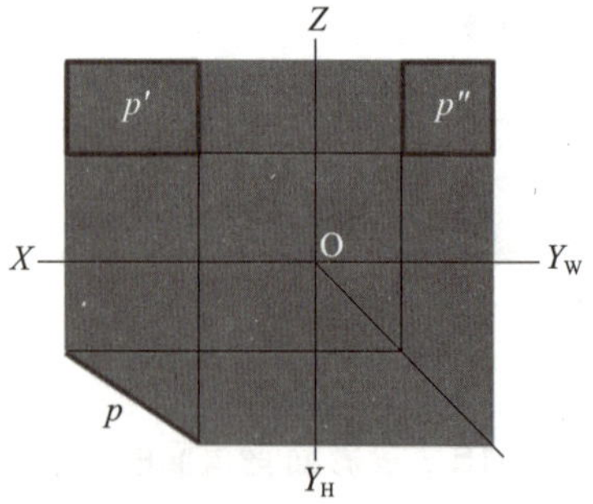

图 3-3-19　例 3 示意图

知识测评

1. **填空题**

（1）垂直于 *H* 面，倾斜于 *V*、*W* 面，称为____。

（2）垂直于 *V* 面，倾斜于 *H*、*W* 面，称为____。

（3）垂直于 *W* 面，倾斜于 *H*、*V* 面，称为____。

2. **选择题**

（1）铅垂面的 *H* 面投影积聚为一倾斜直线；(　　) 投影为原平面图形的几何类似形，且小于实形。

A. *V* 面和 *W* 面　　B. *H* 面和 *W* 面　　C. *H* 面和 *V* 面

（2）正垂面的 *V* 面投影积聚为一倾斜直线；(　　) 投影为原平面图形的几何类似形，且小于实形。

A. *V* 面和 *W* 面　　B. *H* 面和 *W* 面　　C. *H* 面和 *V* 面

（3）侧垂面的 *W* 面投影积聚为一倾斜直线；(　　) 投影为原平面图形的几何类似形，且小于实形。

A. *V* 面和 *W* 面　　B. *H* 面和 *W* 面　　C. *H* 面和 *V* 面

3. **简答题**

投影面垂直面的投影特性是什么？

子任务 5　平面上的点和直线

思政导入

港珠澳大桥是中国境内一座连接香港、珠海和澳门的桥隧工程，位于中国广东省珠江口伶仃洋海域内，为珠江三角洲地区环线高速公路南环段。港珠澳大桥桥隧全长 55km，其中主桥 29.6km、香港口岸至珠澳口岸 41.6km；桥面为双向六车道高速公路，设计速度 100km/h；工程项目总投资额 1269 亿元，因其超大的建筑规模、空前的施工难度和顶尖的建造技术而闻名世界。在广阔的大海上，港珠澳大桥像是一条飞舞的巨龙，而在制图领域中看起来却像是平面上的一条直线。如何将制图领域中平面上的直线转换为现实中像港珠澳大桥那样飞舞的巨龙，考验的是制图者对直线与点的理解，以及具体制图过程中高超的制图技术，那么今天我们就来学习平面上的点和直线。

内容引导

扫描下方二维码，观看子任务配套微课。回答问题：

微课 3.3.5　平面上的点和直线

点在平面上的几何条件是什么?

知识精讲

1. 平面上的点

点在平面上的几何条件是：若点在平面内的任一条直线上，则此点一定在该平面上。

2. 平面上的直线

直线在平面上的几何条件有：

1）一条直线若通过平面上的两个点，则此直线必定在该平面上。

2）一条直线若通过平面上的一个点且平行于该平面上的另一条直线，则此直线必定在该平面上。

下面，我们根据两道例题来了解平面上的点和直线。

例 1：如图 3-3-20 所示，已知△ *ABC* 及其平面上点 *K* 的投影 *k′*，求作点 *K* 的 *H* 面投影 *k*。

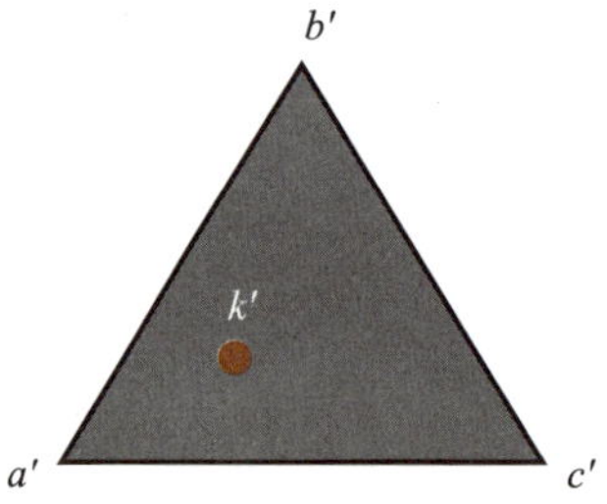

图 3-3-20　例 1 示意图（1）

首先，我们过 *a′*、*k′* 作辅助线交 *b′c′* 于 *d′* 点，由 *d′* 向下作垂直线，与 *bc* 相交于 *d* 点。然后连接 *ad*，由 *k′* 向下作垂直线，与 *ad* 相交的 *k* 点，*k* 点即为所求，如图 3-3-21 所示。

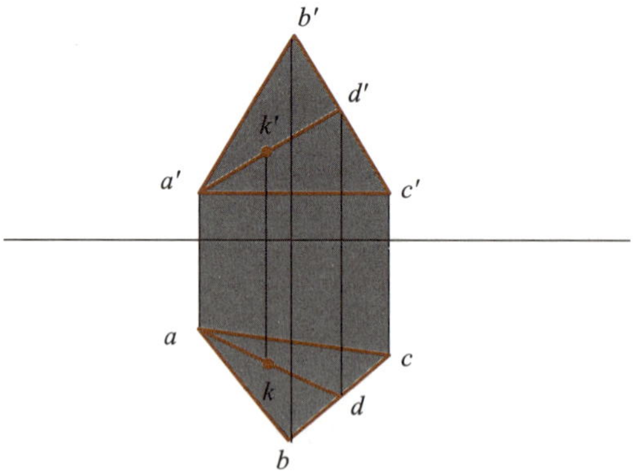

图 3-3-21　例 1 示意图（2）

例 2： 如图 3-3-22 所示，请在△ *ABC* 上作一水平线，距 *H* 面 12mm。

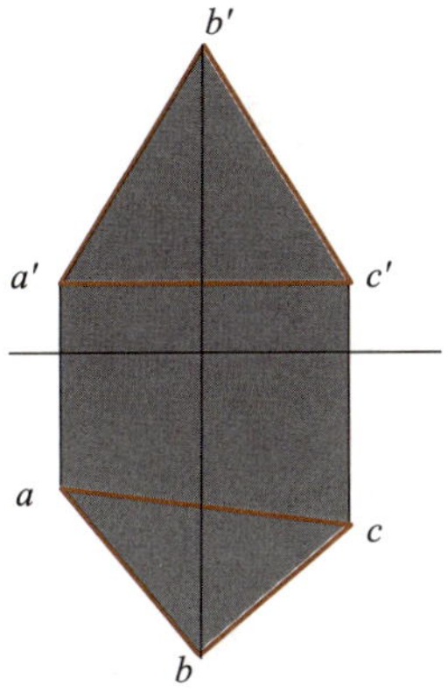

图 3-3-22　例 2 示意图（1）

首先，我们在 *V* 面作一直线距 OX 轴 12mm，分别交 *a′b′* 于点 *m′*，交 *b′c′* 于点 *n′*。然后，自 *m′* 向下作垂直线交 *ab* 于点 *m*，自 *n′* 向下作垂直线交 *bc* 于点 *n*，连接 *mn*，水平线 *mn* 的投影即为所求，如图 3-3-23 所示。

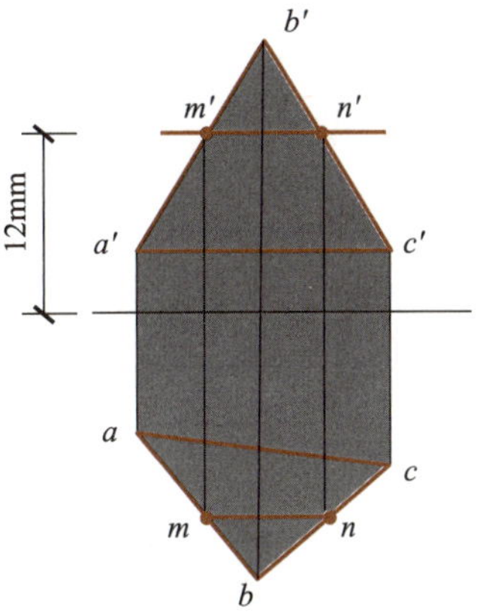

图 3-3-23　例 2 示意图（2）

知识测评

填空题

（1）一条直线若通过平面上的两个点，则此直线____在该平面上。

（2）一条直线若通过平面上的一个点且____该平面上的另一条直线，则此直线必定在该平面上。

模块 4

基本形体的投影

思维导图

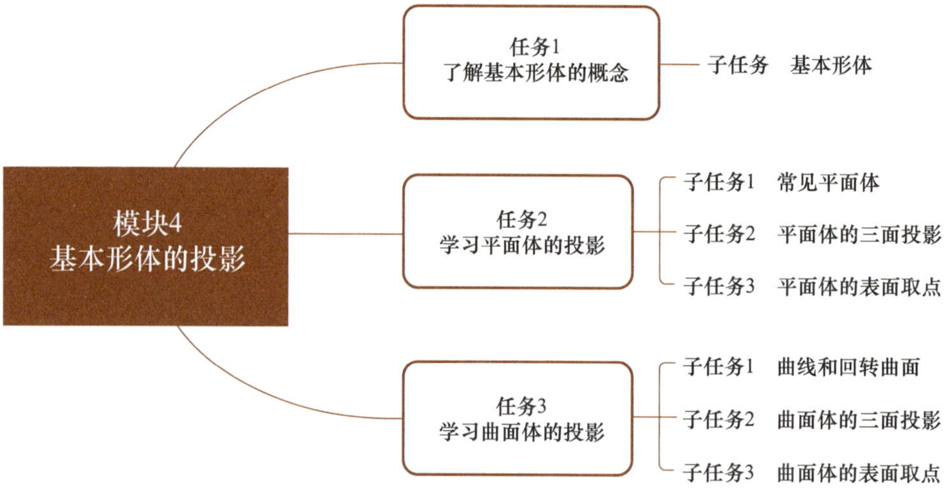

任务 1　了解基本形体的概念

子任务　基本形体

思政导入

中国古代建筑

建筑是时代的符号，也是一种文化的积淀。中华上下五千年，历史悠久，留下了许多优秀的建筑奇迹，承载着中国建筑几千年风雨沧桑和光辉成就，沉淀着中国人文历史精神和灵魂，诸如有着恢宏宫殿的故宫、布达拉宫，亦如文化气息浓厚的滕王阁、岳阳楼，等等。它们是世界上历史最悠久、体系最完整的建筑体系，是中国文化遗产的重要组成部分，其从单体建筑到园林布置都在古代建筑文明中处于领先地位，是中国传统审美、文化、哲学的综合体现，是祖先遗留给我们的文化瑰宝，是中华文明悠久历史的体现。古代建筑以基本形体为基础进行建造，只有了解了建筑的基本形体，我们才能欣赏古建筑所蕴含的文化之美、哲学之美。接下来我们来了解基本形体吧。

内容引导

扫描下方二维码，观看子任务配套微课。回答问题：

微课 4.1.1　基本形体

1. 什么是基本形体？
2. 基本形体的类型有哪些？

知识精讲

1. 基本形体

各种形状的建筑形体都可以看成由一些简单的几何形体按一定的方式组合而成，这些几何形体称为基本形体。基本形体分为平面体和曲面体。平面体是指所有表面均由平面围成的立体；曲面体是指由曲面或曲面和平面所围成的立体。

2. 常见的基本形体

（1）平面体

平面体中常见的基本几何体有棱柱、棱锥和棱台等，如图 4-1-1 所示。

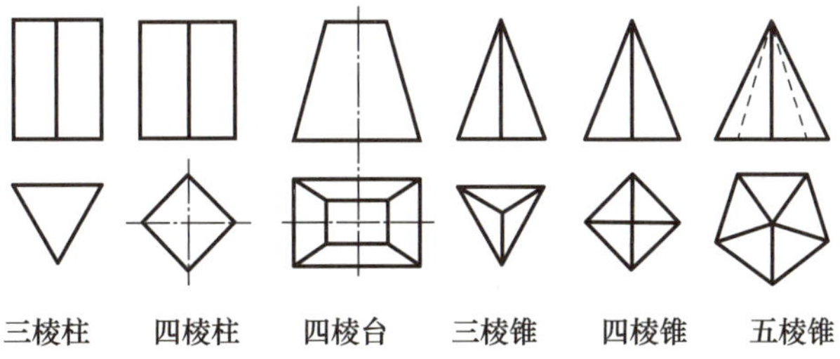

图 4-1-1　常见的基本形体

有两个平面互相平行，其余各平面都是四边形，并且每相邻两个四边形的公共边都互相平行，由这些平面所围成的基本形体称为棱柱。例如三棱柱，如图 4-1-2 所示。如果一个平面立体的一个面是多边形，其余各面是有一个公共顶点的三角形，那么这个多面体称为棱锥。例如三棱锥，如图 4-1-3 所示。

图 4–1–2　三棱柱

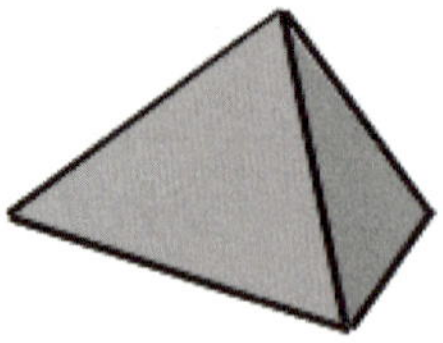

图 4–1–3　三棱锥

平面体的各表面是平面多边形，而多边形的各边是各相邻两表面的交线，如棱线、底边等，多边形的顶点是各棱线及各底边的交点。立体表面的交线称为轮廓线，绘制平面体的投影归根结底是绘制其轮廓线的投影，如图 4–1–4 所示。

平面体各投影的最外边轮廓线为一条封闭的折线，是区分平面体可见与不可见部分的分界线。判别投影轮廓线范围内各线段的可见性，对于底面处于一般位置的平面体，可利用重影点的原理，对于底面处于特殊位置的平面体直接利用最外边轮廓线，如图 4–1–5 所示。

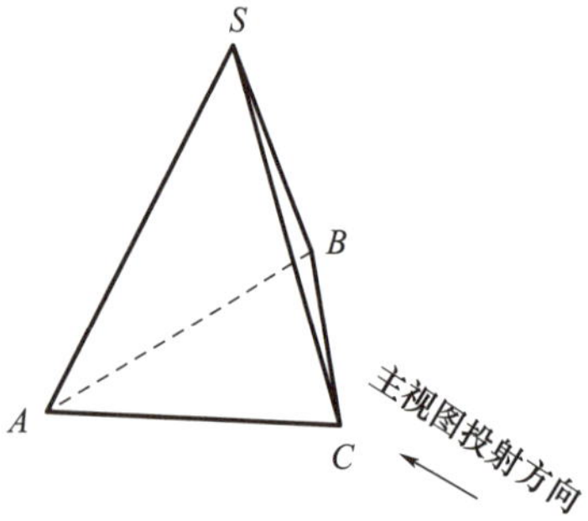

图 4–1–4　绘制平面体的投影

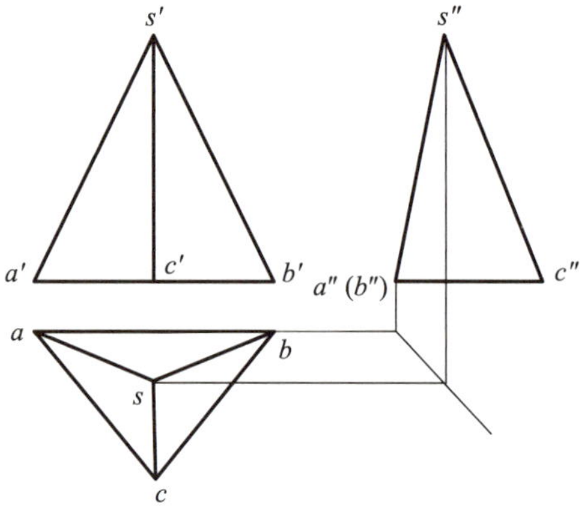

图 4–1–5　绘制底面处于特殊位置的平面体的投影

（2）曲面体

由曲面或曲面和平面所围成的立体称为曲面体。工程上常见的曲面体是由回转曲面或回转曲面和平面所围成的，如图 4–1–6 所示。

由圆柱面和两个底面所围成的圆柱体、由圆锥面和底面围成的圆锥体等，这些曲面体又称为回转体。回转体的投影与相对应的回转曲面的投影完全相同，在回转体表面上确定点和直线的方法，与在相对应的回转面上确定点和直线的方法相同，如图 4–1–7 所示。

曲面体中常见的有圆柱、圆锥和球体等。圆柱是由上、下底面和圆柱面组成的。圆柱面可以看成是一条直线绕一条与其平行的直线旋转一周而成，圆柱面上任意平行于轴线的直线都称为素线，如图 4–1–8 所示。圆锥是由底面和圆锥面组成的，圆锥面可看成是由一条直线绕与其相交的轴线回转而成，如图 4-1-9 所示。棱锥的顶部被平行于底面的平面切割后形成棱台，如图 4-1-10 所示。

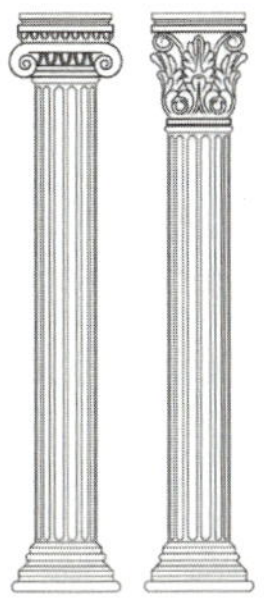

图 4-1-6　曲面体

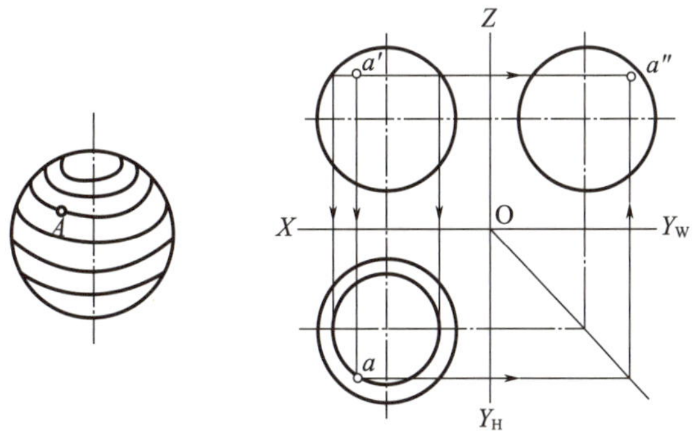

图 4-1-7　回转体的投影

图 4-1-8　圆柱

图 4-1-9　圆锥

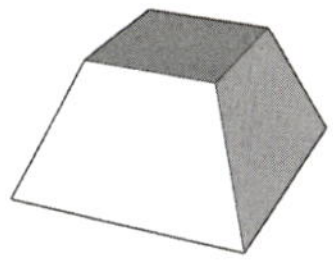

图 4-1-10　棱台

知识测评

1. 填空题

（1）平面体是指所有表面均由____围成的立体。

（2）曲面体是指由____或____和____所围成的立体。

（3）立体表面的交线称为____。

2. 选择题

（1）圆柱是由（　　）和圆柱面组成的。

A. 上、下底面　　B. 左、右底面　　C. 前、后底面

（2）圆柱面可以看成是一条直线绕一条与其（　　）的直线旋转一周而成。

A. 垂直　　B. 平行　　C. 倾斜

（3）工程上常见的曲面体是由回转曲面或回转曲面和（　　）所围成的。

A. 立面　　B. 曲面　　C. 平面

3. 简答题

（1）简述圆锥的概念。

（2）简述平面体的概念。

任务2　学习平面体的投影

子任务1　常见平面体

思政导入

中国建筑做法与风格

建筑是民族文化的结晶，中国古建筑有悠久的历史和丰富的文化内涵，是人类建筑史上的璀璨明珠。它承载着中华民族的建筑艺术、宗教、民俗、营造技术及建筑环境等多方面的理念和智慧，记录、传承了中国古建筑的建筑布局、形制等级、构造形式、结构类型、色彩运用和营造特征，有自然环境、气候条件、民族风俗、生活习惯的差异，由不同地区在长期发展中形成各自的建筑做法与建筑风格。在陕北地区，人们善于利用黄土的特性，用土坯、夯土筑墙，以此筑成房屋，或构筑成窑洞作为住居，后来又用黄土烧制砖瓦，用以盖房既方便又耐久。在潮湿多雨的南方地区，人们善以竹木为建筑材料构筑房屋居住。而地处亚热带地区的西南少数民族，常用竹木搭成杆栏式建筑。研究和传承不同地区的建筑特色是新时代工匠义不容辞的责任。在建筑学领域，这些建筑的屋顶或整体外形就是平面体，本节课我们就一起学习常见的平面体投影都有哪些。

内容引导

扫描下方二维码，观看子任务配套微课。回答问题：

微课 4.2.1　常见平面体

1. 什么是常见平面体？
2. 什么是棱柱？

知识精讲

1. 常见平面体

所有表面均由平面围成的立体便是常见平面体。本节我们学习常见平面体棱柱、棱锥、棱台的投影。

2. 棱柱的投影

棱柱分为斜棱柱和直棱柱，如图 4-2-1 所示。棱柱边倾斜于底面的是斜棱柱，棱柱边垂直于底面的是直棱柱，或者称为正棱柱。

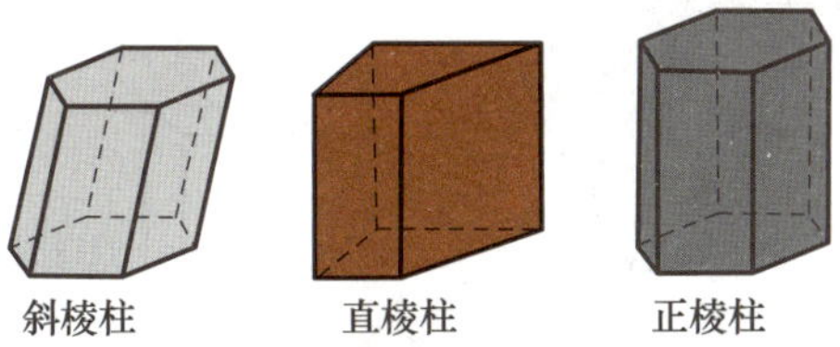

图 4-2-1　棱柱

以正五棱柱的投影为例。五棱柱的上、下两底面平行于 H 面，前棱面平行于 V 面，其余四个侧棱面均为铅垂面，如图 4-2-2 所示。

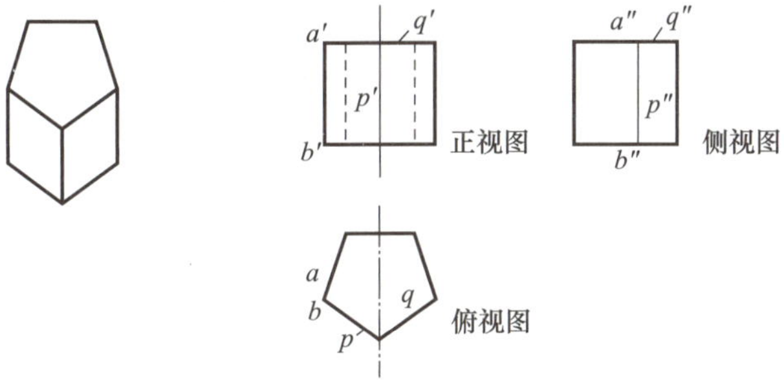

图 4-2-2　五棱柱的投影

3. 棱锥的投影

以正四棱锥的投影为例。正四棱锥的底面平行于 H 面，所以它的水平投影反映实形，其他两面投影积聚成水平直线段，如图 4-2-3 所示。

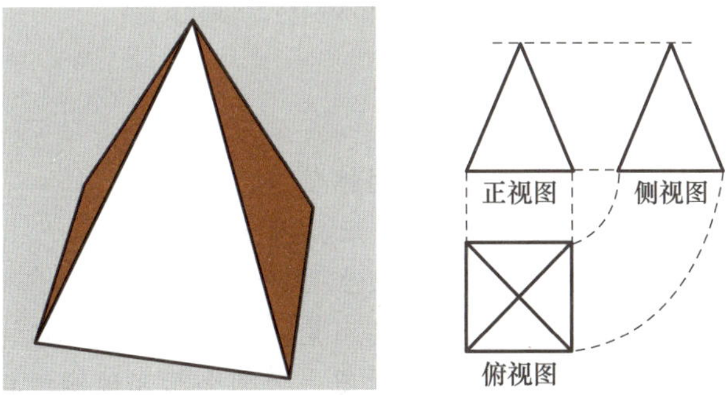

图 4-2-3　正四棱锥的投影

4. 棱台的投影

四棱台的上、下底面平行于 H 面，前、后两个侧棱面垂直于 W 面，左、右两个侧棱面垂直于 V 面，它的四条侧棱线为一般位置线。根据线、面的投影特点，即可分析出它们各自的三面投影图，如图 4-2-4 所示。

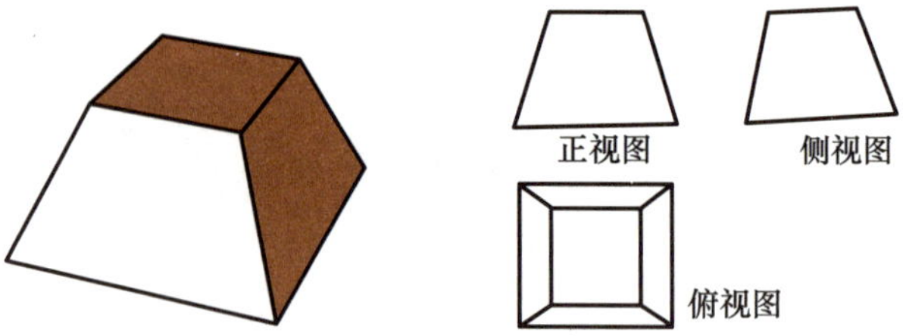

图 4-2-4　四棱台的投影

知识测评

1. 填空题

（1）五棱柱的上、下两底面平行于____面，前棱面平行于____面，其余四个侧棱面均为铅垂面。

（2）如果一个平面立体的一个面是____，其余各面是有一个____的三角形，那么这个多面体称为棱锥。

2. 选择题

（1）正四棱锥的底面平行于（　　）面，所以它的水平投影反映实形，其他两面投影积聚成水平直线段。

A. *H*　　　　B. *V*　　　　C. *W*

（2）棱台的形体特征为棱锥的顶部被（　　）于底面的平面切割后形成棱台。

A. 平行　　　　B. 垂直　　　　C. 倾斜

3. 简答题

简述棱台的投影特征。

子任务 2　平面体的三面投影

思政导入

题西林壁

横看成岭侧成峰，远近高低各不同。

不识庐山真面目，只缘身在此山中。

苏轼的《题西林壁》是一首诗中有画的写景诗，又是一首哲理诗，哲理蕴含在对庐山景色的描绘之中，意为要想认识事物的本质，必须全面客观地把握，冷静地分析，才能不被局部现象所迷惑。也就是辩证法里的看待事物要学会用系统、全面、联系的观点和方法。在投影的学习过程中，我们如果只看三视图其中之一，能得到物体的真实样貌吗？不能。因此在工程制图中，我们也要学会用辩证唯物主义的世界观和方法论去指导我们的学习，学会三面投影。

内容引导

扫描下方二维码，观看子任务配套微课。回答问题：

微课 4.2.2　平面体的三面投影

怎么绘制棱锥体的三面投影呢？

知识精讲

1. 棱柱体的三面投影

以三棱柱为例，分析棱柱体的三面投影。

三棱柱是一种柱体，底面为三角形，共有五个面，且有一组平行面，即两个面互相平行，而其他三个面是平行四边形。所有平行于底面的横截面都是相同的三角形。

已知该三棱柱的长度、宽度和高度尺寸，接下来我们绘制三棱柱的三视图，如图 4–2–5 所示。通过已知三棱柱的长度和高度尺寸绘制出正立面投影图，然后根据“长对正”和三棱柱的宽度尺寸绘制水平面投影图，最后根据“高平齐”和“宽相等”来绘制侧立面投影图，如图 4–2–6 所示。

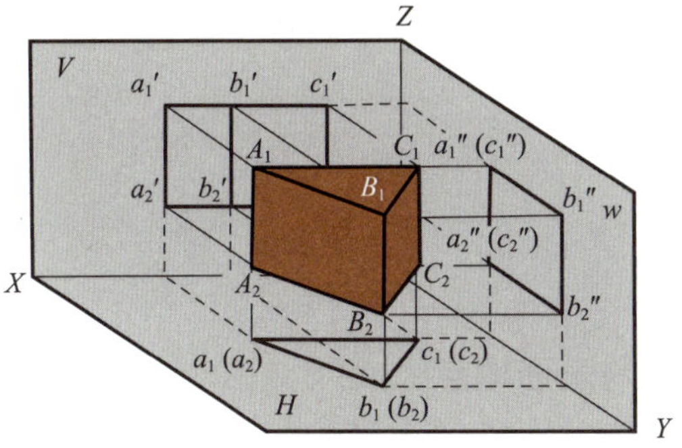

图 4–2–5　三棱柱

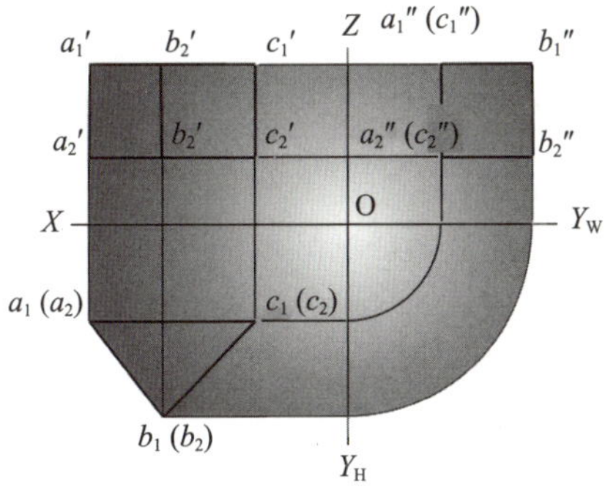

图 4–2–6　三棱柱三面投影图

2. 棱锥体的三面投影

如果一个平面立体的一个面是多边形，其余各面是有一个公共顶点的三角形，那么这个多面体称为棱锥。棱锥中的多边形称为棱锥的底面，棱锥中除底面以外的各个面都称为棱锥的侧面，相邻侧面的公共边称为棱锥的侧棱，各个侧面的公共顶点称为棱锥的顶点，顶点到底面的距离称为棱锥的高。

图 4–2–7 所示三棱锥，底面是水平面，三个侧面是一般位置平面。把三棱锥向三个投影面作正投影，得三面投影图。棱锥三面投影的绘制过程是：首先，根据三棱锥的长度和高度尺寸绘制正立面投影图，然后根据“长对正”和三棱锥的宽度尺寸绘制水平面投影图，再根据“高平齐”和“宽相等”绘制侧立面投影图，如图 4–2–8 所示。

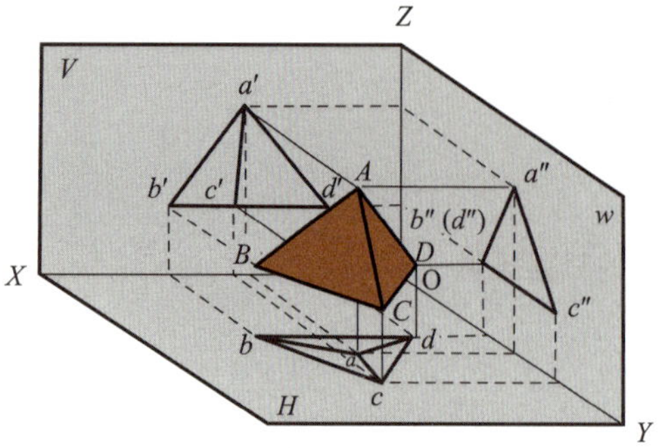

图 4-2-7　三棱锥

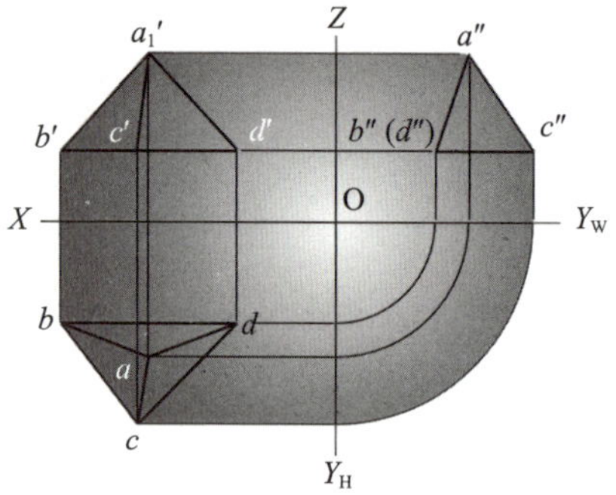

图 4-2-8　三棱锥三面投影图

从三面投影图可以看出：水平投影由四个三角形组成，分别是三棱锥的四个面形成的，其中△ *abc* 是左侧面 *ABC* 的投影，△ *acd* 是右侧面 *ACD* 的投影，△ *abd* 是后侧面 *ABD* 的投影，△ *cbd* 是底面 *CBD* 的投影。底面由于是水平面，所以其投影△ *cbd* 反映实形，其他三个侧面的水平投影都不反映实形。

正面投影由三个三角形组成，△ *a′b′c′* 是左侧面 *ABC* 的投影，△ *a′c′d′* 是右侧面 *ACD* 的投影，△ *a′b′d′* 是后侧面 *ABD* 的投影，它们均不反映实形。下面的一条横线 *b′c′d′* 是底面 *BCD* 的投影。侧面投影是一个三角形，它是左、右两个侧面的投影即左右重影，不反映实形，后侧面的投影积聚成一条直线，底面的投影积聚成一条直线。

知识测评

简答题

怎么绘制棱柱体的三面投影呢?

子任务 3　平面体的表面取点

思政导入

有这样一句谚语："巧干能捕雄狮，蛮干难捉蟋蟀。"这句话道出了一个普遍的真理，即做事要讲究方法，巧干胜于蛮干。平面体的取点就是方法与技巧的完美结合，今天，我们就来学习平面体的取点知识，从中窥探取点时的方法，掌握其中的奥秘。

内容引导

扫描下方二维码，观看子任务配套微课和教学动画。回答问题：

微课 4.2.3　平面体的表面取点　　　　动画 5　平面体的表面取点

当点处于几何体的某个表面时，该点的投影在该表面的投影范围内吗?

知识精讲

1. 棱柱表面点的分析与绘制

常用的平面体主要有棱柱和棱锥。

我们先来看棱柱体的表面取点，如图 4-2-9 所示，当点处于几何体的某个表面时，则该点的投影必在它所从属表面的各同面投影范围内。若该表面的投影可见，则该点同面投影也可见；反之为不可见。

由于棱柱是由平面围成的，所以棱柱表面上的点的投影特性与平面上的点的投影特性是相同的，不同的是棱柱的表面上的点存在着可见性的问题。此处规定不可见的点的投影用括号括起来。

在棱柱表面上求点，要根据已知点的投影位置和可见性判别点在哪个表面上，由于放置的关系，一般棱柱的表面有积聚性，可以根据点的投影规律求出该点的其余两投影。

从投影图可以看出，点 *a* 在三棱柱的左棱面上，根据点的投影原理，可以得知，主视图中的 *a′* 在俯视图和左视图上的位置。点 *b* 在右棱面上，根据点的投影原理，可以根据主视图中的 *b′* 位置得出 *b* 在俯视图和左视图上的位置。

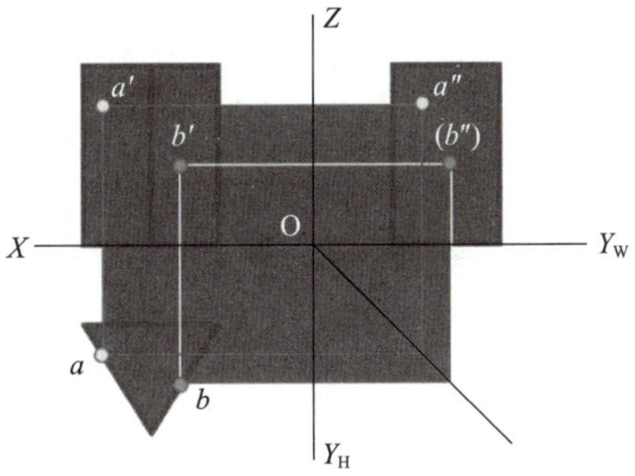

图 4-2-9 棱柱体的表面取点

2. 棱锥的表面取点

由于棱锥的表面不一定是特殊平面，因此在棱锥表面上定点，如果点在一般位置平面上，需要在所处的平面上作辅助线，然后在辅助线上作出点的投影。

以三棱锥为例，学习棱锥的表面取点的三种方法，如图 4-2-10 所示。

方法一：已知 *V* 面点位，过点作任意斜线交于 *a′b′* 和 *a′d′*，根据“长对正”的原理，我们可以在 *H* 面投影找到对应关系。

方法二：已知 *V* 面点位，过点作直线平行 *a′b′* 交于 *a′d′*，根据“长对正”的原理，我们可以在 *H* 面投影找到对应关系。

方法三：已知 *H* 面点位，过点作直线平行 *ad* 交于 *db*，根据“长对正”的原理，我们可以在 *V* 面投影找到对应关系。

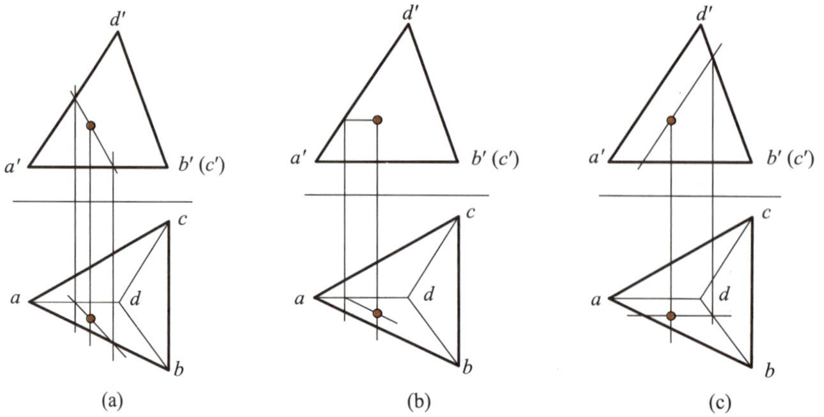

图 4-2-10　棱锥表面取点的三种方法

例：已知三棱锥表面上的点 1 和 2 的水平投影，要求作出它们的正面投影和侧面投影，如图 4-2-11 所示。

从投影可分析：点 1 在左侧面 *sab* 上，点 2 在右侧面 *sbc* 上，两点所在平面均为一般位置平面，求它们的正面投影和侧面投影，必须作出辅助线。

首先，我们过 1 点和 2 点作辅助线。其中对于 1 点采用过 *s* 点的辅助线，对于 2 点采用过 2 点但平行于 *bc* 的辅助线，其作图过程为连 *s* 点和 1 点并延长交于 *ab* 上一点 *d*，得到辅助线 *sd*，过 2 点作平行直线平行于 *bc*，与 *sc* 相交于 *m* 点，与 *sb* 相交于 *n* 点，得到辅助线 *mn*。

其次，我们在正面投影中作出相应的辅助线的投影并求出 1′ 和 2′。由 *d* 向上引投射线交 *a′b′* 于点 *d′*，连 *s′* 和 *d′* 点，得到辅助线 *s′d′*，由 1 向上引投射线与辅助线 *s′d′* 相交，得到 1′。由 *m* 向上引投射线与 *s′c′* 相交得到 *m′*，过 *m′* 作平行于 *b′c′* 的直线作为辅助线，由 2 向上引投射线与辅助线 *m′n′* 相交，得到 2′。

最后我们作出 1 点和 2 点的侧面投影。对于侧面投影，可以继续用辅助线求出。对于 1 点，通过投射线得到 *d″*，画出辅助线 *s″d″*，再由 1′ 作投射线与 *s″d″* 相交，得到 1″；对于 2 点，分别由 2 和 2′ 作投射线，在侧面投影中相交，得到 2″，如图 4-2-12 所示。

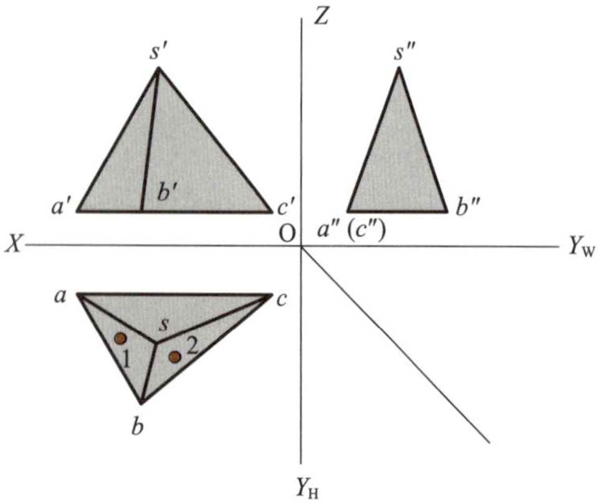

图 4-2-11　例 1 示意图

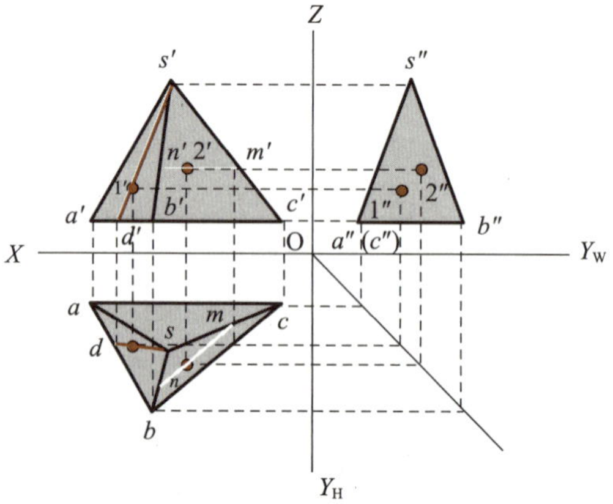

图 4-2-12　作出 1 点和 2 点的侧面投影

知识测评

1. **填空题**

（1）当点处于几何体的某个表面时，若该表面的投影可见，则该点同面投影____。

（2）由于棱柱是由平面围成的，所以棱柱表面上的点的投影特性与平面上的点的投影特性____（填相同或不同）。

2. **简答题**

简述三棱锥的表面取点的方法。

任务 3　学习曲面体的投影

子任务 1　曲线和回转曲面

思政导入

“天人合一”的思想最早是由中国古代著名的哲学家庄子提出的。天人合一建筑观是中国古代建筑的中心思想，体现的是人与自然和谐统一。中国古建筑屋顶大量运用曲线屋脊，那远远伸出的屋檐、富有弹性的屋檐曲线、由举架形成稍有反曲的屋面、微微起翘的屋角，灿烂夺目的琉璃瓦，使建筑物产生独特而强烈的视觉效果和艺术感染力。古建筑屋顶与周边的自然景观浑然天成、和谐共生，体现了古典建筑中的天人合一之美。

曲线和曲面也广泛应用在当代建筑设计中，如国家大剧院、厦门双子塔都因在建筑立面的设计中运用了曲线和曲面而富有建筑美感。接下来，我们一起学习曲线和回转曲面。

内容引导

扫描右方二维码，观看子任务配套微课。回答问题：

1. 什么是曲线？
2. 基本曲面如何形成？
3. 生活中有哪些基本曲面体？

微课 4.3.1　曲线和回转曲面

知识精讲

1. **曲线**

曲线可以是一个动点连续运动的轨迹，也可以是平面与曲面或曲面与曲面的交线，如图 4-3-1 所示。

根据曲线上各点的相对位置，曲线可分为平面曲线和空间曲线两大类，如图 4-3-2 所示。平面曲线是指曲线上所有点都在同一平面内的曲线，空间曲线是指曲线上的点不在一个平面内运动所形成的曲线。

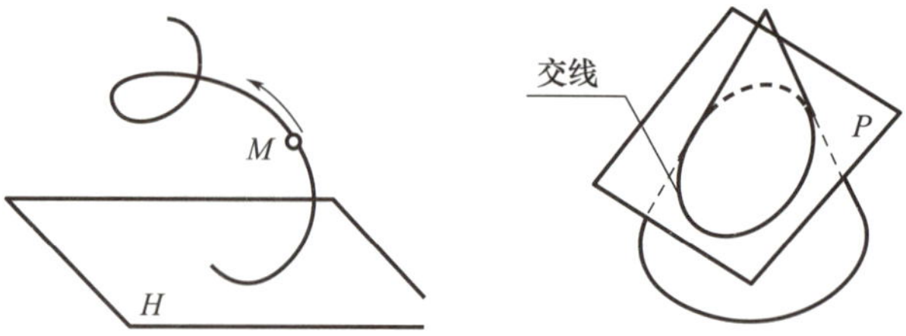

图 4-3-1　曲线

(a) 平面曲线　　(b) 空间曲线

图 4-3-2　平面曲线与空间曲线

2. 曲线的投影特性

曲线的投影一般仍为曲线，通过曲线上各点的投影线形成一个垂直于投影面的曲面，该曲面与投影面的交线为曲线，如图 4-3-3 所示。

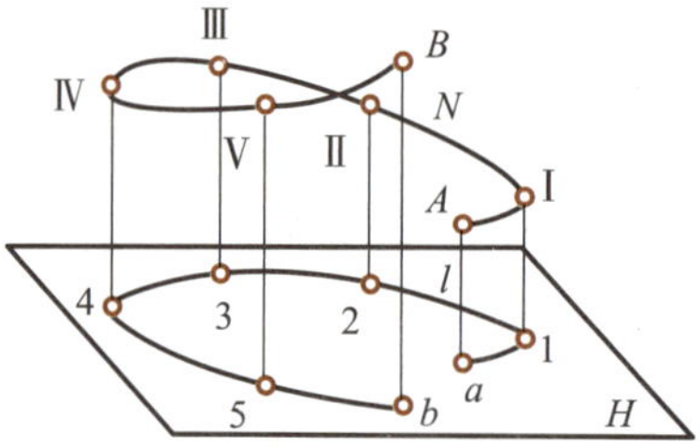

图 4-3-3　空间曲线的投影

平面曲线的投影一般仍为曲线。如椭圆的投影仍为椭圆，抛物线的投影仍为抛物线等。但是当平面曲线所在的平面垂直于某一投影面时，曲线在该投影面上的投影积聚成一条直线，如图 4-3-4 所示；当平面曲线所在的平面平行于某一投影面时，曲线在该投影面上的投影反映实形，如图 4-3-5 所示。

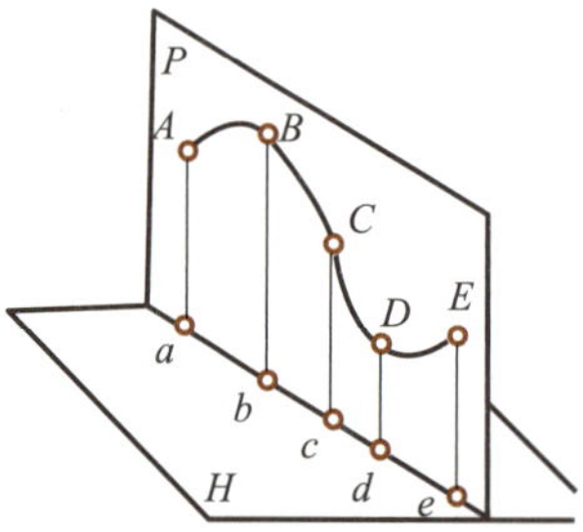

图 4-3-4　平面曲线投影的积聚性

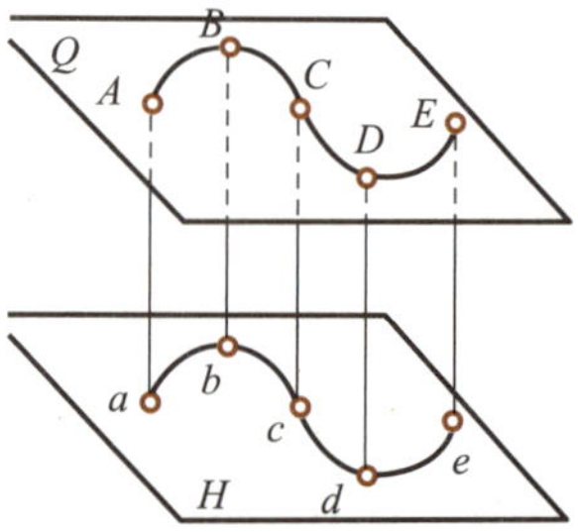

图 4-3-5　平面曲线投影的实形性

曲线上点的投影在曲线的同面投影上。过曲线上任一点的切线投影，必与曲线的投影相切于该点的同面投影，如图 4–3–6 所示。

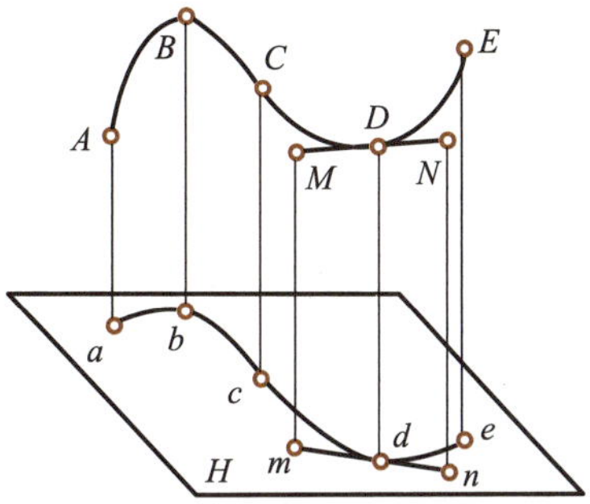

图 4–3–6　平面曲线相切线的投影

3. **曲面**

曲面可以看作动线的运动轨迹，动线称为母线。曲面上任一位置的母线，称为该曲面的素线。控制母线运动的线或面，分别称为导线或导面。

直母线沿着曲导线运动，并始终平行于空间一条直导线，所形成的曲面为柱面。直母线沿着曲导线运动，并始终通过定点 S，所形成的曲线为锥面。

根据母线运动时有无旋转轴，曲面可分为旋转面和非旋转面。柱面、锥面为非旋转面。

直母线绕旋转轴运动旋转一周形成圆柱面。曲母线绕旋转轴旋转一周形成花瓶状曲面。对于由曲线旋转生成的旋转面，母线称为旋转面上的经线，母线上任一点的运动轨迹为圆，称为纬线或纬圆，纬圆所在的平面垂直于旋转轴。旋转面上较两侧相邻纬圆都小的纬圆称为喉圆，较两侧相邻纬圆都大的纬圆称为赤道圆。

4. **基本曲面体**

基本体的表面是由曲面或由平面和曲面围成的体称为基本曲面体。

基本曲面体有圆柱体、圆锥体、圆台和球体等，如图 4–3–7 所示。

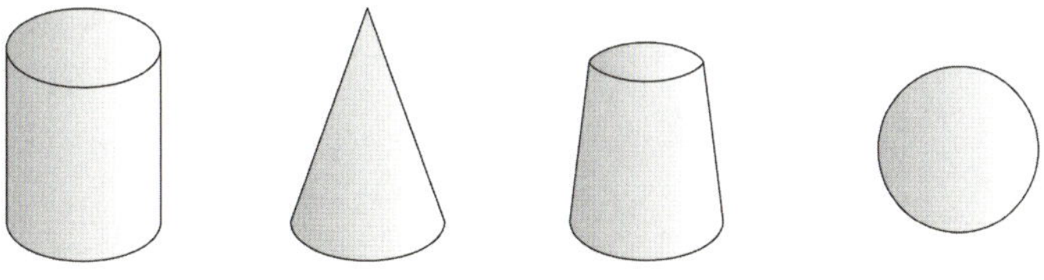

图 4–3–7　基本曲面体

（1）圆柱体

可以看作是直线 AA_1 绕着与它平行的直线 OO_1 旋转。其中直线 AA_1 便是母线。曲面上与轴线平行的任一直线称为圆柱面的素线。仅由回转面或回转面与平面所围成的体便是回转体，圆柱体由圆柱面和两底面组成，如图 4–3–8 所示。

（2）圆锥体

直线 *SA* 绕与它相交的另一直线 *SO* 旋转，所得轨迹是圆锥面，所得曲面体即为圆锥体，如图 4-3-9 所示。

正圆锥体的轴与水平投影面垂直，即底面平行于水平投影面。

（3）球体

圆周曲线绕着它的直径旋转，所得轨迹为球面，该直径为导线，该圆周为母线，母线在球面上任一位置时的轨迹称为球面的素线，球面所围成的立体称为球体，如图 4-3-10 所示。

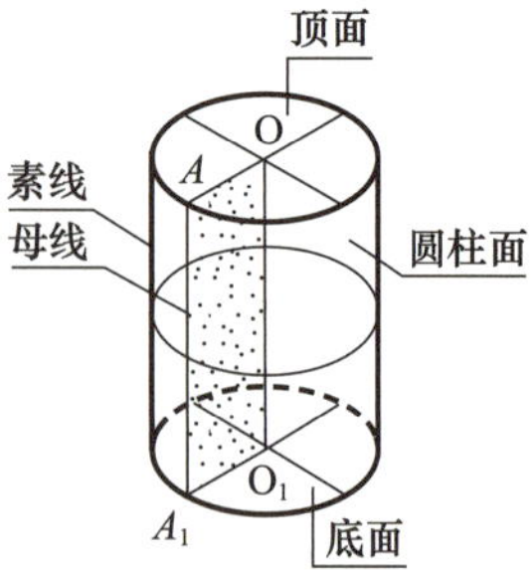

图 4-3-8　圆柱体

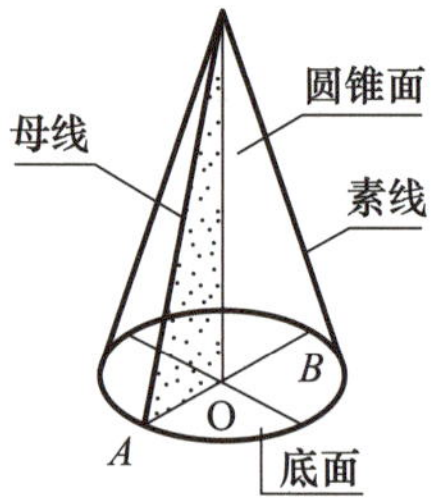

图 4-3-9　圆锥体

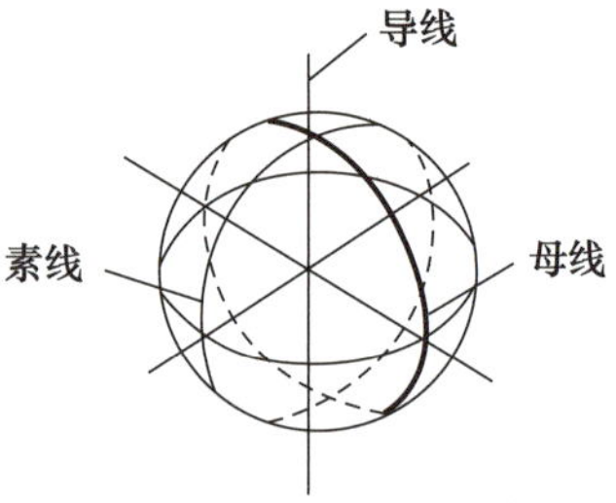

图 4-3-10　球体

知识测评

1. 填空题

（1）根据曲线上各点的相对位置，曲线可分为____和____两大类。

（2）曲面体有____、____、____和____。

2. 简答题

（1）圆柱体是如何形成的？

（2）球体是如何形成的？

子任务 2　曲面体的三面投影

思政导入

我国很多著名建筑的造型都用到了曲面体，广州塔就是其中之一。广州塔位于广州市珠江畔，总高度 600m，是第一高塔。登上塔尖可以一览羊城广州的整个城市风光。建造这样的工程既是我国综合国力的体现，也是我国建设者工匠精神的体现。作为新时代的工匠要努力学习专业知识，积极投身国家建设，实现青春价值。

内容引导

扫描下方二维码，观看子任务配套微课。回答问题：

微课 4.3.2　曲面体的三面投影

1. 圆柱体由什么构成?

2. 圆锥体由什么构成?

3. 球体由什么构成?

知识精讲

1. 圆柱体几何分析

圆柱体是由圆柱面和顶圆平面、底圆平面围成的。圆柱面是由一条直母线绕与其平行的轴线旋转而成的。直立的圆柱轴线是铅垂线，上下底面是水平面，如图 4–3–11 所示。

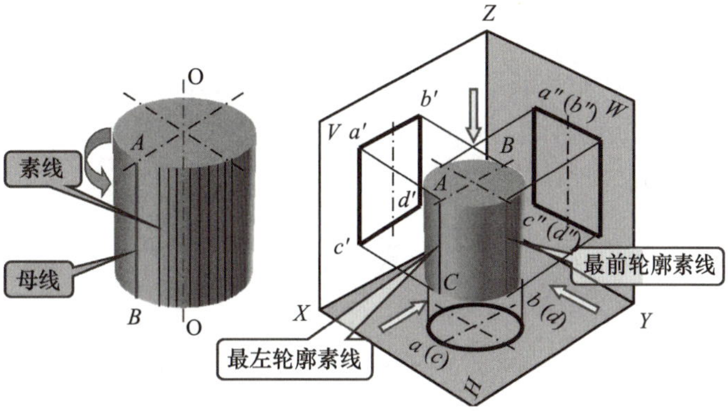

图 4–3–11　圆柱体的几何分析

2. 圆柱体的三面投影

首先根据圆柱的直径和高度尺寸绘制正立面投影图，再根据“长对正”和圆柱的中心轴线位置绘制水平面投影图，最后根据“高平齐”和“宽相等”绘制圆柱侧立面投影图。

从投影图可以看出，水平投影是一个圆，它是上下底面的重合投影，反映实形。同时，圆周也是圆柱面的投影，如图 4–3–12 所示。

正面投影是一个矩形，它是前半个圆柱面和后半个圆柱面的重合投影，上下两条横线是上、下两个底面的积聚投影。左、右两条竖线是圆柱面上最左和最右两条轮廓素线 *BF* 和 *DH* 的投影，两条素线的水平投影分别积聚为两个点 *b*（*f*）和 *d*（*h*），在侧面投影中与轴线的投影重合。

侧面投影也是一个矩形，它是左半个圆柱面和右半个圆柱面的重合投影，上下两条横线是上、下两个底面的积聚投影，左、右两条竖线是圆柱面上最后和最前两条轮廓素线 *CG* 和 *AE* 的投影，两条素线的水平投影分别积聚为两个点 *c*（*g*）和 *a*（*e*），在正面投影中与轴线的投影重合。

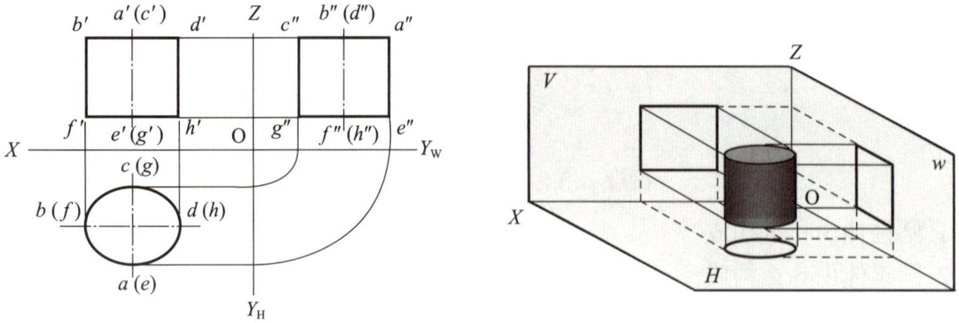

(a) (b)

图 4–3–12　圆柱体的三面投影

3. 圆锥体几何分析

圆锥体是由底面和圆锥面组成的。圆锥面可看成是由一条直线绕与其相交的轴线回转而成，该直线也称为母线。

4. 圆锥体的三面投影

当圆锥如图 4–3–13 所示放置时，圆锥的轴线是铅锤线，底面是水平面。首先根据已知的圆锥尺寸作出正立面投影图，再根据“长对正”作出水平面投影图，最后根据“高平齐、宽相等”作出侧立面投影图。

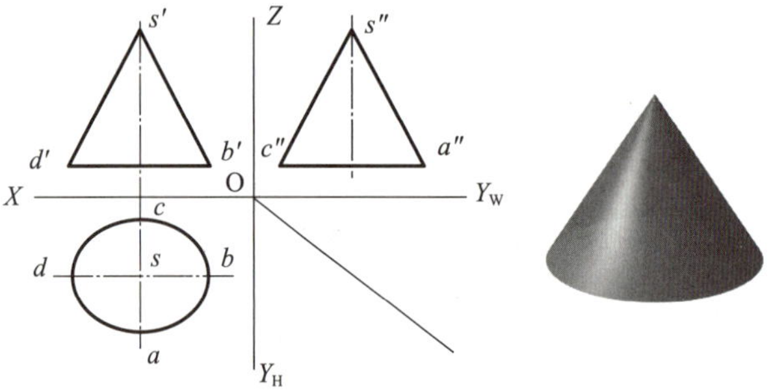

图 4–3–13　圆锥体的三面投影

水平投影是一个圆，它是圆锥面和底面的重合投影，反映底面的实形，圆心是锥顶的投影。

正面投影是一个三角形，它是前半个圆锥面和后半个圆锥面的重合投影。三角形的左右两边 *s′b′*、*s′d′* 是圆锥最左和最右两条轮廓素线 *SB* 和 *SD* 的投影，这两条轮廓素线在侧面投影中与中轴线的投影重合。三角形底边是圆锥底面的积聚投影。

侧面投影也是一个三角形，它是左半个圆锥面和右半个圆锥面的重合投影，三角形的左右两边 *s″c″*，*s″a″* 是圆锥最后和最前两条轮廓素线 *SC* 和 *SA* 的投影，这两条轮廓素线在侧面投影中与中轴线的投影重合。三角形底边是圆锥底面的积聚投影。

5. 圆球几何分析

球是球面围成的。球面可看作是圆或半圆围绕一条直径即轴线，回转而成的。

6. 圆球的三面投影

如图 4-3-14 所示，三面投影体系中有一个球，其 3 个投影为 3 个圆，这 3 个圆实际上是球面上 3 个轮廓圆的投影，其中水平投影是平行于 *H* 面的最大的水平圆的投影，该水平圆也是上、下半球的分界线。正面投影是球面上平行于 *V* 面的最大的正平圆的投影，该正平圆也是前、后半球的分界线。侧面投影是平行于 *W* 面的最大的侧平圆的投影，该侧平圆也是左、右半球的分界线。它们所在的平面均经过球心，在其他两个面投影与对称中心线重合，它们的圆心与球心的投影也就是对称中心线的交点重合。

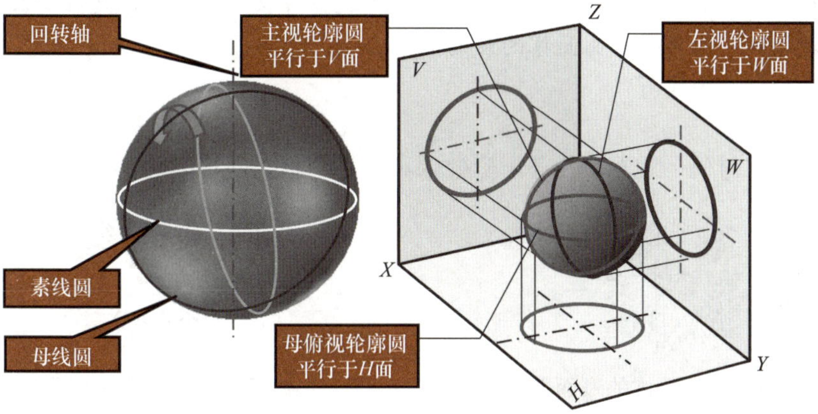

图 4-3-14　圆球的三面投影

知识测评

1. 选择题

（1）圆球在三个基本面上的投影是（　　）。

A. 椭圆　　B. 半圆　　C. 直径相等的圆　　D. 四分之一圆

（2）正圆锥体的圆锥面在水平面上的投影是（　　）。

A. 椭圆　　B. 三角形　　C. 扇形　　D. 圆

2. 绘图题

绘制圆锥体的三面投影。

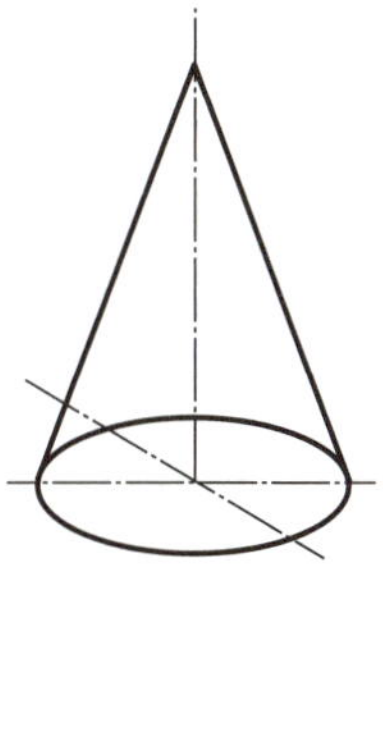

子任务 3　曲面体的表面取点

思政导入

方大特钢的电焊工高级技师甘荣刚，集岗位能手、技术能手、省级劳模等诸多荣誉称号于一身，当选为全国工会代表，光荣地走进人民大会堂。他曾带领团队获得 9 项国家专利，是当代大国工匠的典型代表。甘荣刚辛勤工作、孜孜不倦、不怕苦不怕累的精神值得我们学习。一把焊枪，起初不过是甘荣刚养家糊口的工具，慢慢地，这把焊枪成了他实现人生价值的重要载体。而焊枪在钢管上进行焊接作业，正像是在曲面体上找点，本节课，我们就一起来学习曲面体的表面取点。

内容引导

扫描下方二维码，观看子任务配套微课和教学动画。回答问题：

微课 4.3.3　曲面体的表面取点　　　　动画 6　曲面体的表面取点

1. 利用投影的什么特性在圆柱体表面取点？
2. 圆锥体表面取点有什么方法？

知识精讲

1. 圆柱体表面取点

在圆柱表面上定点，可以利用圆柱表面投影的积聚性来作图，如图 4–3–15 所示，已知正视图中 a'、b' 和侧视图中 c''，作出其他投影面中的点。因为圆柱面上的水平投影为有积聚性的圆，所以 ABC 三点的水平投影必落在该圆周上，由 V 面投影 a' 向下作投影连线，与水平投影相交得 a，由 V 面投影 a' 向右作投影连线，再由点的投影规律作出 a''。

同理可做出 b 点的其余两面投影。将 W 面投影 c'' 向下作投影连线，根据“宽相等”的投影规律，作出水平投影面中的 c 点，再根据点的投影规律作出 c'。最后进行点的可见性的判别，在圆柱的积聚投影中，c' 和 b'' 不可见，其余各点可见。

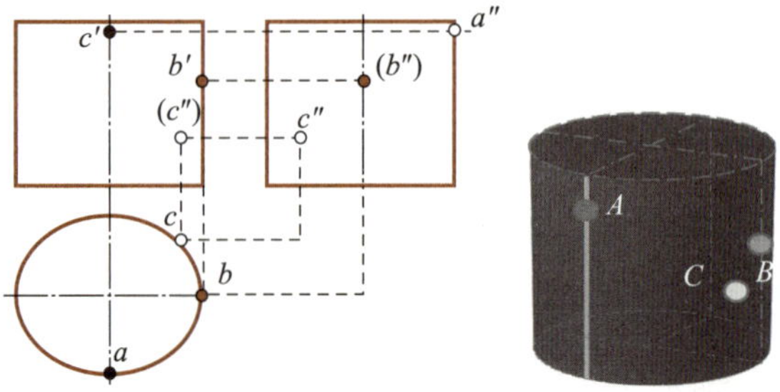

图 4–3–15　圆柱体表面取点

2. 圆锥体的表面取点

对于在轮廓线或底面圆周等特殊位置的点，可以运用对应关系直接求得投影。但是对于在圆锥面上的一般位置的点，由于圆锥面在 3 个投影面的投影都没有积聚性，必须采用辅助线作图。

采用素线作为辅助线的作图方法称为素线法；采用垂直于轴线的圆作为辅助线的作图方法称为纬圆法，也称辅助圆法。

（1）素线法

已知圆锥表面点 m 的正面投影 m'，求其水平投影和侧面投影。连接顶点 s' 和 m'，延长该直线交底边为点 $1'$。$s'1'$ 即为通过素线法所作的辅助线。由点的三面投影规律可以得知点 $1'$ 的水平投影 1，连接 $s1$，从 m' 的 V 面投影向下作垂线交 $s1$ 于点 m，点 m 即为 m' 的水平投影，再通过三面投影规律即可求出 m''，如图 4–3–16 所示。

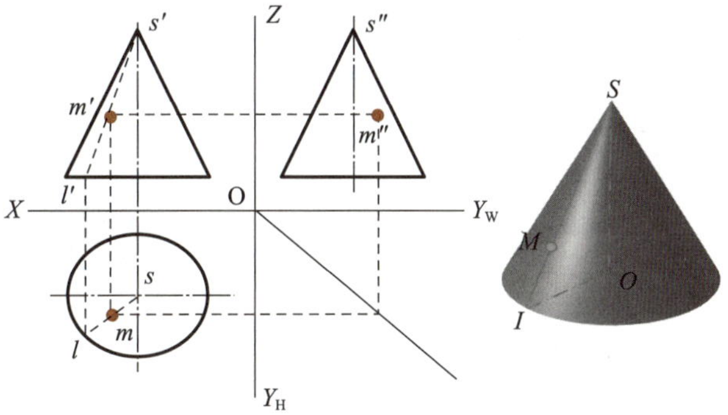

图 4–3–16　素线法

（2）纬圆法

用一个过已知点的与底面平行的平面截切圆锥，得到交线是一个圆，以这个纬线圆作为辅助线的方法称为纬圆法。这个纬线圆的圆心在底面上的投影与圆锥锥顶的投影是重影的。

已知圆锥上点 M 的水平投影 m，求 m' 和 m''。

在水平投影中过点 m 作一辅助圆，在正面投影中作出过已知点的纬圆的投影，由于纬圆所在平面是水平面，所以在正投影面积聚为一条线。过点 m 向上作垂线交纬圆在正面投影上积聚的直线于点 m'，最后通过三面投影图的投影规律可得出 m''，如图 4–3–17 所示。

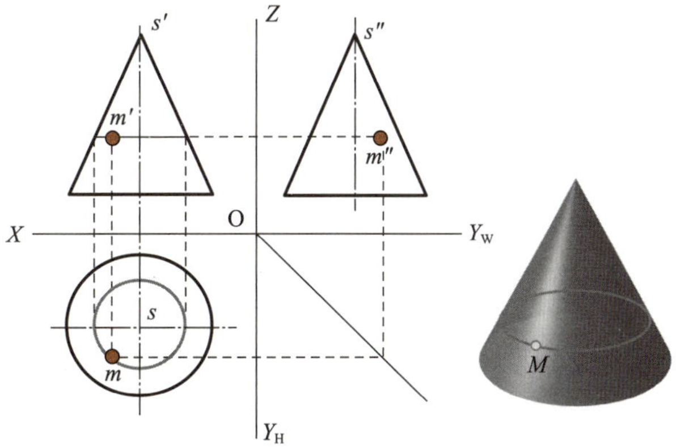

图 4–3–17　纬圆法

3. 圆球的表面取点

已知圆球表面点 M 的水平投影 m，求其他两面投影。采用辅助圆法，过点 M 在球面上做一平行于投影面的辅助圆。点的投影必在辅助圆的同面投影上，向上引投射线画出该辅助圆在 V 面上的投影，再从 M 点向上引投射线与该辅助圆的交点便是点 M'，最后通过点的投影规律便能求出 M''。

点 D 在球面主视轮廓线，已知圆球表面点 D 的正面投影 d'，求其他两面投影。直接通过球面主视轮廓线的点 d'，引线至俯视水平轴线得到点 d，引线至左视垂直轴线上得到 d''，如图 4–3–18 所示。

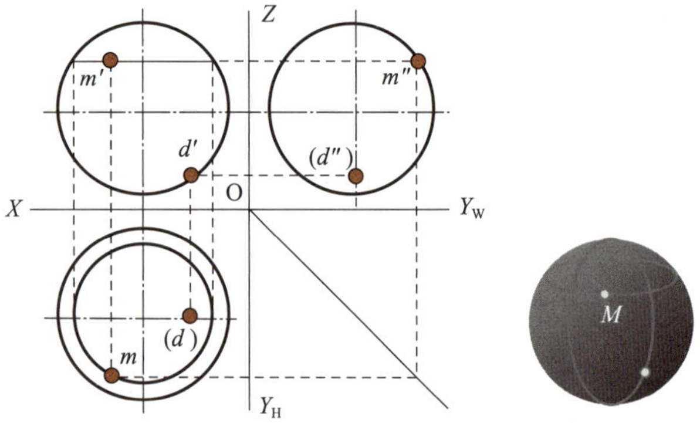

图 4–3–18　圆球的表面取点

知识测评

绘图题

已知圆柱体表面上的点 M、N 的 V 投影 m'、(n')，求 H 投影 m、n 及 W 投影 m''、n''。

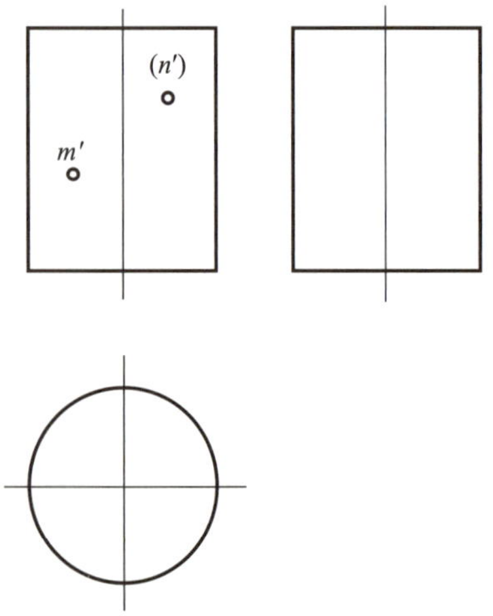

动画 7　平面与立体相交

动画 8　两立体相贯

扫描右方二维码，获取拓展内容。

模块 5

建筑形体的投影

思维导图

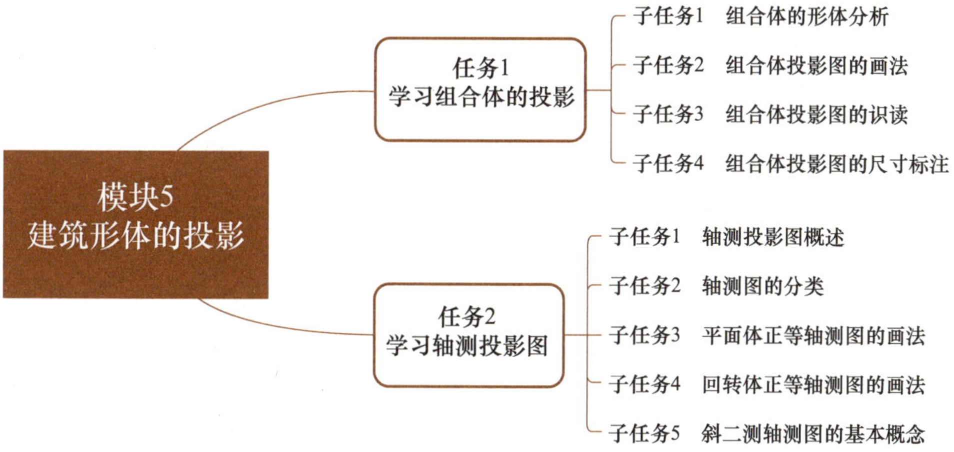

任务 1　学习组合体的投影

子任务 1　组合体的形体分析

思政导入

素有“洞庭天下水，岳阳天下楼”盛誉的岳阳楼踞于岳阳古城的西门之上，气势壮阔，构制雄伟，堪称江南三大名楼之首。岳阳楼构制独特，风格奇异，楼三层、飞檐、盔顶、纯木结构，全楼高 25.35m，平面呈长方形，宽 17.2m，进深 15.6m，占地 251m^2。范仲淹的《岳阳楼记》也广为传诵，其中尤以“先天下之忧而忧，后天下之乐而乐”一句成为千古名言。其意为做官之人应把国家，民族的利益摆在首位，为祖国的前途、命运分忧，为天下百姓的生计操劳，其中饱含的家国情怀值得当代青年学习。我们再看岳阳楼这座建筑，同学们能说出它是什么形体吗？棱柱、棱锥、还是圆柱？其实都不是，岳阳楼属于组合体，同学们对于组合体有哪些认识呢？

内容引导

扫描下方二维码，观看子任务配套微课。回答问题：

微课 5.1.1　组合体的形体分析

1. 工程中常见的基本几何体有哪些？
2. 组合体的组合方式有哪些？

知识精讲

1. 基本几何体

工程中常见的基本几何体有棱柱、棱锥、圆柱、圆锥、球体等，如图 5–1–1 所示。

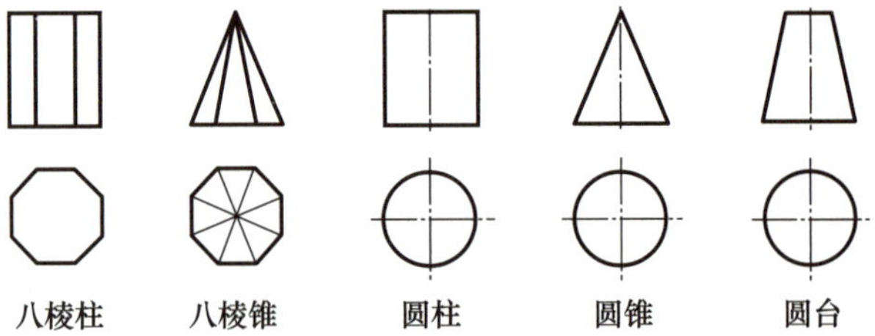

图 5–1–1　常见的基本几何体

每个基本几何体都有长、宽、高三个方向的尺寸，当形体的正面确定之后，左右方向的尺寸为长度，前后方向的尺寸为宽度，上下方向的尺寸为高度。

2. 组合体的形体分析

绘制和阅读组合体的投影图时，应首先分析它是由哪些基本几何体组成，然后分析这些基本组合体的组合形式、相对位置和表面连接关系。任何复杂的形体都可以看成是由一些简单形体按照一定的组合方式构成的。

以轴承座为例，一个轴承座是由圆筒、凸台、肋板、支承板和底板组成的组合体，如图 5–1–2 所示。

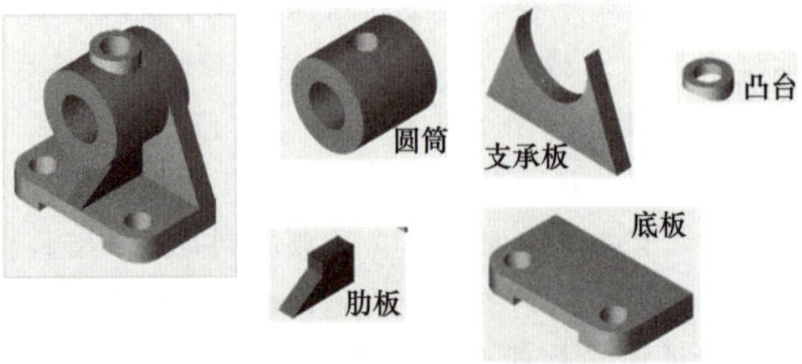

图 5–1–2　轴承座的组成分析

3. 组合体的组合形式

组合体的组合方式分为叠加、切割和混合。不同类型的组合体，其分析方法、画图顺序有着较大的区别，如图 5-1-3 所示。

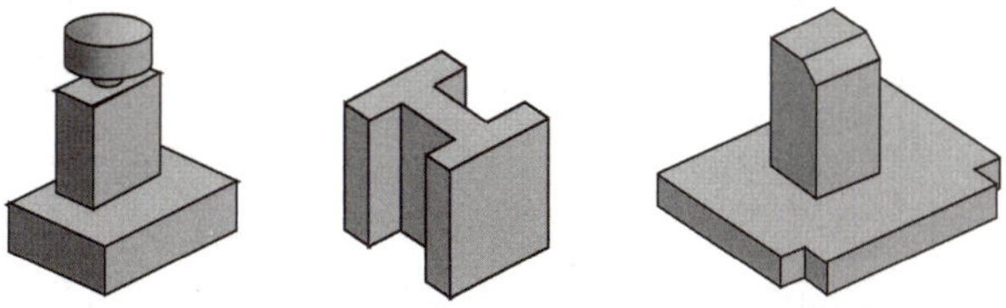

图 5-1-3　组合体的组合方式

（1）叠加式组合体

叠加式组合体是指由若干个基本形体叠加而成的形体。如图 5-1-4 所示，一个长方体上方垒加一个长方体，再依次垒加圆柱体，便形成了叠加式组合体。

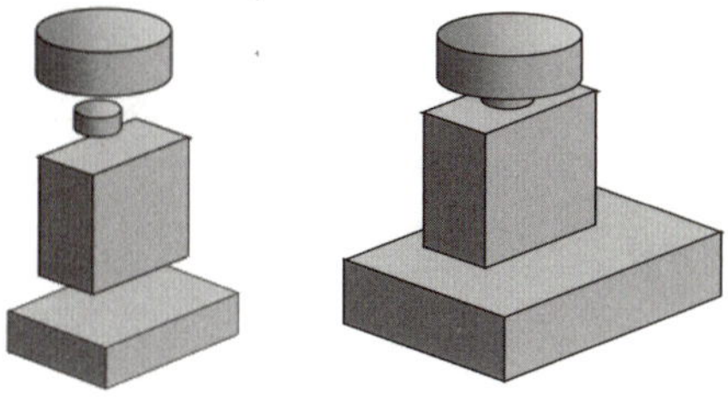

图 5-1-4　叠加式组合体

（2）切割式组合体

切割式组合体是指由一个基本形体经过若干次切割而成的形体。如图 5-1-5 所示，从一个大正方体中，切割出两个小长方体，剩下的形体便是切割式组合体。

图 5-1-5　切割式组合体

（3）混合式组合体

混合式组合体是指在组合体的组合过程中，既有叠加又有切割的形体，如图 5-1-6 所示。

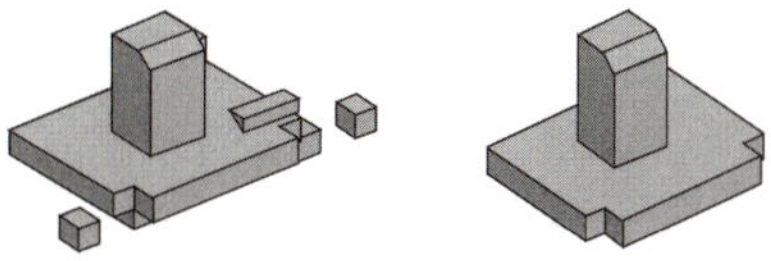

图 5-1-6　混合式组合体

4. 组合体各形体间的相对位置

组合体各形体间相对位置不同，该组合体的投影不同，从图 5-1-7 正面投影位置可以看出，当下方长方体不动，上方长方体从左至右移动时，分别呈现不同的投影，而上方长方体从后向前移动时，该组合体的正面投影呈现不出该组合体上部的形体在该方向的变化。所以想要全面观测到组合体的形体，只有一面投影是不够的。

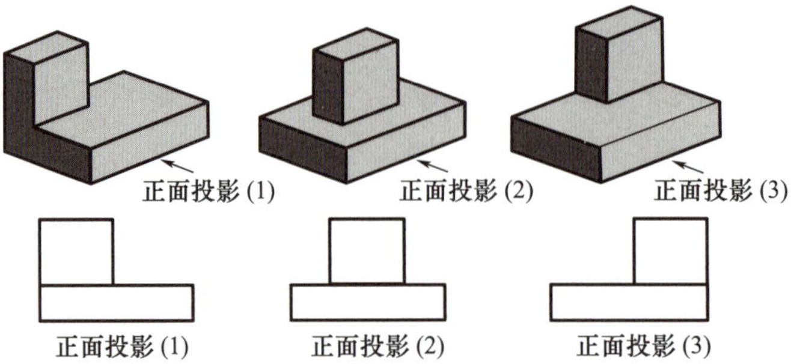

图 5-1-7　组合体各基本形体间的相对位置

知识测评

简答题

（1）请做出台阶的形体分析。

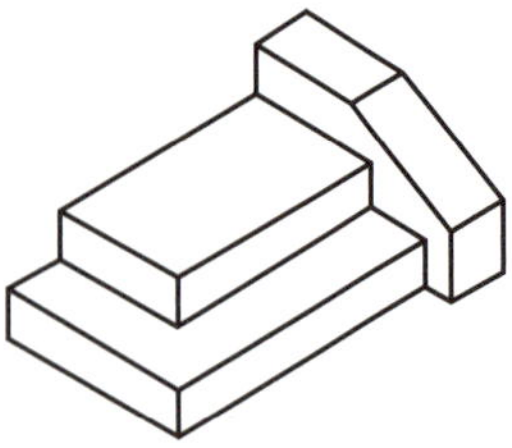

（2）请做出小门斗的形体分析。

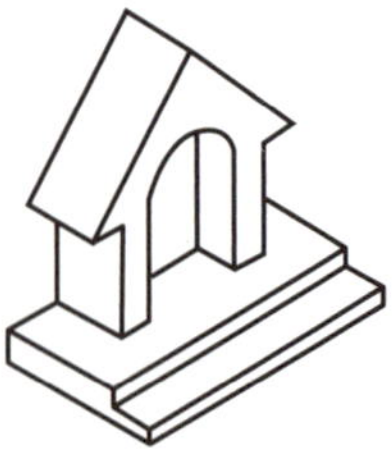

子任务 2　组合体投影图的画法

思政导入

故宫建筑群与馆藏文物虽历经 600 多年的雨雪风霜、时代更迭，却仍熠熠生辉。这离不开历代先辈在文物保护工作中所作出的巨大贡献。在故宫古建筑保护领域，李润德是古建筑日常修缮和重大工程的参与者和见证者。正如习近平总书记所说“一个有前途的国家不能没有先锋”，一代代如李润德的文物保护工作者，通过认真做好基础工作，以砥砺前行的精神和坚定信仰，不断激励着青年人的成长。在李润德自传中有一句话：“今后更好的未来，要靠一代新人继续努力，古建维修事业发展前景是无限美好的。”故宫建筑群集中国古建筑之精华，结构异常复杂，多为组合体，其投影图的绘制也是一大难题。本节课，让我们认真学习掌握组合体投影图的画法。

内容引导

扫描下方二维码，观看子任务配套微课。回答问题：

微课 5.1.2　组合体投影图的画法

1. 组合体表面的连接关系有哪些？
2. 组合体表面的连接关系的投影有什么不同？

知识精讲

下面介绍组合体的表面连接关系。

为了方便研究，会把组合体这个整体分解成若干基本形体，那么在探究组合体的投影前，必须先搞清楚各个基本形体之间的真实关系，才能确定是否画出各形体之间的表面交线。

如图 5-1-8 所示，组合体表面的连接关系共有四种情况：

①形体表面平齐，则两表面投影之间不画线；

②形体表面不平齐，则两表面投影之间画线；

③两形体表面相交，则两表面投影之间画线；

④两形体表面相切，则两表面投影之间不画线。

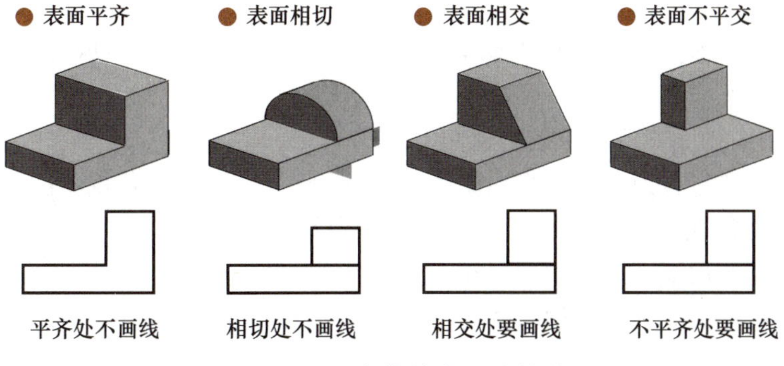

图 5-1-8　组合体的表面连接关系

绘制组合体的主要步骤包括如下：

①形体分析，确定投射方向；

②选比例，定图幅；

③布置图面，画基准线（中心对称线和主要表面基线）；

④画底稿，先画主要形体、外形轮廓和可见部分，后画次要形体、内部细节和不可见部分；

⑤擦除多余线段，加深图线。

例1：绘制叠加式组合体

以图5-1-9为例，首先对建筑模型进行形体分析，该组合体可以看成是两个长方体和两个圆柱体依次累加得到。

基本绘制步骤如下。

第一步：在确定投射方向、绘图比例和图幅之后，布置图面各视图位置和基准线。

第二步：用细实线画出各视图位置的基本形体。先画主要形体、外形轮廓和可见部分，后画次要形体、内部细节和不可见部分。

第三步：擦除多余线段，加深图线。

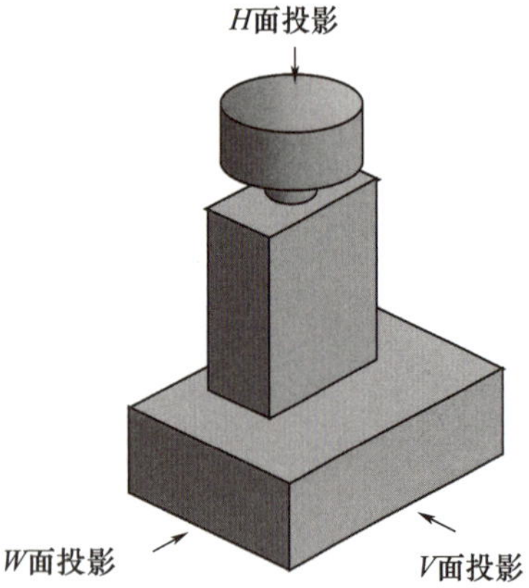

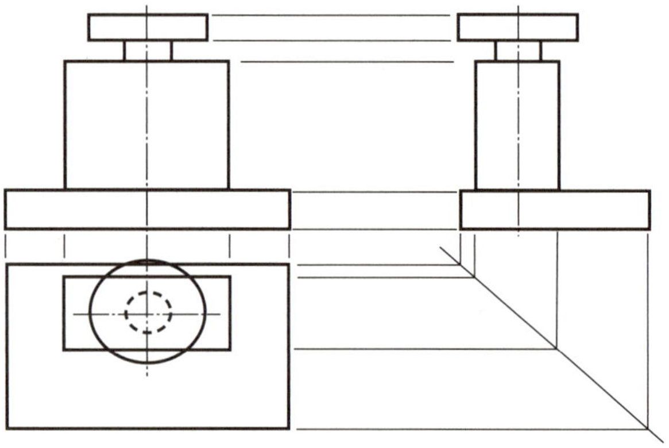

图5-1-9　叠加式组合体三视图

例2：绘制肋式杯形基础模型

首先进行形体分析将组合体拆成基本形体，肋式杯形基础的组成包括：底板、基础杯、前后肋板和左右肋板。

如图5-1-10所示，基本绘制步骤如下。

第一步：在确定投射方向、绘图比例和图幅之后，布置图面各视图位置和基准线。

第二步：用细实线画出各视图位置的基本形体。先画主要基本形体、大的外形轮廓和可见部分，后画次要小的形体、内部细节和不可见部分。

第三步：擦除多余线段，加深图线。

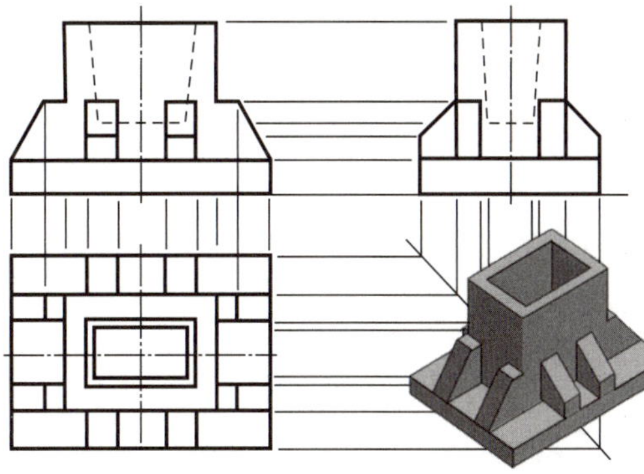

图 5-1-10　肋式杯形基础三视图

例 3：绘制切割式组合体

切割式组合体是由一个基本形体经过若干次切割而成的形体。以四棱柱切角和切槽模型为例，首先进行形体分析，组合体的原始几何体为：四棱柱，切去一角再切去一槽后，便形成了该组合体。

如图 5-1-11 所示，基本绘制步骤如下。

第一步：在确定投射方向、绘图比例和图幅之后，布置图面各视图位置和基准线。

第二步：先用细实线画出各视图位置的基本形体。然后画出各视图上的切割投影线和开槽位置线。

第三步：擦除多余线段，加深图线。

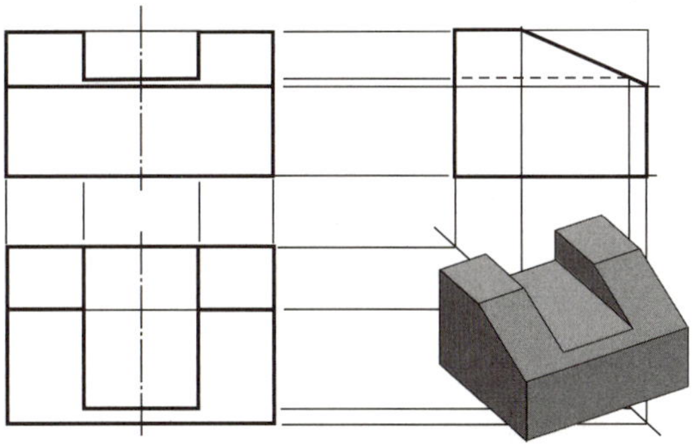

图 5-1-11　切割式组合体绘图步骤

知识测评

绘图题

（1）请完成台阶的三视图。

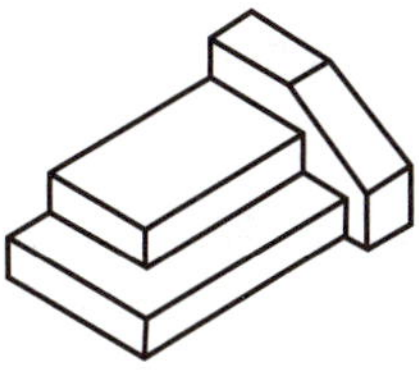

（2）请完成小门斗的三视图。

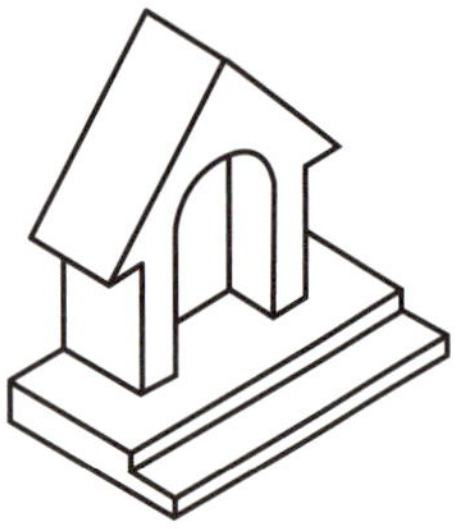

子任务 3　组合体投影图的识读

思政导入

唐朝诗人崔颢的诗《黄鹤楼》："昔人已乘黄鹤去，此地空余黄鹤楼。黄鹤一去不复返，白云千载空悠悠。"想必同学们都耳熟能详。黄鹤楼巍峨耸立于武昌蛇山之巅，素有"天下绝景"之誉。黄鹤楼为五层建筑，高 51m，是中国古代四大名楼之一，世称"天下江山第一楼"。它以其奇巧精美的建筑艺术蕴藏着中华民族的建筑精髓。同学们可以看出黄鹤楼是由哪些基本形体组合而成的吗？如果给你黄鹤楼的三面投影，又应当从何处看起呢？

内容引导

扫描下方二维码，观看子任务配套微课。回答问题：

微课 5.1.3　组合体投影图的识读

1. 组合体投影图的识读有哪些方法？
2. 投影中的线有哪些含义？

知识精讲

建筑可以看作是组合体，建筑的投影便可以看作是组合体投影，而组合体形状千变万化，从形体到投影的分析比较容易掌握，而由投影图想象空间形体的形状往往比较困难。识读建筑工程图，组合体投影图的识读就是必不可少的。掌握组合体投影图的识读规律，对于培养空间想象力、提高识图能力以及今后识读专业图都有很重要的作用。

下面介绍读图的基本知识。

组合体投影是点、线、面、体投影的综合，在识读组合体投影图之前一定要掌握三面投影规律，掌握形体的长、宽、高三个向度和上下、左右、前后六个方向在投影图上的对应关系，掌握简单基本几何体的投影特性。

方法一：找形体的特征投影

如图 5-1-12 所示，三个形体的 *V* 面投影和 *H* 面投影一模一样，单凭这两面投影无法确定出三个形体的形状，必须分析三面投影才能想象出物体的空间形状。而三个形体的 *W* 面投影不同，这种能使某一形体区别于其他形体的投影，称为该形体的特征投影。找到特征投影后，就可以方便我们进行组合体形状的想象。

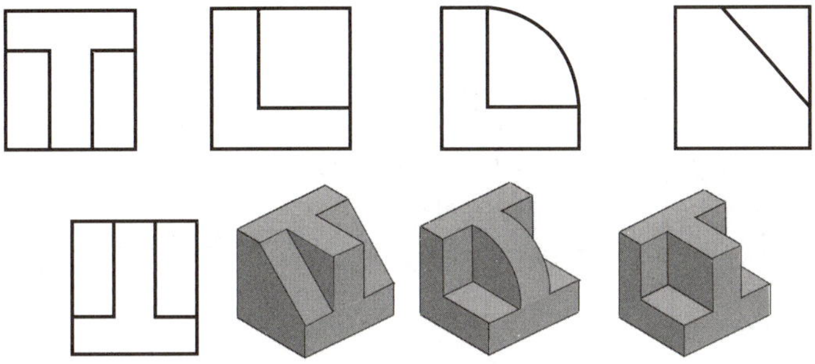

图 5-1-12　三个相似形体

再如四棱柱、三棱锥和圆柱，它们的 *V* 面投影和 *W* 面投影一模一样，而 *H* 面投影各不相同，所以 *H* 面投影便是它们的特征投影，如图 5-1-13 所示。

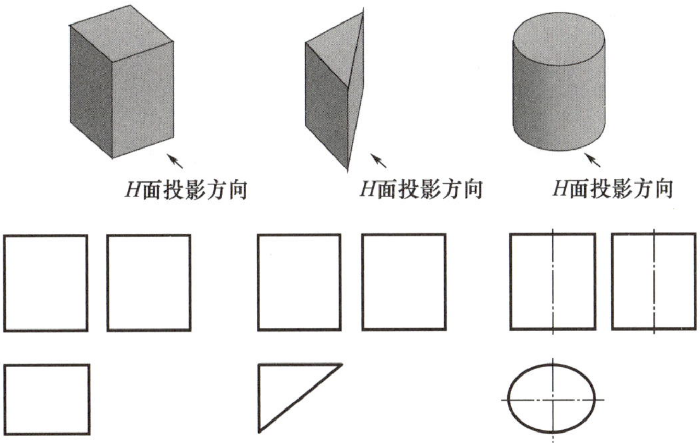

图 5-1-13　相似体的特征投影

方法二：明确投影图中直线和线框的含义

一组投影图中的每一条线，每一个线框都有着具体的意义。

（1）直线的含义

投影图中的一条直线可以表示形体上的一条棱线的投影；形体上一个平面的积聚投影；曲面体上一条轮廓素线的投影。要判断出一条直线的具体意义，必须联系其他投影综合分析。

（2）线框的含义

投影图中的一个封闭线框可以表示形体上一个平面或曲面的投影；形体上一相切组

合面的投影；形体上一个孔、洞、槽的投影。

从图 5-1-14 中可以看出组合体 V 面视图中，上方的圆圈表示圆孔；圆柱顶面积聚为一条线；曲面体上轮廓素线的投影、棱线的投影（两个面的交线）同样也是一条线；曲面体面的投影，斜面投影（呈类似性）则为一个面。H 面视图中可以看到六棱体六个面的积聚为一条线；圆柱曲面的积聚为一条线；虚线表示圆孔。

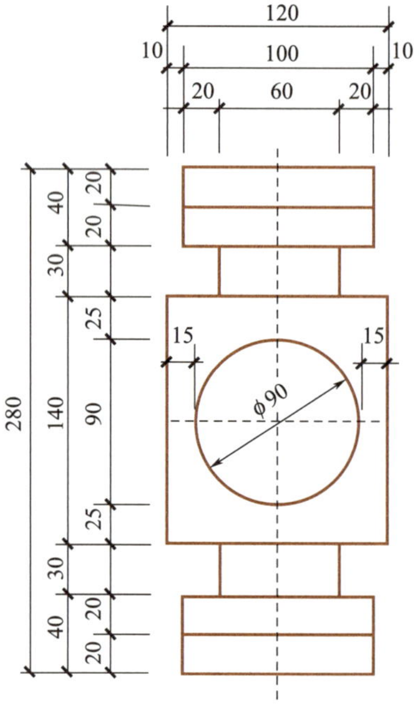

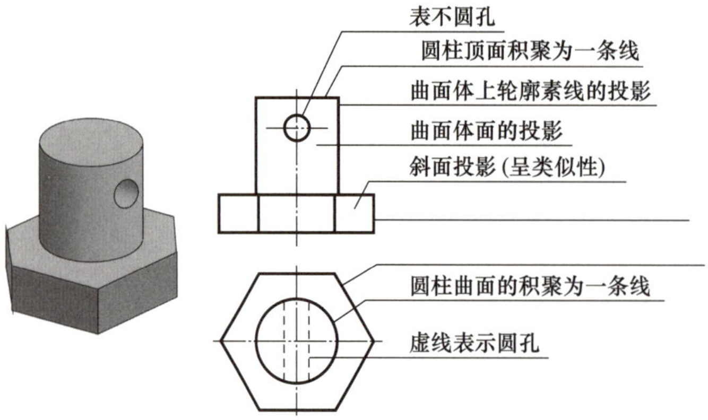

图 5-1-14　线框的含义

知识测评

绘图题：根据正立面与水平面投影，想象出组合体的整体形状，补充绘制侧立面投影。

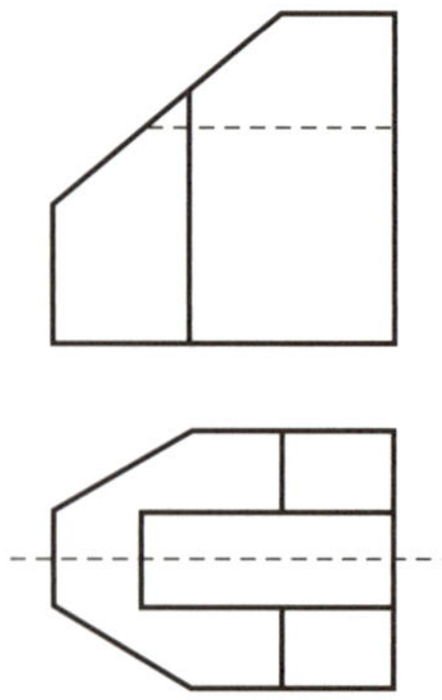

子任务 4　组合体投影图的尺寸标注

思政导入

国有国法，家有家规，宪法是国家根本法，全国各族人民都要遵守。制图也是一样的道理，绘图要遵守国家制图规范——《房屋建筑制图统一标准》（GB/T 50001—2017），标注的尺寸为施工时的参考基准。如果没有尺寸标注，那么组合体的投影图只能表达物体的形状和各部分的相互关系，只有标注了尺寸后，才能反映物体的大小和各部分的相对位置。拥有尺寸标注的投影图才能用来指导施工和构件的制作。组合体投影图绘制时，一定要按照正确的尺寸进行标注。

内容引导

扫描下方二维码，观看子任务配套微课。回答问题：

微课 5.1.4　组合体投影图的尺寸标注

1. 组合体的尺寸标注由什么组成？
2. 组合体尺寸标注的步骤是什么？

知识精讲

1. 组合体的尺寸组成

（1）定形尺寸

确定组合体各组成部分的形状、大小尺寸。通常反映长、宽、高三项内容。

（2）定位尺寸

确定组合体各组成部分之间的相对位置的尺寸。

（3）总体尺寸

确定组合体总长、总宽、总高的尺寸。

2. 组合体尺寸的标注方法

尺寸标注和度量的起点，称为尺寸基准。选择尺寸基准时应注意以下几点：

1）长、宽、高三个方向上，一般最少应有一个尺寸基准；

2）通常将尺寸基准设置在形体比较重要的端面、底面、对称面等，回转形体的尺寸基准应放置在轴线上；

3）以对称面作为基准标注尺寸时，一般应直接标注对称面两侧相同结构的相对距离，而不能从对称面开始标注尺寸。

如图 5-1-15 所示，首先分别选取长度、宽度、高度方向尺寸基准，最后选取高度方向辅助基准。在确定尺寸基准位置后，就可以进行定位尺寸的标注。

3. 标注尺寸的步骤

如图 5-1-16 所示，标注尺寸的步骤为：形体分析；选择长、宽、高三方向的尺寸基准；标注每个形体的定形、定位尺寸；标注总体尺寸；全面检查。

在标注尺寸的时候要注意，尺寸标注应该做到**整齐、清晰、合理、齐全、不重复**，如图 5-1-17 所示。

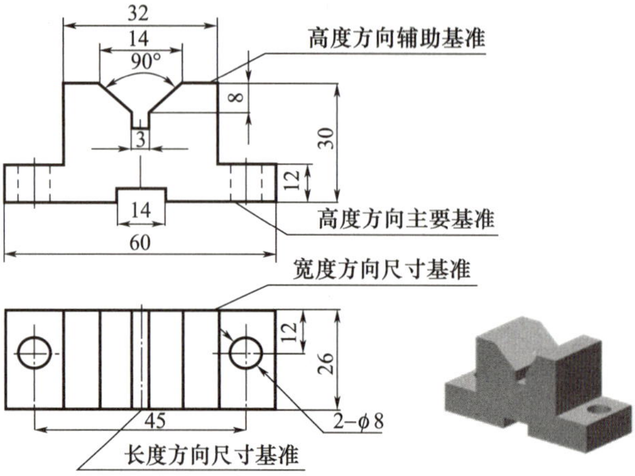

图 5-1-15　尺寸基准位置

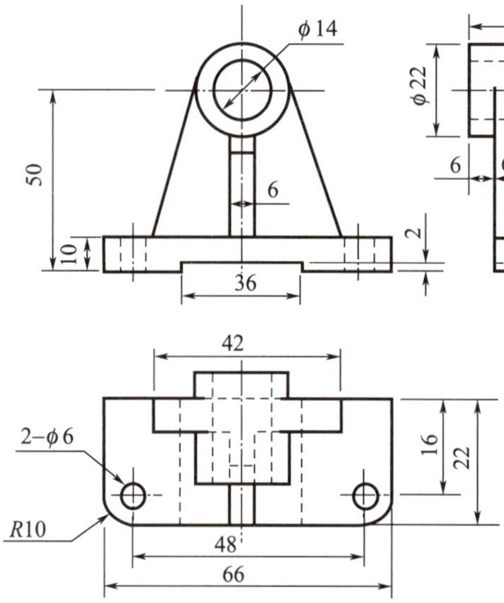

图 5-1-16　尺寸标注步骤

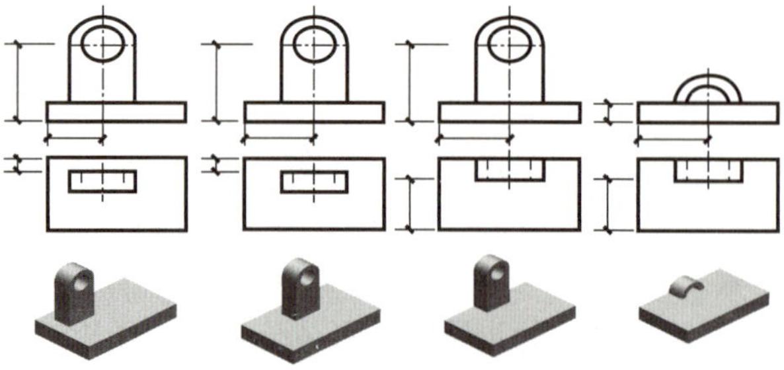

图 5-1-17　定位尺寸的标注

4. 标注尺寸的注意事项

1）定形尺寸尽量注在反映形体特征明显的视图上。

2）定位尺寸尽量注在反映位置特征明显的视图上，并尽量与定形尺寸集中在一起，如图 5-1-18 所示。

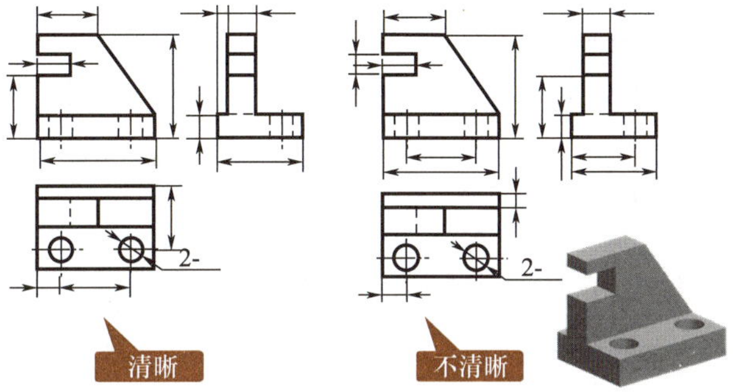

图 5-1-18　定位尺寸标注在特征明显的视图上

3）避免在虚线上标注尺寸。

4）尺寸应尽量标注在视图之外，并避免尺寸过长及与其他尺寸线或尺寸界线相交，如图 5-1-19 所示。

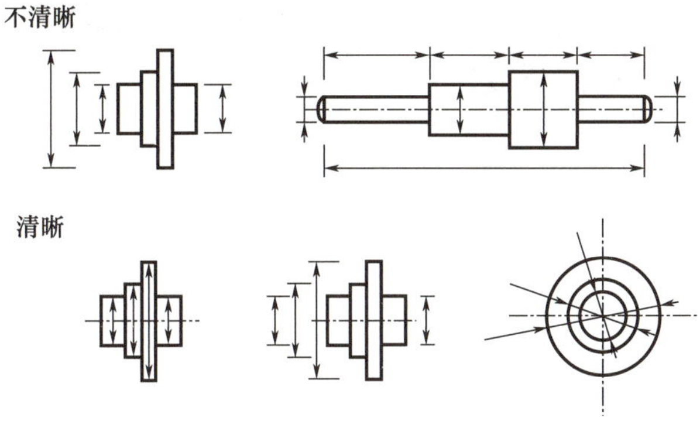

图 5-1-19　尺寸标注在视图外

5）同轴的圆柱、圆锥的径向尺寸，一般注在非圆视图上，圆弧半径应标注在投影为圆弧的视图上；存在分布多孔时，孔径应标在圆上（图 5-1-20）。

6）尺寸的排列应避免尺寸线和尺寸界线相交，并联的尺寸小尺寸在内，大尺寸在外；串联的尺寸箭头对齐，排成一直线。

7）避免重复标注。

8）不允许形成封闭尺寸。

9）同一形体的尺寸应尽量集中标注。

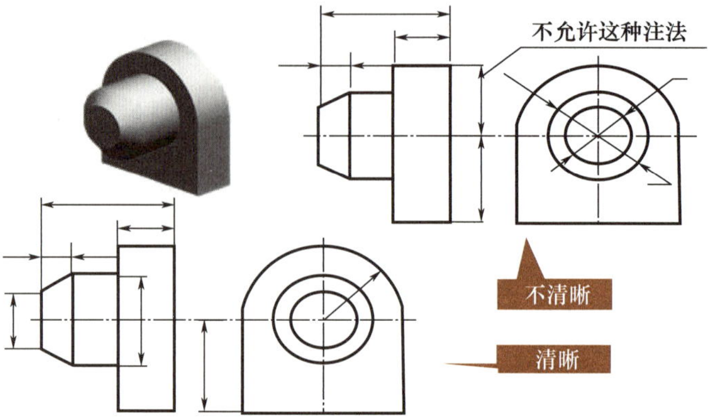

图 5-1-20　径向尺寸的标注

5. 组合体的尺寸标注示例

以下图支架的尺寸标注为例，先进行形体分析，将组合体分解为图示几个简单的形体，如图 5-1-21 所示。随后，在该组合体的三面投影中选择尺寸基准，如图 5-1-22 所示。从基准出发，确定各组成部分之间的相对位置，标注每个形体的定形、定位尺寸，最后标注总体尺寸并全面检查，如图 5-1-23 所示。

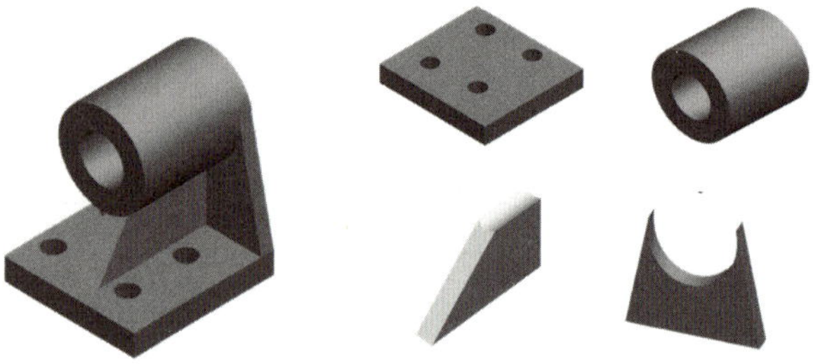

图 5-1-21　形体分析

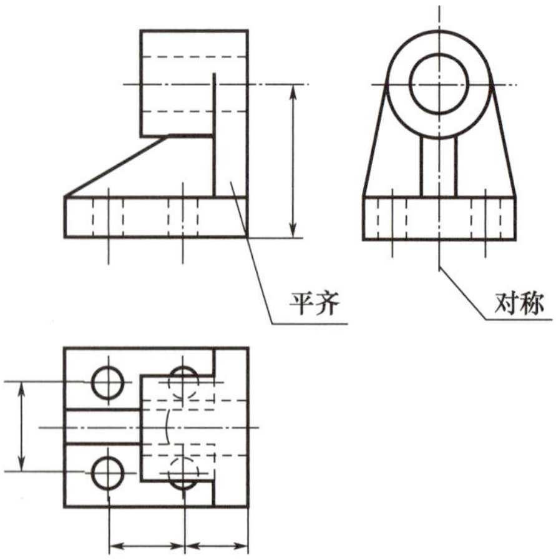

图 5-1-22　选择尺寸基准

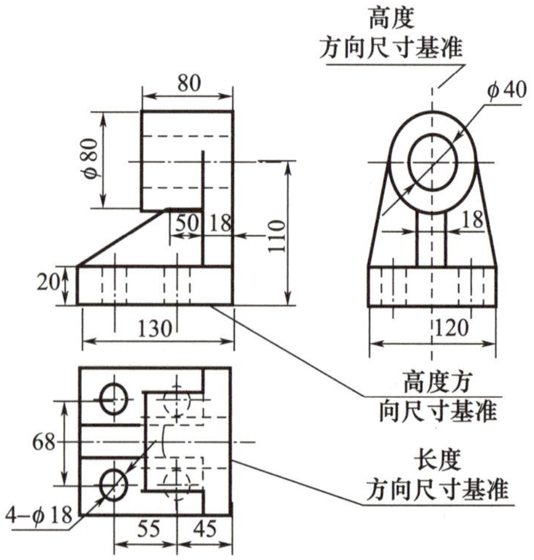

图 5-1-23　标注尺寸并检查

知识测评

绘图题：请补充完整小门斗投影图的尺寸标注。

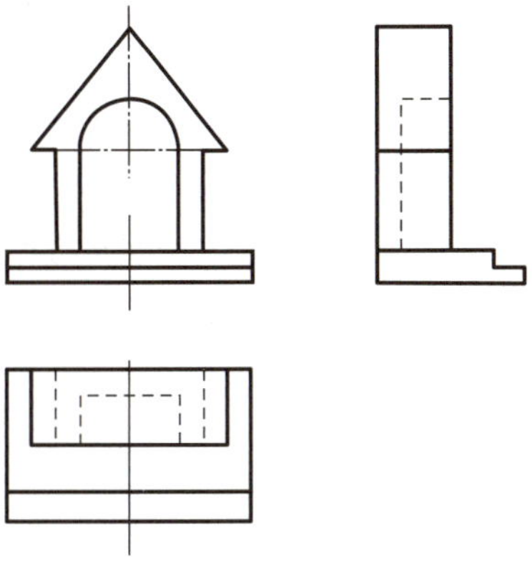

任务 2　学习轴测投影图

子任务 1　轴测投影图概述

思政导入

伴随着中国经济的飞速发展，中国科技也取得了举世瞩目的成就，“天眼”就是其中之一。“天眼”是中国自主研发的科技产品，具有中国的自主科学知识产权的 FAST 的技术的支持，是世界上最先进的望远镜。“天眼”直径能够达到 32 个足球场这么长的一个距离，是其他同类望远镜的几十倍之大，开创世界纪录。“天眼”能够把中国空间探索对于宇宙的认识延伸到太阳系外缘地区，这个距离远远超出同类竞争对手。观测宇宙时，我们使用“天眼”作为观测工具，那么在建筑领域上，用来观测形体的工具都有哪些呢？轴测图便是常用的一种表述形体的工具。

内容引导

扫描下方二维码，观看子任务配套微课和教学动画。回答问题：

微课 5.2.1　轴测投影图概述

动画 9　轴测投影的形成

1. 工程中轴测图用于什么？
2. 轴测图的基本参数是什么？

知识精讲

1. 轴测图的概念

三面正投影图可以较全面地表现空间物体的形状和大小，优点是作图简便和度量性好，缺点是直观性差，缺乏立体感。因此，工程上除了广泛采用正投影图，有时也需要应用直观性好、又能度量的轴测投影图作为辅助性图样，以帮助人们构思、想象物体的形状，看懂正投影图，如图 5-2-1 所示。

轴测图也被称为立体图，是一种单面投影图，可以在一个投影面上同时反映形体的三维尺度。由于轴测图作图复杂，并且度量性很差，很难准确反映形体的实际大小，所以一般只做辅助性图样。

图 5-2-1　三视图和轴测图

2. 轴测图的形成

通过调整物体与投影面或投射线与投影面之间的相对位置，可以得到具有立体感的图形。将物体连同确定其空间位置的直角坐标系，一起沿不平行于任意一个坐标面的方向 S，用平行投影法将其投射到单一投影面 P 上，所得到的具有立体感的投影图形称为轴测投影图，简称轴测图。

其中，投影方向 S 为投射方向。投影面 P 为轴测投影面，形体上的原坐标轴 OX、OY、OZ，在轴测投影面 P 上的投影 O_1X_1、O_1Y_1、O_1Z_1。

（1）调整物体与投影面的相对位置

如图 5-2-2 所示，在保持投射方向不变的前提下将物体连同其参考直角坐标系绕 Z 轴旋转，再绕侧垂线旋转，最后得到的平行投影图便是正轴测图。

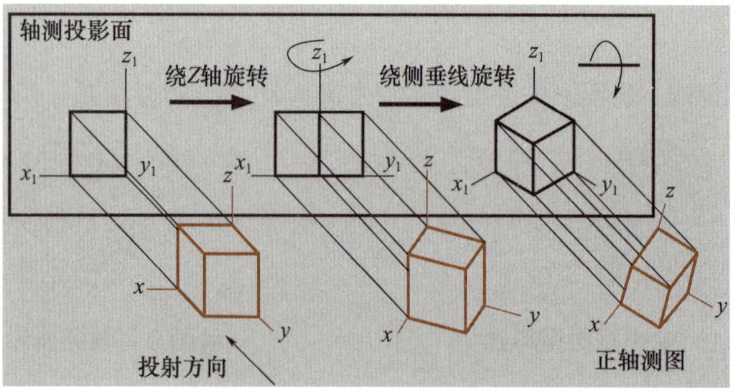

图 5-2-2　正轴测图的形成

（2）调整投射线与投影面的相对位置

如图 5–2–3 所示，投射方向斜向照射三投影面体系，将物体连同其参考直角坐标系投射在平行于 V 面的单一投影面上所得平行投影图便是斜轴测图。

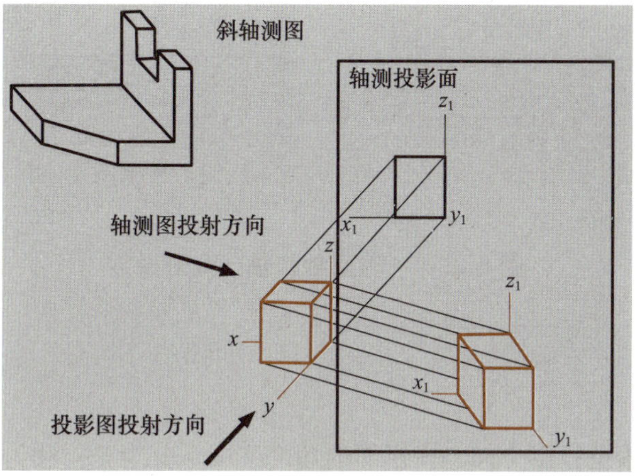

图 5–2–3　斜轴测图的形成

3. 轴测图的特性

由于轴测投影图是平行投影，因此，轴测投影图同样具备平行投影的各种特性。

（1）平行性

空间平行的直线，其轴测投影仍然平行。

（2）定比性

空间平行直线的轴测投影长度与空间长度的比值相等。

（3）显实性

空间与轴测投影面平行的直线或平面，在轴测图上反映实长或实形，可以沿轴向进行度量和作图。

4. 轴测图的基本参数

如图 5–2–4 所示，轴测图的基本参数主要有轴间角和轴向变形系数。

（1）轴间角

轴测轴之间的夹角称为轴间角。如 $\angle X_1O_1Y_1$、$\angle X_1O_1Z_1$、$\angle Z_1O_1Y_1$ 便是轴间角。

（2）轴向变形系数

轴测轴上某段长度与它的实长之比，称为轴向变形系数。常用字母 p、q、r 来分别表示 OX、OY、OZ 轴的轴向变形系数。

具体表示方法如下：

OX 轴的轴向变形系数 $p=O_1X_1/OX$；

OY 轴的轴向变形系数 $q=O_1Y_1/OY$；

OZ 轴的轴向变形系数 $r=O_1Z_1/OZ$。

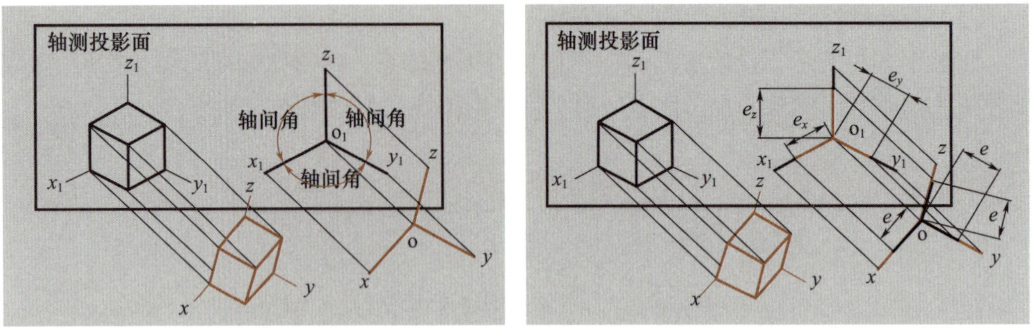

(a)　　(b)

图 5-2-4　轴间角和轴向变形系数

知识测评

填空题

（1）轴测投影根据投影方向与投影面的角度不同，分为____和____两大类。

（2）轴向变形系数是____和____的比值。

子任务 2　轴测图的分类

思政导入

郑和下西洋是中国航海史上的壮丽篇章，既彰显了明代国力的强盛，也反映了我国古代航海技术的发达。《郑和航海图》详细记载了郑和的这一历史壮举，通过它，我们可以清楚地了解远离我们六百多年的中国古代航海英雄的航路。同时，也让我们看到了中国古代制图技术的发达及制图这一工作的重要性。本子任务的学习内容就与制图有关，希望大家从《郑和航海图》的历史典故中感悟中国古人在制图领域的聪明才智，并激发出学好制图的主观能动性，进一步明确制图的重要性，学好制图，制出好图！

内容引导

扫描下方二维码，观看子任务配套微课。回答问题：

微课 5.2.2　轴测投影图的特性及分类

微课 5.2.3　正等轴测图的基本概念

微课 5.2.4　轴间角和轴向伸缩系数

1. 什么是正等轴测投影图？
2. 正等轴测图和正投影图一样大吗？

知识精讲

1. 轴测投影图的分类

按照投射方向和轴测投影面相对位置的不同，轴测投影图可以分为两类。

（1）正轴测投影图。

投射方向 S 垂直于轴测投影面时，可得到正轴测投影图，简称正轴测图。此时，三个坐标平面均不平行于轴测投影面。

（2）斜轴测投影图。

投射方向 S 不垂直于轴测投影面时，可得到斜轴测投影图，简称斜轴测图。为简化作图，一般选一个坐标平面平行于轴测投影面，如选 XOY 坐标平面平行于轴测投影面可得到水平斜轴测投影图，选 XOZ 坐标平面平行于轴测投影面可得到正面斜轴测投影图。

在每一种轴测图里，根据轴向变形系数的不同，以上两类轴测图又可以分为三种。

正（斜）等测轴测图：$p=q=r$ 时；

正（斜）二等轴测图：$p=q\neq r$ 时，或 $p\neq q=r$ 或 $p=r\neq q$；

正（斜）三等轴测图：$p\neq q\neq r$。

其中，正等轴测图和斜二等轴测图在工程上较为常用。

2. 正轴测投影

（1）正等测图

为了作图简便，选择物体的三个坐标轴与轴测投影面 P 的夹角相等，即 $\alpha_1=\beta_1=\gamma_1$，投影线垂直于投影面，此时得到的正轴测投影称为正等轴测图。

观察图 5-2-5，可得出正等测投影的特点：

①规定 O_1Z_1 保持铅锤状态，三个轴间角相等，$\angle X_1O_1Y_1=\angle X_1O_1Z_1=\angle Z_1O_1Y_1=120°$，且长向与宽向的两条轴与水平线成 30°。

②轴向伸缩系数相等。由几何原理可知，$p=q=r=0.82$，物体的长、宽、高方向的轴测投影长度均按同一轴向伸缩系数改变。在实际作图中，伸缩系数取 0.82 较为烦琐，为简便作图，通常将系数 0.82 简化为 1，即 $p=q=r=1$，也就是将正等测图放大了 1/0.82≈1.22 倍。

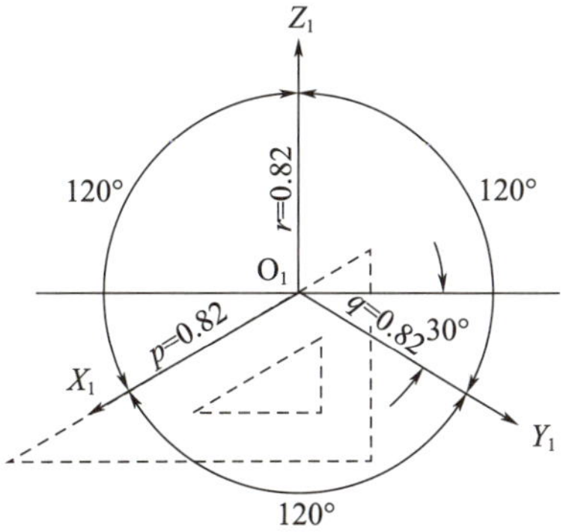

图 5-2-5　正等测图

（2）正二测图

正二测投影中 $p=r=2q$。轴向伸缩系数在作图中简化为 $p=r=1$、$q=0.5$。

观察图 5-2-6，可得出正二测投影的特点：

①轴间角∠$X_1O_1Z_1$=97° 10′，∠$Y_1O_1Z_1$=∠$Y_1O_1X_1$=131° 25′。

②轴向伸缩系数 p=r=1，q=0.5。

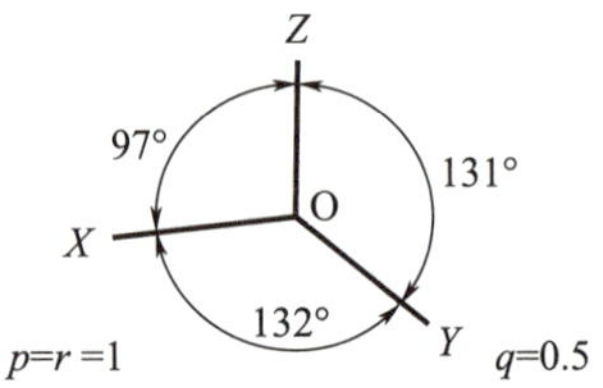

图 5-2-6 正二测图

3. 斜轴测投影

根据形体倾斜角度或投影方向的不同，同一形体可画出不同的斜轴测图。

（1）斜二测图

将物体正面与轴测投影面 P 平行放置，然后用平行斜投影得到的轴测图称为斜二测图。若 P 平面平行于正立面 V，则称为正面斜二测图。

观察图 5-2-7，可得出正面斜二测图的特点：

1）轴间角∠$X_1O_1Z_1$=90°，∠$X_1O_1Y_1$=∠$Y_1O_1Z_1$=135°

2）轴向伸缩系数 $p=r=1$，$q=0.5$。

3）平行于投影面 P 的形体上的外表面在正面斜二测图上反映实形。

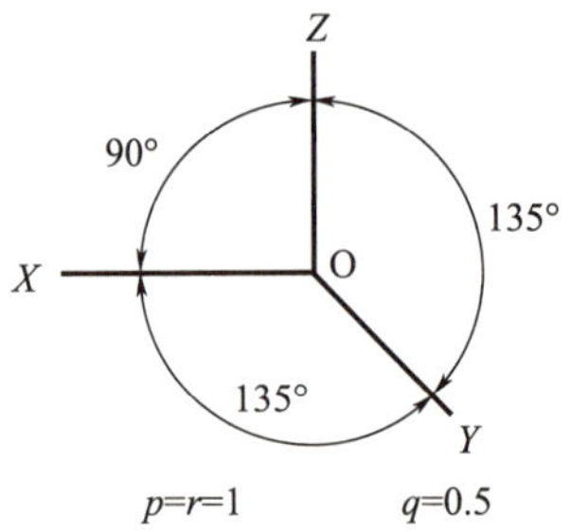

图 5-2-7 正面斜二测图

（2）水平斜轴测图

水平斜轴测图是将轴测投影面 P 与坐标面 XOY 平行，用平行斜投影得到的斜轴测图。

观察图 5-2-8，可得出水平斜轴测图的特点：

1）轴间角随投影线与水平投影面夹角的大小而变化，∠$X_1O_1Y_1$=90°，∠$Y_1O_1Z_1$=∠$Z_1O_1X_1$=135°，$p=q=1$，$r=0.5$，此时称为水平斜二测图；若∠$Z_1O_1X_1$=120° 或 150°，则∠$Z_1O_1Y_1$=150° 或 120°，$p=q=r=1$，此时称为斜等测图。

2）能反映物体上与水平面平行表面的实形。

3）作图时，只需将物体的水平投影图绕 O_1X 轴旋转一个适宜的角度，再立高度尺寸并画出其他部分即可。

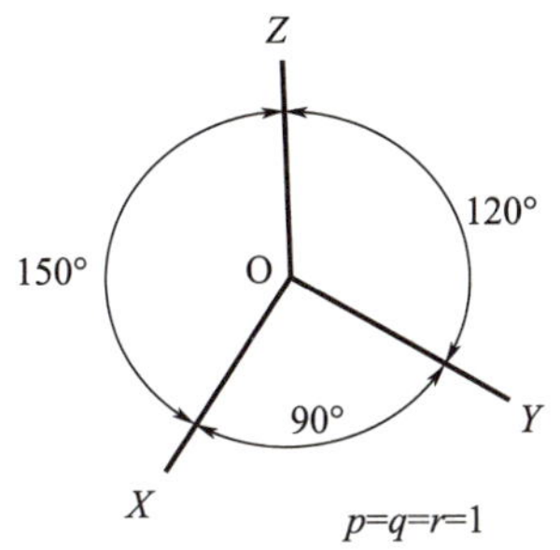

图 5-2-8　水平斜轴测图

知识测评

填空题

（1）根据三个轴向伸缩系数的不同，正轴测投影和斜轴测投影又各分为________、________、________三种。

（2）正等轴测图的轴间角是________。

（3）正等轴测图的轴向变形系数是________，为了简化作图，通常采用简化变形系数是________，放大________倍。

（4）最常用的轴测图为________和________。

（5）正等测图的轴向伸缩系数 p____q____r。

（6）斜二测图的轴向伸缩系数 p____q____r。

子任务 3　平面体正等轴测图的画法

思政导入

举世闻名的布达拉宫，耸立在西藏拉萨市红山之上，海拔 3700 多米，占地总面积 36 万余平方米，建筑总面积 13 万余平方米，主楼高 117m，共 13 层，其中宫殿、灵塔殿、佛殿、经堂、僧舍、庭院等一应俱全，是当今世界海拔最高、规模最大的宫堡式建筑群。布达拉宫依山垒砌，群楼重叠，殿宇嵯峨，气势雄伟，有横空出世、气贯苍穹之势，其既是藏建筑的杰出代表，也是中华民族古建筑的精华之作。观察布达拉宫可以看到，建筑为组合体，组成布达拉宫的基本形体中用到很多平面体。同学们，知道如何绘制平面体的正等轴测图吗？

内容引导

扫描下方二维码，观看子任务配套微课。回答问题：

微课 5.2.5　平面体正等轴测图的画法

平面体正等轴测图的画法有哪些?

知识精讲

平面体正等轴测图的常用画法有坐标法、叠加法、切割法、对称组合图形画法和特征面法等。在实际作图中，应根据形体特点的不同灵活采用。为了使图形清晰，作图时应尽量减少不必要的辅助线，一般先从可见部分作图，同时，要合理利用轴测图的特性比如平行性等，来简化作图。

1. 坐标法

根据形体的形状特点选定适当的坐标轴，然后将形体上各点的坐标关系转移到轴测图上，以定出形体上各点的轴测投影，从而作出形体的轴测图。

以图 5-2-9 为例，已知四棱柱的三面投影，画四棱柱的正等测投影图，绘制步骤如下:

1）建立轴测轴，在投影图上确定坐标轴及坐标原点;

2）根据 H 面投影分别沿 X 轴、Y 轴量出几个顶点的坐标长度，在对应轴测轴上，确定形体的轴测投影点从而画出形体底面的正等测图;

3）从底面各个顶点向上引铅垂线，根据 V 面投影确定 Z 坐标长度，在对应轴测轴上量取各棱线的实际高度，连接各顶点;

4）擦除多余线条和轴测轴，并加粗可见线，完成四棱柱的正等测投影图。

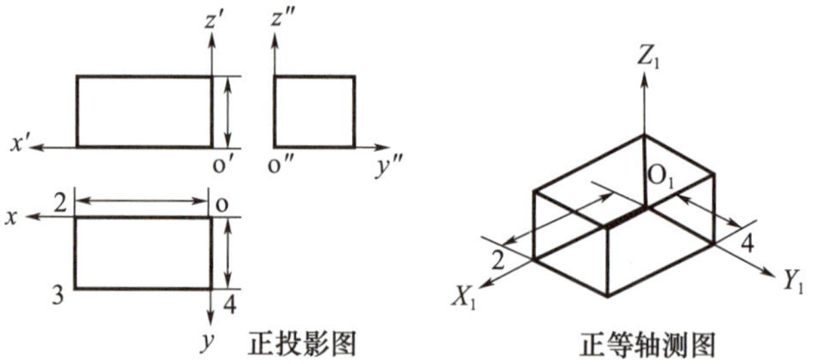

图 5-2-9　坐标法

2. 叠加法

根据在三面投影图上测出的长、宽、高尺寸，对应在轴测投影各部位测出相应位置。对于高度位置应先确定平面位置，再根据高度画出关键线段并连接各关键点。

以图 5-2-10 为例，已知形体的正投影图，画出其正等轴测图，绘制步骤如下:

1）分析形体，物体由三个部分组成。

2）画出四棱柱底面及竖向高度，即底部形体。

3）在底部形体的顶面画出中间最高部分的水平投影位置。

4）作出高度并连接各点，完成中间形体部分。

5）在底部形体的顶面画出第三部分的水平投影位置。

6）作出高度并连接各点，画出第三部分形体。

7）擦除多余不可见图线，加粗图线，完成轴测图。

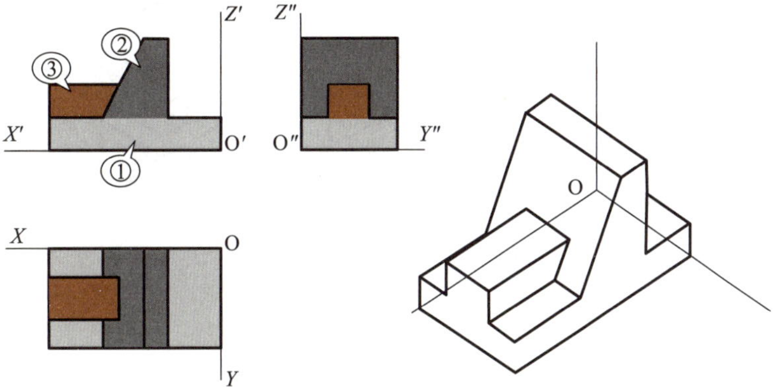

图 5-2-10　叠加法

3. 切割法

以图 5-2-11 为例，根据形体的特点画出原始形状，然后根据三视图的切割投影，定出形体上切割各点的轴测投影，作出形体的轴测图。

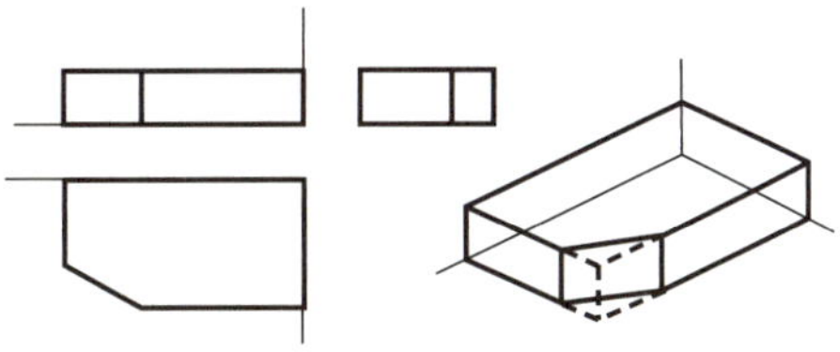

图 5-2-11　切割法

4. 对称组合图形画法

以图 5-2-12 为例，根据形体对称的特点先画出侧面投影和厚度，再根据 X 轴长度方向尺寸画出对称投影，再连接各点作出形体的轴测图。

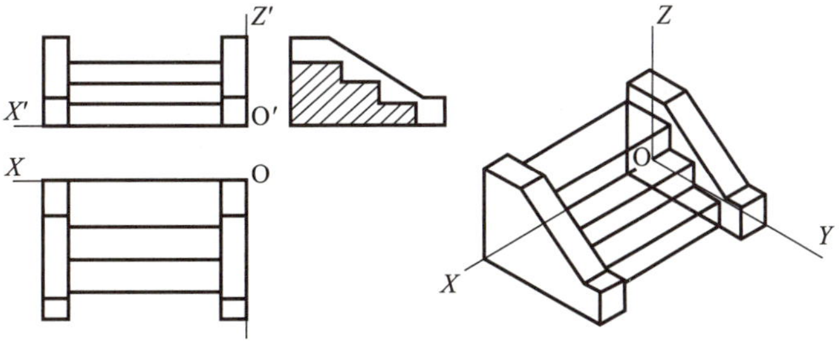

图 5-2-12　对称组合图形画法

5. 特征面画法

特征面画法主要适用于绘制柱体的轴测图。当柱体的某一端面较复杂且能反映柱体的特征形状时，可用坐标法先求出特征端面的正等测图，然后沿坐标轴方向延伸成立体，这种作图方法称为特征面法，如图 5-2-13 所示。

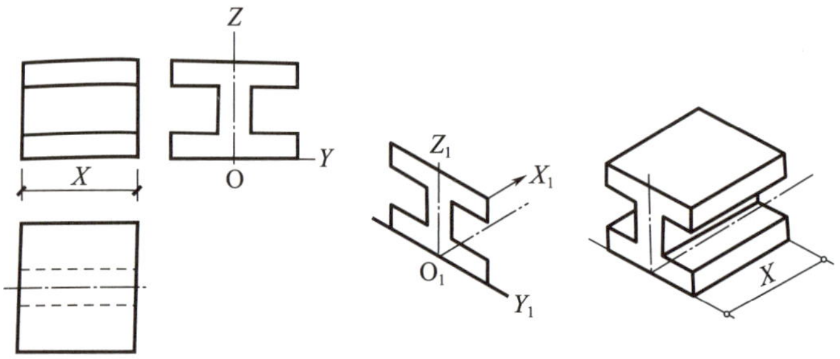

图 5-2-13　特征面法

知识测评

绘图题：请根据三视图绘制指定形体的正等轴测图。

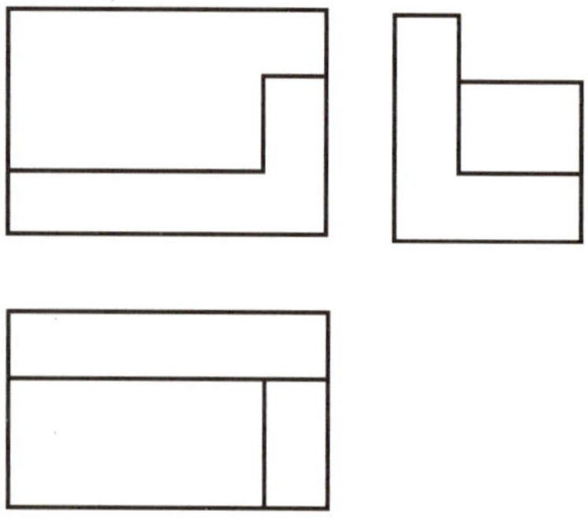

子任务 4　回转体正等轴测图的画法

思政导入

“天津之眼”是一座跨河建设、桥轮合一的摩天轮，兼具观光和交通的双重作用，是世界上唯一建在桥上的摩天轮。2020 年 2 月，为致敬奋斗在抗击新冠疫情一线的医务工作者，至 2020 年 12 月 31 日，“天津之眼”对全国医务工作者实行免门票，以此来表达对广大医务工作者的崇高敬意。在工程中如果要立体地描绘“天津之眼”这样的回转体，同学们知不知道采用什么方式呢？

内容引导

扫描下方二维码，观看子任务配套微课。回答问题：

微课 5.2.6　回转体正等测轴测图的画法

1. 如何绘制正平圆的正等轴测图？

2. 采用什么方法绘制组合体的正等轴测图？

知识精讲

1. 圆的正等测画法

工程中经常会遇到曲面立体，也就不可避免地会遇到圆与圆弧的轴测画法。为简化作图，在绘图中，一般使圆所处的平面平行于坐标面，从而可以得到其正等轴测投影为椭圆。作图时，一般以圆的外切正方形为辅助线，先画出其轴测投影，再用平行四边形法近似画出椭圆。

如图 5-2-14 所示，平行于水平面的圆称为水平圆，平行于侧平面的圆称为侧平圆，平行于正平面的圆称为正平圆。

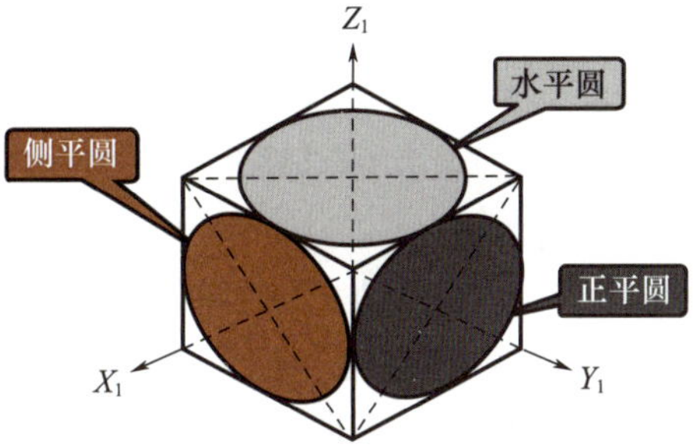

图 5-2-14　平行于坐标面的圆的正等测图

如图 5-2-15 所示，以水平圆为例，介绍平行四边形法绘制圆正等测图。

第一步：在视图中画圆的外切正方形；第二步：画圆的外切菱形；第三步：确定四个圆心和半径；第四步：分别画出四段彼此相切的圆弧；第五步：擦除多余图线，加粗图线。

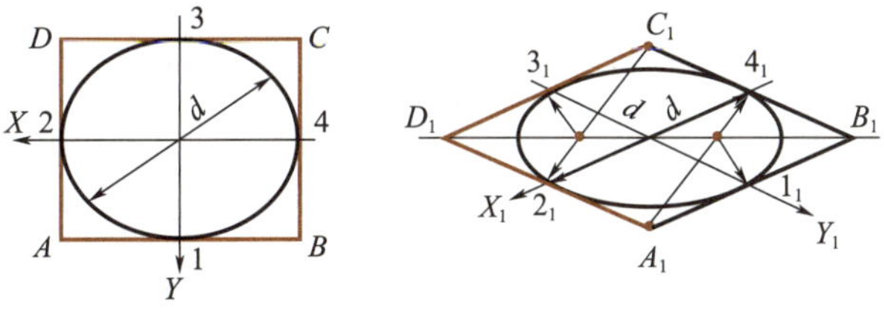

图 5-2-15　圆的平行四边形绘法

2. 回转体的正等测画法

如图 5-2-16 所示，以圆柱为例，已知该圆柱的两面正投影图，绘制回转体的正等测图。

第一步：建立轴测轴，并在投影图上确定坐标轴及坐标原点；第二步：利用平行四边形法在轴测轴上绘制出圆柱底面的正等测图；第三步：量取正投影中圆柱高度 h，各点向上引垂线长度为 h；第四步：同样采用平行四边形法绘制出圆柱的顶面正等测图，连接上下顶面；第五步：擦去多余线，加重外轮廓线。

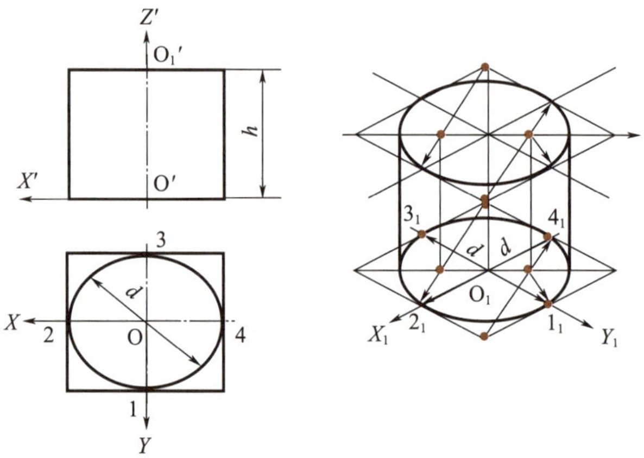

图 5-2-16　圆柱的正等测画法

3. 组合体的正投影图画法

绘制组合体的正投影图时，比较常用的是叠加法。以图 5-2-17 为例，已知组合体的三面投影图，绘制组合体的正等测图。

第一步：形体分析，该组合体由 L 形棱柱体、三棱柱、半圆柱以及圆孔组成；第二步：确定投影轴及其原点；第三步：绘制轴测轴，并画出左侧端面的基本形；第四步：过左侧端面各顶点画出棱柱体的棱线，并截取等长，完成棱柱作图；第五步：确定台面三棱柱位置画出斜面三棱柱；第六步：绘制半圆柱和圆孔；第七步：擦出多余图线，加深全图。

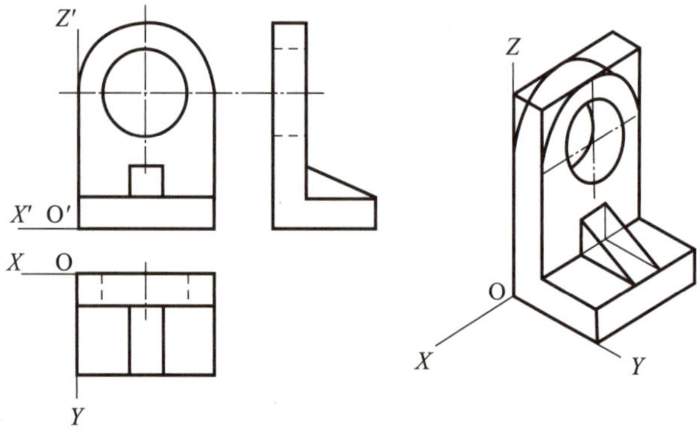

图 5-2-17　组合体的正投影图画法

知识测评

绘图题：请根据三视图绘制小门斗的正等轴测图。

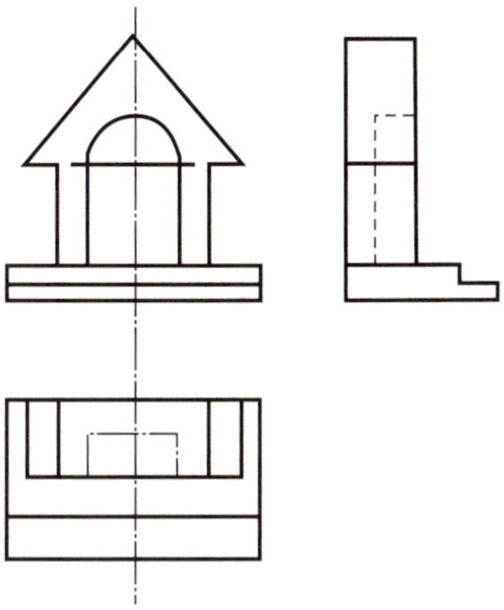

子任务 5 斜二测轴测图的基本概念

思政导入

坪山大剧院，位于深圳市坪山文化聚落，在全球多元文化的大背景下，坪山大剧院积极融入粤港澳大湾区建设，全面对标深圳先行示范区要求，突出国际化导向，加强与港澳地区文化交流合作，着力于建成为一个开放、包容的戏剧文化综合体，并通过开展多元戏剧文化教育，用好场地综合优势，提升戏剧文化的普惠性，培育当地的戏剧文化，引领市民审美品位和高雅文化消费。经济基础决定上层建筑，艺术需求的逐步提高正预示着我国国力的逐步增强和人民的日渐进步。

内容引导

扫描下方二维码，观看子任务配套微课。回答问题：

微课 5.2.7 斜二测轴测图

绘制正面斜二测图，需建立哪些轴测坐标系？

知识精讲

当投射方向 S 倾斜于轴测投影面 P，且两个坐标轴的轴向变形系数相等时，所得到的投影图是斜二轴测投影图，简称斜二测，如图 5-2-18 所示。其中，当 $p=q\neq r$ 时，坐标面 XOY 平行于投影面 P，得到的是水平斜二测；当 $p=r\neq q$ 时，坐标面 XOZ 平行于投

影面 P，得到的是正面斜二测。

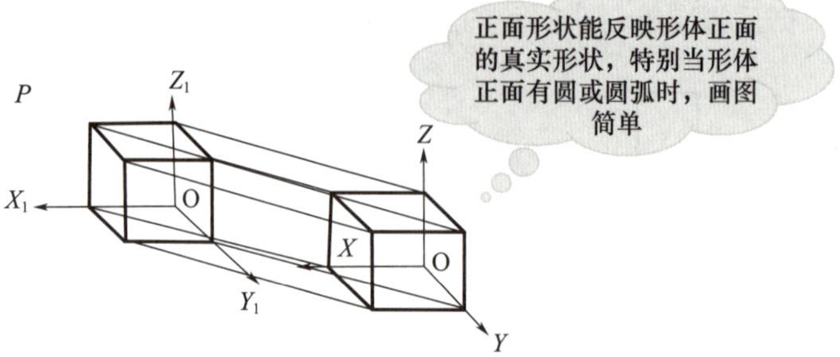

图 5-2-18 斜二测

1. 斜二测的绘制

对于正面斜二测图，通常可以建立四种不同的轴测坐标系，得到四种形式的正面斜二测图，共包括右俯视、左俯视、右仰视和左仰视，如图 5-2-19 所示。这四种形式，观看的角度不同，但正面均不变形，三个轴向伸缩系数中有两个是相等的，即 $p=r=1$，而 $q=0.5$。

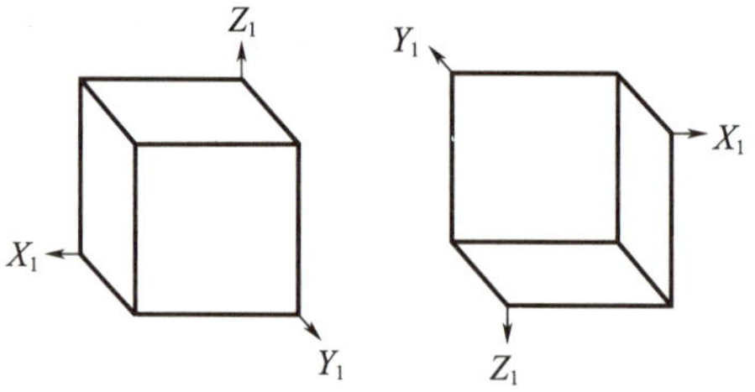

图 5-2-19 左俯视与右仰视图

由于形体的正面平行于投影面，作图更为方便，所以作图时，一般先画出正面的实形投影，再自正面投影各点作 45° 斜线，然后根据轴向伸缩系数（$q=0.5$）量取尺寸后相连即得所求正面斜二测图，以图 5-2-20 为例，作图步骤如下：

1）画正面形状；2）按 OY 方向画 45° 平行线，长度为 $0.5y$；3）圆心沿 OY 向后移 $0.5y$，画出后表面的圆弧；4）作前后圆的切线；5）完善轮廓，加深图线。

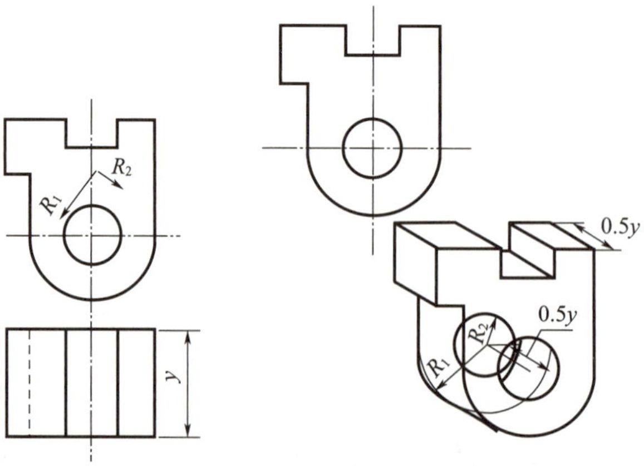

图 5-2-20 斜二测图的绘制

2. 圆的斜二测图（图 5-2-21）

1）平行于 V 面的圆为正圆，反映实形；

2）平行于 H 面的圆为椭圆，长轴对 O_1X_1 轴偏转 7°，长轴 ≈1.06d，短轴 ≈0.33d；

3）平行于 W 面与平行于 H 面的圆均为椭圆且形状相同，长轴对 O_1Z_1 轴偏转 7°。

由于椭圆的作图较烦琐，所以当物体在两个方向上有圆时，一般不用斜二轴测图，而采用正等轴测图。

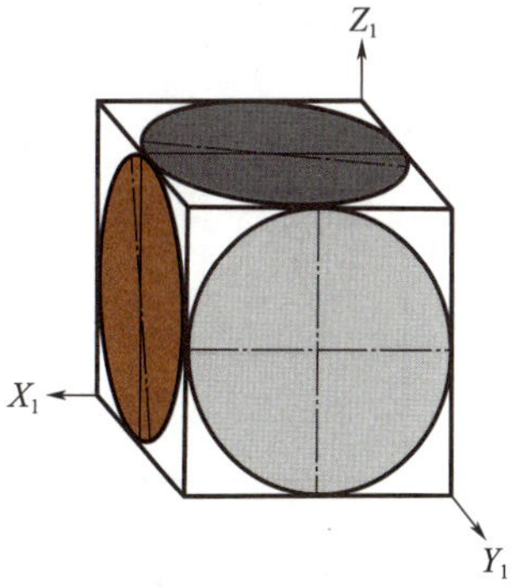

图 5-2-21　圆的斜二测图

3. 圆角的斜二测图（图 5-2-22）

在画轴测图时，常会遇到圆角。对于底板上圆角的斜二测图，在形体的圆角两条直角边分别平行于坐标轴，量取圆角半径，根据半径画出圆角。

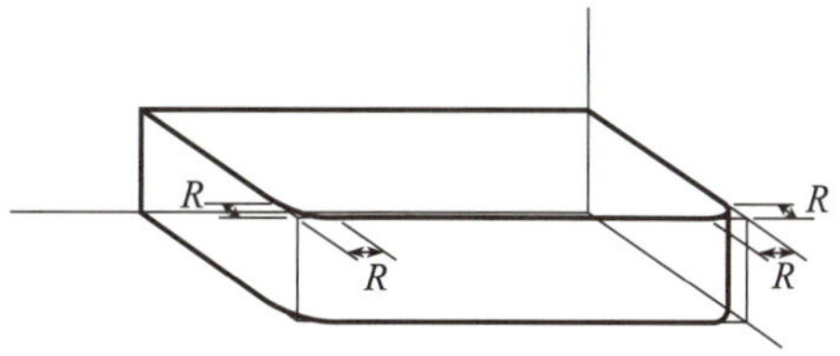

图 5-2-22　圆角的斜二测图

4. 对称组合体的斜二测图

以图 5-2-23 台阶为例，作图步骤如下：

1）在正投影图上建立坐标轴及坐标原点，建立轴测轴；

2）根据形体对称的特点先画出护栏侧面投影；

3）根据正面投影和 X 轴长度方向尺寸画出护栏厚度和对称投影；

4）画出台阶侧面投影，画水平线连接台阶各转折点；

5）擦除不可见线，加粗可见轮廓线。

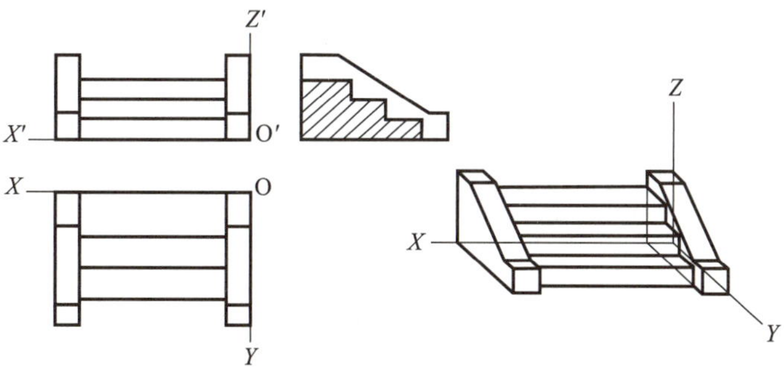

图 5-2-23　对称组合体的斜二测图

知识测评

绘图题：已知一形体的正投影图，完成其斜二测图。

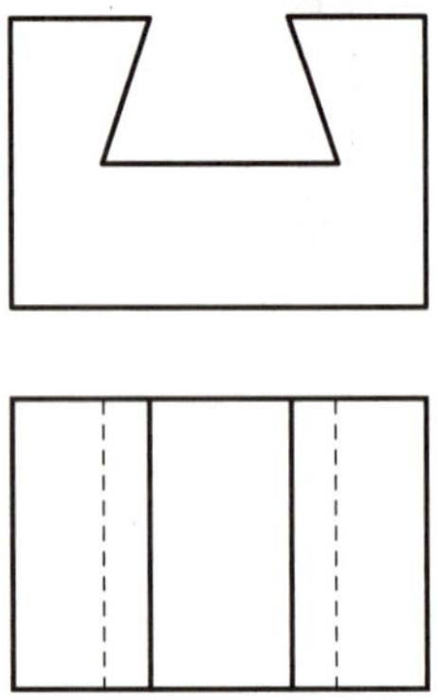

模块 6

剖面图和断面图

思维导图

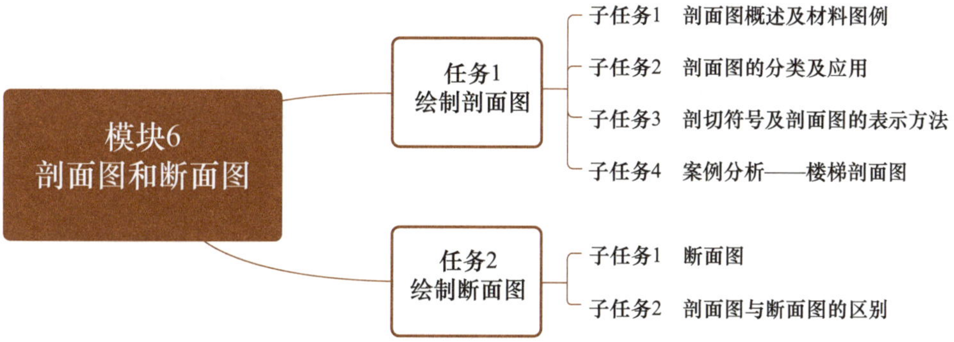

任务 1　绘制剖面图

子任务 1　剖面图概述及材料图例

思政导入

周平红，国际知名消化内镜专家，复旦大学附属中山医院内镜中心主任，他用精湛的技术征服全世界，也不断尝试拓宽内镜治疗的适应证，为患者争取最大的收益。通过不懈努力，2016 年周平红在国际上首次实现在消化道黏膜下隧道内用内镜切除腔内和腔外肿瘤，打破内镜只能切除表层肿瘤的局限，树立了世界内镜学的中国标准。周平红医生在内镜学领域取得成绩的背后，体现的是精益求精的工匠精神、是勇于突破的创新精神，更是医者仁心的大爱精神。每一种精神都值得我们新时代青年去传承、学习、创新。医生通过内镜观察人体的内部，在工程领域我们如果需要了解形体的内部构造时，该用什么方法呢？

内容引导

扫描下方二维码，观看子任务配套微课和教学动画。回答问题：

微课 6.1.1　剖面图概述及材料图例

动画 10　剖面图的形成

1. 什么是剖面图？
2. 剖面图只包含剖切面的投影吗？
3. 当物体被剖开，物体的内部构造和材料用什么表示？

知识精讲

1. 剖面图概述（图 6-1-1）

假想用一个特殊的平面将物体剖开，然后移去观察者和剖切面之间的部分，把原来形体内部不可见的部分变为可见，用正投影的方法把留下来的形体进行投影所得到的正投影图，称为剖面图。

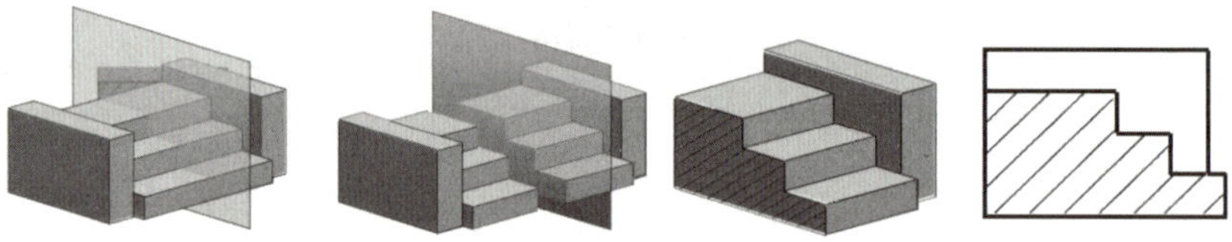

图 6-1-1　用假想平面剖切台阶得到剖面图

如图 6-1-2 所示是一个台阶的三视图。左视图中，由于踏步被侧挡板遮住而不可见，所以在左侧立面图中画成虚线。

现假想用一侧平面 *P* 作为剖切平面，把台阶沿着踏步剖开，再移去观察者和剖切平面之间的那部分台阶，然后作出台阶剩下部分的投影，便得到图 6-1-3 中 1—1 剖面图。

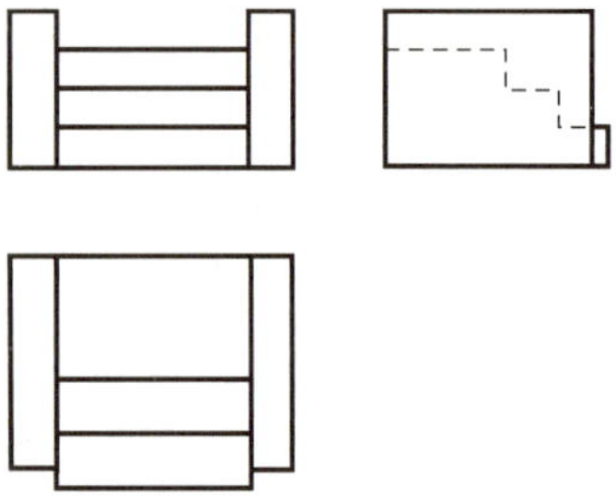

图 6-1-2　台阶的三视图

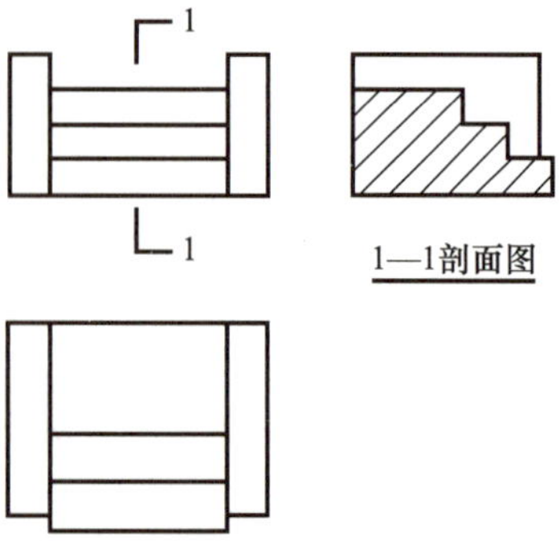

图 6-1-3　台阶的剖面图

剖面图除应画出剖切面切到的断面图形外，还应画出沿投影方向看到的其余部分的投影。被剖切面切到的断面轮廓线用粗实线绘制，剖切面没有切到、但沿投影方向可以看到的部分用中实线或细实线绘制。剖面图常与基本视图相互配合，使建筑形体的图样表达得完整、清晰、简明。

2. 剖面图的材料图例

当物体被剖开，物体的内部构造和材料等均已显露出来，因此，在剖面图和断面图中，被剖切面剖到的实体部分应画上材料图例，如图 6–1–4 所示。

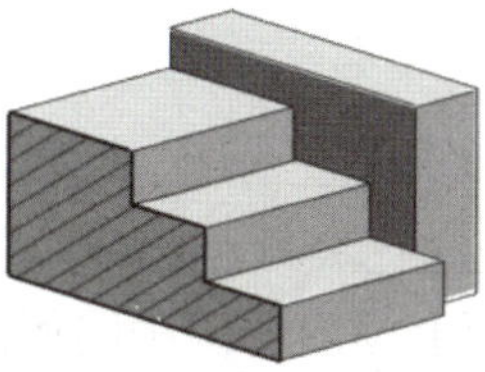

图 6–1–4　台阶剖面画材料图例

根据《房屋建筑室内装饰装修制图标准》（JGJ/T 244—2011）的规定，常用房屋建筑室内材料、装饰装修材料应按照标准中的表格所示图例画法绘制（图 6–1–5）。

序号	名称	图例	备注
1	夯实土壤		
2	石材		注明厚度
3	普通砖		
4	轻质砌块砖		指非承重砖砌体
5	砂砾石、碎砖三合土	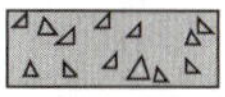	
6	混凝土	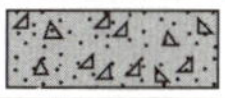	1.指能承重的混凝土及钢筋混凝土； 2.各种强度等级、骨料、添加剂的混凝土； 3.在剖面图上画出钢筋时，不画图例线； 4.断面图形小不易画出图例线时，可涂黑
7	钢筋混凝土		

图 6–1–5　常用房屋建筑室内装饰装修材料图例

3. 材料图例的相关规定

（1）下列情况可不画建筑材料图例：图纸内的图样只有一种图例时；图形较小无法画出建筑装饰材料图例时；图形较复杂，画出建筑装饰材料图例影响图纸的理解时，此处应增加文字说明。

（2）不同材料组成的物体在剖切后应在剖切面上画出不同材料图例，并用粗实线将同一平面上的两种材料图例断开（图 6–1–6）。

（3）物体剖切后的断面范围小，材料图例可用涂黑表示，在两个相邻断面的涂黑间应留≥ 0.7mm 间隙（图 6–1–7）。

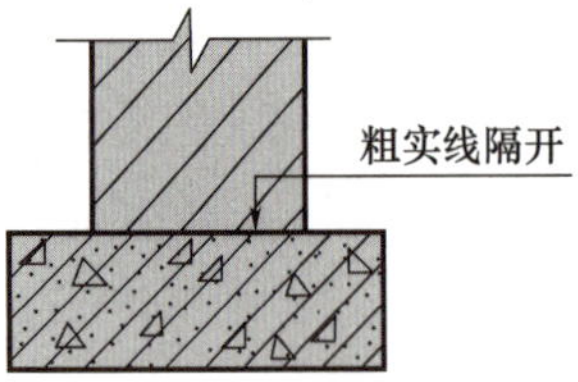

图 6-1-6　同一平面上的两种材料图例

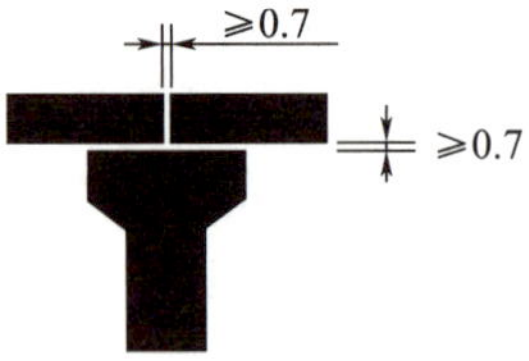

图 6-1-7　相邻断面涂黑间距

知识测评

1. 填空题

（1）被剖切面切到的断面轮廓线用________绘制，剖切面没有切到、但沿投影方向可以看到的部分用________或________绘制。

（2）不同材料的物体在剖切面上画出的两种图例需用________将同一平面上的两种材料图例断开。

（3）不画建筑材料图例的情况应加上________。

2. 多选题

（1）以下哪种情况可不画建筑材料图例（　　）

A. 图纸内的图样只有一种图例时

B. 图形较小无法画出建筑装饰材料图例时

C. 图形较复杂，画出建筑装饰材料图例影响图纸的理解时

D. 物体由不同材料组成

3. 简答题

（1）物体剖切后的断面范围较小，材料图例应该如何表示？

（2）剖切后范围小的两个相邻断面应留多大的间隙？

子任务 2　剖面图的分类及应用

思政导入

2019 年 3 月，中国航天科技集团有限公司一院 211 厂完成首批长征五号系列运载火箭芯级捆绑支座的批量生产。长征五号系列芯级捆绑支座是我国首个采用全 3D 打印的纳米级关键承力构件。进入批量生产前，产品顺利通过静力试验，试验全面考核了飞行状态下的产品性能。捆绑支座为运载火箭主承力构件，综合力学性能要求高，此前主要采用加工性能较好的高强钢，通过锻造再机加工的方式成形。但这一加工方式存在材料去除量大、加工周期长等问题。面对新型号减重的迫切需求，211 厂在 2016 年提出采用具有更高比强度的钛合金材料，利用激光同步送粉 3D 打印工艺，实现捆绑支座的整体成形。这一技术的变革成功解决了“减重”难题，为我国在航天领域的发展奠定了技术基础。3D 打印技术需要用到的一个很重要的图纸就是剖面图。同学们对于剖面图有多少

了解呢？今天我们就来一起学习吧。

内容引导

扫描下方二维码，观看子任务配套微课。回答问题：

微课 6.1.2　剖面图的分类及应用

1. 剖面图一般情况下分为哪几类？
2. 全剖面图指的是什么？
3. 半剖面图指的是什么？

知识精讲

剖面图。在画剖面图时，根据形体内部和外部结构不同，剖切平面的位置、数量、剖切方法也不同。一般情况下剖面图分为全剖面图、半剖面图、阶梯剖面图、分层剖面图和展开剖面图。

1. 全剖面图

假想用单一平面将形体全部剖开后所得到的投影图，称为全剖面图。全剖面图一般用于不对称或虽然对称但外形简单、内部结构复杂的物体。

建筑工程图中的各层平面图，是沿着各层门窗洞口处用水平剖切平面全部剖切所得到的全剖面图。

2. 半剖面图

半剖面图是指以图形的对称线为分界线，一半画剖面图，另一半画外形投影图。一般用于形体左右对称或前后对称而外形比较复杂时的情况。这样作图可以同时表达形体的外形和内部结构，并且可以节省投影图的数量。

3. 阶梯剖面图

用两个或两个以上互相平行的剖切平面将形体剖开，得到的剖面图称为阶梯剖面图。一般当形体内部结构层次较多，用一个剖切平面不能将形体内部结构全部表达出来时，便绘制阶梯剖面图。

画阶梯剖面图时我们应该注意两个问题：

①剖切符号的阶梯转折部位采用粗实线绘制，线段长度一般为 4~6mm，并在转折的剖切位置线转角外侧加注该符号相同的编号；

②由于剖切平面是假想的，所以剖切平面转折处不应画出剖切转折线。

4. 分层剖面图

对于多层构造的工程形体可按需要分层剖切展示其内部构造。

在建筑工程和装饰工程中，常使用分层剖切的剖面图来表达屋面、楼面、地面、墙面等的构造和所用材料。分层剖切的剖面图是指用几个相互平行的剖切平面分别将物体局部剖开，把几个局部剖面图重叠画在一个投影图上。

5. 展开剖面图

用两个相交的剖切平面剖切形体，剖切后将剖切平面后的形体绕交线旋转到与基本投影面平行的位置后再投影，所得到的投影图称为展开剖面图，应在图名后注写“展开”字样（图 6–1–8）。

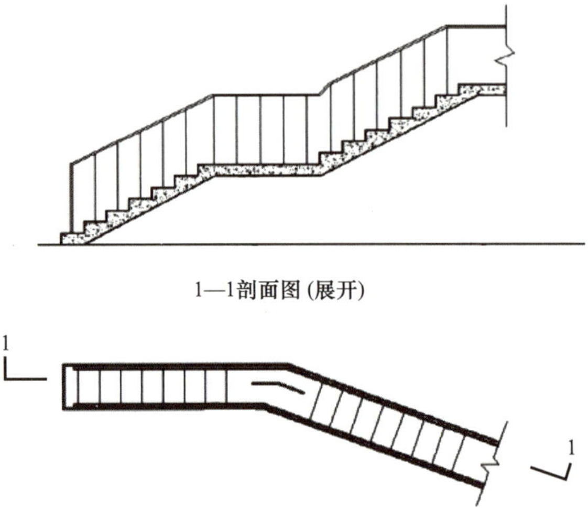

图 6–1–8　展开剖面图

知识测评

简答题

（1）全剖面图一般用于什么情况?

（2）半剖面图一般用于什么情况?

（3）阶梯剖面图一般用于什么情况?

（4）画阶梯剖面图我们需要注意哪两个问题?

（5）分层剖面图一般用于什么情况?

（6）什么是展开剖面图?

子任务 3　剖切符号及剖面图的表示方法

思政导入

第 26 届中国青年五四奖章获得者，中国航天科工集团陈际玮参加工作以来多次参与国家航天重点项目研制。在他看来，航天控制系统研制是一项永无止境、不断攀登的漫长历程。“航天科研工作的及格线就是 100 分。，缺了那一分，就是不及格。99 分就有可能带来任务的失利，试验不成功，甚至关乎人的性命。”陈际玮说道，航天人必须始终恪守质量“零缺陷”的理念，不能存有一丝一毫的质量隐患。作为新时代青年，我们也要努力追求在各自领域的 100 分。在绘图过程中，要增强绘图表达的严谨性、规范性、质量意识。下面我们就来学习剖切符号及剖面图的表示方法。

内容引导

扫描下方二维码，观看子任务配套微课。回答问题：

微课 6.1.3　剖切符号及剖面图的表示方法

1. 剖切符号由哪些组成？
2. 剖切符号的画法规定有哪些？

知识精讲

1. 剖面图的剖切符号

剖面图的剖切符号由剖切位置线、投射方向线和编号组成。

其中，剖切位置线和投影方向线均应以粗实线绘制。短线为投射方向线，约 4~6mm，与剖切位置线垂直，画在剖切位置线的同一侧。长线为剖切位置线，约 6~10mm。

剖切符号不应与其他图线相接触。为了区分同一形体上的剖面图，我们设置剖切编号作为区分，剖切编号宜用阿拉伯数字编写，注写在投射方向线的端部。

在视图中，在剖面图的下方或一侧应注写相应的编号，如“1—1 剖面图”，并在图名下画一粗实线（图 6-1-9）。

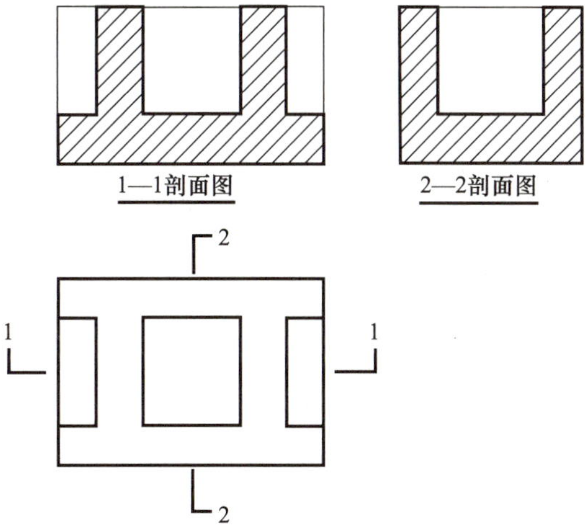

图 6-1-9　剖切符号

2. 剖切符号的剖切位置及投射方向

剖切位置不同，得到的剖面图不同（图 6-1-10）。

投射方向不同，得到的剖面图不同（图 6-1-11）。

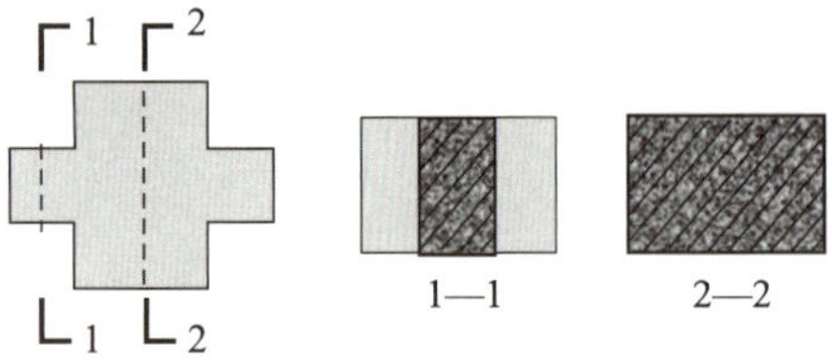

图 6-1-10　剖切位置不同

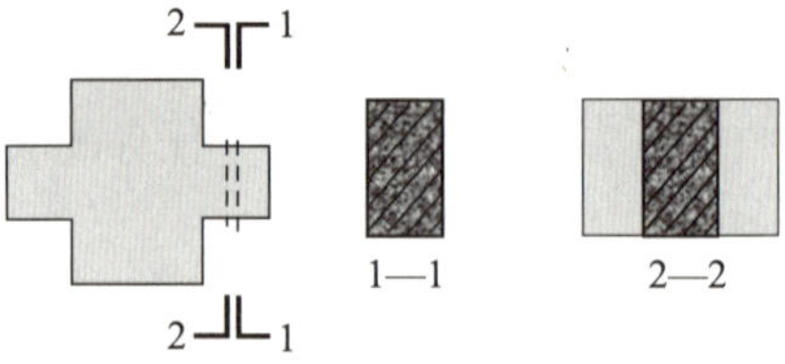

图 6-1-11　投射方向不同

3. 画剖面图应注意的问题

（1）剖切符号的正确表达形式如下（图 6-1-12）

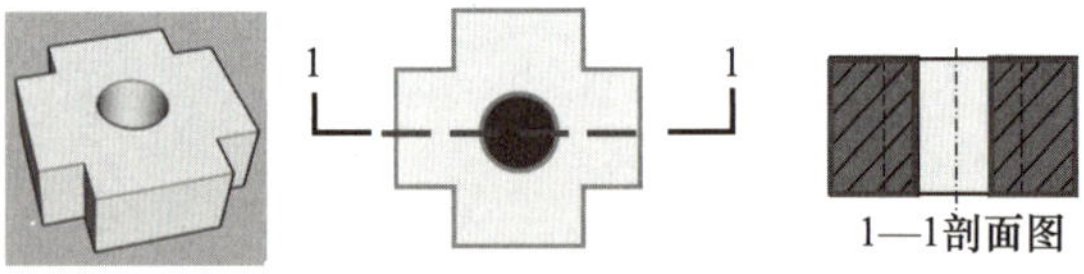

图 6-1-12　剖切符号的正确表达形式

（2）剖切是假想的

把物体剖开是我们为了表达其内部形状所进行的假设，物体仍是一个完整的整体，并没有真的被切开和移去一部分。因此，每次剖切都应把物体看作是一个整体，不受前面剖切的影响，其他视图仍应按原先未剖切时完整地画出。

（3）剖切位置的选择

剖面图是为了清楚地表达物体内部的结构形状，因此剖切平面应选择在适当的位置，使剖切后画出的图形能准确、全面地反映所要表达部分的真实形状。一般情况下剖切平面应平行于某一投影面，并应通过物体内部的孔、洞、槽等结构的轴线或对称线。

（4）省略不必要的虚线

为了使图形更加清晰，剖面图中不可见的虚线，当配合其他图形已能表达清楚时，应该省略不画。没有表达清楚的部分，必要时可画出虚线。

（5）剖切面的边缘轮廓用粗实线显示，并填充材料图例

知识测评

1. 填空题

（1）剖切位置不同，得到的剖面图________。

（2）投射方向不同，得到的剖面图________。

（3）被剖切面切到的断面轮廓线用________线绘制。

2. 判断题

剖面图中不可见虚线不可省略。(　　)

子任务 4　案例分析——楼梯剖面图

思政导入

华山，“奇险天下第一山”，山峰高耸入云，山谷深，峡谷长，悬崖峭壁立于丛山中，华山云梯是华山中以惊险而闻名的景点之一。华山云梯位于华山中峰的北面，于 1984 年凿辟而成。虽然云梯的开凿缩短了从中峰登东峰的时间，但这云梯也成了华山一处新的险道。云梯的意思，就是梯子挂在云端，登梯入云。这处道路两端垂直，中间突出，非好汉不能登临，是通往东峰观日出的一条捷径。千百年来，中国人民勤劳勇敢、艰苦奋斗的优秀品质，利用大自然并且改造大自然为人类服务的豪情值得我们后人学习。当然，如果在登华山的过程中不方便走云梯，也可以通过旁边的金属楼梯登顶。那么同学们知道楼梯的剖面图怎样绘制吗？

内容引导

扫描下方二维码，观看子任务配套微课。回答问题：

微课 6.1.4　案例分析——楼梯剖面图

1. 工程中建筑剖面图一般还与什么图进行配合？

2. 绘制楼梯剖面图时，根据什么定出室内外地平线、各楼面、屋面及女儿墙的高度位置？

知识精讲

1. 平面图分析

我们看到楼梯间标准层平面图，对这个平面图进行分析，该楼梯间平面图包括的内容有墙体、楼梯转折平台、楼梯段、楼梯扶手、楼层平台、外墙窗。

假想用一个与外墙轴线垂直的铅垂剖切平面将该楼梯间剖开，移去靠近观察者的部分，对剩余部分作正投影。剖切时，选择该楼梯间内部结构和构造比较复杂、有变化、有代表性的部位进行剖切，剖切位置如图 6-1-13 所示，编号为 1—1，该剖切位置处对应剖面图为 1—1 楼梯间剖面图。

剖面图可以表达房屋内部垂直方向高度、楼层分层情况及简要的结构形式和构造方式。平时剖面图与建筑平面图、立面图相配合，是建筑施工图中不可缺少的重要图样之一。

2. 剖面图绘制步骤

（1）根据进深尺寸，画出墙身的定位轴线；根据标高尺寸定出室内外地平线、各楼面、屋面及女儿墙的高度位置。

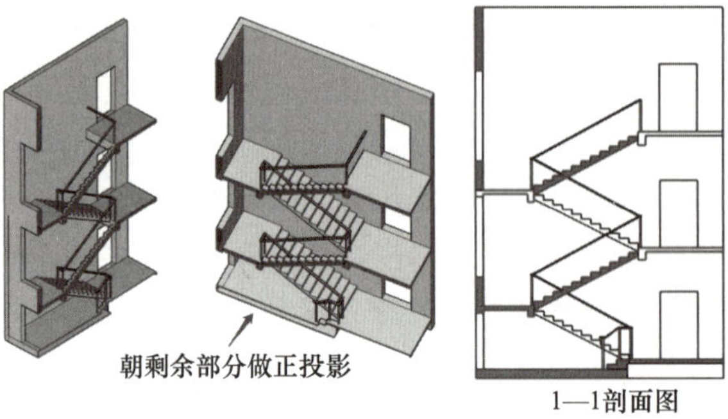

图 6-1-13　楼梯间剖面图的形成

（2）画出墙身、楼面、屋面轮廓。

（3）定门窗和楼梯位置，画出梯段、台阶、阳台雨棚、烟道等。

（4）检查无误后，擦去多余图线，按图线层次描绘。画材料图例，注写标高、尺寸、图名、比例及文字说明。

3. 阅读剖面图的识读步骤

（1）首先阅读图名和比例，并查阅底层平面图上的剖面图的剖切符号，明确剖面图的剖切位置和投射方向。

（2）分析建筑物的空间结构。

（3）了解建筑物的结构与构造形式，墙、柱等之间的相互关系以及建筑材料和做法。

（4）阅读标高和尺寸，了解建筑物的层高、总高及其他部位的标高和有关尺寸。

（5）了解屋面排水。

（6）了解索引详图所在的位置及编号。

识读 1—1 楼梯间剖面图（图 6-1-14）：

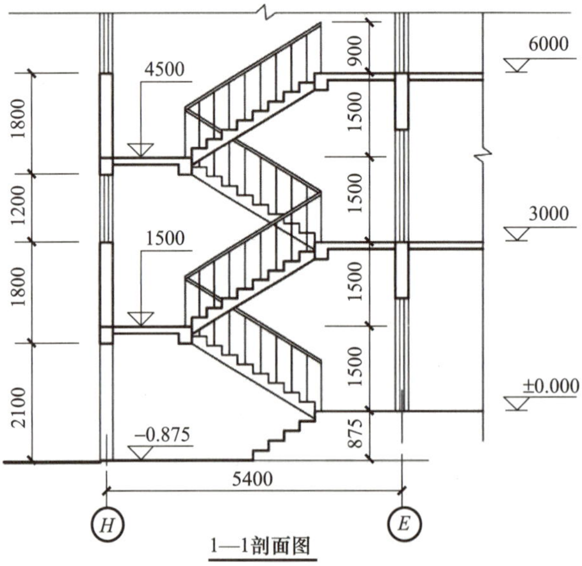

图 6-1-14　1—1 剖面图

楼梯从底层至顶层在其中一侧的梯段位置被纵向剖切。被剖切到的部位用粗实线绘制轮廓，并填充材料图例。被剖切到的内容包括外墙、外墙门窗、楼层楼板、一层楼地面、一侧楼梯段和楼梯转折平台，可以看到这些内容在竖向上的高度和形状。

从剖面图中所标注的标高数值，可看出该楼梯间层高为 3m，总高为 6m。

知识测评

1. 判断题

（1）剖切时，选择该楼梯间内部结构和构造比较复杂、有变化、有代表性的部位进行剖切。(　　)

（2）楼梯剖面图可以表达房屋内部垂直方向高度、楼层分层情况及简要的结构形式和构造方式。(　　)

2. 填空题

（1）楼梯剖面图是假想用一个与外墙轴线________的铅垂剖切平面将该楼梯间剖开，移去________的部分，对剩余部分作________。

（2）阅读楼梯剖面图时，首先阅读图名和比例，并查阅底层平面图上的剖面图的剖切符号，明确剖面图的________。

（3）阅读________，了解建筑物的层高、总高及其他部位的标高和有关尺寸。

任务 2　绘制断面图

子任务 1　断面图

思政导入

我国成功自主研发的首台半导体激光隐形晶圆切割机，填补了国内相关技术的空白，拉开了我国激光晶圆切割行业发展的新序幕，成为我国芯片发展史上浓墨重彩的一笔。但我国在芯片制造领域与世界先进水平还有很大的差距，需要我们新时代青年立志奋发、勇于追赶、善于突破。

同学们，晶圆切割技术中的“切割”是将物体剖开可以看到内部情况，通过前面的学习我们已经掌握了利用剖面图来绘制假想中被切开后的建筑形体。那么为了展现出建筑形体的内部构造，除了绘制剖面图外是否还有其他的表现形式呢？

内容引导

扫描下方二维码，观看子任务配套微课和教学动画。回答问题：

1. 什么是断面图？

2. 常用的断面图有哪几种？

微课 6.2.1　断面图

动画 11　断面图形成

知识精讲

1. 断面图的形成

为了表示构件某一部位的截面形状，可假想用一个剖切平面将物体从适当的位置剖开，仅画出剖切平面与形体接触的部分所作的正投影图（图 6–2–1）。

断面图常用来表示建筑及装饰工程中梁、板、柱、造型等某一部位的断面真形，需单独绘制。

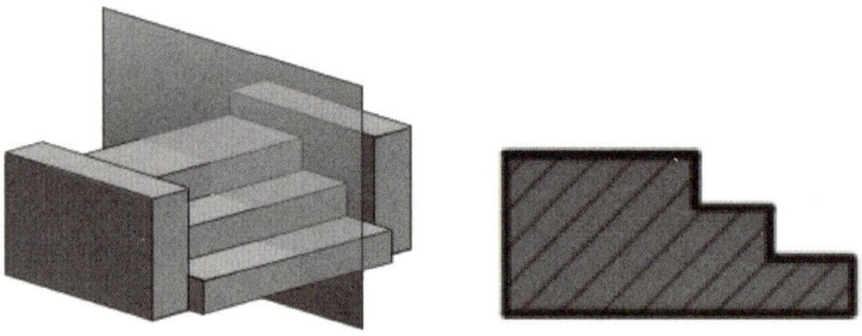

图 6–2–1　台阶断面图

2. 断面图的表示方法（图 6–2–2）

断面图的断面轮廓线用粗实线绘制，断面轮廓线范围内也要绘出材料图例，画法同剖面图。

断面图的剖切符号由剖切位置线和编号两部分组成，不画投影方向线，而以编号写在剖切位置线的一侧表示投影方向。如果断面图剖切符号的编号注写在剖切位置线的左侧，则表示投影方向从右向左。

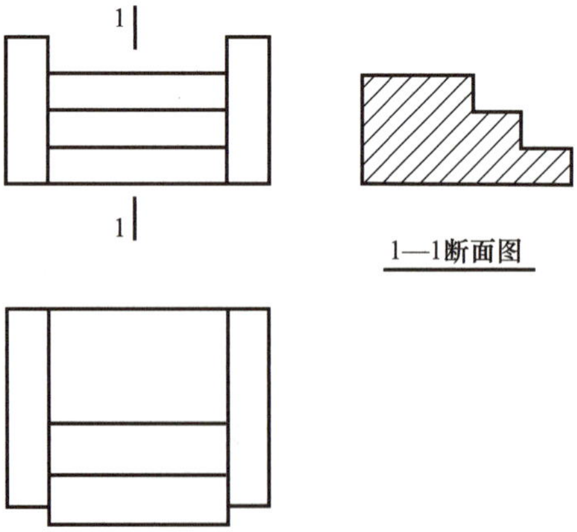

图 6–2–2　断面图的表示方法

3. 断面图的标注

同剖面图一样，为了让断面图的表达更为清晰，我们需要对断面图进行标注，断面图的标注有关规定如下：

①用剖切位置线表示剖切平面的位置，用长度为 6~10mm 的粗实线绘制；

②在剖切位置线的一侧标注剖切符号的编号，按顺序连续编排，与剖面图不同的是，断面图不画投影方向线，断面图的编号所在的一侧应为该断面剖切后的投影方向；

③在断面图下方标注断面图的名称，如 1—1，并在图名下画一粗实线，长度以图名所占长度为准。

4. 断面图的种类

断面图主要用来表示物体某一部位的截断面形状。根据断面图在视图中的位置不同，分为移出断面图、中断断面图和重合断面图。

（1）移出断面图

移出断面图的图形应画在视图之外，图 6–2–3 所示为钢筋混凝土梁、柱节点的正立面图和移出断面图。移出断面图的轮廓线用粗实线绘制，绘制在剖切位置线的延长线上，或者其他适当位置。一般应标注剖切位置、投影方向和断面名称。

（2）中断断面图

对于构件较长且对称的形体，将断面图画在构件投影图的中断处，断面轮廓线用粗实线绘制。投影图的中断处用波浪线或折断线即细实线绘制。由于中断断面图画在构件投影图的中断处，所以不需画剖切符号，图名还用原图名，见图 6–2–4。

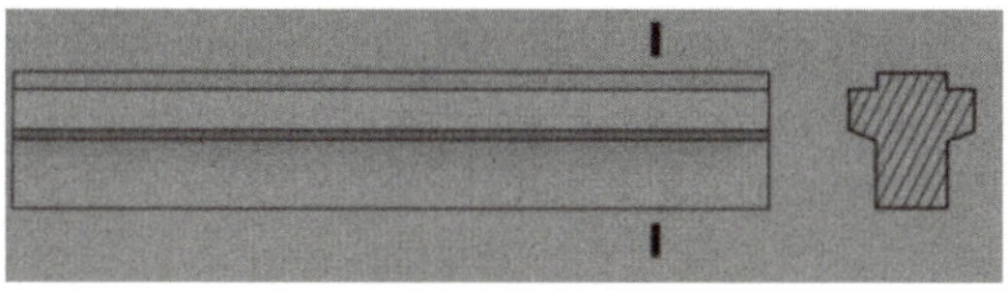

图 6–2–3　移出断面图

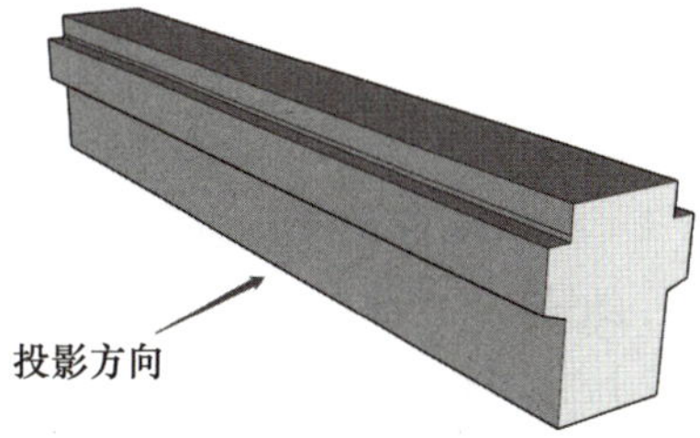

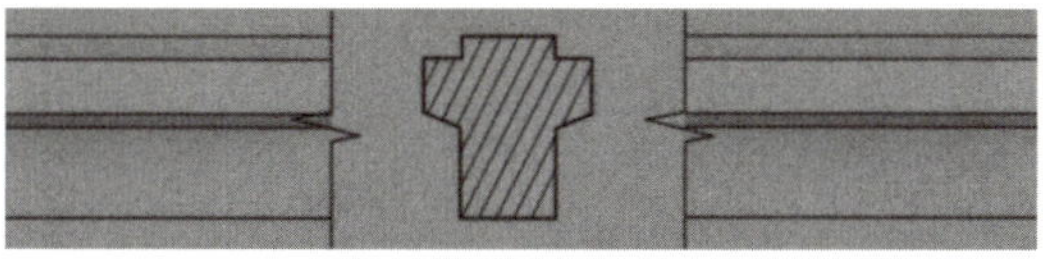

图 6–2–4　中断断面图

（3）重合断面图

重合断面图的图形应画在视图之内，断面轮廓用细实线绘出，如图 6–2–5 所示。当视图中轮廓线与重合断面图的图形重叠时，视图中的轮廓线仍应连续画出，不可间断。重合断面图不需标注剖切符号。

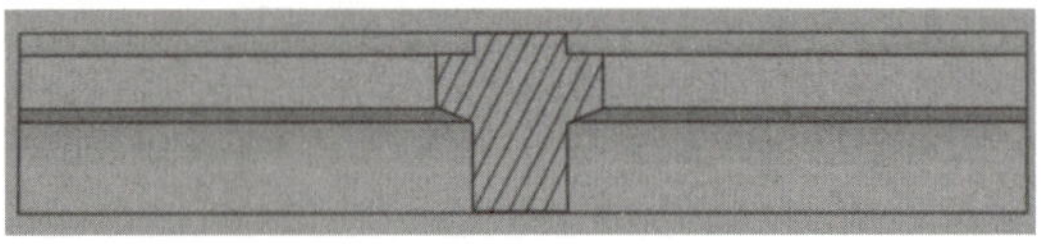

图 6-2-5　重合断面图

5. 断面图绘制实例

我们来看断面图的一组绘制实例。

所剖切组合体及其两面投影图如图 6-2-6 所示。绘制 1—1 断面图，按照 1—1 断面剖切形体，根据剖切面绘制断面形状，断面尺寸根据两面投影图而定。同理可画出 2—2 断面图和 3—3 断面图。

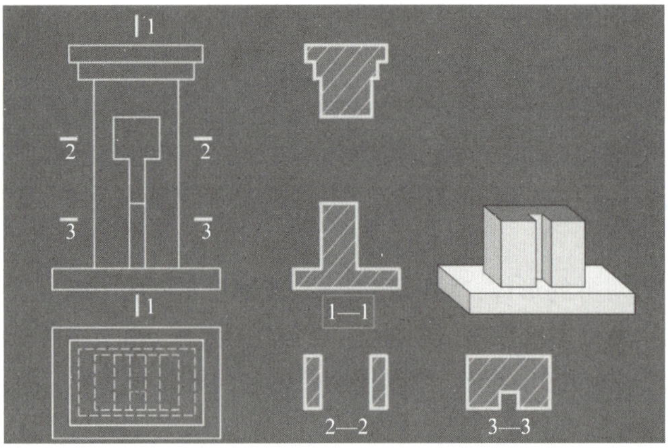

图 6-2-6　绘制断面图

知识测评

1. 填空题

（1）断面图的断面轮廓线用________绘制，断面轮廓线范围内要绘出________，画法同剖面图。

（2）断面图的剖切符号由________和________两部分组成。

（3）如果断面图剖切符号的编号注写在剖切位置线的左侧，________则表示投影方向。

（4）重合断面图不需标注________。

（5）当视图中轮廓线与重合断面图的图形重叠时，视图中的轮廓线应画出，不可________。

2. 简答题

（1）移出断面图画在视图中的什么位置？

（2）中断断面图画在视图中的什么位置？

（3）重合断面图画在视图中的什么位置？

子任务 2　剖面图与断面图的区别

思政导入

锉、削、磨、抛……一连串行云流水的动作，一个金属圆球在汽车工人李凯军掌中幻化成为精致的正十二面体，棱角分明、光洁如镜，如钻石般熠熠生辉。

中国第一汽车集团公司铸造公司模具钳工高级技师，全国五一劳动奖章、中华技能大奖获得者李凯军已达到人刀合一的境界，把一个圆球锉削成正十二面体，精度相当于头发丝直径的六分之一。在钳工的世界，李凯军以精益求精而大名鼎鼎。匠者，精湛极致也。具有工匠精神的人，从不满足于已有的产品质量，也从来不相信有 100% 的完美，他们总是不断寻求技艺突破和品质提高，追求从 99.9% 到 99.99% 的进步。哪怕再小的细节，也要全神贯注、全力以赴，只为打造极致的产品和体验。掌握好任何一个细节，养成总结归纳的习惯。

接下来我们来归纳总结一下剖面图和断面图的区别。

内容引导

扫描下方二维码，观看子任务配套微课。回答问题：

微课 6.2.2　剖面图与断面图的区别

1. 剖面图与断面图的图形画面有何不同？
2. 剖面图与断面图的剖切符号有何不同？
3. 剖面图与断面图剖切平面数量有何不同？

知识精讲

1. 区别一：图形画面不同

断面图只画形体被剖切后剖切平面与形体接触的部分。

剖面图不仅要画剖切平面与形体接触的部分，而且还要画出剖切平面后没有切到却可以看到的部分（图 6–2–7）。

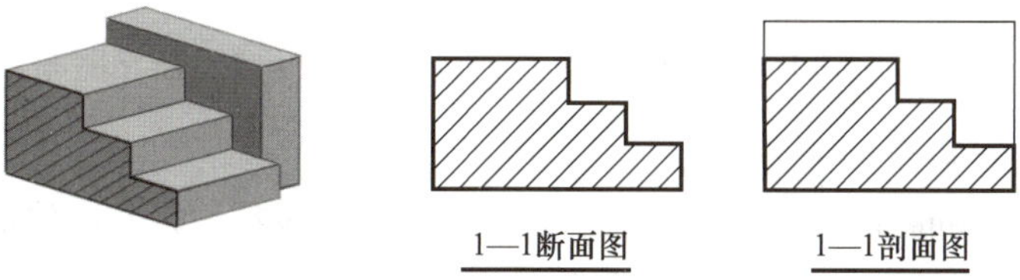

图 6–2–7　剖面图与断面图图形画面

可以推断出剖面图中包含着断面图。

剖面图是画剖切后物体剩余部分“体”的投影，除画出截断面的图形外，还应画出沿投影方向所能看到的其余部分；断面图只能画出物体被剖切后截断“面”的投影，断面图包含于剖面图中。

2. 区别二：剖切符号不同

剖面图的剖切符号既要画出剖切位置线，又要画出剖视方向线，编号标写在剖视方向线的端部。

断面图的剖切符号只画剖切位置线，不画剖视方向线，其投影方向由编号的所在位置确定。见图 6-2-8。

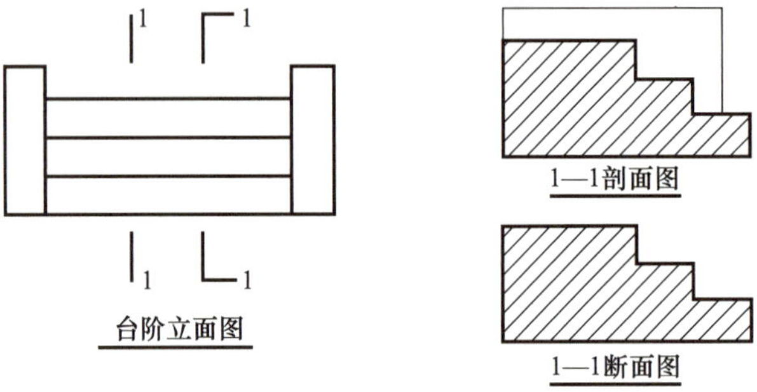

图 6-2-8　剖面图与断面图剖切符号

3. 区别三：剖切平面数量不同

剖面图可采用多个剖切平面，主要表达物体的内部形状和结构。断面图一般只使用单一剖切平面，主要表达物体某局部的断面形状。剖面图的剖切平面可以转折，断面图的剖切平面不能转折。剖面图是为了表达形体的内部形状和结构，断面图常用来表达形体中某一个局部的断面形状，如图 6-2-9 和图 6-2-10 所示。

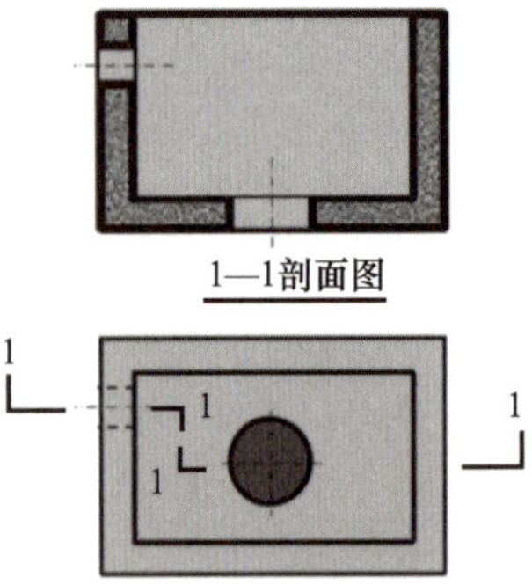

图 6-2-9　剖面图与剖切平面数量

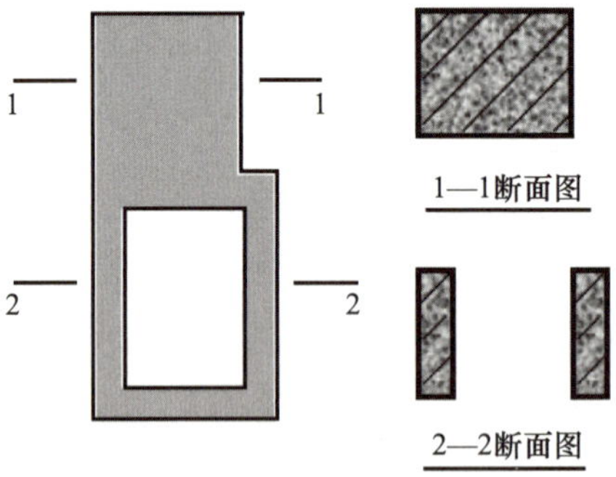

图 6-2-10　断面图与剖切平面数量

4. 剖面图和断面图的表达方式

在形体剖面图和断面图中，被剖切平面剖到的轮廓线都用粗实线绘制。

剖面图或断面图，如与被剖图样不在同一张图内，应在剖切位置线的另一侧注明其所在图纸的编号，也可在图上集中说明。

知识测评

1. 填空题

（1）剖面图的剖切平面可以转折，断面图的剖切平面________。

（2）剖面图是为了表达形体的________，断面图常用来表达形体中________。

2. 判断题

同一剖切位置时，断面图包含于剖面图中。(　　)

3. 简答题

（1）在形体剖面图和断面图中被剖切平面剖到的轮廓线采用什么线型?

（2）剖面图与断面图与被剖图样不在同一张图内时，应如何说明?

模块 7

房屋建筑构造

思维导图

- 模块7 房屋建筑构造
  - 任务1 学习民用建筑构造
    - 子任务1　民用建筑的构造组成
    - 子任务2　建筑变形缝
    - 子任务3　地基与基础
    - 子任务4　基础的类型与构造
    - 子任务5　地下室的类型和组成
    - 子任务6　地下室防潮与防水构造
    - 子任务7　墙体
    - 子任务8　墙面装饰
    - 子任务9　幕墙构造
    - 子任务10　钢筋混凝土梁和柱
    - 子任务11　楼地面
    - 子任务12　楼地面细部构造
    - 子任务13　钢筋混凝土楼板
    - 子任务14　楼梯尺寸
    - 子任务15　钢筋混凝土楼梯
    - 子任务16　楼梯的细部构造
    - 子任务17　电梯与自动扶梯
    - 子任务18　排水
    - 子任务19　台阶与坡道
    - 子任务20　屋顶
    - 子任务21　阳台和雨篷
    - 子任务22　门窗
  - 任务2 学习装配式建筑
    - 子任务1　装配式混凝土结构体系概述
    - 子任务2　装配式钢结构建筑

任务 1　学习民用建筑构造

子任务 1　民用建筑的构造组成

思政导入

2008 年 5 月 12 日，突如其来的汶川大地震造成近 10 万同胞罹难或失踪。从与死亡竞速的生命救援，到实施以人为本、民生为先的科学重建，10 多年来，特别是党的十八大以来，灾区经济社会实现跨越式发展。恢复重建的累累硕果，告慰灾难中逝去的生命，见证创造奇迹的中国力量。今日汶川，民居白墙青瓦，校园书声琅琅，公共服务设施完备，前往灾区的中外人士无不赞叹：唯有中国，才能创造这样的奇迹。在灾后重建过程中，大量抗震等级更高的民用建筑拔地而起，成为汶川人民的新家园。同学们对民用建筑的构造组成有多少了解呢？

内容引导

扫描下方二维码，观看子任务配套微课和教学动画。回答问题：

微课 7.1.1　民用建筑的构造组成　　　动画 12　民用建筑构造

1. 民用建筑通常包含哪些构件？
2. 基础的作用是什么？
3. 楼地面的作用是什么？

知识精讲

1. 建筑的分类

根据使用性质分类，建筑通常可以分为生产性建筑和非生产性建筑两大类。根据其生产内容的区别，生产性建筑分为工业建筑、农业建筑等。非生产性建筑分为公共建筑和居住建筑，统称民用建筑。

按建筑材料分类，可分为砖木结构、砖混结构、钢筋混凝土结构、钢结构。

按建筑物的层数分类，可分为低层建筑：1~3 层建筑；多层建筑：4~6 层建筑；中高层建筑：7~9 层建筑；高层建筑：10 层以上的住宅或房屋高度大于 24m；超高层建筑：40 层以上或高度大于 100m。

2. 建筑等级的划分

按工程按复杂程度分类。按照《民用建筑工程设计收费标准》的规定，划分为特级工程、一级工程、二级工程、三级工程、四级工程、五级工程共六个等级。

按使用年限划分，共分为四级 。一级：耐久年限为 100 年以上，适用于重要的建筑和高层建筑；二级：耐久年限为 50~100 年，适用于一般性建筑；三级：耐久年限为 25~50 年，适用于次要建筑；四级：耐久年限为 15 年以下，适用于临时性建筑。

按照耐火等级，共分为四级。从一级到四级，建筑物的耐火等级逐步降低。我国《建筑设计防火规范》规定：高层建筑的耐火等级分为一、二等级；其他建筑物的耐火等级分为一、二、三、四级。

3. 建筑标准化与模数协调

建筑标准化：主要包括两方面内容，一是建筑设计的标准，包括制定各种建筑法规、设计规范、标准、定额及技术经济指标；另一方面是建筑的标准设计，即根据上述的设计标准，设计通用的构件、配件、单元和房屋。

建筑模数协调：使建筑制品、建筑构配件及其组合实现工业化大规模生产，具备通用性，可加快速度，提高效率。建筑模数协调利用建筑模数来确保建筑物及其构配件的设计、制作和安装之间的协调性和一致性。

建筑模数：是选定的尺寸单位，作为建筑构配件、建筑制品以及有关设备尺寸间互相协调中的增值单位，包括基本模数和导出模数。

基本模数：是选定的基本尺寸单位，其数值为 100，符号为 M，即 1M=100mm。

导出模数：扩大模数，是基本模数的整数倍。

水平扩大模数：3M、6M、12M、15M、30M、60M，相应尺寸为 300mm、600mm、1200mm、1500mm、3000mm、6000mm，主要用于开间或柱距，进深或跨度等。

竖向扩大模数：3M、6M，相应尺寸是 300mm、600mm，主要用于层高、门窗洞口等。

分模数：是基本模数的分数值，1/2M、1/5M、1/10M，相应尺寸是 10mm、20mm、50mm，主要用于缝隙、构造节点等。

4. 民用建筑的构造组成

民用建筑是指非生产性的建筑。包括居住建筑和公共建筑。民用建筑房屋主要由基础、墙体和柱、楼地面、楼梯、门窗、屋顶等部分组成。

（1）基础（图 7–1–1）

基础是建筑底部与地基直接接触的承重构件，它的作用是承受全部荷载，并将荷载传递到地基，要求有足够的强度和刚度。地基是指基础底面以下，荷载作用影响范围内的部分岩石或土体。它不是建筑物的组成部分。地基是建筑工程的“根”，支承建筑物的重量。

（2）墙体和柱（图 7–1–2）

承重、围护、分隔的作用。要求有足够的强度、稳定性和保温、隔热、隔声、防火等能力，以及经济性和耐久性。

图 7–1–1　基础

图 7–1–2　墙和柱

按受力情况不同，墙体可分为承重墙和非承重墙。承重墙（图 7–1–3）是指直接承受楼板及屋顶等传下来的荷载，并把这些荷载及墙体本身的自重传至基础的墙体。非承重墙是指不承受这些外来荷载的墙体（图 7–1–4）。

图 7–1–3　承重墙

图 7–1–4　非承重墙

（3）楼地面（图 7–1–5）

楼板或楼地层将建筑物分为若干层，是建筑物的水平承重构件，承受其上的荷载，并连同自重一起传递给墙和柱，同时对墙体起水平支撑作用。

（4）楼梯（图 7–1–6）

楼梯是房屋建筑中联系上下各层的垂直交通设施。要求有足够的强度和稳定性。楼梯一般由楼梯段、休息平台、栏杆和扶手三部分组成。

图 7–1–5　楼地面

图 7–1–6　楼梯

（5）门窗（图 7-1-7）

门窗是建筑物不可缺少的围护构件。门的作用主要是交通联系，并兼采光和通风；窗的作用主要是采光、通风及眺望。在不同情况下，门和窗还有分隔、保温、隔声、防火、防辐射、防风沙等要求。

（6）屋顶（图 7-1-8）

屋顶在建筑设计中也是一个非常重要的造型元素，常被誉为“建筑的第五立面”。设计中需综合考虑屋顶的功能、结构和建筑艺术。

图 7-1-7　门窗

图 7-1-8　屋顶

屋顶（图 7-1-9）是建筑物顶部的围护和承重构件，由面层和承重结构层组成，屋面层有抵御风雨雪及保温、隔热作用。结构层承受屋顶的全部荷载，并将荷载传递墙和柱，要求有足够的强度、刚度及防水、保温、隔热等作用。

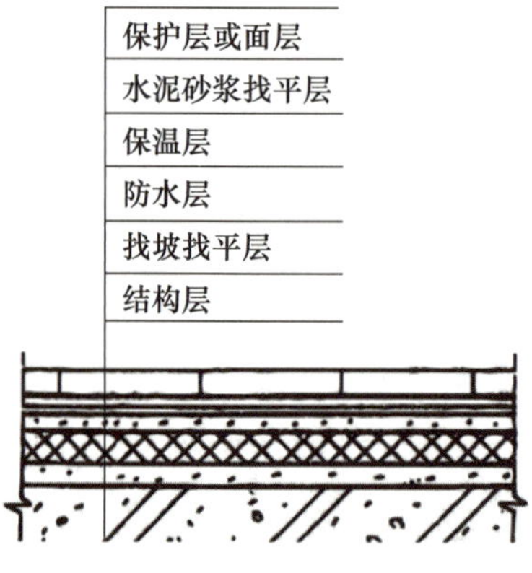

图 7-1-9　屋顶构造

5. 民用建筑构造设计要求

（1）安全性

在正常施工和使用条件下，结构应能承受可能出现的各种载荷作用和变形而不发生破坏；在偶然事件发生后，结构仍能保持必要的整体稳定性。

（2）适用性

在正常使用条件下，结构应具有良好的工作性能。

（3）耐久性

在正常维护的条件下，结构应能在设计使用年限内满足各项功能要求。例如，房屋不因混凝土的老化、腐蚀或钢筋的锈蚀等影响结构的使用寿命。

知识测评

1. 填空题

（1）楼梯一般由________、________、________三部分组成。

（2）门窗是建筑物不可缺少的________。

（3）屋顶是建筑物顶部的围护和承重构件，由________和________组成。

2. 简答题

（1）屋顶的屋面层和结构层在建筑中一般起什么样的作用？

（2）门和窗的主要作用是什么？

（3）什么是楼梯？

（4）首层地面的作用是什么？

子任务 2 建筑变形缝

思政导入

永乐宫修建于元代，历经 110 多年的修建，建成了规格宏大的宫殿式建筑群。特别是宫殿内部的墙壁上，布满了精心绘制的壁画，其艺术价值之高、数量之多，实属世界罕见。永乐宫宏伟的斗拱层层叠叠地交错着，四周的雕饰不多，简洁、明朗。永乐宫处处体现着我国悠久的历史和古人的工匠精神。由于永乐宫位于山西芮城，地处山西地震带，历来都是国家地震重点监测防御地区之一。那么建筑对于预防地震等外界影响有怎样的构造措施呢？同学们对于现代建筑的防震、防沉降设计有哪些认识呢？

内容引导

扫描下方二维码，观看子任务配套微课。回答问题：

微课 7.1.2 建筑变形缝

1. 什么是变形缝？
2. 伸缩缝的作用是什么？
3. 沉降缝的作用是什么？

4. 防震缝的作用是什么？

知识精讲

概念：变形缝是为防止建筑物在外界因素作用下产生变形、开裂甚至破坏而预留的构造缝。变形缝将整个建筑物沿全高断开，断开后建筑物的各部分成为独立的单元，或者是划分为简单、规则、均一的段，且各段之间留有一定的缝隙，以能够适应变形的需要（图 7–1–10）。

变形缝包括伸缩缝、沉降缝和防震缝。

1. 伸缩缝

伸缩缝是为适应昼夜温差引起的变形而设置的。伸缩缝要求把建筑物的墙体、楼板、屋顶等地面以上部分全部断开，基础因为受温度变化影响较小，可以不断开（图 7–1–11）。

伸缩缝宽度一般为 20~30mm，其位置和间距根据建筑物的长度、结构类型、屋盖刚度以及屋面有否设保温或隔热层来考虑。伸缩缝的最大间距，应根据不同材料的结构而定，详见有关规范。

2. 沉降缝

沉降缝是为适应不均匀沉降引起的变形而设置的垂直缝隙（图 7–1–12）。

沉降缝同时起着伸缩缝的作用，在同一个建筑物内，两者可合并设置，但伸缩缝不能代替沉降缝。沉降缝的设置，要求从基础到屋顶所有构件均断开，其宽度与地基的性质和建筑物的高度有关。

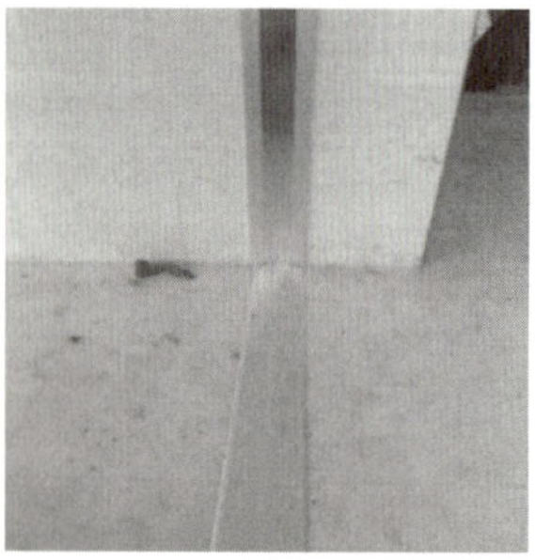

图 7–1–10　变形缝

图 7–1–11　伸缩缝

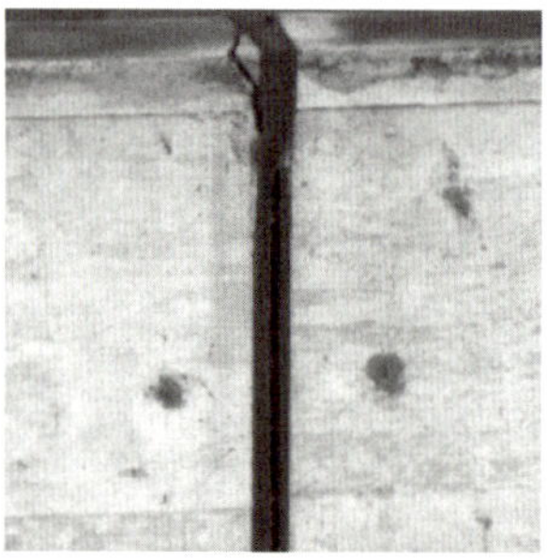

图 7–1–12　沉降缝

沉降缝应有足够的宽度。沉降缝应设置在以下位置处（图 7–1–13）：

①建筑平面的转折部位；

②高度差异或荷载差异处，如主体建筑与裙房之间；

③长高比过大的砌体承重结构或钢筋混凝土框架结构的适当部位；

④地基土的压缩性有显著差异处；

⑤建筑结构或基础类型不同处；

⑥分期建造房屋的交界处。

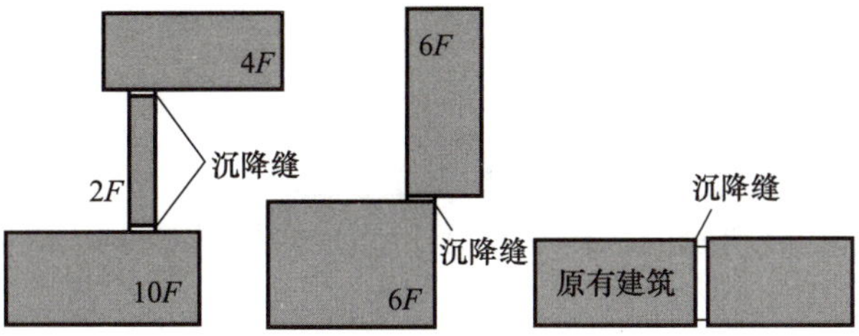

图 7–1–13　沉降缝的位置

3．防震缝

地震设防地区，当建筑体型复杂或各部分的结构刚度、高度、重量相差较大时，应在变形敏感部位设缝，将建筑分为若干个体型规整、结构单一的单元，防止在地震波的作用下相互挤压、拉伸，造成变形破坏。这种缝隙称为防震缝（图 7–1–14）。设置防震缝时，一般可以不断开基础，但在平面的复杂建筑中，需将基础断开。《建筑抗震设计规范（附条文说明）（2016 年版）》（GB 50011—2010）对防震缝的设置条件和缝宽都进行了规定。

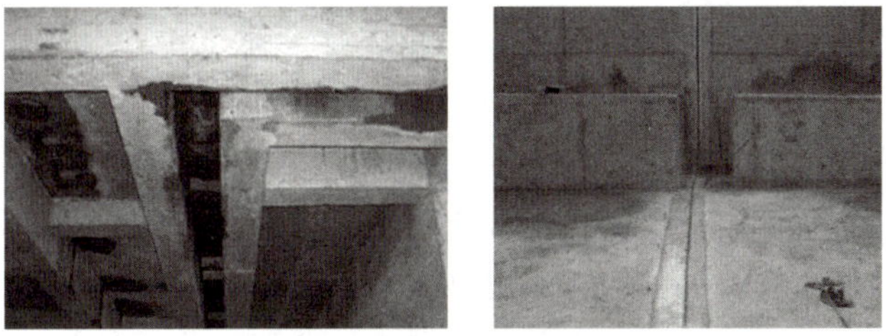

图 7–1–14　防震缝

对于多层砌体结构房屋，有下列情况之一时需设置防震缝，缝两侧均应设置墙体，缝宽应根据烈度和房屋高度确定，可采用 70~100mm。

①房屋立面高差在 6m 以上；

②房屋有错层，且楼板高差大于层高的 1/4；

③各部分结构刚度、质量截然不同。

对于钢筋混凝土结构房屋，是否设置防震缝，应根据抗震设防烈度、结构材料种类、结构类型、结构单元的刚度和高差以及可能的地震扭转效应等情况综合考虑。若需设置防震缝时，其缝宽应符合下列要求：

①框架结构房屋，当其高度不超过 15m 时，其防震缝宽度不应小于 100mm；高度超过 15m 时，每增加一定的高度（例如：抗震烈度 6 度时，高度每增加 5m；抗震烈度 7 度时，高度每增加 4m；抗震烈度 8 度时，高度每增加 3m；抗震烈度 9 度时，高度每增加 2m），防震缝宽度宜增加 20mm；

②框架 – 抗震墙结构房屋的防震缝宽度不应小于上述第①项规定数值的 70%，抗震墙结构房屋的防震缝宽度不应小于上述第①项规定数值的 50%；且二者均不宜小于 100mm。

知识测评

1. 填空题

（1）变形缝包括________、________和________。

（2）伸缩缝要求把建筑物的墙体、楼板、屋顶等地面以上部分________。

（3）伸缩缝的最大间距，应根据________而定。

2. 判断题

（1）沉降缝同时起着伸缩缝的作用，在同一个建筑物内，两者可合并设置，伸缩缝可以代替沉降缝。（　　）

（2）沉降缝应设置在建筑平面的转折部位。（　　）

（3）设置防震缝时可以不断开基础。（　　）

3. 简答题

（1）什么是沉降缝？

（2）什么是防震缝？

子任务3　地基与基础

思政导入

万丈高楼平地起，再高的建筑也离不开地基和基础。而地基与基础正如同我们建筑行业的“第一粒扣子”。地基与基础是建筑物或构筑物的根本，属地下隐蔽工程，其质量的好坏直接关系到建筑物或构筑物的安危。建筑物或构筑物的质量事故，很多与地基基础问题密切相关。因此，在工程建设时，对地基基础合理选择、设计和施工，是保证建筑物使用安全和节约投资的重要环节。

内容引导

扫描下方二维码，观看子任务配套微课和教学动画。回答问题：

微课 7.1.3　地基与基础　　　动画 13　基础

1. 什么是地基？
2. 什么是基础？
3. 什么是持力层？

知识精讲

1. 地基与基础

基础是建筑物上部承重结构向下的延伸和扩大，它位于建筑物最下部位，是指建筑物与土壤直接接触的扩大部分。

地基是指基础底面以下，承受建筑物荷载的土壤层。它不是建筑物的组成部分。地基是建筑工程的“根”，支承建筑物的重量（图 7–1–15）。

直接承受基础荷载的土层称为持力层。持力层是指具有一定的耐力，直接承受建筑荷载，并需进行力学计算的土层。地基下卧层是指持力层以下的土层。

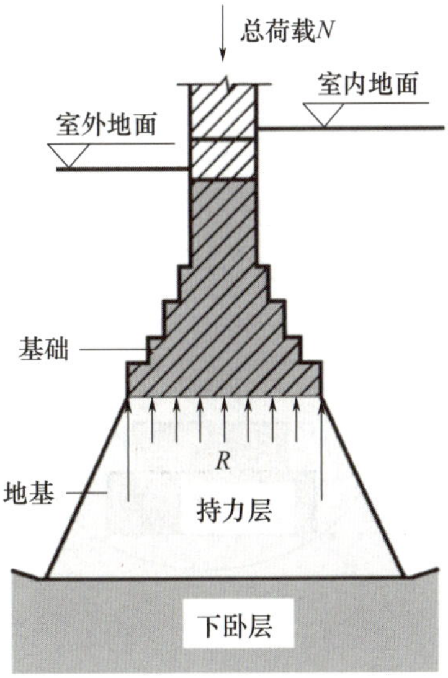

图 7–1–15　地基与基础

（1）地基

①概念：支撑基础的土体或岩体，不是房屋建筑的组成部分。

②作用：承受建筑物所有的荷载，与基础共同保证房屋的坚固、耐久和安全。

地基可分为天然地基和人工地基。

a. 天然地基。凡具有足够的承载力和稳定性，不需经过人工加固，可直接在其上建造房屋的土层称为天然地基（图 7–1–16）。

b. 人工地基。当建筑物上部的荷载较大或地基的承载力较弱，须预先对土壤进行人工加固或改良后才能作为建筑物地基的称为人工地基。加固原理是将土质由松变实，将土的含水量由高变低。加固方法包括压实法、换土法、打桩法和化学加固法等（图 7–1–17）。

（2）基础

①概念：是建筑物的墙或柱深入土中的扩大部分，是建筑物的一部分。

②作用：承受建筑物上部结构的荷载，并将这些荷载连同自重一起有效地传递给地基。

图 7–1–16　天然地基

图 7–1–17　人工地基

③基础的埋置深度：

基础的埋置深度是指室外设计地面到基础底面的距离，简称基础埋深（图 7–1–18）。

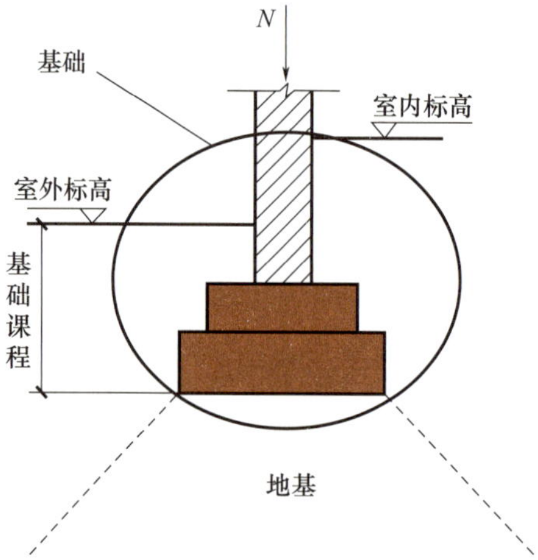

图 7–1–18　基础埋深

④基础按埋深分类：

深基础：埋深大于等于 5m。浅基础：埋深小于 5m，但不小于 500mm；

需要注意的是，在满足地基稳定和变形要求的前提下，基础应尽量浅埋。除岩石地基外，基础埋深不宜小于 0.5m。

影响基础埋深的因素主要有：a. 建筑物的用途；有无地下室、设备基础和地下设施；基础的形式和构造；b. 作用在地基上的荷载大小和性质；c. 工程地质和水文地质条件；d. 地基土冻胀和融陷的影响；e. 相邻建筑物的基础埋深。

一般情况下，基础应设置在坚实的土层上，而不要设置在淤泥等软弱土层上。

构造要求基础顶面离室外设计地面不得小于 100 ㎜。

⑤水文地质条件：

地下水对某些土层的承载力有很大影响，为了避免地下水位的变化直接影响地基承载力，同时防止地下水给基础施工带来麻烦，以及防止有侵蚀性的地下水对基础的腐蚀，所以一般基础应尽量埋置在地下水位以上（图 7–1–19）。

⑥地基土的冻结：

土的冻结是否对建筑物产生不良影响，主要看冻结后会不会产生严重的冻胀现象。土的冻胀现象主要与地基土颗粒的粗细程度、土冻结前的含水量和地下水位高低有关（图 7-1-20）。

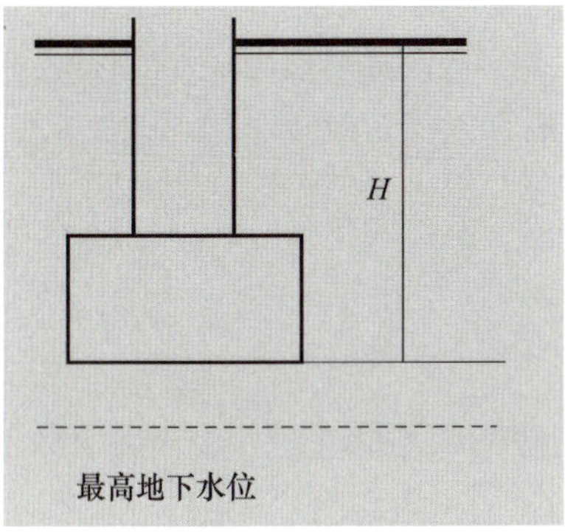

图 7-1-19　水文地质条件

图 7-1-20　地基土的冻结

⑦相邻建筑物基础埋深：

理想状态：新建建筑的基础埋置深度不宜大于相邻原有建筑的基础埋深（图 7-1-21）。

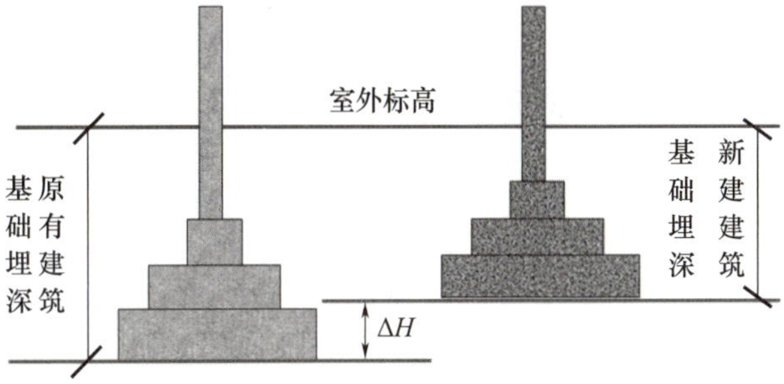

图 7-1-21　理想状态下相邻基础的埋深

不理想状态：新建建筑的基础埋深大于相邻原有建筑的基础埋深时，两基础埋深之间应保持一定的水平净距（图 7-1-22）。

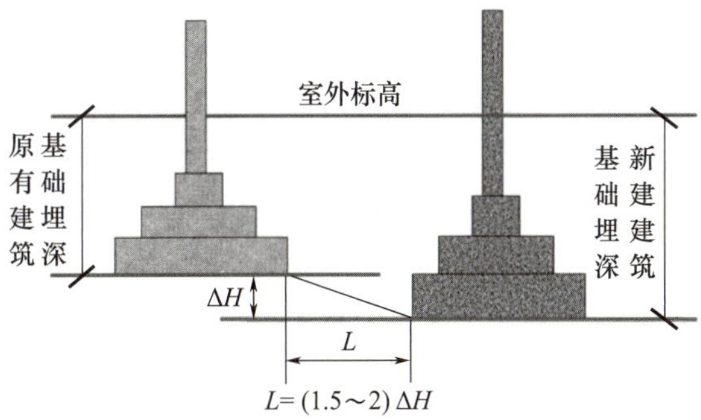

图 7-1-22　不理想状态下相邻基础的埋深

2. 对地基与基础的要求

（1）对地基的要求

①地基应具有一定的承载力和较小的压缩性；②地基的承载力应分布均匀；③在一定的承重条件下，地基应有一定的深度范围；④尽量使用天然地基，以提高经济效益。

（2）对基础的要求

①基础要有足够的强度，能够起传递荷载的作用；②基础的材料应具有耐久性，以保证建筑的持久使用；③尽量就地取材，以降低造价。

知识测评

1. 填空题

（1）地基下卧层是指________以下的土层。

（2）基础承受建筑物________的荷载，并将这些荷载连同________一起有效的传递给________。

（3）深基础：埋深大于等于____________。浅基础：埋深小于____________，但不小于____________。

2. 判断题

（1）基础不是建筑物的组成部分。（　　）

（2）地基不是建筑物的组成部分。（　　）

3. 简答题

（1）影响基础埋深的主要因素有哪些？

（2）什么是天然地基？

子任务 4　基础的类型与构造

思政导入

云南省在建第一高楼——407m 的“春之眼”项目作为中国西南首个高海拔 400 米以上超高层建筑，位处地震带、高海拔地区，在这里建造超高层建筑，实属不易。为了确保结构体系的绝对安全，在整个结构体系设计上，通过多次专家论证，反复研讨，创新地采用了耗能支撑、巨柱等结构形式，历经一年半，终于顺利通过全国超高层超限审查和抗震审查。“春之眼”项目基坑面积超过 3.2 万平方米，深度达 23m，地下室层数最多达 5 层，堪称云南第一大基坑。春之眼主塔楼筏板下采用桩长 100m，极限承载力 3000t 的超长混凝土灌注桩，整体抗变形能力极强，以接近坚不可摧的要求，为基坑“穿”上刀枪不入的“铁布衫”。有了如此坚实的基础，摩天大楼才可以安心“健康长个”。那么同学们知道摩天大楼的重量是靠什么构件传递给地基的吗？

内容引导

扫描下方二维码，观看子任务配套微课。回答问题：

微课 7.1.4　基础的类型与构造

1. 基础按材料及受力特点的不同，可分为哪两类？
2. 无筋扩展基础包括哪些？
3. 什么是扩展基础？

知识精讲

基础按不同的分类方法可分为不同的类型，本节介绍按材料及受力特点和按构造形式这两种分类方法。

基础按材料及受力特点的不同，可分为无筋扩展基础和扩展基础。无筋扩展基础包括砖基础、混凝土基础、毛石基础等；扩展基础包括钢筋混凝土独立柱基础等。

按构造形式不同，可分为条形基础、独立基础、井格基础、筏形基础、箱形基础、桩基础等。

1. 按材料及受力分类

（1）无筋扩展基础构造

无筋扩展基础是指由刚性材料制作的基础，因此也称为刚性基础。常见的有砖基础、毛石基础、混凝土基础、灰土基础和三合土基础等。其特点是抗压性能好，抗拉、抗剪性能差。通常适用于地基坚实、均匀、上部荷载较小，六层和六层以下（三合土基础不宜超过四层）的一般民用建筑和墙承重的轻型厂房（图 7–1–23）。

图 7–1–23　无筋扩展基础

①砖基础。

砖基础用砖作为基础材料。在防潮层以下的基础部分，砖的强度等级不得小于 MU10。非承重空心砖和硅酸盐砌块不得作为基础材料。砌筑砂浆应采用水泥砂浆，其强度等级不低于 M5。 砖基础从下至上砌成阶梯形，构造形式有等高式和间隔式，如图 7–1–24 所示。

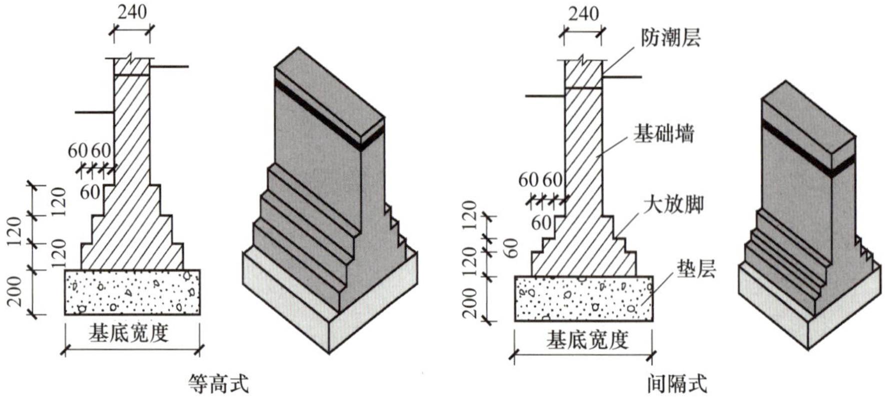

图 7-1-24 砖基础

②混凝土基础。

混凝土基础也称为素混凝土基础，它具有整体性好、强度高、耐水等优点，一般有台阶和锥形两种形式（图 7-1-25）。

台阶形断面台阶宽高比应小于 1∶1 或 1∶1.5，台阶高度为 300~400mm；锥形断面斜面与水平线之间的夹角 β 应不大于 45°，基础最薄处一般不小于 200mm。混凝土基础底面应设置垫层，垫层的作用是找平和保护钢筋，常用 C15 混凝土，厚度一般为 100mm。

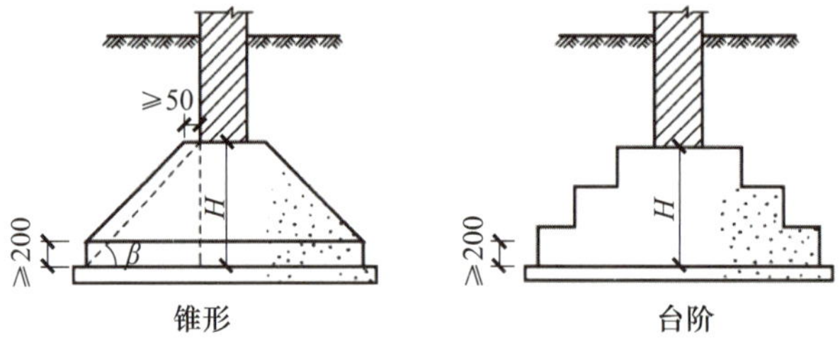

图 7-1-25 混凝土基础

按照刚性材料的受力情况，基础的传力只能在材料的允许范围内控制，这个控制范围的夹角称为刚性角，用 α 表示，如图 7-1-26 所示。$\tan\alpha=b/h$，我们把基础的 $b:h$ 称为宽高比。基础材料不同，刚性角也不同，一般 b/h 允许值为：砖 1 为 1.50，毛石为 1.25~1.5，混凝土为 1~1.25，灰土为 1.25~1.5。

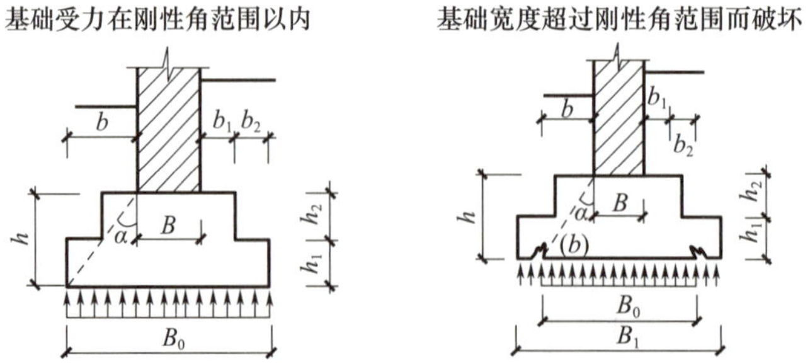

图 7-1-26 刚性角

（2）扩展基础构造

扩展基础是指钢筋混凝土基础。它是在混凝土基础底部配以钢筋，利用钢筋来承受拉力，这时，基础宽度的加大不受刚性角的限制，这种不受刚性角限制的基础又称为柔性基础。扩展基础适用范围广泛，尤其适用于土质较差、荷载较大、地下水位较高等条件下的大中型建筑（图 7–1–27）。

图 7–1–27　扩展基础

扩展基础的构造要点主要有：

①锥形基础的边缘高度不宜小于 200mm；阶梯形基础的每阶高度宜为 300~500mm；

②垫层的厚度不宜小于 70mm；垫层混凝土强度等级应为 C10；

③扩展基础底板受力钢筋的最小直径不宜小于 10mm，间距不宜大于 200mm，也不宜小于 100mm。墙下钢筋混凝土条形基础纵向分布钢筋的直径不小于 8mm，间距不大于 300mm，每延米分布钢筋的面积应不小于受力钢筋面积的 1/10。当有垫层时，钢筋保护层的厚度不小于 40mm；无垫层时，不小于 70mm；

④基础混凝土强度等级不应低于 C20。

2. 按构造形式分类

（1）条形基础

条形基础是指基础长度远大其宽度的一种基础形式，也称为带形基础。可分为墙下条形基础和柱下条形基础。

墙下条形基础：当建筑物上部采用墙承重时，通常将墙底加宽形成墙下条形基础，一般用于多层混合结构的承重墙下。常用砖、混凝土等刚性材料作为基础。当上部结构荷载较大时，可采用钢筋混凝土条形基础。砖条形基础一般由垫层、大放脚和基础墙三部分组成（图 7–1–28）。

柱下条形基础：当地基软弱而荷载较大时，采用柱下独立基础，底面积必然很大，导致互相接近。为增加基础的整体性且方便施工，可将同一排柱基础连通做成钢筋混凝土柱下条形基础。

（2）独立基础

当建筑物上部结构为框架、排架时，基础常采用独立基础。独立基础的断面形式有：锥形、杯形、阶梯形。独立基础是柱下基础的基本形式。当柱为预制时，则将基础制成杯口形，然后将柱子插入，并嵌在杯口内，故称杯口基础（图 7–1–29）。

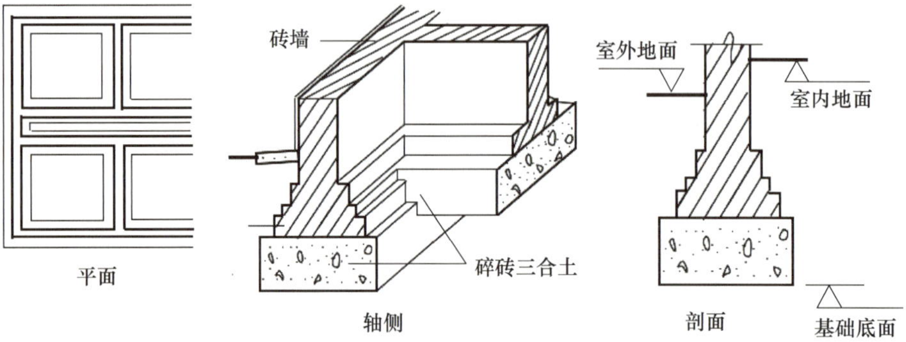

图 7–1–28　条形基础

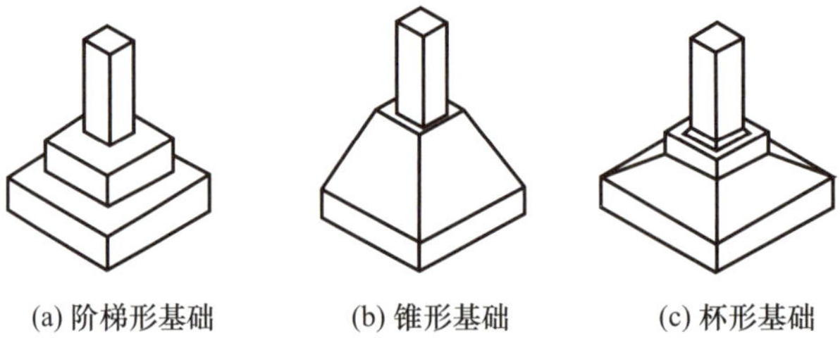

图 7–1–29　独立基础

（3）井格基础

当地基条件较差或上部荷载较大时，为了提高建筑物的整体性，减少不均匀沉降，常将柱下基础沿纵横两个方向扩展连接起来，形成十字交叉的井格基础（图 7–1–30）。

（4）筏形基础

当建筑物上部荷载较大，或地基土质很差，采用条形基础或井格基础不能适应地基变形的需要时，常将墙或柱下基础连成一片形成筏形基础。筏形基础整体性好。它在构造上像倒置的钢筋混凝土楼盖，分为板式和梁板式两种（图 7–1–31）。

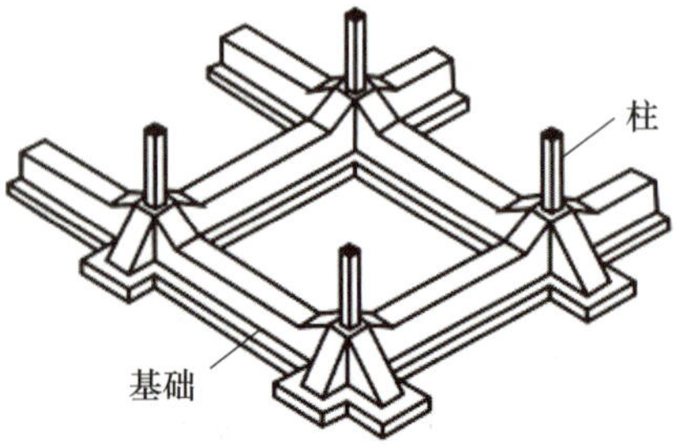

图 7–1–30　井格基础

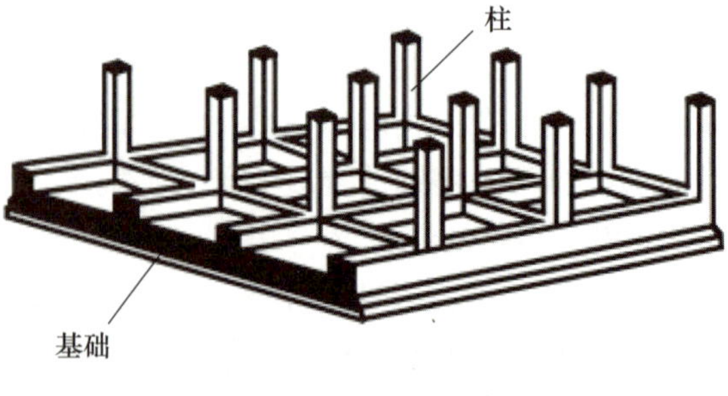

图 7–1–31　筏形基础

（5）箱形基础

箱形基础是由钢筋混凝土顶板、底板和纵、横墙组成的封闭箱体。箱形基础整体刚度大，稳定性和抗震性能好。常用于高层建筑（图 7-1-32）。

（6）桩基础

建筑物荷载较大、地基软弱土层厚度在 5m 以上、基础不能埋在软弱土层内时，基础形式常考虑以下部坚实土层或岩层作为持力层的桩基础。桩基础由桩身和承台梁（板）组成（图 7-1-33）。

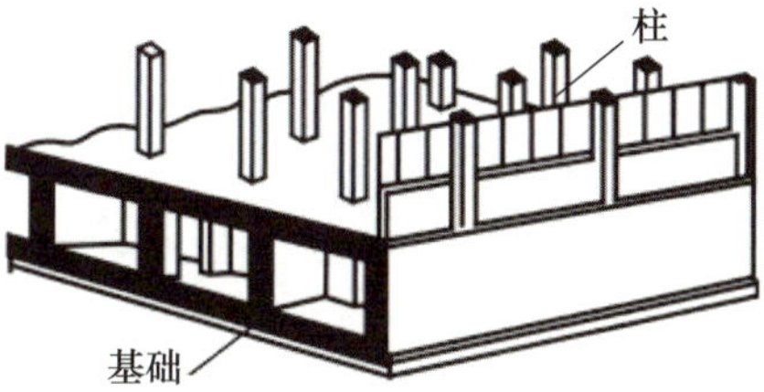

图 7-1-32　箱形基础

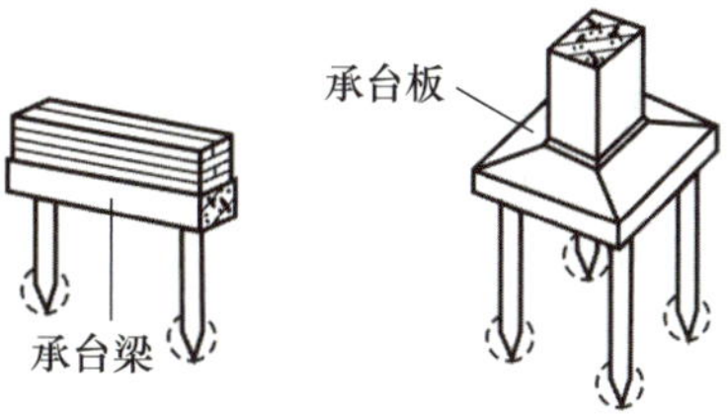

图 7-1-33　桩基础

知识测评

1. 填空题

（1）凡受刚性角限制的基础，就称为________，也称为刚性基础。

（2）扩展基础也称为________。

（3）基础沿墙体连续设置成长条状称为________，也称为带形基础，是砌体结构建筑基础的基本形式。

（4）砖条形基础一般由________、________和________三部分组成。

2. 简答题

（1）什么是井格基础？

（2）什么是筏形基础？

（3）箱形基础由什么组成？

子任务 5　地下室的类型和组成

思政导入

在杭州西湖景区寸土寸金的位置，大华饭店的全地下智能车库让人眼前一亮。这也是利用地下空间建设缓解停车难的典型案例。车子驶进停车入口，司机熄火下车，接下去由车库自动将车子送入地下停车位，这样的智能车库让地下空间的使用效率又有提高。整个车库最深处为地下 15 米，共设置 6 层，发掘了 132 个车位，相比传统地下车库，空间利用率提高了 30% 左右。房屋的地下空间还有哪些可以利用和改进的空间呢？本节课我们就来学习地下室的类型和组成。

内容引导

扫描下方二维码，观看子任务配套微课和教学动画。回答问题：

微课 7.1.5　地下室的类型和组成　　　　动画 14　地下室

1. 地下室按使用功能可分为____________________。
2. 地下室按结构形式可分为____________________。
3. 地下室按埋深可分为____________________。

知识精讲

地下室是建筑物底层下面的房间，可作为设备间、储藏间、商场、车库以及战备防空等。高层建筑利用地下室，既增加了使用面积，又可节省室内填土的费用（图 7-1-34、图 7-1-35）。

图 7-1-34　地下室

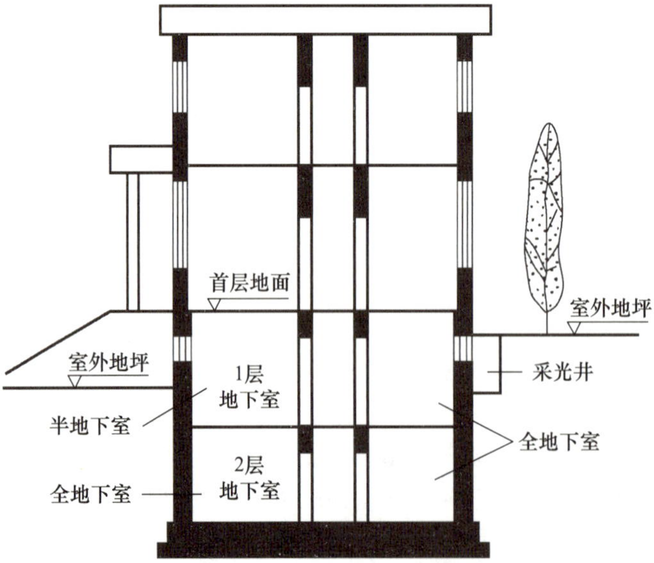

图 7-1-35　地下室

1. 地下室的类型

地下室按使用功能分为普通地下室和防空地下室；按结构材料分为砖墙结构地下室和混凝土结构地下室；按埋深分为全地下室和半地下室。

全地下室：地下室地面低于室外地坪的高度超过该房间净高的 1/2。

半地下室：地下室地面低于室外地坪的高度超过该房间净高的 1/3，且不超过净高的 1/2。

2. 地下室的组成

地下室一般由墙体、底板、顶板、门窗、楼梯等组成。

（1）墙体

地下室的墙体不仅要承受上部的垂直荷载，还要承受土、地下水及土壤冻结时的侧压力，所以采用砖墙时其厚度一般不小于 490mm；当荷载较大或地下水位较高时，最好采用钢筋混凝土墙，且厚度不小于 200mm。

（2）底板

当底板位于最高地下水位以上，底板可按一般地面工程处理，即垫层上先浇混凝土 60~80mm 厚，再做面层；当底板处于最高地下水位以下时，底板不仅承受上部垂直荷载，还承受地下水的浮力，所以底板要有足够的强度、刚度和抗渗能力。

（3）顶板

地下室顶板主要承受首层地面的荷载，可用现浇板或预制板上做现浇层，要求有足够的强度和刚度。如为防空地下室，顶板必须采用钢筋混凝土现浇板，并按有关规定来决定其厚度和混凝土强度等级。

（4）门窗

普通地下室的门窗与地上房间门窗相同，窗口下沿距散水面的高度应大于 250mm，以免灌水。当地下室的窗台低于室外地面时，为达到采光和通风的目的，应设采光井。

（5）楼梯

地下室楼梯可与上部楼梯结合设置，楼梯多为单跑式。防空地下室至少要设置两部楼梯通向地面的安全出口，并且必须有一个独立的安全出口，这个安全出口周围不得有较高建筑物，以防空袭倒塌，堵塞出口，影响疏散。

知识测评

1. 填空题

（1）地下室一般由________、________、________、________、________等组成。

（2）地下室墙体采用砖墙时其厚度一般不小于________；当荷载较大或地下水位较高时，最好采用钢筋混凝土墙，且厚度不小于________。

（3）底板处于最高地下水位以下时，底板不仅承受上部垂直荷载，还承受地下水的浮力荷载，所有底板都要有足够的________、________和________。

（4）当地下室的窗台低于室外地面时，为达到采光和通风的目的，应设________。

2. 判断题

（1）防空地下室的顶板一般不采用钢筋混凝土现浇板。（　　）

（2）地下室楼梯不可与上部楼梯结合设置。（　　）

子任务 6　地下室的防潮与防水构造

思政导入

某小区南区一期 2 号楼地下室 2013 年 1 月交付使用后，至 2013 年 10 月出现地面积水现象，并于 2014 年 4 月出现大面积积水现象，给业主的日常生活带来极大的不便。若积水情况得不到及时解决，长此以往还将会影响房屋的结构安全。经建设单位工程管理部与施工单位共同研究查找，确定渗漏原因为防水附加层施工质量不合格导致渗水。

从以上案例可以看出，建筑防水质量关乎百姓民生与财产安全，如果在施工过程中处理不好，将为后期的使用留下极大隐患。这也在提示我们，在施工过程中一定要秉承工匠之心，严把工程质量关，确保建筑质量，打造民生工程。

内容引导

扫描下方二维码，观看子任务配套微课。回答问题：

微课 7.1.6　地下室的防潮与防水构造

当地下水位高于地下室地坪时，地下室需要做防水吗？

知识精讲

由于地下室的墙身、底板埋在土中，长期受到潮气和地下水的侵蚀，因此，地下室的防潮、防水成为其构造设计的重点。

1. 地下室的防潮构造（图 7–1–36）

当最高地下水位低于地下室底板 300mm 以上且无滞水可能时，地下水不会直接侵入地下室，地下室的外墙和底板只受到土层中潮气的影响，此时一般只进行防潮处理。地下室墙体为钢筋混凝土时可不必做防潮处理。

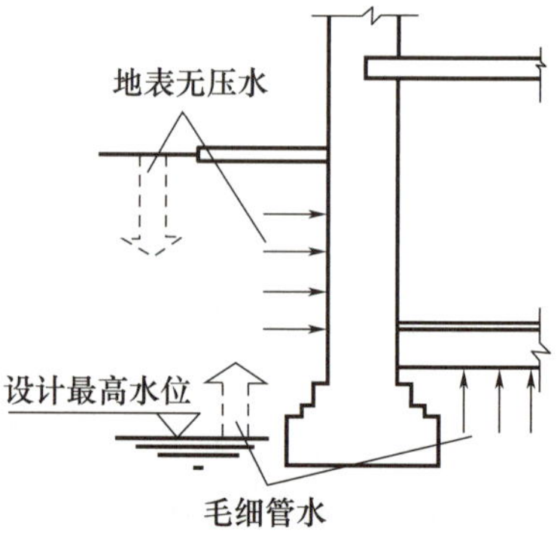

图 7–1–36　地下室防潮防水

垂直防潮层设置在地下室外墙外侧，其做法为：在外墙外侧先抹 20mm 厚水泥砂浆（高出散水 300mm 以上），然后刷冷底子油一道、热沥青两道（至散水底），最后回填隔水层。隔水层材料，北方常用 2∶8 灰土，南方常用炉渣，其宽度不少于 500mm。

地下室所有墙体需设两道水平防潮层，一道在地下室地坪附近，另一道设在散水以上 150~200mm 的位置，使整个防潮层连成整体，以防止土中潮气沿地下室墙体或勒脚进入室内。见图 7–1–37。

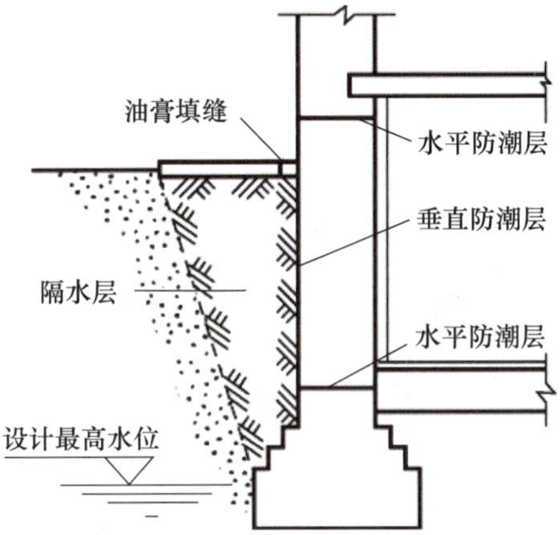

图 7–1–37　地下室防潮构造

2. 地下室的防水构造

当最高地下水位高于地下室地坪时，地下水不仅可以侵入地下室，且地下室的外墙和底板还受到水的侧压力和浮力影响。这时，须对地下室做防水处理。

地下室的防水等级共分为四级，各级的划分标准详见《地下工程防水技术规范》（GB 50108—2008）。

各级的适用范围分别如下。

一级：人员长期停留场所，极重要的战备工程等；

二级：人员经常活动场所，重要的战备工程等；

三级：人员临时活动场所，一般战备工程；

四级：对渗漏水无严格要求的工程。

按照建筑物的状况及所选用防水材料的不同，地下室防水可分为卷材防水、防水混凝土防水和涂料防水等几种形式。

（1）卷材防水

卷材防水以防水卷材和相应的黏结剂分层粘贴，铺设在地下室的底板垫层和墙体顶端的基面上，形成封闭的防水层（图 7–1–38）。

按防水卷材粘贴位置的不同，卷材防水可分为外包防水和内包防水。

外包防水是将防水材料贴在迎水面，即外墙的外侧和底板的下面，防水效果好，是采用较多的防水形式，缺点是维护困难，缺陷处难于查找（图 7–1–39）。

内包防水是将防水材料贴于背水一面，其优点是施工简便，便于维修，但防水效果较差，多用于修缮工程（图 7–1–40）。

图 7–1–38 卷材防水

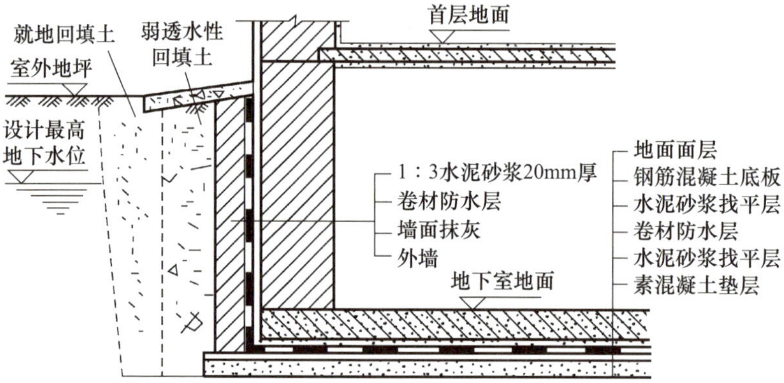

图 7–1–39 外包防水

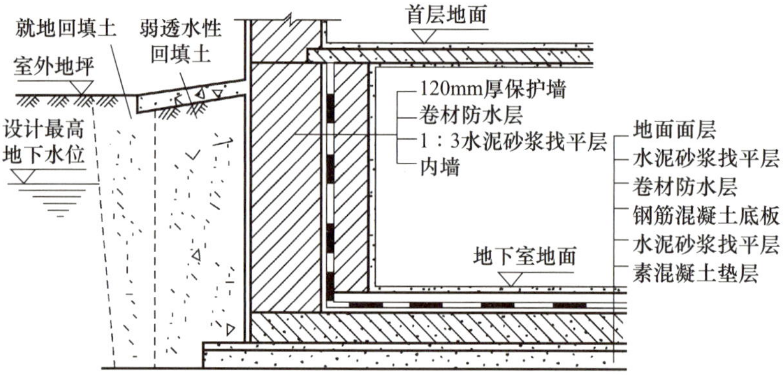

图 7–1–40 内包防水

（2）防水混凝土防水

防水混凝土有较好的抗渗性能，且承重、围护、防水功能三者合一。

采用防水混凝土防水时，应符合的规定为：结构厚度应不小于 250mm；裂缝宽度不得大于 0.2mm，且不得贯通；迎水面钢筋保护层厚度不应小于 50mm（图 7–1–41）。

（3）涂料防水

涂料防水是指在施工现场以刷涂、刮涂、滚涂等方法将无定型液态冷涂料在常温下涂敷于地下室结构表面的一种防水做法。常用涂料防水做法有外防外涂和外防内涂两种。

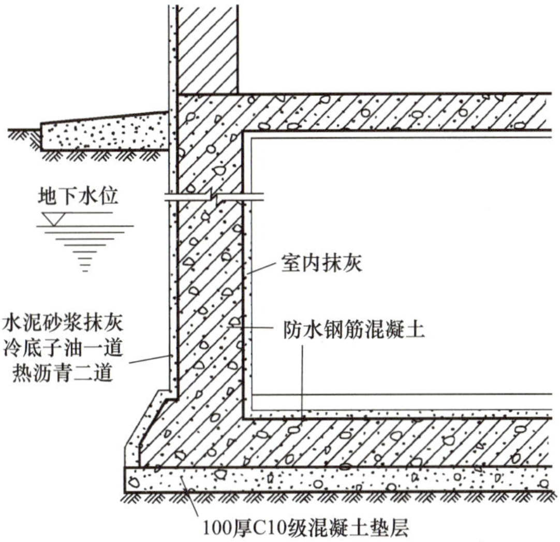

图 7-1-41　防水混凝土防水

知识测评

1. 填空题

（1）地下室的防潮主要是在地下室外墙外侧设置________。

（2）地下室所有墙体设两道水平的防潮层，一道在地下室________附近，另一道设在________以上 150~200mm 的位置。

（3）地下室防水等级分为________级。

（4）按防水卷材粘贴位置不同，卷材防水可分为________和________。

2. 简答题

（1）什么是卷材防水？

（2）什么是涂料防水？

子任务 7　墙体

思政导入

湖南 95 后小伙子邹彬在平凡的岗位上坚守工匠精神，练就了一手砌墙的好技艺。在第四十三届世界技能大赛中，邹彬为中国捧回砌筑项目的第一块奖牌。如今，邹彬不仅在工地上指导砌墙，还负责质量检查。“三百六十行，行行出状元。”邹彬说，技能学无止境，每份职业都很光荣，在平凡的岗位上坚守工匠精神，终将实现自我价值，拥有闪闪发光的机会。这节课，我们就从砌墙出发，来了解墙体在建筑中的作用。

内容引导

扫描下方二维码，观看子任务配套微课和教学动画。回答问题：

微课 7.1.7　墙体　　　　动画 15　墙体

1. 墙体按位置分类可分为哪几类?

2. 墙体按方向分类可分为哪几类?

3. 墙体按受力情况分类可分为哪几类?

知识精讲

1. 墙体的作用

（1）承重作用

即承受楼板、屋顶或梁传来的荷载及墙体自重、风荷载、地震荷载等。

（2）围护作用

即抵御自然界中风、雨、雪等的侵袭，防止太阳辐射、噪声的干扰，起到保温、隔热、隔声、防风、防水等作用。

（3）分隔作用

即把房屋内部划分为若干房间，以适应人的使用要求。

（4）装饰作用

墙面装饰是建筑装饰的重要部分，墙面装饰对整个建筑物的装饰效果作用很大。

2. 墙体的分类

墙体按墙所处位置分类可分为外墙和内墙，按方向分类可分为纵墙和横墙，按受力情况分类可分为承重墙和非承重墙（图 7-1-42）。

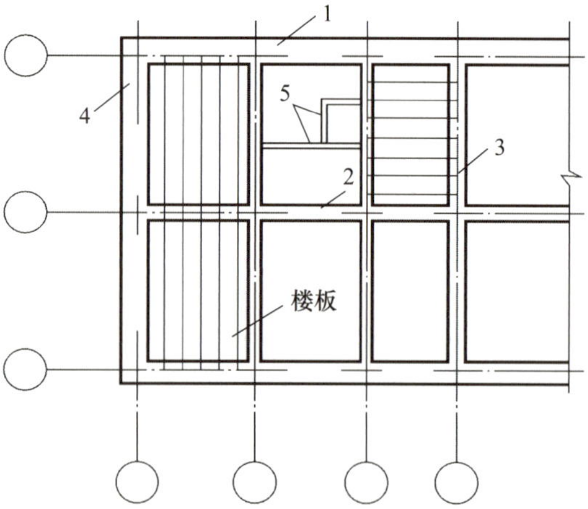

1—纵向承重外墙；2—纵向承重内墙；3—横向承重内墙；4—横向承重外墙；5—隔墙。

图 7-1-42　墙体的分类

3. 墙体的细部构造

为了保证砖墙的耐久性及墙体与其他构件的连接，应在相应位置进行细部构造处理。砖墙的细部构造主要包括墙身防潮、勒脚、散水、排水沟、过梁、圈梁、构造柱等。

（1）墙身防潮

防潮层的位置按以下方式设置。

①当室内地面垫层为透水材料时（如炉渣、碎石等），水平防潮层的位置应平齐或高于室内地坪标高 60mm，见图 7–1–43（a）。

②当室内墙两侧地面出现高差时，应在墙身内设高低两道水平防潮层，并在靠土壤一侧设垂直防潮层，见图 7–1–43（b）。

③当室内地面垫层为混凝土等密实材料时，水平防潮层的位置应设置在垫层范围内，一般设置在低于室内地坪标高 60mm 处，同时还应至少高于室外地坪标高 150mm，以防止雨水溅湿墙面，见图 7–1–43（c）。

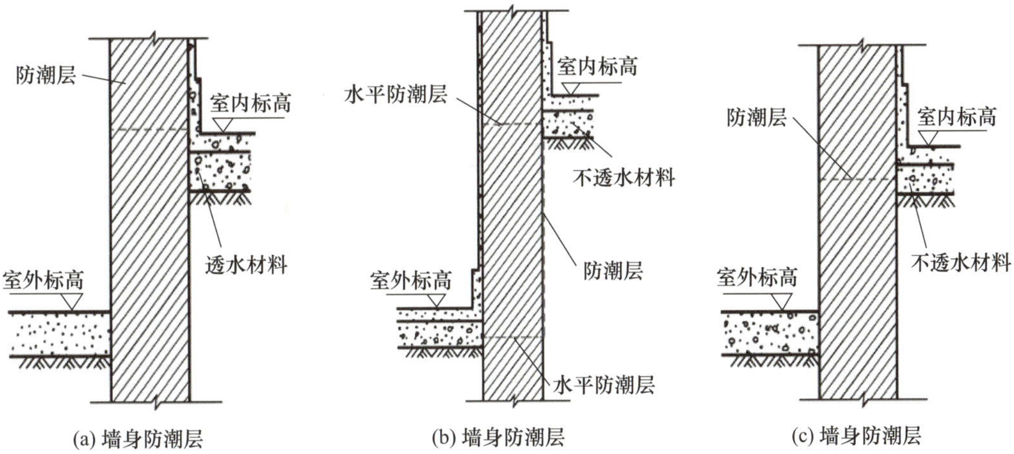

图 7–1–43　墙身防潮层

（2）勒脚

外墙与室外地坪接触的部分叫勒脚。其作用是保护墙身不受雨雪侵蚀和防止机械碰撞对墙身的破坏（图 7–1–44）。

（3）墙身周围排水处理包括散水、排水沟

①散水

散水是室外地面靠近勒脚下部所做排水坡。散水宽度一般为 600~1000mm，应比屋檐挑出宽度大 200mm，坡度为 3%~5%（图 7–1–45）。

②排水沟

排水沟是在外墙四周设置的排水设施，通常采用素混凝土、砖砌筑；沟宽一般不少于 180mm，深不少于 150mm；沟底应做纵坡，坡度为 0.5%。排水沟分为明沟或暗沟（图 7–1–46）。

图 7-1-44　勒脚

图 7-1-45　散水

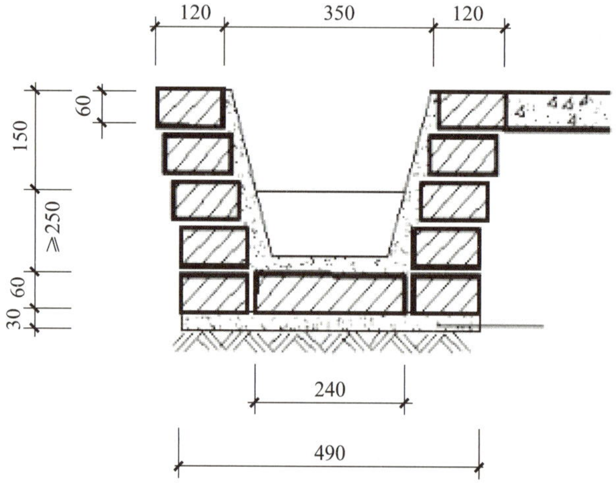

图 7-1-46　排水沟

明沟：明沟一般用素混凝土现浇，或用砖石铺砌成 180mm 宽、150mm 深的沟槽，然后用水泥砂浆抹面。沟底应有不小于 1% 的坡度，以保证排水通畅。明沟适用于降雨量较大的南方地区（图 7-1-47）。

（4）过梁

为了承受门窗洞口上部墙体的质量和楼盖传来的荷载，在门窗洞口上沿设置的梁称为过梁（图 7-1-48）。

图 7-1-47　明沟

图 7-1-48　过梁

（5）圈梁

圈梁是沿房屋外墙、内纵墙和部分横墙在墙内设置的连续封闭的梁。圈梁的作用是增加墙体的稳定性，加强房屋的刚度和抗震性能（图 7–1–49）。

（6）构造柱

构造柱是设在墙体内的钢筋混凝土现浇柱，主要作用是与圈梁共同形成空间骨架，以增加房屋的整体刚度，提高抗震能力（图 7–1–50）。

图 7–1–49　圈梁

图 7–1–50　构造柱

知识测评

1. 填空题

（1）散水是靠近勒脚下部的________。

（2）散水宽度一般为________________，并比屋檐挑出宽度大 150~200mm，坡度为________________。

（3）当室内墙两侧地面出现高差时，应在墙身内设高低________水平防潮层，并在靠土壤一侧设________。

（4）当室内地面垫层为透水材料时，水平防潮层的位置应平齐或高于室内地坪标高________。

2. 简答题

（1）什么是排水沟？

（2）当室内地面垫层为混凝土等密实材料时，墙身防潮层设置在什么位置？

子任务 8　墙面装饰

思政导入

砖雕影壁墙又名砖雕照壁墙，也叫萧墙，是古建筑中不可或缺的一部分。影壁墙上一般都会以吉祥的浮雕装饰，供人欣赏。其一般分两种形状，一字影壁和雁翅影壁，这是由其平面形状得名的。精美的雕饰起到美化的作用，砖雕大多作为建筑构件或大门、照壁、墙面的装饰，其紧密结合了建筑构件原则和各种构件的造型，巧妙布局，精心雕琢，赋予了建筑灵动的生命。如果说中国古建筑是凝固的音乐，那么砖雕墙则是这音乐中最美妙动人的旋律和乐章。一面砖雕墙，就是一片艺术的天地。

我国古人的智慧和古建筑的辉煌，同学们领略到了吗？古代用浮雕的形式对墙面进行装饰，那么现代我们用什么方式呢？今天我们就来学习墙面装饰。

内容引导

扫描下方二维码，观看子任务配套微课。回答问题：

微课 7.1.8　墙面装饰

1. 墙面装饰按其所处部位的不同，可分为________。
2. 墙面装饰按材料及施工方式的不同，可分为________。

知识精讲

1. 墙面装饰作用

墙面装饰是墙体构造中不可缺少的部分。其主要功能有保护墙体、增强墙体的坚固性、耐久性，延长墙体的使用年限；改善墙体的使用功能；提高墙体的保温、隔热和隔声能力；提高建筑的艺术效果，美化环境。

2. 墙面装饰类别及构造

按其所处的部位不同，墙体装饰可分为室外装饰和室内装饰。按材料及施工方式的不同，墙面装饰可分为抹灰类、涂料类、贴面类、裱糊类、铺钉类和幕墙类等。

（1）抹灰类

抹灰是以石灰、水泥等为胶结材料，掺入砂、石骨料，用水拌和后，采用抹、刷、磨、斩、粘等多种方法进行施工。按面层材料及做法不同，抹灰可分为一般抹灰和装饰抹灰。

①一般抹灰

外墙抹灰一般为 20~25mm，内墙抹灰一般为 15~20mm，顶棚一般为 12~15mm。一般抹灰在构造上和施工时须分层操作，一般分为底层、中层和面层，各层的作用和要求不同（图 7–1–51、图 7–1–52）。

底层抹灰：主要起与基层墙体黏结和初步找平的作用。

中层抹灰：进一步找平，以减少打底砂浆层干缩后可能出现的裂纹。

面层抹灰：主要起装饰作用，要求面层表面平整、无裂痕、颜色均匀。

②装饰抹灰

装饰抹灰是通过操作工艺及材料等方面的改进，使抹灰更富有装饰效果。装饰抹灰的面层材料在选材、工艺上与一般抹灰相比有较大的突破。装饰抹灰有水刷石、干粘石、斩假石、水泥拉毛等（图 7–1–53）。

图 7-1-51　底层抹灰

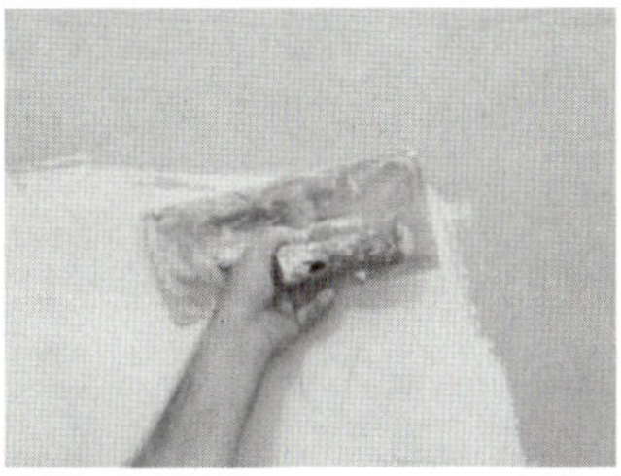
图 7-1-52　面层抹灰

图 7-1-53　装饰抹灰

（2）涂料类

涂料是将建筑涂料涂刷于墙基表面并与之很好地黏结，形成完整的膜层，以对墙体进行保护和装饰。按其主要成膜物的不同，涂料可分为无机涂料和有机涂料两大类。

常用的无机涂料有石灰浆、大白浆、可赛银浆、无机高分子涂料等。按主要成膜物质和稀释剂的不同，有机涂料可分为溶剂型涂料、水溶性涂料和乳液型涂料三种。

涂料的施工方法主要有喷涂、弹涂、滚涂、刷涂。

（3）贴面类

贴面类装饰指在内外墙面上粘贴各种陶瓷面砖、天然石材、人造石材等。

①陶瓷面砖

陶瓷面砖主要包括内墙砖和外墙砖两大类。

内墙砖是瓷砖的一种，它由三部分构成：坯体、底釉层、面釉层。内墙砖色彩变化丰富，易于清洗保养，主要用于厨房、卫生间的墙面装修（图 7-1-54）。

外墙砖可装饰整栋建筑物，同时因其具有耐酸碱、物理化学性能稳定、质地坚硬、抗冲击性好、抗老化、不褪色等特性，对墙体有重要的保护作用（图 7-1-55）。

图 7-1-54　内墙砖

图 7-1-55　外墙砖

②石材

石材可分为天然石材和人造石材（图 7-1-56）。

天然石材是从天然岩体中开采出来、经加工成块状或板状的材料的总称，具有强度高、耐久性好等特点，多作高级装饰用。常见天然石材饰面有花岗石、大理石和青石板等（图 7–1–57）。

人造石材是以各种水泥、聚酯为胶凝材料，天然石、砂、岩等为骨料，经加工而成的。常见人造石材有预制水磨石板、人造大理石板等（图 7–1–57）。

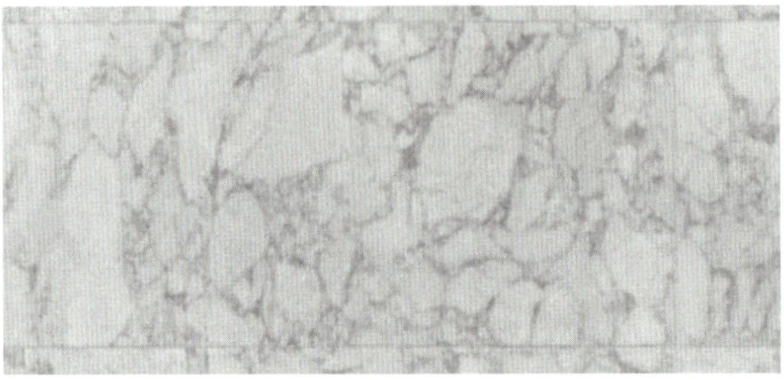

图 7–1–56　石材

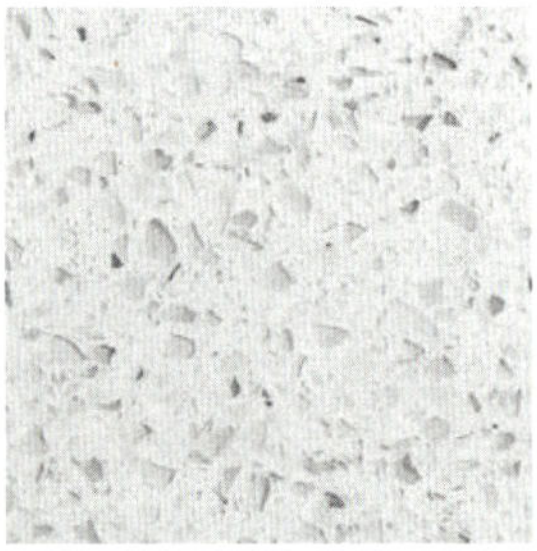

图 7–1–57　人造石材

（4）裱糊类

裱糊类墙面装饰是将各种装饰性的墙纸、墙布、织锦等材料裱糊在内墙面上的一种装修饰面。按面层装饰效果不同，墙纸可分为印花墙纸、压花墙纸、浮雕墙纸等；按功能不同，墙纸可分为装饰性墙纸、防水墙纸、耐火墙纸等；按材料不同，墙纸可分为塑料墙纸、纺织物墙纸、天然材料面墙纸、金属面墙纸、纸面纸基墙纸等（图 7–1–58）。

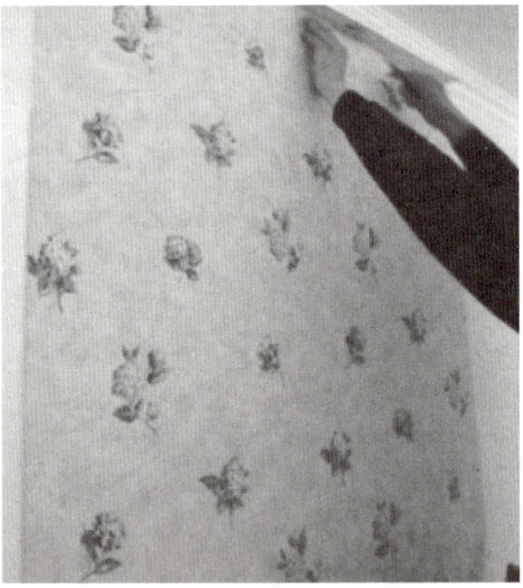

图 7–1–58　裱糊类墙面装饰

（5）铺钉类

铺钉类装饰主要用木板、木条、竹条、胶合板、纤维板、石膏板、石棉水泥板、玻璃和彩色不锈钢金属薄板等作为墙体饰面材料。

铺钉类装饰面的装饰效果丰富，可通过各种不同材质的罩面板达到所需的装饰效果

（图 7-1-59）。

（6）清水墙

清水墙是指砖墙外墙面砌成后，只需要勾缝，即成为成品，不需要外墙面装饰。清水墙砌砖质量要求高，灰浆饱满，砖缝规范美观。相对混水墙而言，清水墙的外观质量要高很多，而强度要求是一样的（图 7-1-60）。

图 7-1-59　铺钉类墙面装饰

图 7-1-60　清水墙

知识测评

1. 填空题

（1）抹灰类墙面装饰中，按面层材料及做法不同，抹灰可分为________和________。

（2）装饰抹灰是通过操作工艺及材料等方面的改进，使抹灰更富有________。

（3）涂料类墙面装饰中，按主要成膜物的不同，涂料可分为________和________两大类。

（4）按主要成膜物质和稀释剂的不同，有机涂料可分为__________、__________和________三种。

2. 简答题

（1）什么是裱糊类墙面装饰？

（2）什么是贴面类墙面装饰？

（3）什么是清水墙？

子任务 9　幕墙构造

思政导入

北京 2022 年冬奥会的媒体中心，其外幕墙采用特有的“群鸟”造型意象，恰似一群轻盈的飞鸟，搭配建筑主体“鲲鹏展翅”的造型，“如鸟斯革，如翚斯飞”，彰显建筑与自然和谐，体现了天人合一的设计理念，彰显了将我国传统文化融入现代建筑的智慧与魅力，体现了我们的文化自信。文化自信是一个国家、一个民族发展中最基本、最深沉、最持久的力量，通过玻璃幕墙传递优秀的文化内涵和美好的寓意，既是对优秀中华文化的传承，也是坚定文化自信的体现。在我们的日常生活中，经常见到造型各异的各种幕墙，本节课我们就一起来学习幕墙的构造。

内容引导

扫描下方二维码，观看子任务配套微课。回答问题：

微课 7.1.9　幕墙构造

1. 什么是玻璃幕墙？
2. 玻璃幕墙所用材料包括哪三种？
3. 什么是隐蔽骨架玻璃幕墙？

知识精讲

玻璃幕墙是由支承结构体系与玻璃组成的建筑外围护结构或装饰结构。它相对主体结构有一定的位移能力，不分担主体结构所受作用，其自重及受到的风荷载可通过连接件传到建筑物的结构上（图 7-1-61）。

图 7-1-61　玻璃幕墙

1. 玻璃幕墙所用材料

玻璃幕墙所用材料包括幕墙玻璃、骨架材料和填缝材料三种。

幕墙玻璃：主要有热反射玻璃（镜面玻璃）、吸热玻璃（染色玻璃）、双层中空玻璃及夹层玻璃、夹丝玻璃、钢化玻璃等品种（图 7-1-62）。

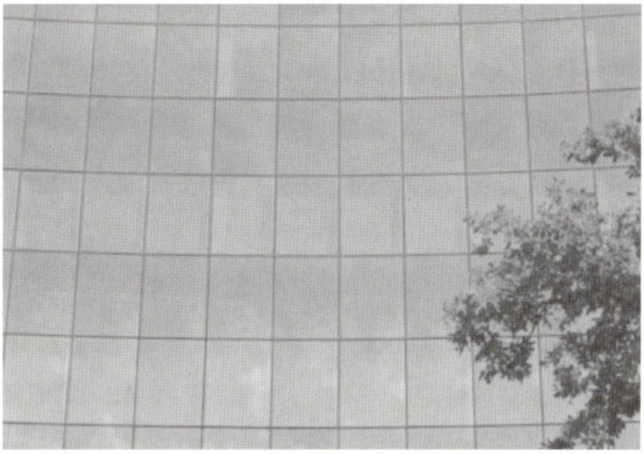

图 7–1–62 幕墙玻璃

骨架材料：主要由构成骨架的各种型材以及连接与固定用的各种连接件、紧固件组成（图 7–1–63）。

填缝材料：一般由填充材料、密封材料与防水材料组成（图 7–1–64）。

图 7–1–63 骨架材料

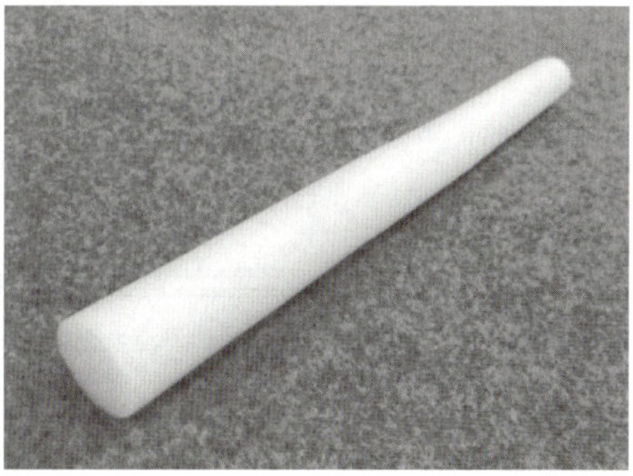

图 7–1–64 填缝材料

2. 玻璃幕墙分类

玻璃幕墙可分为框架支撑幕墙、全玻璃幕墙、点式玻璃幕墙和单元式幕墙等。

（1）框架支撑幕墙

根据骨架是否外露，框架支撑幕墙可分为外露骨架玻璃幕墙和隐蔽骨架玻璃幕墙。

①外露骨架玻璃幕墙

外露骨架幕墙的玻璃板镶嵌在铝框内，成为四边有铝框的幕墙构件，而幕墙构件又镶嵌在横框及立柱上，最终形成的幕墙框、立柱均外露，铝框分格明显（图 7–1–65）。

②隐蔽骨架玻璃幕墙

隐蔽骨架玻璃幕墙是指玻璃用结构硅酮胶直接黏固在骨架上，外面不露骨架的幕墙，这种幕墙玻璃安装简单，外观简洁大方（图 7–1–66）。

图 7–1–65　外露骨架玻璃幕墙

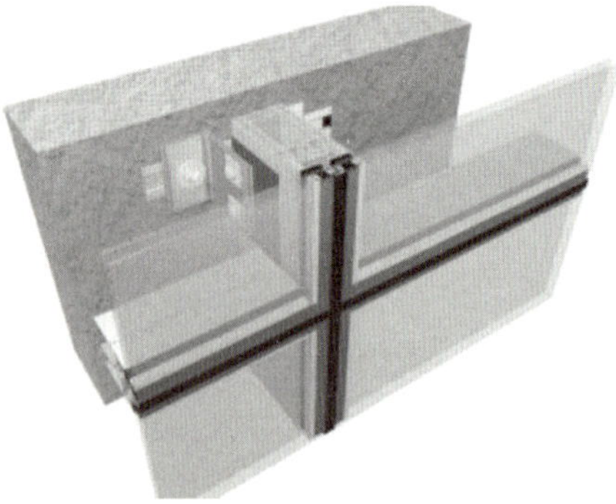

图 7–1–66　隐蔽骨架玻璃幕墙

隐蔽骨架玻璃幕墙构造节点包括立梃、横梁、角码、不锈钢螺钉、10mm 厚白色钢化玻璃、聚乙烯发泡填充料、耐候胶、结构胶、双面不干胶带（图 7–1–67）。

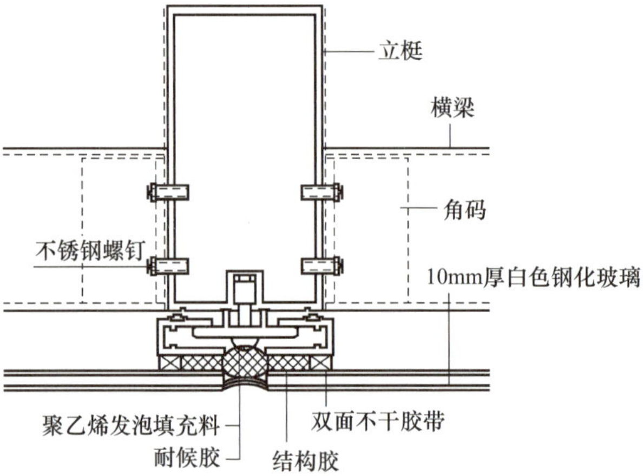

图 7–1–67　隐蔽骨架玻璃幕墙的构造

（2）全玻璃幕墙

全玻璃幕墙由面玻璃和肋玻璃组成，面玻璃与肋玻璃相交部位应留出一定的间隙，用以注满硅酮系列密封胶（图 7–1–68）。

图 7–1–68　全玻璃幕墙

（3）点式玻璃幕墙

点式玻璃幕墙的全称为金属支承结构点式玻璃幕墙，其骨架主要由无缝钢管、不锈钢拉杆（或再加拉索）和不锈钢爪件组成，它的面玻璃在角位打孔后，用金属接驳件连接到支承结构上（图 7-1-69）。

（4）单元式幕墙

单元式幕墙是将铝合金骨架、玻璃、垫块、保温材料、减震和防水材料、装饰面料等构件事先在工厂组合成带有附加铁件的幕墙单元，在现场直接与建筑结构相连接的玻璃幕墙（7-1-70）。

图 7-1-69　点式玻璃幕墙

图 7-1-70　单元式玻璃幕墙

知识测评

1. 填空题

（1）玻璃幕墙可分为________、________、________和________等。

（2）根据骨架是否外露，框架支撑幕墙可分为________和________。

（3）填缝材料：一般由________、________与________组成。

2. 简答题

（1）什么是单元式幕墙？

（2）什么是隐蔽骨架玻璃幕墙？

子任务 10　钢筋混凝土梁和柱

思政导入

古语“中流砥柱”意为像立于黄河之中的砥柱山一样，比喻能担当重任，在艰难环境中起支柱作用的集体或个人。在新冠疫情防控工作中，广大医务工作者，发扬特别能吃苦、特别能战斗的精神，始终把人民群众生命安全和身体健康放在首位，全力以赴救治患者，打好疫情保卫战，成为抗疫工作中的“中流砥柱”。正如中国著名文学家鲁迅先生所说，中国自古以来就有埋头苦干的人，有拼命硬干的人，有为民请命的人，有舍身求法的人，这就是中国的脊梁。

在建筑中，柱和梁是工程建筑中必要而常用的构造，它们对建筑的支撑作用，就如同那些起中流砥柱的人对国家与社会发展的作用。接下来，我们一起学习建筑中的梁和柱！

内容引导

扫描下方二维码，观看子任务配套微课。回答问题：

微课 7.1.10　钢筋混凝土梁和柱

1. 梁的截面形式有哪些？
2. 什么是混凝土保护层厚度？
3. 什么是转换柱？

知识精讲

1. 梁

梁的截面形式主要有矩形、T 形、L 形、I 形、十字形等。其中矩形构造由于结构简单、施工方便而被广泛应用，T 形截面虽然结构复杂，但受力较合理，因而应用也较多。（扫描右方二维码，见附件动画）

动画 16　钢筋混凝土梁

截面高度 h 一般可取 250mm、300mm、800mm、900mm、1000mm 等，$h \leqslant$ 800mm 时取 50mm 的倍数，h 大于 800mm 时取 100mm 的倍数。

梁中通常配置纵向受力钢筋、弯起钢筋、箍筋、架立钢筋等，构成钢筋骨架，有时还配置纵向构造钢筋及相应的拉筋等。

混凝土保护层厚度：钢筋外边缘至混凝土表面的距离称为混凝土保护层厚度。其主要作用，一是保护钢筋不致锈蚀，保证结构的耐久性；二是保证钢筋与混凝土间的黏结；三是在火灾等情况下，避免钢筋过早软化。

2. 柱

柱是组成建筑空间的主要竖向构件。其下部直接与基础连接，并与梁组成建筑物支撑构架，是建筑物的重要组成部分。（扫描右方二维码，见附件动画）

动画 17　钢筋混凝土柱

柱的分类：柱按外形分类可分为圆柱、方柱；按材料及构造方式分类可分为砖柱、钢筋混凝土柱、木柱、钢柱等；按受力情况分类可分为框架柱、独立柱、构造柱等。

框架柱在框架结构中主要承受竖向压力，将来自框架的荷载向下传递，是框架结构中承力最大的构件。框架柱承受的荷载主要有自身荷载、上部构件荷载、活荷载、流动荷载、外力荷载等（图 7–1–71）。

独立柱是指不依附墙体或其他构件而独立承重受压的柱子（图 7–1–72）。

构造柱是指夹在墙体中沿高度设置的钢筋混凝土小柱。砌体结构设置构造柱后，可增强房屋的整体性和稳定性，提高墙体抵抗变形的能力。

图 7–1–71　框架柱

图 7–1–72　独立柱

构造柱与墙连接处应砌成马牙槎，并应沿墙高每隔 500mm 设 2Φ6 拉结钢筋，每边伸入墙内不宜小于 1000mm（图 7–1–73）。

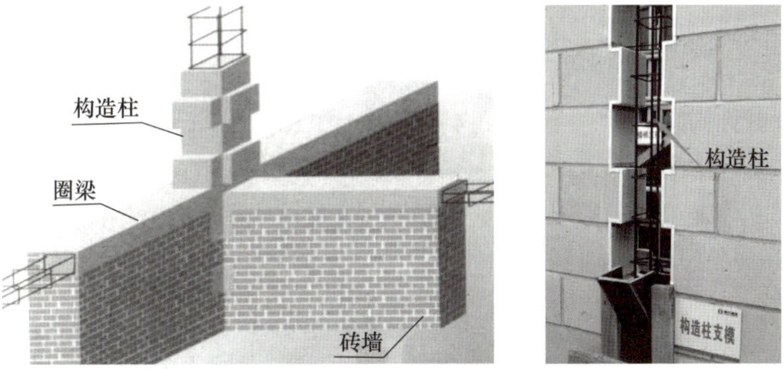

图 7–1–73　构造柱

知识测评

1. 填空题

（1）柱子按材料及构造方式分类可分为________柱、________柱、________柱。

（2）构造柱与墙连接处应________。

2. 简答题

（1）混凝土保护层厚度的作用是什么？

（2）构造柱与墙连接处构造上怎么处理？

子任务 11　楼地面

思政导入

中华传统美德之中，有一种可贵的思想，叫“循序渐进”。这一思想发端于《老子》，书中说：“合抱之木，生于毫末；九层之台，起于累土；千里之行，始于足下……慎终如始，则无败事。”对于当代青年人来说，更需要脚踏实地，一步一个脚印地攀登。建筑工程中对于楼地面建造亦是如此，需要循序渐进、逐步深入，最终完成楼地面的建设。

内容引导

扫描下方二维码，观看子任务配套微课和教学动画。回答问题：

微课 7.1.11　楼地面概述　　动画 18　楼地面

1. 楼板层的作用是什么？
2. 地坪层的作用是什么？

知识精讲

楼地面是楼层地面和首层地面的统称。它是建筑物中兼有承重和分隔空间作用的重要构件之一（图 7-1-74）。

楼层地面也称楼板层，它是建筑物中分隔上下楼层的水平构件，它不仅承受自重和其上的使用荷载，并将其传递给墙或柱，而且对墙体也起着水平支撑的作用。

首层地面也称地坪层，它是建筑物中与土壤直接接触的水平构件，它承受作用在其上的各种荷载，并将其传给地基。

图 7-1-74　楼地面

1. 楼板层的组成

楼板层通常由面层、结构层和顶棚三个基本部分组成，依据具体情况，楼地层上还可设找平层、结合层、防潮层、保温层和管道铺设层等附加层（图 7-1-75）。

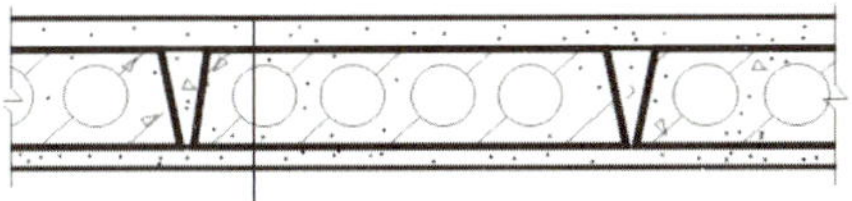

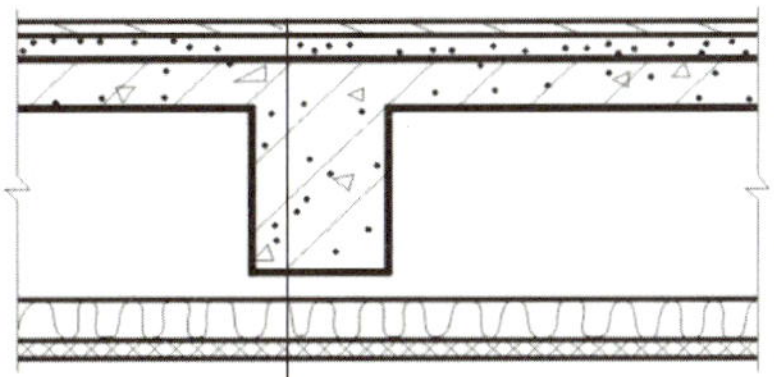

图 7-1-75　楼板层的组成

面层：又称为楼面或地面。它是楼地层上表面的铺筑层，也是室内空间下部的装修层，它起着保护结构层和装饰室内的作用。

结构层：是楼板层的承重部分，又称为楼板。结构层承受整个楼板层的全部荷载，并对楼板层的隔声、防火等起主要作用。

顶棚层：是楼板层下表面的构造层，也是室内空间上部的装修层。顶棚层的主要功能是保护楼板、装饰室内以及保证室内的使用条件（图 7-1-76）。

附加层：又称为功能层，主要用于满足隔声、防水、隔热、保温等作用（图 7-1-77）。

图 7-1-76　顶棚层

图 7-1-77　附加层

2. 地坪层的组成

地坪层由面层、附加层、垫层和素土夯实层四个基本部分组成（图 7-1-78）。

面层：人们进行各种活动与其接触的表面层，也称地面，它直接承受摩擦、洗刷等各种物理与化学作用，起保护结构层和美化室内的作用。

附加层：为满足某些特殊功能设置的构造层次，如防潮层、防水层、管线敷设层。

垫层：是位于面层之下、用来承受并传递地面荷载的部分。垫层又可分为刚性垫层和柔性垫层，其厚度应根据使用要求、荷载、土壤的耐压力等因素确定（图 7-1-79）。

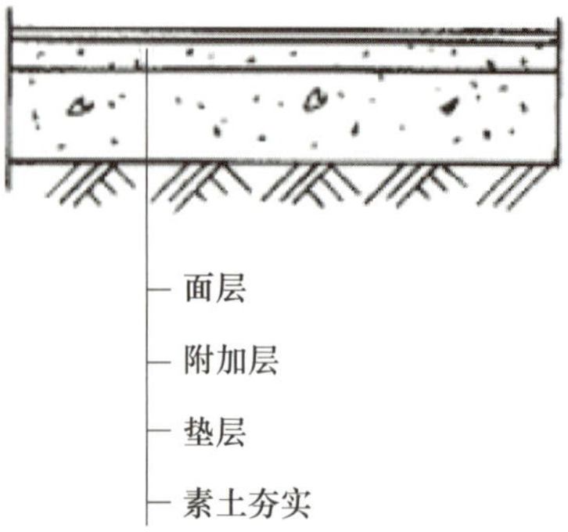

图 7–1–78　地坪层的组成

《建筑地面设计规范》(GB 50037—2013)规定的关于地层垫层厚度的参考值：砂、碎石、卵石垫层，最小厚度为 60mm；砂石、碎砖三合土、3∶7 灰土垫层，最小厚度为 100mm；C15 混凝土垫层，最小厚度为 60mm。

素土夯实层：是地坪的基层，材料为不含杂质的砂石黏土，通常填 300mm 的素土夯实成 200mm 厚，使之能均匀传力（图 7–1–80）。

图 7–1–79　垫层

图 7–1–80　素土夯实层

3. 楼地层的设计要求

（1）强度和刚度要求

强度要求是指楼板在自重和使用荷载作用下安全可靠，不发生任何破坏。刚度要求是指楼板在一定的荷载作用下不发生过大的变形，保证正常使用。

（2）隔声要求

建筑物的楼板应满足楼板空气隔声标准及楼板撞击声隔声标准相关规范。

（3）热工要求

一般楼地层应有一定的蓄热性，面层应选用满足人的舒适度、利于健康要求的材料，可参照本表。

（4）防火要求

楼地层应根据建筑物的等级，确定耐火极限和燃烧性能指标，以满足防火的要求。

（5）防水、防潮要求

对于厨房、厕所、卫生间等一些地面潮湿、易积水的房间，应处理好楼地层的防水、防潮问题。

（6）经济要求

一般楼地层约占建筑物总造价的 20%~30%，选用楼板时应考虑就地取材和提高装配化的程度。

知识测评

1. 填空题

（1）楼地层是建筑物中兼有承重和________作用的重要构件之一。

（2）楼板层通常由________、________和________三个基本部分组成。

（3）地坪层由________、________和________三个基本部分组成。

（4）面层起着________和装饰室内的作用。

2. 简答题

（1）结构层的作用是什么？

（2）顶棚层的主要功能是什么？

子任务 12　楼地面细部构造

思政导入

2008 年 5 月 12 日下午，四川省绵竹市某中学高二（1）班，谭千秋老师正在上课。突然，教室摇晃，桌椅抖动。谭老师马上意识到地震来了，他立即疏散学生，逃离教室。但因时间匆促，最后仍有四名学生被困在教室。眼看房顶就要倒塌，谭老师拼命地把四名学生拉到桌底。他张开双臂，弓着脊背，死死地撑住桌子，护住学生……巨大的楼板砸向谭老师，他永恒的生命定格在了 51 岁……他那张开双臂的姿势，也成了人们心中永不倒塌的丰碑！

震后调查显示，汶川地震中 90% 以上的人员伤亡是由于建筑物倒塌造成的。大量倒塌的房屋是预制楼板、砖混结构的建筑。本节课我们一起学习楼地面细部构造的相关知识，用建筑人的担当守护国家与人民。

内容引导

扫描下方二维码，观看子任务配套微课。回答问题：

微课 7.1.12　楼地面细部构造

1. 楼地层通常如何排水?
2. 楼层隔声常用的方法有哪些?
3. 踢脚的作用是什么?

知识精讲

1. 楼地层排水与防水

(1)楼地层排水

楼地层排水的通常做法是将面层按需要设置1%~1.5%的坡度，并配置地漏。为防止用水房间积水外溢，用水房间地面应比相邻房间或走道等地面低20~30mm，也可用门槛挡水(图7-1-81)。

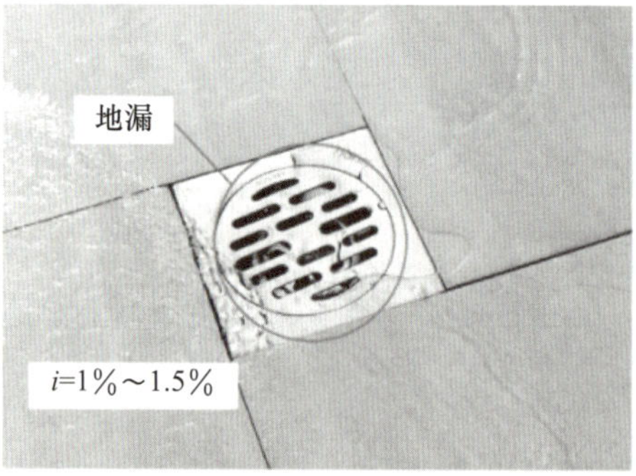

图7-1-81 楼地层排水

(2)楼地层防水

当房间有较高的防水要求时，还需在楼板层上设置一道防水层，再做地面面层。为防止积水沿房间四周侵入墙身，应将防水层沿墙角向上翻起成泛水，高度一般高出楼地面150~200mm(图7-1-82)。

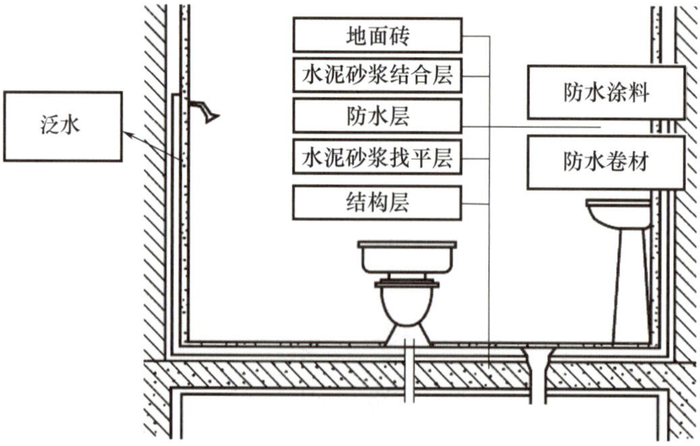

图7-1-82 楼地层防水构造

管道穿过楼板的防水构造如下：

常温普通管道：将管道穿过的楼板孔洞用 C20 干硬性细石混凝土捣实，再用二布二油橡胶改性沥青防水涂料做密封，也可在管道上焊接钢板止水片（图 7–1–83）。

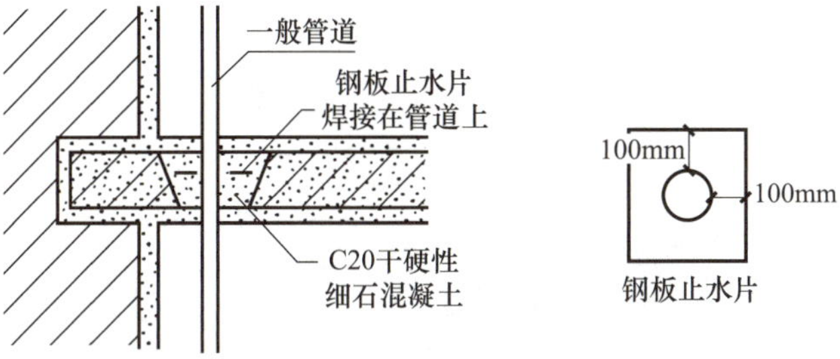

图 7–1–83　常温普通管道穿过楼板

热力管道：当热力管道穿过楼板时，需增设防止温度变化引起混凝土开裂的热力套管，保证热力管自由伸缩，套管应高出楼地面面层 30mm（图 7–1–84）。

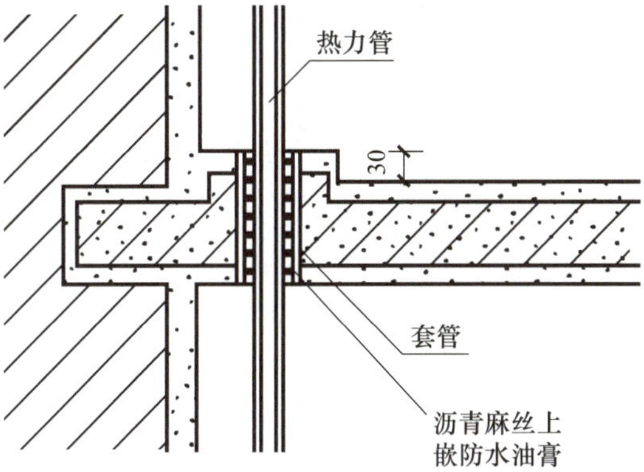

图 7–1–84　热力管道穿过楼板

2. 楼层隔声

楼层隔声的重点是隔绝固体传声，减弱固体的撞击能量，常用的方法有采用弹性楼层、弹性垫层。弹性楼层是在楼板中间加入 20mm 厚的隔声玻璃棉板，弹性垫层是以楼层表面铺设地毯等弹性材料，这种方法对降低高频撞击声的效果最佳。

3. 踢脚和墙裙

踢脚是地面与内墙面交接处的构造处理。主要作用是遮盖墙面与地面的接缝，以保护墙面。常用的踢脚材料有水泥砂浆、水磨石、石材、釉面砖、木板等，踢脚材料应尽量与墙面材料一致。踢脚厚度一般大于墙面厚，且应凸出墙面 20mm 以内；高度一般为 100~150mm。

墙裙是指在墙体的内墙面所做的保护处理。常用的墙裙材料有木胶合板、石材、釉面砖、水泥砂浆等。墙裙高度一般为 900~2000mm。

见图 7–1–85。

图 7-1-85 踢脚和墙裙

4. 楼地面变形缝

楼地面变形缝装置应与钢筋混凝土主体结构采用膨胀螺栓固定，且尽量与内墙面的变形缝装置为同一型号产品，以保证连接可靠和整齐美观。楼地面变形缝装置主要解决变形缝的盖缝处理，盖缝材料以成品金属盖板和弹性橡胶条为主。顶棚的下表面也需采用盖缝处理，处理办法应与地面、内墙面的盖缝一致。

楼地面变形缝盖缝还有双列嵌平、加设抗震弹簧的构造装置，这种装置具有更佳的抗震性能。见图 7-1-86、图 7-1-87。

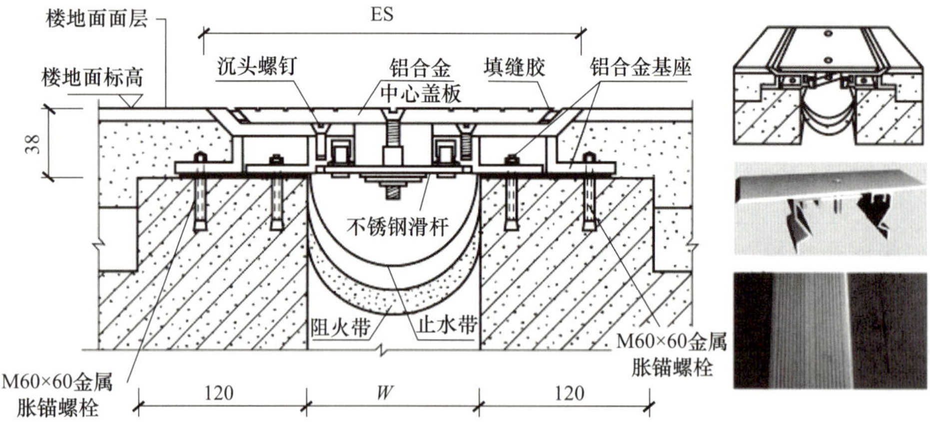

图 7-1-86 楼地面变形缝 a

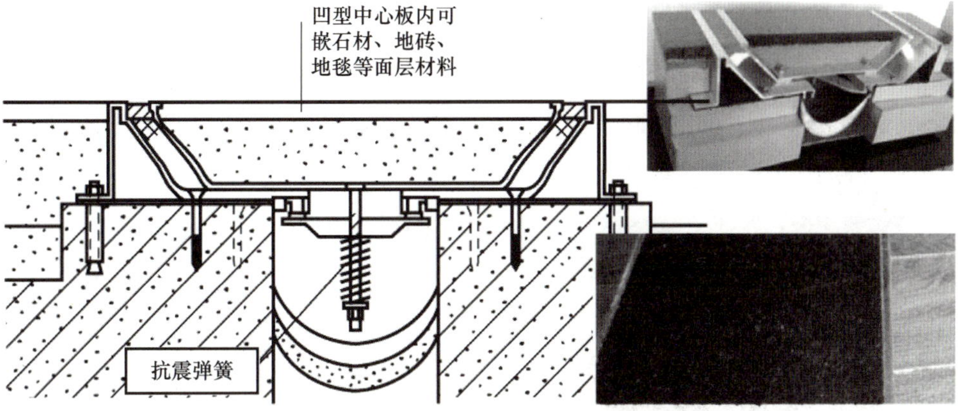

图 7-1-87　楼地面变形缝 b

知识测评

1. 填空题

（1）踢脚材料应尽量与________一致。

（2）墙裙高度一般为________。

（3）楼地面变形缝装置应与钢筋混凝土主体结构采用________固定。

（4）楼地面变形缝装置主要解决变形缝的________。

（5）当房间有较高的防水要求时，还需在楼板层上设置一道________，再做地面面层。

2. 简答题

什么是墙裙？

子任务 13　钢筋混凝土楼板

思政导入

叠合板是由预制板和现浇板组成，预制部分在施工时作为模板，完工后与现浇部分形成一个整体，是预制综合结构体系的一部分。叠合板具有结构整体性好、抗震性能好的优点。易于实现建筑构件工业化、设计标准化、安装机械化、制造工业化，构件制作不受季节及气候限制，可提高构件质量，且施工速度快，能节省大量模板和支撑，是装配式建筑的重要构件，可大大降低噪音和粉尘污染。本节课，我们就一起来学习钢筋混凝土楼板。

内容引导

扫描下方二维码，观看子任务配套微课。回答问题：

1. 按施工方法可将钢筋混凝土楼板分为哪些类型？

2. 什么是装配式钢筋混凝土楼板？

3. 什么情况下适合选用现浇式钢筋混凝土楼板？

微课 7.1.13　钢筋混凝土楼板

知识精讲

钢筋混凝土楼板因其承载能力大、刚度好，且具有良好的耐久、防火和可塑性，目前被广泛采用。按施工方法不同，钢筋混凝土楼板可分为现浇式、预制装配式和装配整体式三种（图 7–1–88~ 图 7–1–90）。

图 7–1–88　现浇式钢筋混凝土楼板

图 7–1–89　预制装配式钢筋混凝土楼板

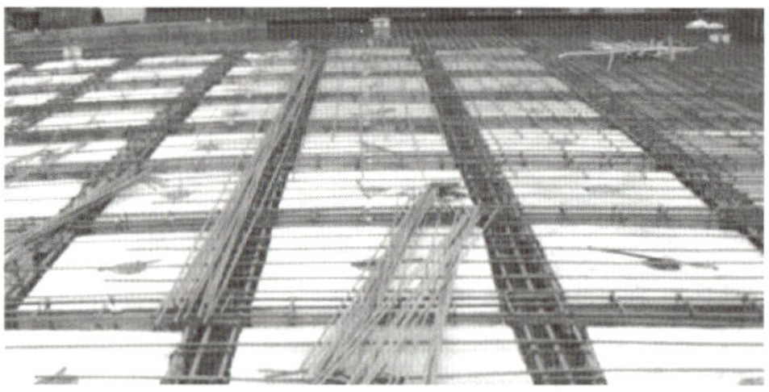

图 7–1–90　装配整体式钢筋混凝土楼板

1. 现浇式钢筋混凝土楼板

现浇式钢筋混凝土楼板是采用现场支模、现场浇筑混凝土、现场养护而成的楼板。它的整体性好，特别适用于有抗震要求的多层房屋和对整体性要求较高的其他建筑。

现浇式钢筋混凝土楼板可分为板式楼板、无梁楼板、梁板式楼板等。

（1）板式楼板

板式楼板的板内不设梁，板直接搁置在四周墙上（图 7–1–91）。

板式楼板底面平整、美观、施工方便，适用于小跨度房间，如走廊、厕所和厨房等。板式楼板的跨度一般为 2~3m，板厚通常为跨度的 1/40~1/30，且厚度应大于 60mm。

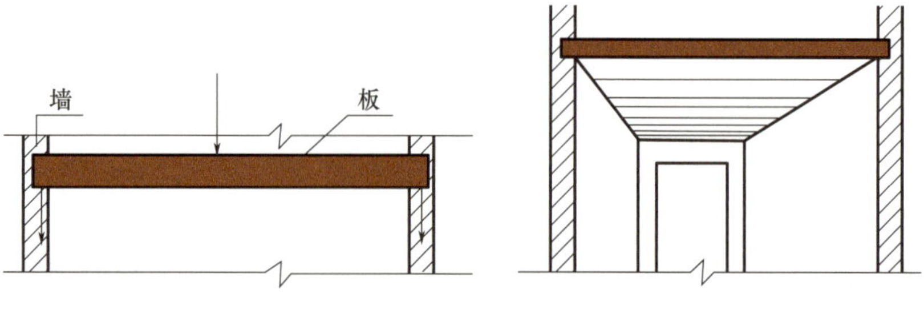

图 7–1–91　板式楼板

板式楼板依据其受力特点和支承情况分为单向板和双向板（图 7-1-92）。

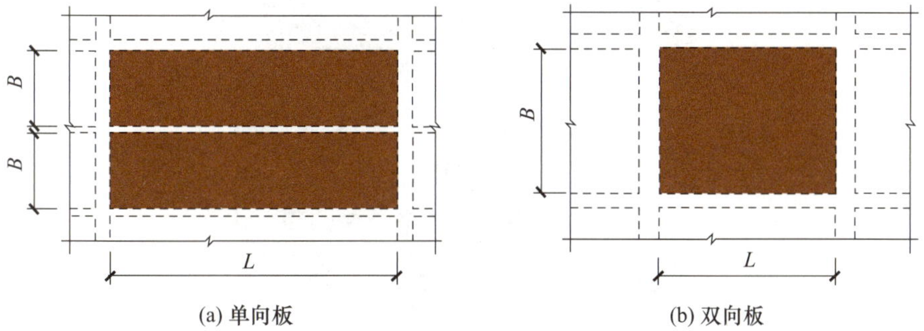

图 7-1-92　单向板和双向板

（2）无梁楼板

框架结构中，将板直接支承在柱上且不设梁的楼板。无梁楼板楼层净空较大，顶棚平整，采光通风和卫生条件较好。为了增大柱的支承面积和减少板的跨度，无梁楼板常在柱顶增设柱帽和托板，其经济跨度为 6.0m 左右，板厚一般在 120mm 以上（图 7-1-93、图 7-1-94）。

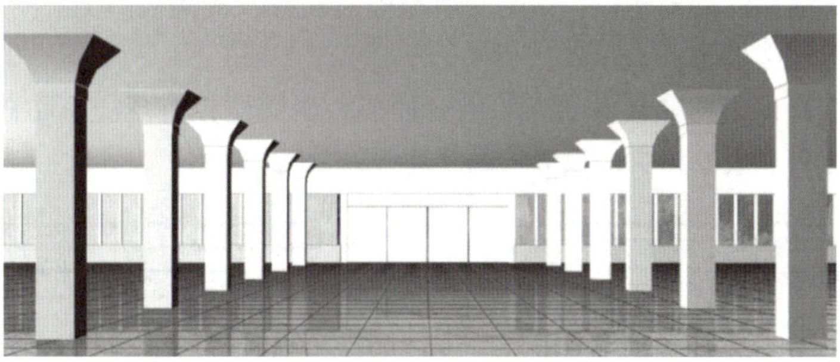

图 7-1-93　无梁楼板

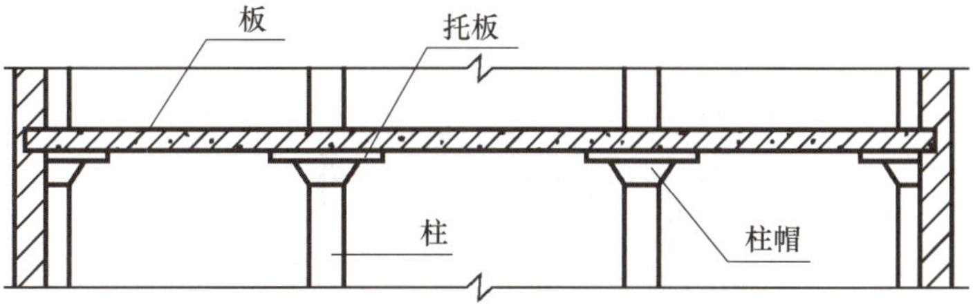

图 7-1-94　无梁楼板构造

（3）梁板式楼板

梁板式楼板由板和支承板的梁构成（图 7-1-95）。主梁搁置在墙体或承重柱上，次梁与主梁一般垂直相交，次梁搁置在主梁上，板搁置在次梁上。梁板式楼板的荷载传递路径为：板→次梁→主梁→墙或柱。

图 7–1–95　梁板式楼板

2. 预制装配式钢筋混凝土楼板

预制装配式钢筋混凝土楼板是指将楼板在预制加工厂或施工现场外预先制作，然后运到工地现场进行安装的楼板。这种楼板可节省模板、提高施工速度，有利于实现建筑的工业化，但整体性差，不宜用于抗震设防要求较高的建筑。

3. 装配整体式钢筋混凝土楼板

装配整体式钢筋混凝土楼板包括密肋填充楼板和叠合式楼板两类。

（1）密肋填充楼板

密肋填充楼板由密肋楼板和填充块组合而成。密肋楼板有现浇密肋楼板、预制小梁现浇楼板、带骨架芯板填充块楼板等（图 7–1–96~ 图 7–1–98）。

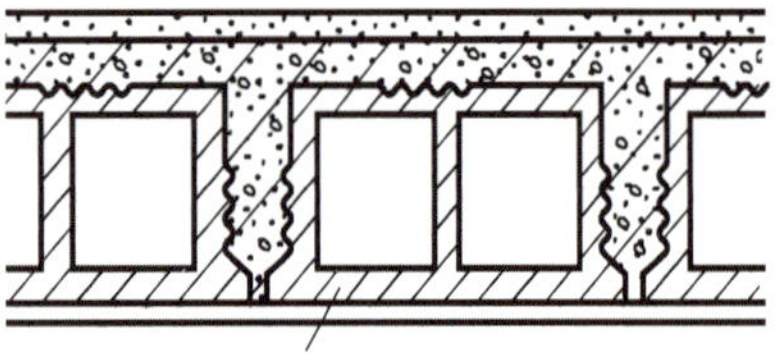

图 7–1–96　现浇密肋楼板

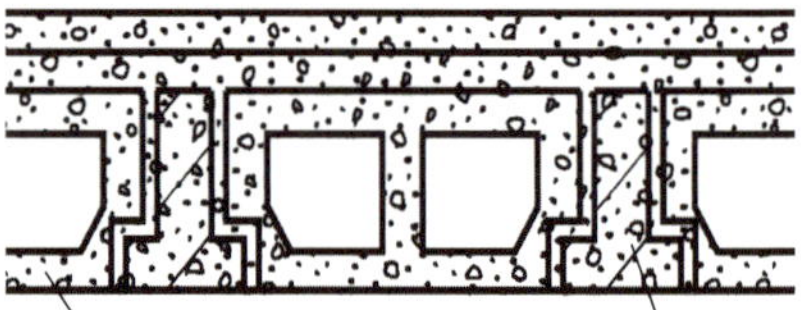

图 7–1–97　预制小梁现浇楼板

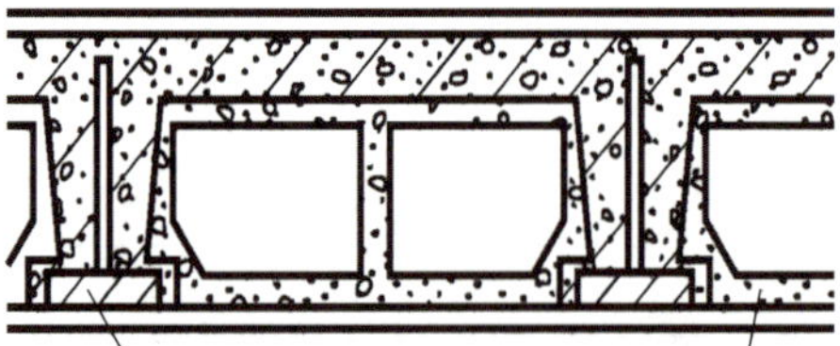

图 7–1–98　带骨架芯板填充块楼板

密肋楼板的肋（梁）间距与高度尺寸要同填充物尺寸相配合，通常的间距为 700~1000mm，肋宽为 60~150mm，肋高为 200~300mm；板的厚度不小于 50mm，板的使用跨度为 4mm~10m。密肋填充楼板板底平整，保温、隔热、隔音效果好，肋的截面尺寸不大，楼板结构占据的空间较少，是一种较好的结构形式。

（2）叠合式楼板

叠合式楼板是预制薄板与现浇钢筋混凝土层叠合而成的装配整体式楼板。这种楼板以预制混凝土薄板为永久模板承受施工荷载，板面现浇混凝土叠合层，并配以少量的支座负弯矩钢筋，所有楼板层的管线均事先埋在叠合层内（图 7-1-99）。

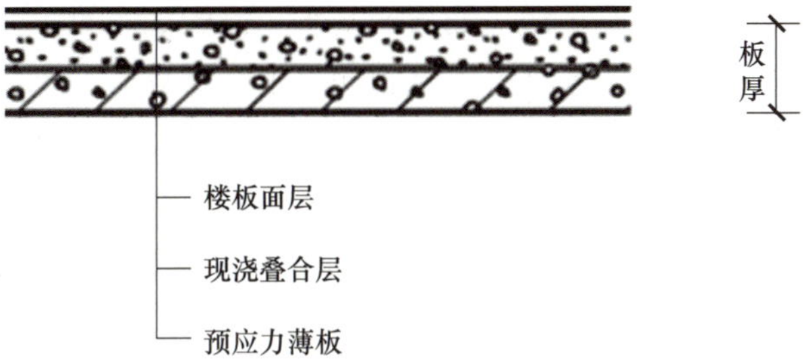

图 7-1-99　叠合式楼板

叠合式楼板的跨度一般为 4~6m，最大可达 9m，通常在 5.4m 以内较为经济。预应力薄板厚 60~70mm，宽 1.1~1.8m。

为了保证预制薄板与叠合层有较好的连接，薄板上表面需做处理。常见的处理方法有两种：一种是在上表面刻槽，槽直径 50mm、深 20mm、间距 150mm；另一种是在薄板表面露出较规则的三角形结合钢筋（图 7-1-100）。

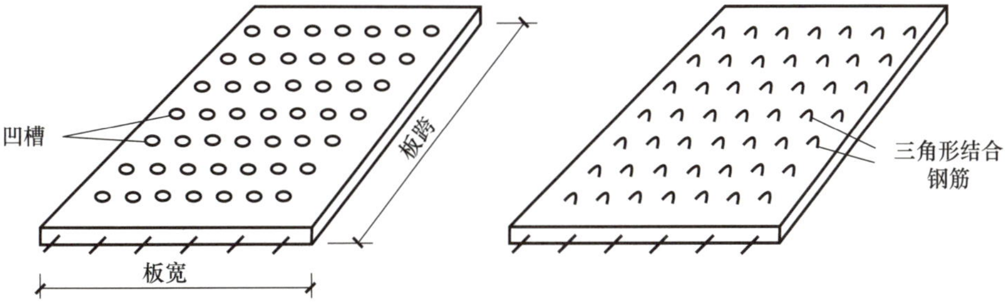

(a) 刻槽　　(b) 三角形钢筋

图 7-1-100　刻槽与三角形钢筋

知识测评

1. 填空题

（1）现浇式钢筋混凝土楼板可分为________、________、________等。

（2）板式楼板依据其受力特点和支承情况分为________和________。

（3）装配整体式楼板包括________和________两类。

2. 简答题

（1）梁板式楼板的荷载传递路径是什么？

（2）叠合式楼板中为了保证预制薄板与叠合层有较好的连接，薄板上表面需做处理。说出两种常见的处理方法。

子任务 14 楼梯尺寸

思政导入

太行山脉贯穿河南、河北、山西、北京四省市，面积 400 多千米，其中以河南省林州市的“太行之魂”王相岩最为著名，而这王相岩中就隐藏着一座惊险异常的“摩筒天梯”。这座独特的梯子建在河南省林州市太行大峡谷王象岩景区的瀑布池旁，有“中国第一管梯”的美誉。梯子安装在垂直陡峭的悬崖上，钢架支架，通体漆成绿色，与周围的灰黑色岩壁相比，在冬天非常醒目。整个梯子高 88m，直径 3m。梯子呈螺旋形，梯子总长约 300m。天梯背后是雄伟的太行山，峰峦奇壁，黄褐色的岩壁和高耸的山峰给人一种艰苦的冒险之感。据史料记载，公元前 11 世纪商王武定和丞相傅朔曾居住于此，故称“王相言”。“摩筒天梯”是依据太行山地形而设计的登山工具，那么建筑中楼梯的尺寸是怎样的呢？我们就从本节课的学习开始了解吧。

内容引导

扫描下方二维码，观看子任务配套微课。回答问题：

微课 7.1.14 楼梯尺寸

1. 楼梯的坡度指什么？
2. 楼梯段宽度是指哪一段距离？
3. 楼梯梯段由什么组成？

知识精讲

1. 楼梯组成

楼梯是联系上、下楼层之间的垂直交通设施。楼梯由梯段、休息平台（中间休息平台、楼层平台）、栏杆扶手组成（图 7–1–101）。

2. 楼梯尺寸设计

（1）平面尺寸

①楼梯的坡度。

楼梯的坡度是指楼梯段的坡度，即楼梯段与水平面的夹角。其表达方法有角度法和坡比法。楼梯适宜的坡度应在 23°~38° 之间（图 7–1–102）。

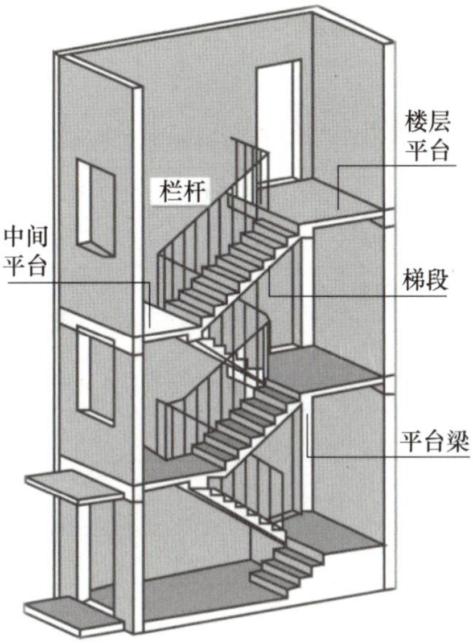

图 7-1-101 楼梯组成

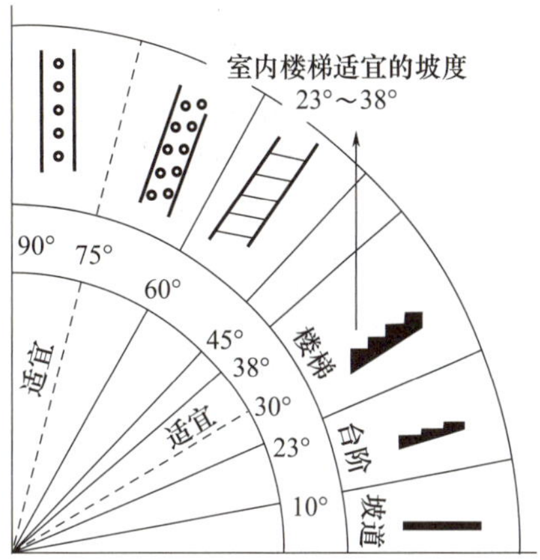

图 7-1-102 楼梯坡度

②梯段宽度（*B*）。

楼梯是梯段宽度，是指墙面至扶手中心线之间的水平距离或两个扶手中心线之间的水平距离。

楼梯段的宽度必须满足上下人流及搬运物品的需要。一般楼梯段需考虑同时至少通过两股人流，即上行与下行在楼梯段中间相遇能通过。设计依据：每股人流宽度为 550mm+（0~150）mm。其中：550mm 为一股人流的宽度；0~150mm 为人体的摆幅。另外，楼梯的设计还应符合《建筑楼梯模数协调标准》（GBJ 01—1987）及《建筑设计防火规范（2018 年版）》（GB 50016—2014）等有关规定（图 7-1-103）。

③楼梯平台的宽度。

楼梯平台是楼梯段的连接部分，也供行人稍加休息之用。楼梯平台的宽度应≥楼梯段的宽度，且不小于 1200mm。连续直跑楼梯休息平台宽不宜小于 1100mm（图 7-1-104）。

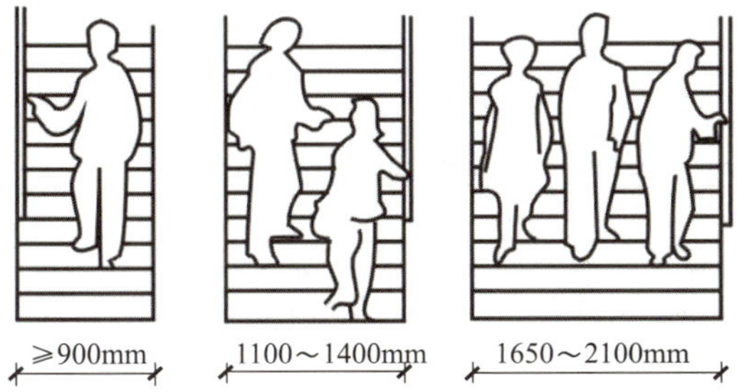

图 7-1-103 楼梯宽度与人流股数的关系

图 7-1-104 楼梯平台宽度

④楼梯踏步尺寸。

梯段是由若干踏步组成的，每个踏步都由踏面和踢面组成，相关尺寸见表 7-1-1。

当踏步尺寸较小时，可以采取加做踏口或使踢面倾斜的方式加宽踏面。踏口的挑出尺寸为 20~25mm。

表 7–1–1　楼梯踏步尺寸表

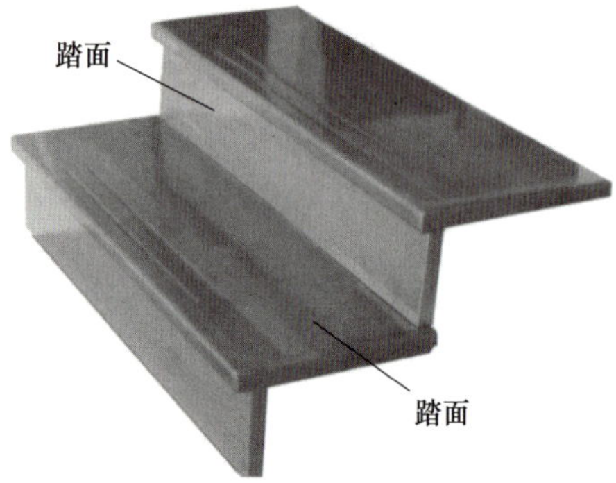

楼梯类型	最小宽度 *b*（m）	最大高度 *h*（m）
幼儿园、小学等楼梯	0.26	0.15
电影院、剧场、商场等楼梯	0.28	0.16
住宅共用楼梯	0.26	0.175
其他建筑楼梯	0.26	0.17
住宅户内楼梯	0.22	0.20

⑤梯井宽度（*C*）。

梯井是指梯段之间形成的空挡。此空挡从顶层到底层贯通。在双跑平行楼梯中，为了安全起见，梯井宽度一般以 60~200mm 为宜。

⑥梯段长度（*L*）。

梯段长度是指楼梯段的水平投影长度，其值为 $L=(N-1)b$。式中，*N* 为踏步级数；*b* 为踏步宽度。

⑦梯间开间。

梯间开间尺寸为：梯间开间 =2*B*+*C*+ 两边的 1/2 墙厚

⑧梯间进深。

梯间进深尺寸为：梯间进深 =2*D*+*L*+ 两边的 1/2 墙厚

楼梯尺度见图 7–1–105。

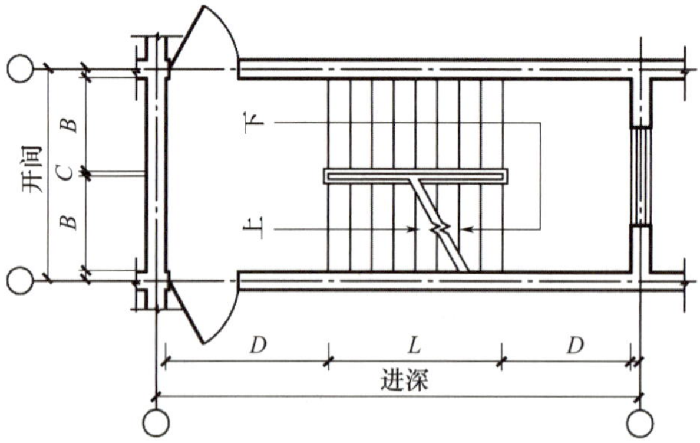

图 7–1–105　楼梯尺度

（2）楼梯的净空高度（图 7–1–106、图 7–1–107）

楼梯的净空高度包括楼梯段的净高和平台过道处的净高。楼梯段的净高是指自踏步前缘至正上方结构下表面的垂直距离。楼梯段的净高应≥ 2200mm。

平台过道处净高是指平台梁底至平台梁正下方踏步或楼地面上边缘的垂直距离。为保证在这些部位通行或搬运物件时不受影响，其净空高度要求≥ 2000mm。

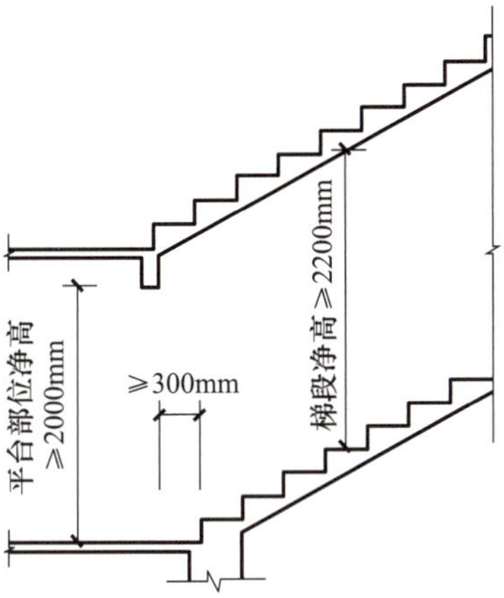

图 7-1-106　楼梯净高

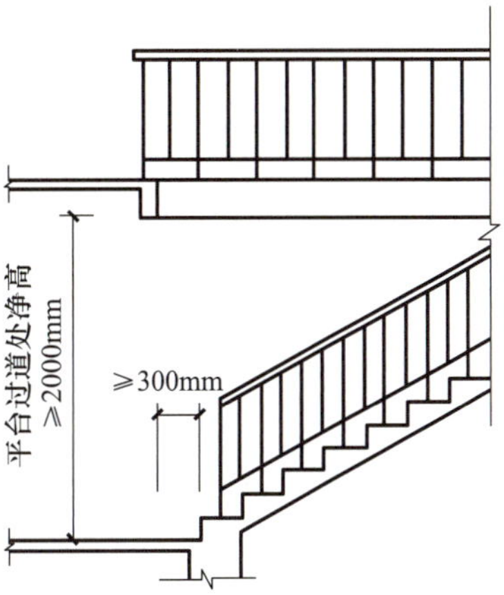

图 7-1-107　楼梯平台过道净高

在双跑楼梯中，当楼梯底层平台下设通道时，也要满足净高≥ 2000mm 的要求。当不能满足时，可以采取以下办法解决：

①将底层第一梯段加长，第二梯段缩短，形成长短跑楼梯段；

②楼梯段长度不变，降低梯间底层的室内地面标高；

③将上述两种方法结合；

④底层用直跑楼梯直达二楼，适用于层高和进深大的建筑。

知识测评

1. 填空题

（1）当踏步尺寸较小时，可以采取加做踏口或使踢面倾斜的方式加宽踏面。踏口的挑出尺寸为________。

（2）梯井是指________。

（3）楼梯的净空高度包括________的净高和________的净高。

2. 简答题

（1）楼梯段的净高指的是哪一段的距离？

（2）在双跑楼梯中，当首层平台下的通道不能满足 2000mm 的净高要求时，有什么解决办法？

子任务 15　钢筋混凝土楼梯

思政导入

装配式建筑是绿色建筑的典型代表，也是建筑行业的发展方向。预制装配式楼梯是预制装配式混凝土构件的一种，是经装配、连接以及部分现浇而成的混凝土结构。生产用水、模板可重复利用，大量减少了施工现场湿作业，减少了污水排放、粉尘、施工噪声，具有缩短施工工期等优点。预制装配式楼梯在节能减排、绿色施工方面效果明显，符合所倡导的“创新、协调、绿色、开放、共享”的发展理念，是绿色建筑、绿色施工的体现，是发展低碳经济和绿色施工的必然趋势。作为新时代工匠，如何使用好预制装配式楼梯呢？我们就从钢筋混凝土楼梯开始学习吧。

内容引导

扫描下方二维码，观看子任务配套微课。回答问题：

微课 7.1.15　板式楼梯　　微课 7.1.16　梁式楼梯

简述板式楼梯、梁板式楼梯的优缺点。

知识精讲

钢筋混凝土楼梯具有强度高、刚度大、耐久、耐火等特点，并且在施工、造型和造价等方面有较多的优点，所以被广泛采用。

钢筋混凝土楼梯按不同的施工方法分为现浇钢筋混凝土楼梯和预制装配式钢筋混凝土楼梯两种。

1. 现浇钢筋混凝土楼梯

现浇钢筋混凝土楼梯是把楼梯段和平台整体浇筑在一起的楼梯，按楼梯梯段的传力特点和结构形式分为板式楼梯及梁式楼梯两种。

（1）板式楼梯

是将楼梯当成一块板考虑，它由梯段板、平台板和平台梁组成。板式楼梯具有底面平整、模板简单和施工支模方便的优点，同时具有斜板较厚、材料用量较多的缺点。板式楼梯外观美观，多用于住宅、办公楼、教学楼等建筑，目前跨度较大的公共建筑也常使用。

①板式楼梯构造要求。

板式楼梯由梯段板、平台板和平台梁组成（图 7-1-108）。梯段板和平台板均支承在平台梁上，平台梁支承在墙上，因此板式楼梯的荷载传递途径是：梯段板和平台板的荷载传递给平台梁，平台梁再将荷载传递给墙（扫描右方二维码，见附件动画）。

动画 19　板式楼梯

②梯段板构造如下：

a. 板厚。为保证刚度要求，板厚 h 取垂直于梯段板轴线的最小高度，不考虑三角形踏步部分，可取梯段水平投影长度的 1/30，一般为 100~120mm；

b. 钢筋的布置。当按跨中弯矩计算出受力钢筋的截面积后，按梯段板的斜向轴线布置。在支座负弯矩区段，可不必计算，按跨中受力钢筋截面积配筋。受力钢筋的配置方式有弯起式和分离式。除受力钢筋外，还应在垂直方向配置分布钢筋，要求每个踏步范围内需配置一根直径不小于 6mm 的分布钢筋。

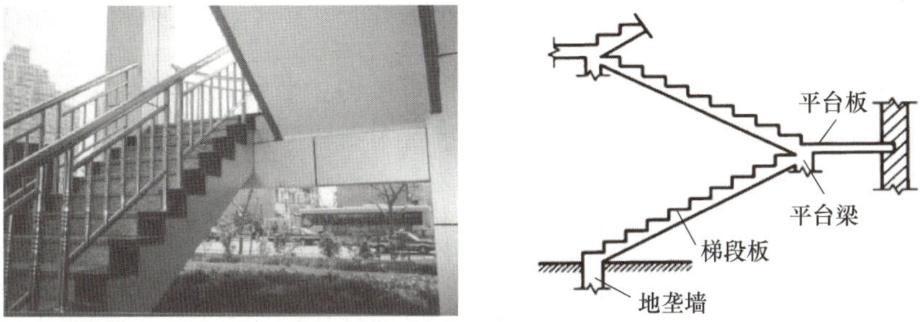

图 7–1–108　板式楼梯

（2）梁式楼梯

楼梯段是由踏步板和梯段斜梁组成的。由斜梁支承踏步板，斜梁支承在平台梁上。根据梯段梁的位置不同，有明步和暗步两种。斜梁在踏步板之下，踏步外露时称为明步；斜梁在踏步板之上形成反梁，踏步包在里面，斜梁与栏板合一称为暗步（图 7–1–109）。梁式楼梯受力合理，比较经济，适用于各种长度的楼梯（扫描右方二维码，见附件动画）。

动画 20　梁式楼梯

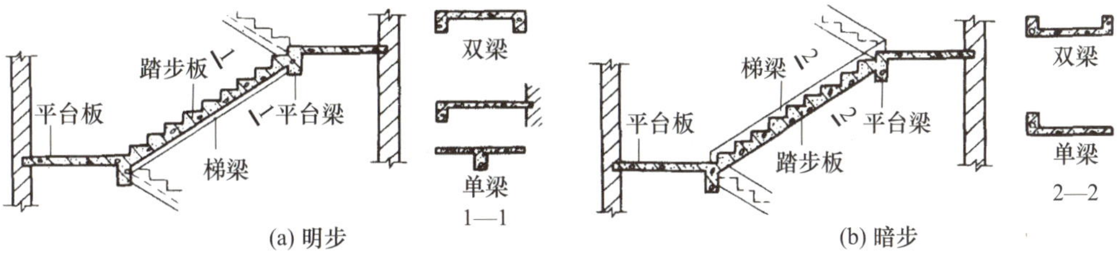

图 7–1–109　梁式楼梯

①梁式楼梯的组成及荷载传递。

梁式楼梯由踏步板、斜梁、平台板和平台梁组成。踏步板两端支承在斜梁上，斜梁两端分别支承在上、下平台梁（有时一端支承在层间楼面梁）上，平台板支承在平台梁或楼层梁上，而平台梁则支承在楼梯间两侧的墙或柱上。每个梯段通常设置两根斜梁，但梯段较窄或有特殊要求时，可在中间设一根梁，称为单梁式楼梯。

②梁式楼梯的构造。

踏步板。踏步板的截面大多为梯形（由三角形踏步和其下的斜板组成），现浇踏步板的斜板厚度一般取 30~40mm，配筋按计算确定。每一级踏步下应配置不少于 2Φ6 强度的受力钢筋，布置在踏步下面的斜板中，并将每两根中的一根支座后弯起作为支座负钢筋。此外，沿整个梯段斜向布置间距不大于 250mm 的分布钢筋，位于受力钢筋的内侧。

斜梁。梯段斜梁按倒 L 形截面或矩形截面计算，踏步板下斜梁为其受压翼缘，梯段斜梁的截面高度一般取 $h \geqslant l0/20$，梁端部纵筋必须放在平台梁纵筋上面，梁端上部应设置负弯矩钢筋，斜梁纵筋在平台梁中的锚固长度应满足受拉钢筋锚固长度的要求，其他构造与一般梁相同。

平台板和平台梁。平台板的配筋构造同板式楼梯。平台梁由于要承受斜梁传来的集中荷载，因此在平台梁与斜梁相交处，应在平台中斜梁两侧设置附加箍筋或吊筋，其要求与钢筋混凝土主梁内附加钢筋的要求相同。

2. 预制装配式钢筋混凝土楼梯

预制装配式钢筋混凝土楼梯是将组成楼梯的各种构件在预制厂或施工现场进行预制，再在现场进行安装。预制装配式钢筋混凝土楼梯按楼梯构件的合并程度分为小型构件装配式和中型构件装配式与大型构件装配式楼梯。预制装配式钢筋混凝土楼梯现场湿作业少，施工速度快。但施工时需要配套的起重设备，投资多。除了成片建设的大量性建筑外，目前建筑中较多采用的仍是现浇钢筋混凝土楼梯。

知识测评

填空题

（1）板式楼梯主要由________、________和________三部分组成。

（2）梁式楼梯由________和________组成。

（3）预制装配式钢筋混凝土楼梯的优点是________________。

（4）目前采用较多的楼梯是________________。

子任务 16　楼梯的细部构造

思政导入

楼梯在中国的各大景区里十分常见，无论是泰山的天梯还是张家界的空中栈道，这些楼梯都有着自己的特色。正是处在这种楼梯之中、这种特殊的环境之中，你才能看到别人看不到的景色，这对任何的访客来说都是一种非常不错的体验。梵净山是全世界的最为著名的文化遗产之一，位于贵州省武陵山脉的中心。整个梵净山的天梯虽然高度不高，但是极其险峻，有的时候甚至需要四肢并用，才能攀爬，攀登天梯的过程犹如攀岩一般。正是由于这样复杂的地形条件，我们进行楼梯制作时尤其要以工匠之心做好细部构造。

内容引导

回答问题：

1. 楼梯面层的防滑处理措施有哪些？
2. 栏杆、栏板有哪些形式？

知识精讲

本节学习楼梯的细部构造。

1. 踏步

踏步面层：应耐磨、防滑、美观，便于清洁。其做法与楼层面层的做法基本相同，踏步面层的材料常与门厅或走廊的楼地面材料一致。常用面层材料有水泥砂浆面层、水磨石面层、缸砖面层、大理石或人造石面层（图 7-1-110）。

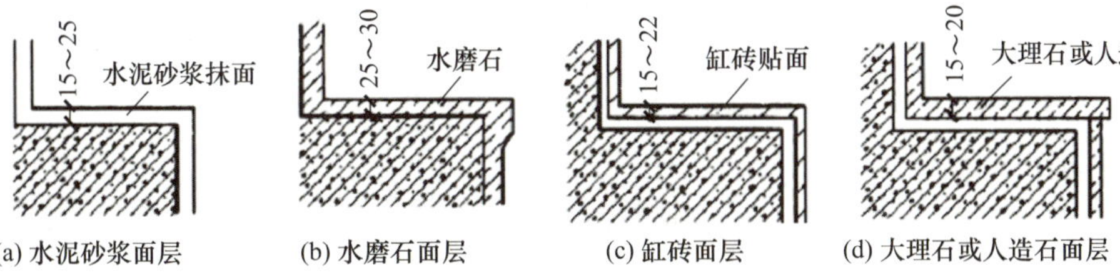

图 7-1-110　踏步面层

踏步防滑处理：楼梯踏步表面光滑容易滑倒，故踏步应有防滑措施。一般楼梯常在踏口部位设置防滑条或防滑槽。防滑条要求高出面层 2~3mm，宽 10~20mm，距离踏步面层前缘 40~50mm，防滑条材料有水泥铁屑、水泥金刚砂、马赛克及铜、铝金属条等。防滑槽一般则是在距踏步面层前缘 40mm 处设 2~3 道防滑凹槽（图 7-1-111）。

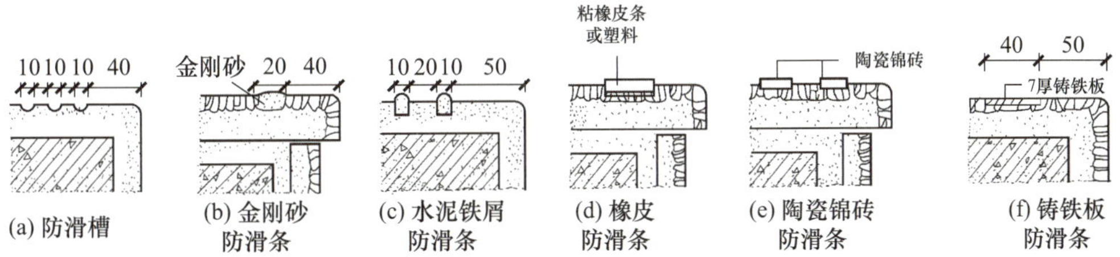

图 7-1-111　踏步防滑处理

2. 栏杆和栏板（图 7-1-112）

栏杆和栏板是楼梯中保护行人上下安全的围护措施，设置在楼梯或平台临空的一侧。栏杆形式可分为镂空式、栏板式、混合式等类型。

（1）镂空式

其杆件形成的空花尺寸不宜过大，通常控制在 120~150mm 左右。

栏板材料常采用砖、钢丝网水泥抹灰、钢筋混凝土等。

（2）栏板式

栏板材料常采用砖、钢丝网水泥抹灰、钢筋混凝土等。

（3）混合式

是指镂空式和栏板式两种栏杆形式的组合，其栏杆竖杆常采用钢材或不锈钢等材料，其栏板部分常采用轻质美观的材料制作。

(a) 镂空式

(b) 栏板式

(c) 混合式

图 7-1-112　栏杆、栏板形式

3. 扶手

栏杆和栏板的上部都要设扶手，扶手可用硬木或用钢管、塑料制品制作，在栏板上缘抹水泥砂浆，或做成水磨石等（图 7-1-113）。

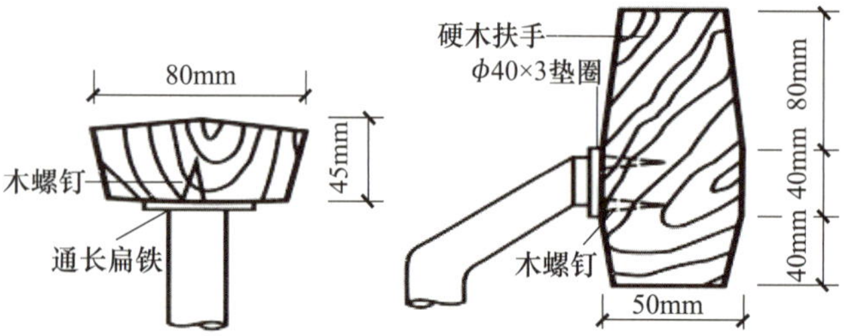

(a) 硬木扶手

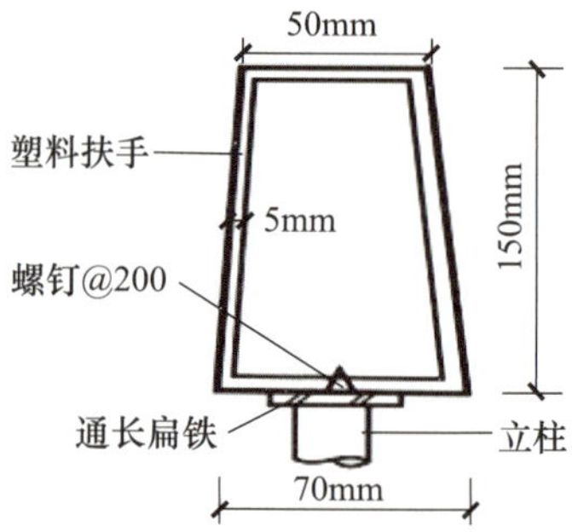

(b) 塑料扶手

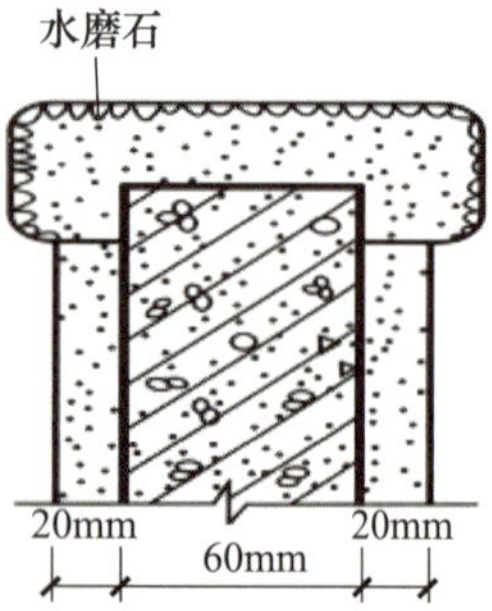

(c) 水泥砂浆或水磨石扶手

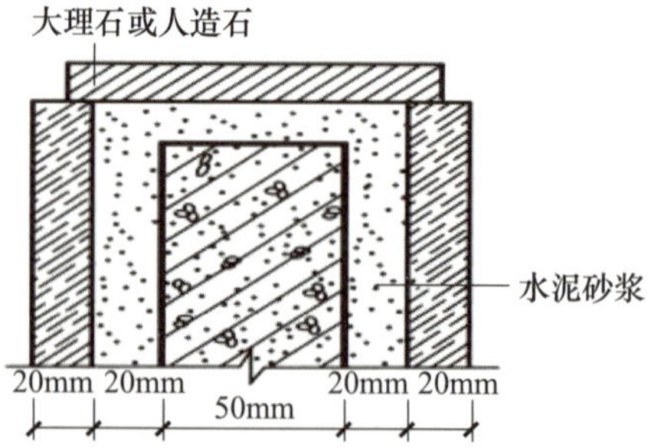

(d) 大理石或人造大理石扶手

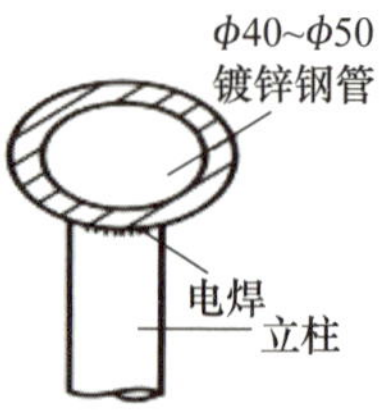

(e) 钢管扶手

图 7-1-113　扶手

木扶手、塑料扶手利用木螺钉通过扁铁与镂空栏杆连接；金属扶手通过焊接或螺钉连接；靠墙扶手则由预埋铁脚的扁钢借螺钉来固定。栏板上的扶手多采用水泥砂浆或水磨石粉面的处理方式。

4. 栏杆扶手的连接构造

（1）栏杆与梯段的连接

栏杆通常用以下三种方法安装在踏步侧面或踏步面上的边沿部分：①在栏杆与梯段的对应位置预埋铁件焊接；②预留孔洞用细石混凝土填实；③钻孔用膨胀螺栓固定（图 7-1-114）。

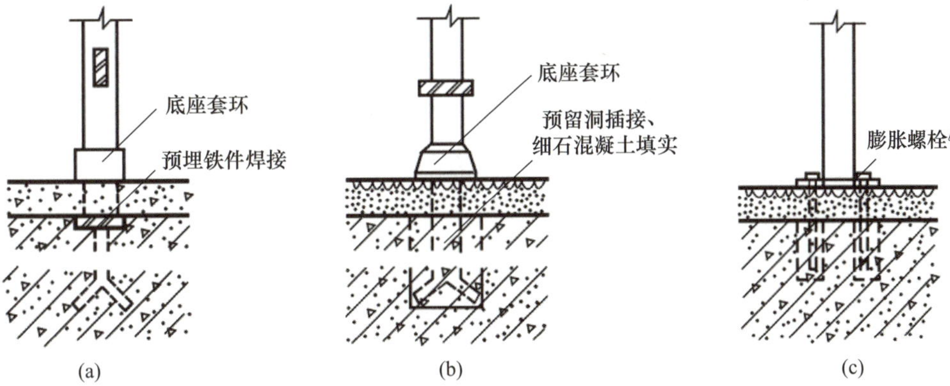

图 7-1-114 栏杆与梯段的连接

（2）栏杆与扶手的连接

一般按两者的材料种类采用相应的连接方法，如木扶手与钢栏杆顶部的通长扁铁用螺钉连接，金属扶手与钢栏杆焊接，石材扶手与砌体或混凝土栏板用水泥砂浆黏结（图 7-1-115）。

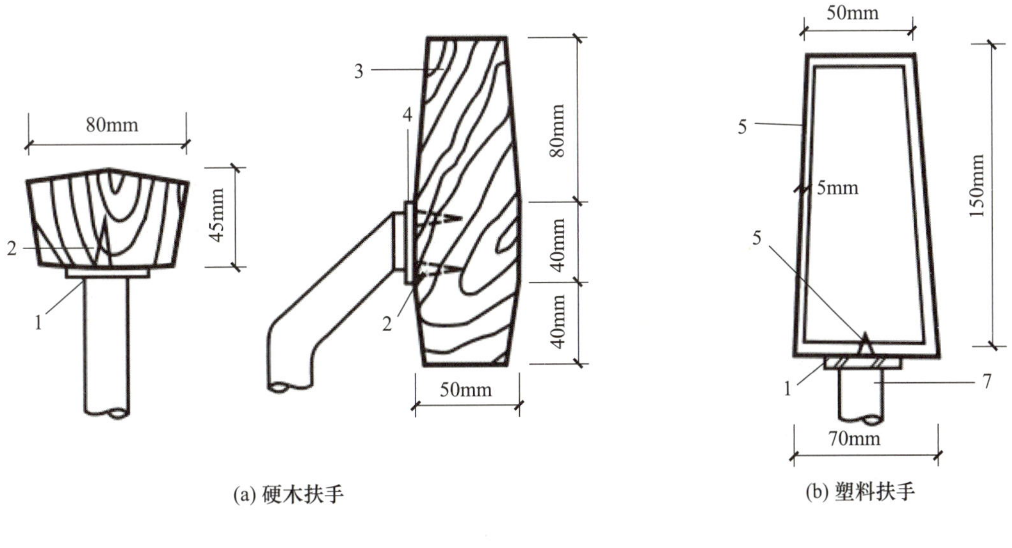

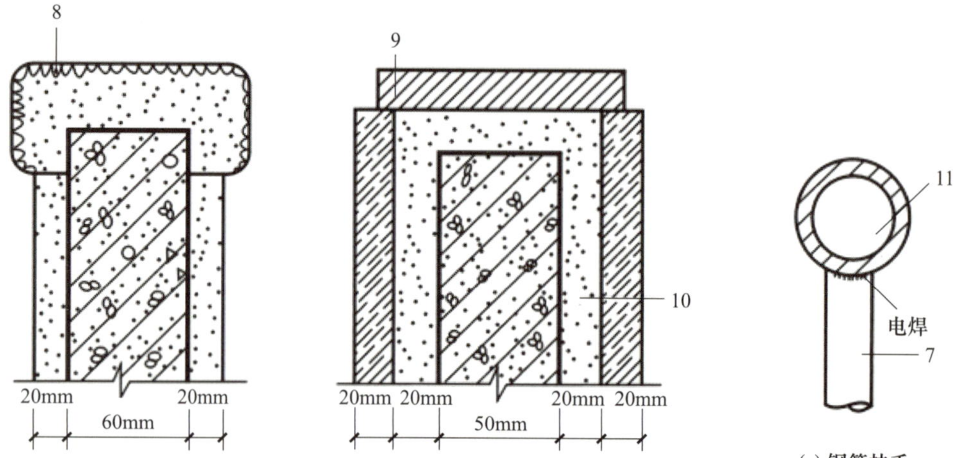

(c) 水泥砂浆或水磨石扶手　(d) 大理石或人造大理石扶手　(e) 钢管扶手

图 7-1-115　栏杆与扶手的连接

（3）扶手与墙体、柱的连接

扶手与砖墙连接时，一般是在墙上预留孔洞，将扶手的连接扁钢插入孔洞内，用细石混凝土填实；当扶手与混凝土墙、柱连接时，一般采用预埋钢板焊接（图 7-1-116）。

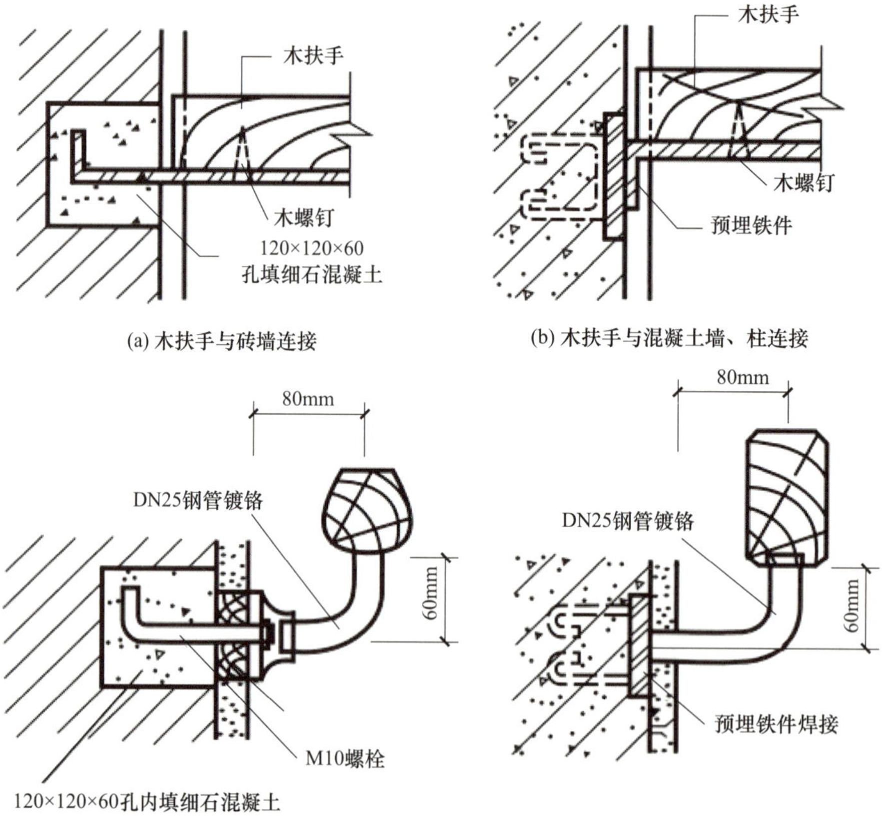

(a) 木扶手与砖墙连接　(b) 木扶手与混凝土墙、柱连接

(c) 靠墙扶手与砖墙连接　(d) 靠墙扶手与混凝土墙、柱连接

图 7-1-116　扶手与墙体的连接

知识测评

填空题

（1）梁栏杆形式可分为________式、________式、________式等类型。

（2）楼梯栏板材料常用的材料有________、________、________等。

子任务 17 电梯与自动扶梯

思政导入

同学们听说过白娘子和许仙的故事吗？雷峰塔在这个故事里可是占据了重要的位置，它是位于浙江省杭州市西湖风景区的一座古建筑。许仙和白娘子是我国古代流传下来著名的民间故事，在我国悠久的历史中有许许多多这样美妙的故事。但令人惋惜的是，雷峰塔在 1924 年轰然倒塌。在 2002 年最大程度地对其进行了恢复原貌的重建，为了方便游客观赏，重建后的雷峰塔增加了观光电梯。由此开始，本节课就开始学习电梯。

内容引导

扫描下方二维码，观看子任务配套微课和教学动画。回答问题：

微课 7.1.17 电梯与自动扶梯

1. 电梯和自动扶梯是什么？
2. 电梯按使用性质可分为哪几类？
3. 电梯按行驶速度可分为哪几种电梯？

知识精讲

电梯和自动扶梯是指由动力驱动，利用沿刚性导轨运行的箱型或沿固定路线运行的梯级，进行升降或者平行运送人、货物的机电设备。建筑设计时，电梯和自动扶梯应按建筑的使用功能等要求，进行合理配置。

1. 电梯

（1）电梯的类型

①按使用性质不同，电梯可分为客梯、货梯和消防电梯。

客梯：主要用于人们在建筑物中的垂直联系。

货梯：主要用于运送货物及设备。

消防电梯：用于发生火灾、爆炸等紧急情况时安全疏散人员和消防人员紧急救援使用。

②按行驶速度不同，电梯可分为高速电梯、中速电梯和低速电梯。

高速电梯：速度大于 2m/s，梯速随层数增加而提高，消防电梯常用高速。

中速电梯：速度为 1.5~2m/s，一般货梯按中速考虑。

低速电梯：速度在 1.5m/s 以内，运送食物电梯常用低速。

为缩短电梯等候时间，提高运送能力，电梯需选用恰当的速度。电梯速度选用一般随建筑层数增加和人流量增加而提高，以满足在期望的时间段内运送期望的人流量。低速电梯一般用于速度要求不高的客梯或货梯；中速电梯一般用于层数不多、人流量不大的建筑中的客梯或货梯；高速电梯一般用于层数多、人流量大的建筑中。消防电梯常用高速电梯，并要求在 1min 内从建筑底层到达顶层。

（2）电梯的设置

以下情况需要设置电梯：

① 七层及以上的住宅或最高住户入口层楼面距室外设计地面高度超过 16m 时；

② 五层及以上的办公建筑；

③ 三层及以上的医院建筑及老年人居住建筑；

④ 四层及以上的图书馆建筑、档案馆建筑、疗养馆建筑和大型商店；

⑤ 七层及以上的宿舍或居室最高入口层楼面距室外设计地面高度超过 21m 时；

⑥ 三层及以上的一、二级旅馆建筑，四层及以上的三级旅馆，六层及以上的四级旅馆和七层及以上的五六级旅馆；

⑦ 三层及以上的一级餐馆与饮食店和四层及以上的其他各级餐馆与饮食店；

⑧ 高层建筑。

（3）电梯的主要组成部分

电梯主要由井道、层门、机房和轿厢四部分组成（图 7–1–117）。

①井道。

井道是电梯运行的通道，井道内包括出入口、电梯轿厢、导轨、导轨撑架、平衡锤及缓冲器等。作为建筑中的垂直通道，井道壁一般采用现浇钢筋混凝土，同时井道还应综合考虑防火、隔震、隔声及通风等（图 7–1–118）。

②层门。

层门是设置在层站入口的封闭门，也叫厅门，还称为梯井门。层门上设有门锁和联锁触头，当轿厢停在该层站时才允许层门开启，当门扇可靠关闭时才能允许电梯启动。此外，每个层门都设有手动开锁的三角锁，当电梯停电或故障且轿厢在平层区域内时，可打手动开锁，强制开门；需要检修时，亦可手动开锁打开层门；在运行中严禁开锁，该三角钥匙应由专人负责保管（图 7–1–119）。

③机房。

机房一般设在电梯井道的顶部，其面积要大于井道的面积，通往机房的通道、楼梯和门的宽度应满足人员通过、设备搬运以及紧急情况下的疏散需求。除在机房机座下设弹性垫层外，还应在机房下部设置隔音层。机房楼板应按机器设备要求的部位预留孔洞（图 7–1–120）。

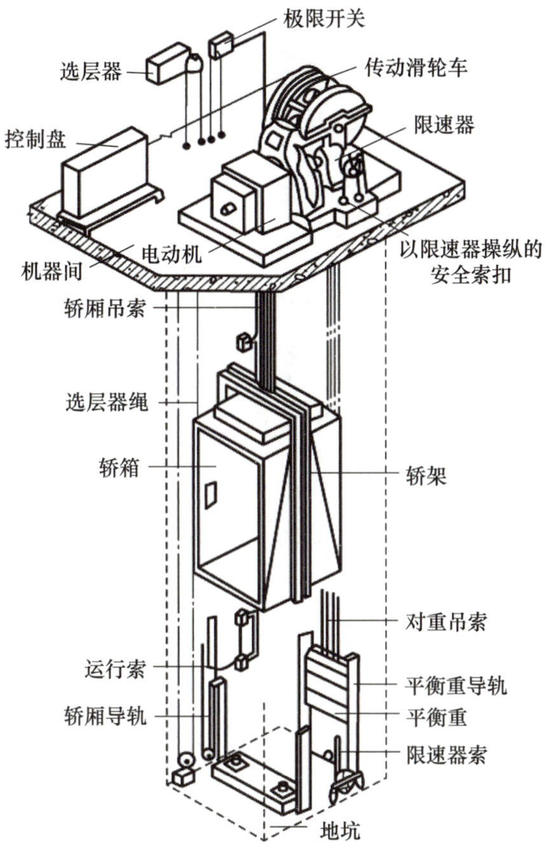

图 7-1-117　电梯的组成

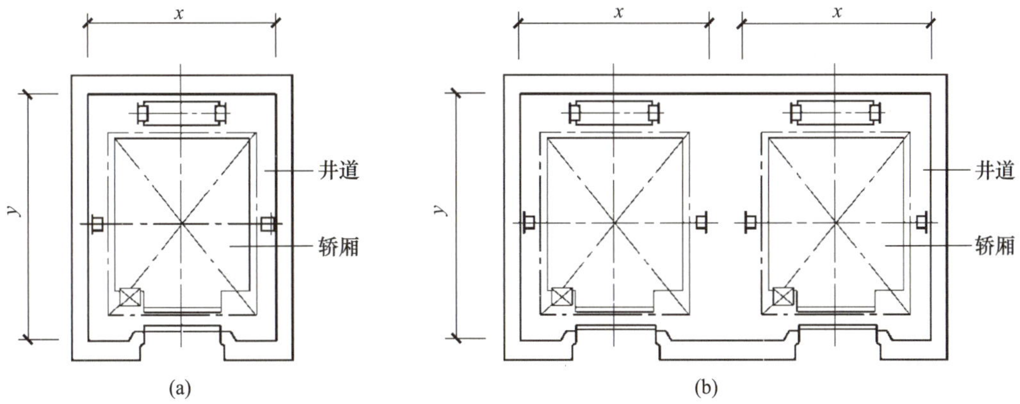

图 7-1-118　井道

图 7–1–119　层门

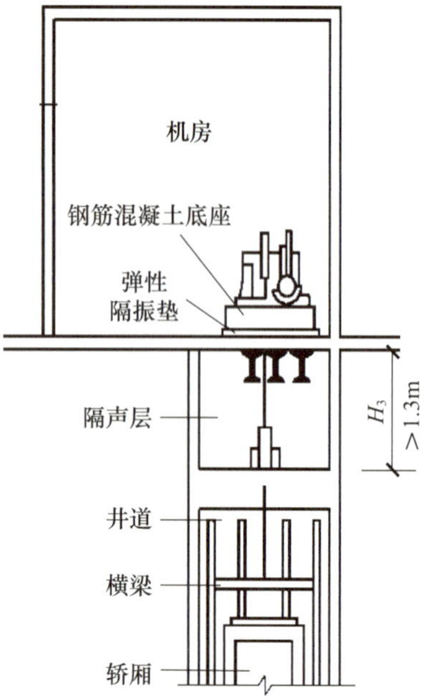

图 7–1–120　机房

④轿厢。

轿厢是直接载人、运货的厢体。电梯轿厢应造型美观、经久耐用，一般采用金属框架结构，内部辅以装饰板材。轿厢入口处应采用钢材或坚硬铝材制成电梯门槛（图 7–1–121）。

图 7–1–121　轿厢

（4）高层建筑电梯

建筑高度超过 75m 和层数为 25 层及以上的高层公共建筑乘客电梯可按奇数、偶数层等分层方式分层停靠或宜按低区、中区、高区、分区运行（图 7–1–122）。

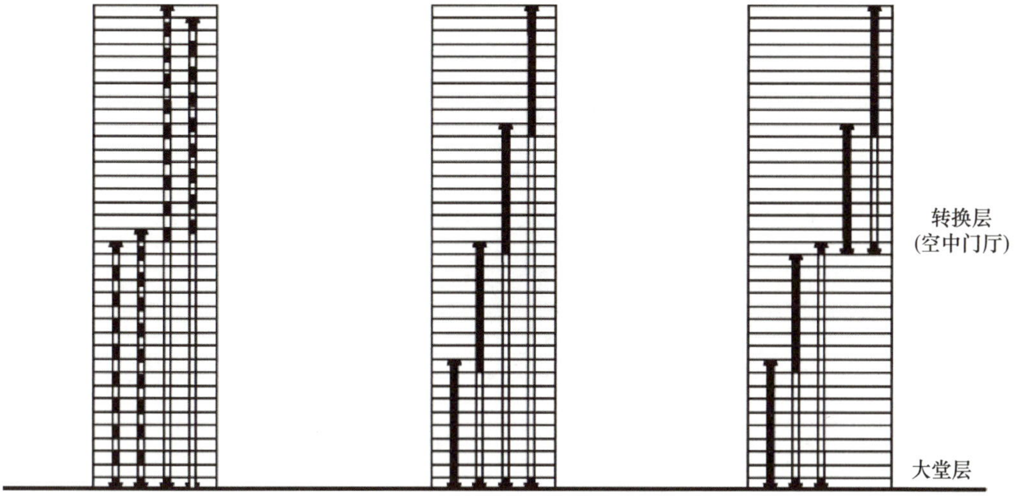

图 7-1-122　高层建筑电梯停靠方式

2. 自动扶梯

自动扶梯适用于车站、码头、空港、商场等人流量大的场所，是建筑层间连续运输效率最高的载客设备。自动扶梯可正、逆两个方向运行，可作为提升及下降使用，机器停转时可作为普通楼梯使用。自动扶梯由电动机械牵动梯段踏步连同栏杆扶手带一起运转，机房悬挂在楼板下面（图 7-1-123）。

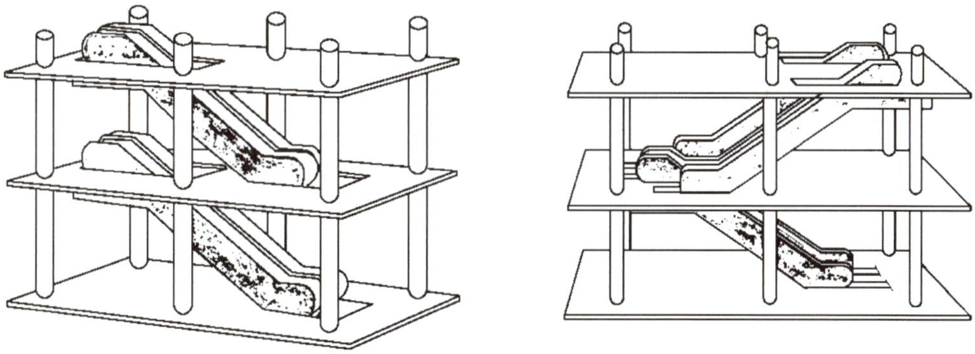

(a)　(b)

图 7-1-123　自动扶梯

3. 无机房电梯

无机房电梯（图 7-1-124）是相对于有机房电梯而言的，它省去了机房，将原机房内的控制屏、曳引机、限速器等移往井道等处，或用其他技术取代。由于没有机房，可降低建造成本。另外，无机房电梯一般采用变频控制技术和永磁同步电机技术，故节能、环保、不占用除井道以外的空间。近年来，日本、欧洲新安装的电梯中有 70%~80% 为无机房电梯，只有 20%~30% 的电梯为有机房或液压电梯。

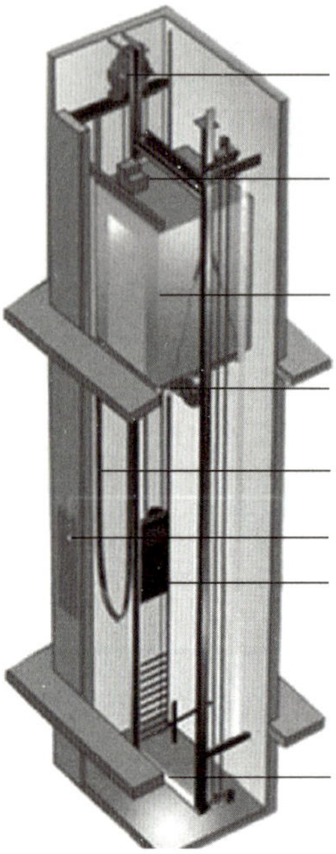

图 7-1-124　无机房电梯

知识测评

1. 填空题

（1）电梯主要由________、________、________和________四部分组成。

（2）井道是建筑中的垂直通道，井道壁一般采用________。

（3）层门上设有________________，只有当轿厢在该层站时才允许层门。层门上还装有________________，只有当门扇可靠关闭时才能允许电梯。

2. 简答题

（1）什么是层门？

（2）什么是轿厢？

子任务 18　排水

思政导入

秦汉时期，王朝都城的建设规划性因地制宜，建设周密完善的城市水系，综合解决城市给排水和交通等问题。西汉长安城的城市排水系统由城壕和排水明渠、暗渠组成。除了宽大的城壕，还在郊外开挖昆明池等池苑调洪蓄水。池苑通过人工渠道与长安附近的天然河流联通，形成完整的给排水网络。其中明渠自西向东横贯全城，长达 9km，由城壕和明渠组成的排水干渠总长有 35km。在现代建筑中，排水的重要性不言而喻，本节课我们就一起来学习排水。

内容引导

扫描下方二维码，观看子任务配套微课和教学动画。回答问题：

微课 7.1.18　排水　　　动画 21　排水系统

1. 屋面雨雪水的排水包括哪两类？
2. 无组织排水指的是什么？
3. 有组织排水指的是什么？

知识精讲

屋面排水是将屋面的雨、雪水迅速排出，避免产生屋面积水的措施（图 7–1–125）。

图 7–1–125　排水

1. 排水坡度

（1）排水坡度的表示方法（图 7–1–126）

①角度法。

角度法即用屋面与水平面的夹角表示屋面的坡度，如 a 为 30°、45° 等。

②斜率法（比值法）。

斜率法即用斜面的垂直投影高度与水平投影长度之比表示屋面的坡度。

③百分比法。

百分比法即用斜面的垂直投影高度与水平投影长度之比（用百分比表示）表示屋面的坡度，常用 i 作为标记，如 i=5% 等。

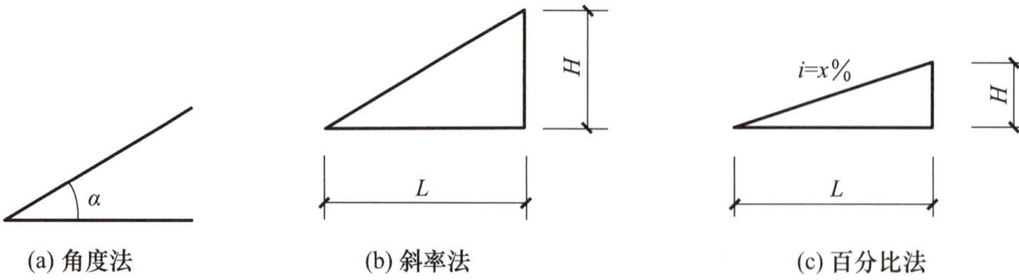

图 7-1-126 坡度表示方式

（2）影响屋面排水坡度大小的因素

①防水材料尺寸大小的影响。

防水材料的尺寸小，接缝必然较多，容易产生缝隙渗漏，因而屋面应有较大的排水坡度，以便将屋面积水迅速排除。坡屋顶的防水材料多为瓦材，如小青瓦、平瓦、琉璃筒瓦等，覆盖面积较小，应采用较大的坡度，一般为 1∶2~1∶3，如果防水材料的覆盖面积大，接缝少而且严密，使防水层形成一个封闭的整体，屋面的坡度就可以小一些，平屋顶的防水材料多为卷材或现浇混凝土等，其屋面坡度一般为 2%~3%。各种屋面防水材料的常见坡度如图 7-1-127 所示。

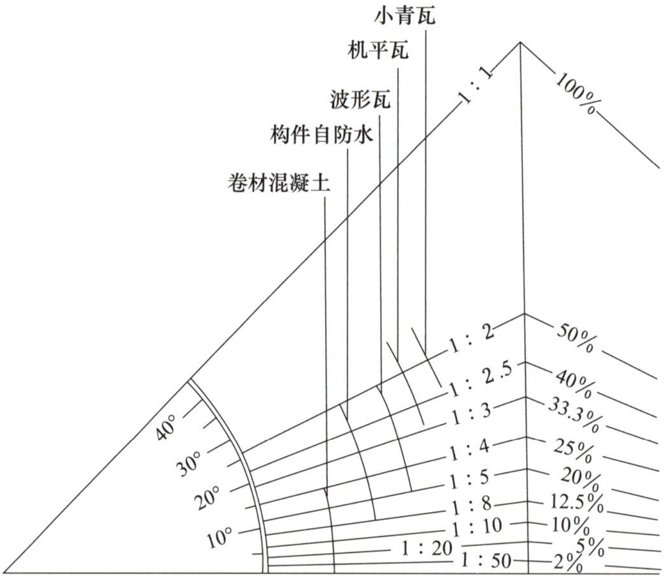

图 7-1-127 各种屋顶材料常见的坡度

②年降水量的影响。

降水量的大小对屋面防水的影响很大。降水量大，屋面渗漏的可能性较大，屋面坡度就应适当加大。我国南方地区年降水量较大，北方地区年降水量较小，因而在屋面防水材料相同时，一般南方地区屋面坡度比北方的大。

③其他因素的影响。

其他一些因素也可能影响屋面坡度的大小，如屋面排水的路线较长、屋顶有上人活动的要求、屋顶蓄水等，屋面的坡度可适当小一些，反之则可以取较大的排水坡度。

（3）屋面排水坡度的形成

形成屋面排水坡度应考虑以下因素：建筑构造做法合理，满足房屋室内外空间的视觉要求；不过多增加屋面荷载；结构经济合理、施工方便等。

平屋顶坡度的形成有材料找坡和结构找坡两种形式。

①材料找坡。

也称垫置坡度。坡度是利用轻质找坡材料在水平结构层上的厚度差异形成。采用的找坡材料有炉渣、蛭石、膨胀珍珠岩等轻质材料或在这些轻质材料中加适量水泥形成的轻质混凝土。在需设置保温层的地区，可利用保温材料的铺放形成坡度。材料找坡的坡度不宜过大，否则会增加找坡层的平均厚度，导致屋顶自重加大（图 7-1-128）。

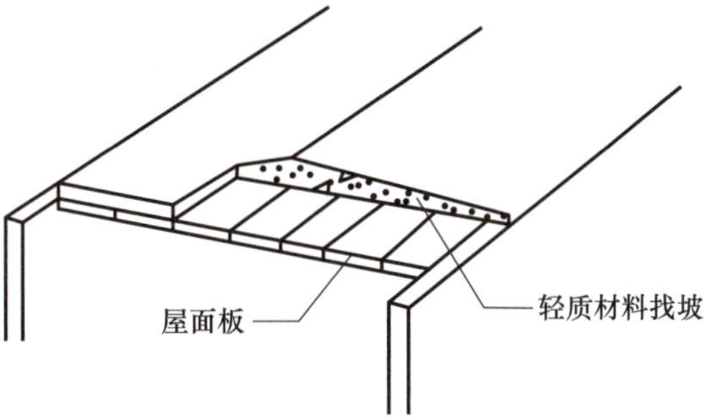

图 7-1-128 材料找坡

②结构找坡。

也称搁置坡度。它是将屋面板搁置在有一定倾斜度的墙或梁上，直接形成屋面坡度。结构找坡不需要另做找坡材料层，屋面板上各构造层厚度一致，形成倾斜的顶棚。结构找坡省工省料，没有附加荷载，施工方便，适用于有吊顶的公共建筑和对室内空间要求不高的生产性建筑（图 7-1-129）。

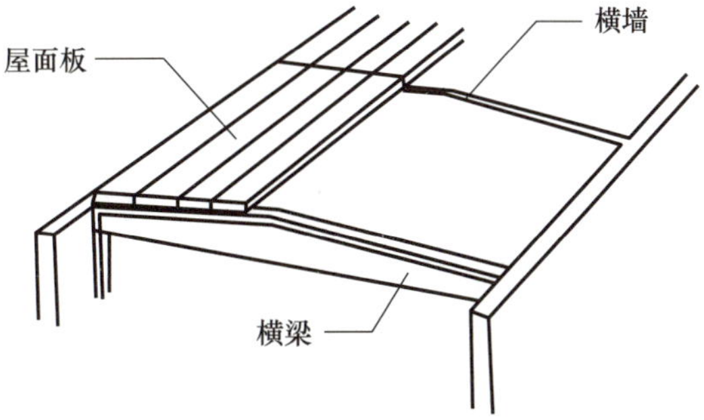

图 7-1-129 结构找坡

2. 屋面排水方式

在建筑工程中，屋面排水分为无组织排水和有组织排水两种方式。

（1）无组织排水

又称自由落水，是指屋面雨水直接从挑出外墙的檐口自由落至地面的一种排水方式。它一般适用于 3 层及 3 层以下或檐高小于等于 10m 的中小型建筑。无组织挑檐尺寸不宜小于 600mm（图 7-1-130）。

图 7-1-130　无组织排水

（2）有组织排水

是指将屋面划分成若干排水区，按一定的排水坡度把屋面雨水沿一定方向有组织地流至檐口后，又经檐沟、雨水管等排水设施排至室外地面或城市地下排水管网系统的一种排水方式。根据雨水管的位置，有组织排水分外排水和内排水（图 7-1-131）。

图 7-1-131　有组织排水

①外排水。

外排水是建筑中优先考虑选用的一种排水方式，一般有檐沟外排水、女儿墙外排水、女儿墙檐沟外排水等多种形式。檐沟的纵向排水坡度一般为 0.5%~1%（图 7–1–132）。

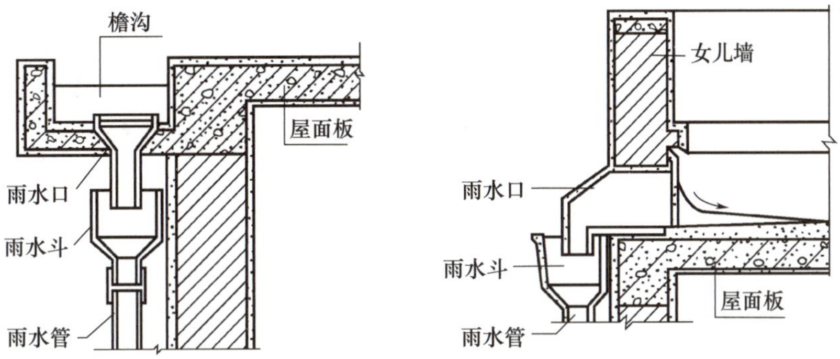

图 7–1–132　外排水

②内排水。

内排水是在大面积多跨屋面、高层建筑及有特殊需要时常采用的一种排水方式，这种方式会使雨水经雨水口流入室内雨水管，再由地下管道将雨水排至室外排水系统（图 7–1–133）。

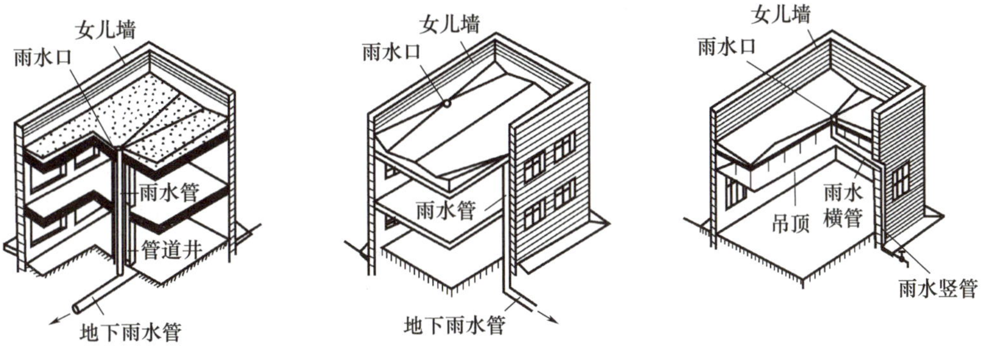

图 7–1–133　内排水

知识测评

1. 填空题

（1）无组织排水一般适用于 3 层及 3 层以下或檐高 10m 的。无组织挑檐尺寸不宜小于________。

（2）根据雨水管的位置，有组织排水分________和________。

2. 简答题

（1）什么是内排水？

（2）什么是泛水？

子任务 19　台阶与坡道

思政导入

无障碍设计作为保证老年及特殊人群室外活动安全性的最有效措施，在日常公共环境中没有得到很好的应用。部分公共场地铺设不平整，也没有轮椅辅助设施，细节度不够，铺装长期踩踏后表面凹凸不平，常积水、磕绊，对人们出行造成影响，雨雪天气防滑效果也常被忽略。作为新时代工匠，同学们怎么看待这样的现象呢？

内容引导

扫描下方二维码，观看子任务配套微课。回答问题：

微课 7.1.19　台阶与坡道

1. 根据用途的不同，坡道可分为哪几种形式？
2. 列举几个台阶的形式。

知识精讲

台阶与坡道是设置在建筑物入口处，连接室内外不同标高地坪之间的交通联系部件。根据使用要求的不同，在形式上有所区别。一般的民用建筑，大多设置台阶，只有在车辆通行及特殊的情况下，才设置坡道，如医院、宾馆、幼儿园、行政办公大楼等处。

台阶和坡道在入口处对建筑物的立面还具有一定的装饰作用，因而既要考虑实用，又要注意美观。

1. 台阶

（1）台阶形式

台阶由踏步和平台组成，台阶形式可分为单面踏步、两面踏步、三面踏步、带垂直面（或花池）、曲线形式和带坡道形式等（图 7-1-134、图 7-1-135）。

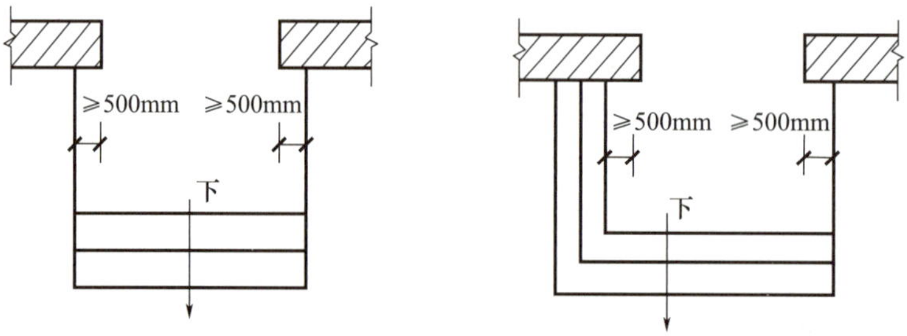

图 7-1-134　台阶形式

图 7-1-135　台阶

（2）台阶的设计要求

①公共建筑室内外的台阶踏步宽度不宜小于 300mm，踏步高度不宜大于 150mm，且不宜小于 100mm，踏步应防滑。

②室外台阶和建筑入口之间应留有一定宽度的缓冲平台，平台宽应比门洞口两边各宽出 500mm，平台深度一般不小于 1000mm。为防止雨水积聚或溢水室内，平台面宜比室内地面低 20~60mm，并向外找坡 1% ~4%，以利排水。

③人流密集场所高差超过 700mm，且侧面临空时，应有防护设施，如设置花台、挡土墙和栏杆等。

（3）台阶的构造

台阶构造与地坪构造相似，由面层和结构层构成。根据结构层不同，台阶分架空台阶和分离台阶。架空台阶是指将台阶支承在梁上；分离台阶是指将台阶单独设置，如支承在独立的地垄墙上。在寒冷地区，若台阶下为冻胀土，应当用砂类、砂石类土换去冻胀土，然后再做台阶（图 7-1-136）。

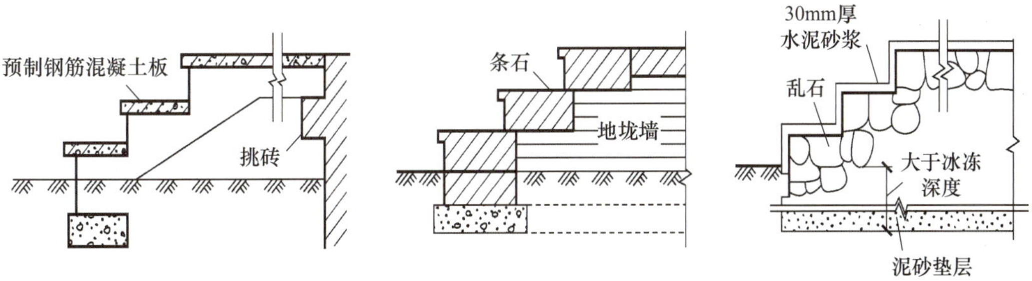

图 7-1-136　架空式台阶和分离式台阶

结构层应采用抗冻、抗水性能好，且质地坚实的材料，常见的有黏土砖、混凝土、钢筋混凝土、天然石板及石块等。普通黏土砖抗冻、抗水性能较差，容易损坏，即使做了面层也常会剥落，故除在某些次要建筑或临时性建筑中使用外，一般很少使用。

面层应采用耐磨、抗冻材料，常见的有水泥砂浆、水磨石、缸砖以及天然石板等。水磨石在冰冻地区容易打滑，故应慎用，若使用时必须采取防滑措施。缸砖以及天然石板等，多用于公共建筑大门入口处。

为预防建筑物主体结构下沉时拉裂台阶，单独设立的台阶必须与主体分离，中间设沉降缝，待主体结构有一定沉降后，再做台阶。

2. 坡道

（1）坡道形式

坡道（图 7–1–137）多为单面坡形式，极少三面坡，坡道坡度应以有利于推车通行为佳，有些大型公共建筑，为了保证汽车能在大门入口处通行，常采用台阶坡道相结合的形式。

按照用途的不同，坡道可分为行车坡道和轮椅坡道。其中，行车坡道又可分为普通行车坡道和回车坡道两种。

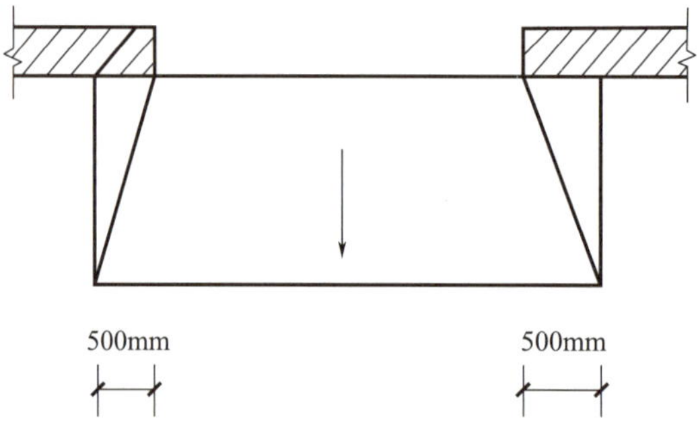

图 7–1–137　坡道

（2）坡道的设计要求

①室内坡道坡度不宜大于 1∶8，室外坡道坡度不宜大于 1∶10。且应采取防滑措施。

②室内坡道水平投影长度超过 15m 时，应设休息平台，平台宽度应根据使用功能和设备尺寸所需缓冲空间而定。

③供轮椅使用的坡道坡度不应大于 1∶12，困难地段不应大于 1∶8。

④供自行车推行坡道宽度由设计确定，坡度不宜超过 1∶4，坡道宽度不宜小于 0.4m。

⑤供机动车行驶的坡道应符合《车库建筑设计规范》（JGJ 100—2015）的规定。

⑥供残疾人使用的坡道应符合《无障碍设计规范》（GB 50763—2012）的规定。

无障碍坡道示意见图 7–1–138。

（3）坡道的构造

坡道的构造（图 7–1–139）一般与地面相似，应选择表面结实和抗冻性好的材料作为坡道面层。为保证行人和车辆的安全，可将坡道面层做成锯齿形或设防滑条。

图 7-1-138 无障碍坡道

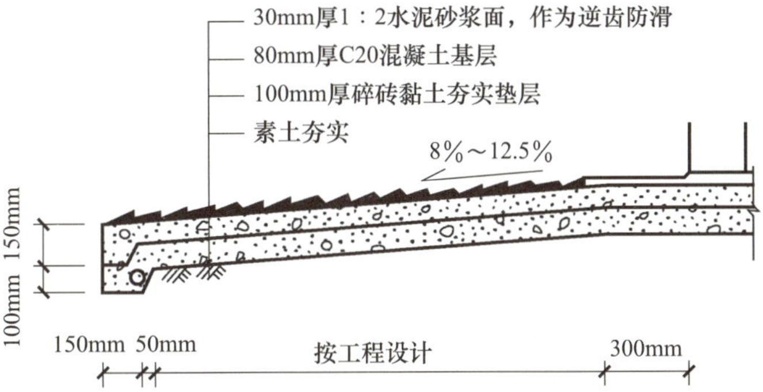

图 7-1-139 坡道的构造

坡道材料常见的有混凝土或石块等，面层亦以水泥砂浆居多，对经常处于潮湿、坡度较陡或采用水磨石做面层的，在其表面必须进行防滑处理。

坡道两侧宜在 900mm 高度处和 650mm 高度处设上下层扶手，扶手应安装牢固，能承受身体重量，扶手的形状要易于抓握，两段坡道之间的扶手应保持连贯性。坡道起点和终点处的扶手，应水平延伸 300mm 以上。坡道侧面临空时，在栏杆下端宜设高度不小于 50mm 的安全挡台（图 7-1-140）。

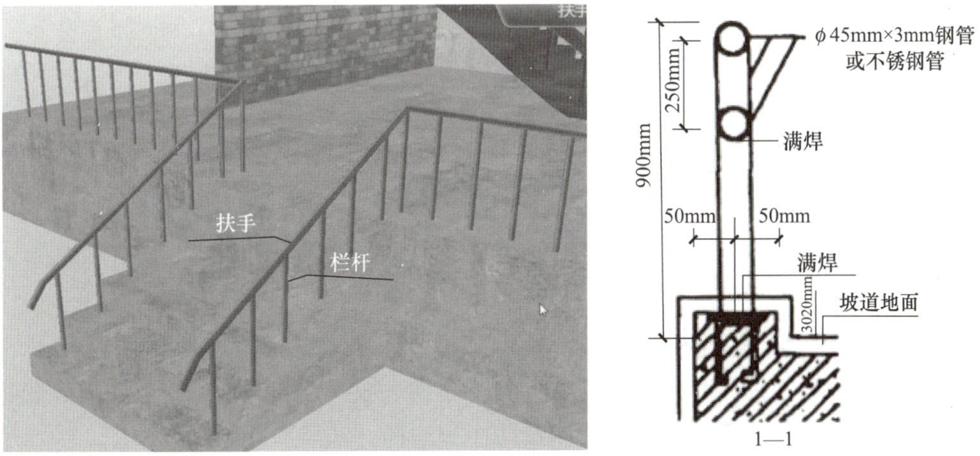

图 7-1-140 坡道的扶手

知识测评

1. 填空题

（1）台阶的构造分架空台阶和________。

（2）架空台阶是指将台阶支承在________上；分离台阶是指将台阶________，如支承在独立的________上。

（3）单独设立的台阶必须与主体分离，中间设________，以保证相互间的________。

2. 简答题

（1）坡道的坡度范围。

（2）简述台阶的设计要求。

子任务 20　屋顶

思政导入

屋顶是建筑物顶部的围护和承重构件，具有防御自然界的风、雨、雪、日晒和噪声等功能，主要由面层、承重结构层、保温或隔热层、顶棚层等组成。中国古代屋顶有很多不同的形式，主要是坡顶，也有平顶的。坡顶有一坡顶、两坡顶、四坡顶等几种。两坡顶根据屋顶与山墙的关系分为硬山和悬山两种，四坡顶一般有四坡五脊的庑殿顶和四坡九脊的歇山顶。在处理大脊上还有清水脊和卷棚脊等形式。此外还有攒尖顶、盏顶、盝顶、十字脊顶。中国古代屋顶的形式与其等级有关。在现代建筑中，同学们都见过哪些类型的屋顶呢?

内容引导

扫描下方二维码，观看子任务配套微课。回答问题：

微课 7.1.20　屋顶

1. 屋顶按形式可分为哪几种?
2. 屋顶按防水材料可分为哪几种?
3. 屋顶按使用特征可分为哪几种?

知识精讲

屋顶的分类。按屋顶形式分类，可分为平屋顶、坡屋顶和其他形式的屋顶。按防水材料分类，可分为卷材或涂膜屋面、刚性防水层屋面、瓦屋面和金属板屋面。按使用特征分类，可分为保温屋面、架空屋面、蓄水屋面和种植屋面。按使用功能分类，可分为不上人屋面、上人屋面和屋顶花园（图 7-1-141）。

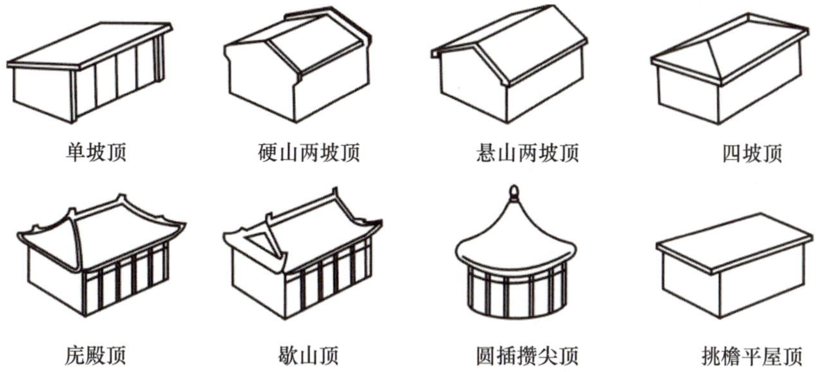

图 7-1-141　屋顶的分类

下面我们主要介绍平屋顶和坡屋顶。

一、平屋顶

平屋顶（图 7-1-142）是指屋面坡度小于 10% 的屋顶，常用坡度为 2%~5%。

平屋顶一般由屋面层、保温（隔热）层、承重结构层和顶棚层部分组成。

屋面层位于最上层，对屋顶起保护作用，面层材料应具有防水和耐侵蚀的性能，并要有一定的强度。承重结构层是屋顶的承重结构，用于承受屋面自重及屋面上所有荷载等，并将荷载传递给竖向支撑构件。保温（隔热）层位于两者之间，起保温隔热作用。顶棚层是屋顶的最底层，起到顶层房间的装饰和保护作用。

（一）平屋顶防水

根据防水材料的不同，平屋顶防水可分为柔性防水和刚性防水（图 7-1-143）。

图 7-1-142　平屋顶

图 7-1-143　平屋顶防水

1. 柔性防水

柔性防水可分为卷材防水和涂膜防水。

（1）卷材防水

卷材防水屋面是将防水卷材与胶黏剂结合在一起，形成连续致密的构造层，从而达到屋面防水的目的。按卷材类型的不同，常见有沥青卷材防水屋面、高聚物改性沥青类卷材防水屋面、高分子类卷材防水屋面。卷材防水由于防水层具有一定的延伸性和适应变形的能力，故被称为柔性防水。

卷材防水屋面较能适应温度、振动、不均匀沉陷因素的变化作用，能承受一定的水压，整体性好，不易渗漏。严格遵守施工操作规程时能保证防水质量，但施工操作较复杂，技术要求较高。卷材防水屋面适用于防水等级为Ⅰ～Ⅱ级的屋面防水。

施工中防水卷材可采用热熔法和冷粘法铺设（图 7–1–144）。

(a) 热熔法

(b) 冷粘法

图 7–1–144　防水卷材铺设方法

柔性防水细部构造介绍如下。

①泛水。

泛水指屋顶上沿所有垂直面所设的防水构造。突出于屋面之上的女儿墙、烟囱、楼梯间、变形缝、检修孔、立管等的壁面与屋顶的交接处是最容易漏水的地方，必须将屋面防水层延伸到这些垂直面上，形成立铺的防水层，称为泛水（图 7–1–145）。

一般做法为屋面防水层在与垂直墙面的交接处应留宽度为 30mm 的缝隙，以防因防水层的变形而推裂墙体，缝隙应用密封材料嵌缝。泛水处理应铺设卷材或涂膜附加层，卷材应一直铺贴到墙上，卷材收头应压入凹槽内固定密封，凹槽距屋面的最低高度不应小于 250mm。涂膜收头应用防水涂料多遍涂刷。

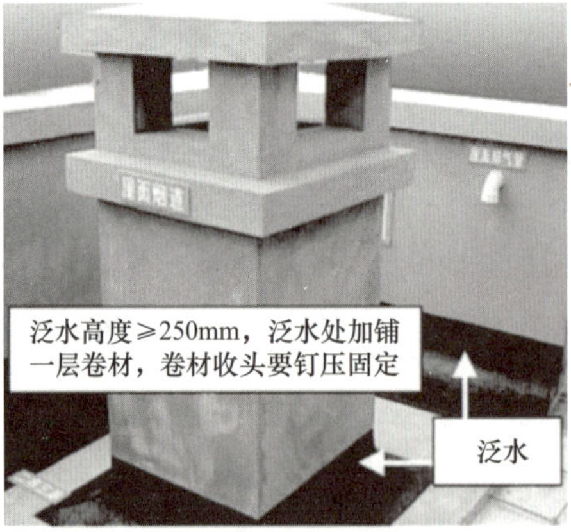

图 7–1–145　泛水

②檐口。

檐口是屋面与外墙墙身的交接部位，是屋面防水层的收头处。檐口的构造方法与其形式有关，分无组织排水檐口、有组织排水檐口、女儿墙檐口等。其构造要点一是收头处理，二是滴水线处理（图 7–1–146）。

③雨水口构造。

雨水口的类型有用于檐沟排水的直管式雨水口和女儿墙外排水的弯管式雨水口两种。雨水口在构造上要求排水通畅，防止渗漏和堵塞。防水层和附加防水层伸入水落口不小于 50mm，并应黏结牢固，同时安装铸铁篦子以防杂物流入造成堵塞（图 7–1–147）。

图 7–1–146　檐口

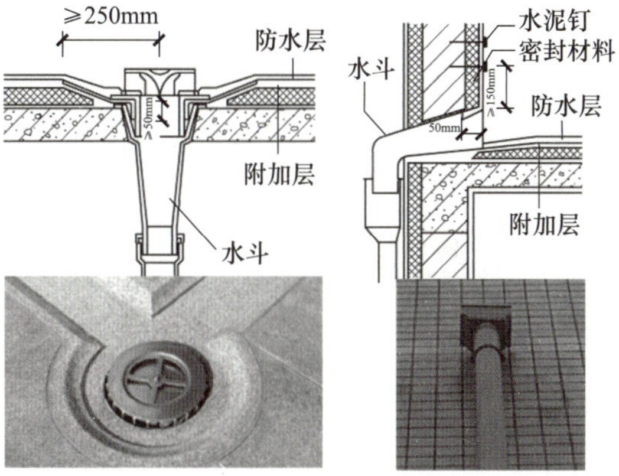

图 7–1–147　雨水口构造

④屋面检修孔构造。

不上人屋面应设检修孔。为防止雨水流入，检修孔通常做得高出屋面，孔壁可用砖立砌，也可在现浇屋面板时将混凝土上翻制成，高度一般为 300mm，然后加上盖板。检修孔的泛水处增设防水附加层，附加层在平面和立面的宽度均不应小于 250mm，防水层收头设在混凝土压顶圈下（图 7–1–148）。

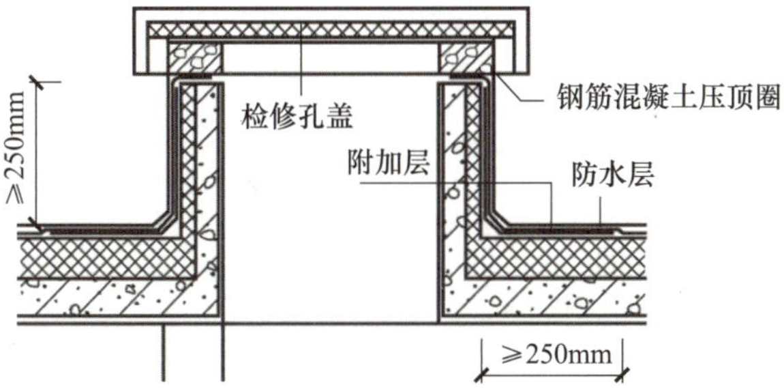

图 7–1–148　屋面检修孔构造

⑤管道出屋面构造。

管道周围的找平层应为抹出高度不小于 30mm 的排水坡，且在泛水处的防水层下加设附加层，附加层在平面和立面的宽度均应不小于 250mm，泛水高度不小于 250mm

（图 7-1-149）。

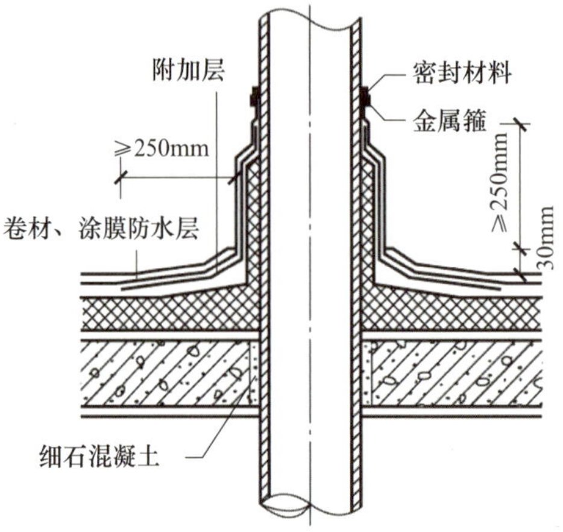

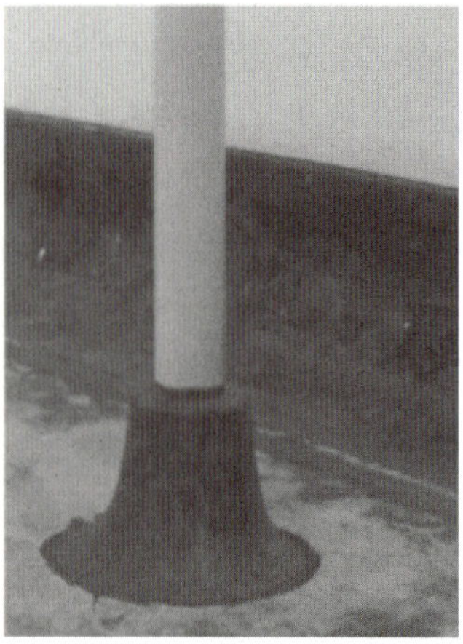

图 7-1-149　管道出屋面

（2）涂膜防水

也称为涂料防水，是在屋面基层上涂刷防水涂料，经固化后形成有一定厚度和弹性的整体涂膜层，从而达到防水目的的一种防水屋面形式。涂膜防水具有防水、抗渗、黏结力强、耐腐蚀、耐老化、延伸率大、弹性好、不延燃、无毒、施工方便的特点。

涂膜防水已广泛用于建筑各部位的防水工程中，主要适用于防水等级为Ⅲ、Ⅳ级的屋面防水，也可作为Ⅰ、Ⅱ级屋面多道防水设防中的一道防水（图 7-1-150）。

图 7-1-150　涂膜防水

涂膜防水屋面的材料主要有各种涂料和胎体增强材料两大类。

①涂料。

防水涂料的种类很多，按其溶剂或稀释剂的类型可分为溶剂型、水溶性、乳液型等类，按施工时涂料液化方法的不同则可分为热熔型、常温型等。

②胎体增强材料。

某些防水涂料（如氯丁胶乳沥青涂料）需要与胎体增强材料（即所谓的布）配合，以增强涂层的贴附覆盖能力和抗变形能力。目前，使用较多的胎体增强材料为

0.1mm × 6mm × 4mm 或 0.1mm × 7mm × 7mm 的中性玻璃纤维网格布或中碱玻璃布、聚酯无纺布等。

2. 刚性防水

根据刚性防水材料的不同，主要有普通细石混凝土防水屋面、预应力混凝土防水屋面、补偿收缩混凝土防水屋面、块材刚性防水屋面等。

与柔性防水相比，刚性防水具有材料易得、价格便宜、耐久性好、维修方便等优势，但刚性防水材料的表观密度大，抗拉强度低，易受到混凝土或砂浆的干湿变形、温度变形和结构变形的影响而产生裂缝。所以，刚性防水多用于日温差较小的我国南方地区防水等级为Ⅱ级的屋面防水，也可作为防水等级为Ⅰ、Ⅱ级的屋面多道设防中的一道防水层。

因为保温层多采用轻质多孔材料，其上不宜进行浇筑混凝土的湿作业，且刚性防水屋面要求基层变形小，铺设在较松软的基层上也很容易产生裂缝，一般只适用于无保温层的屋面。此外，刚性防水屋面也不宜用于高温、有振动和基础有较大不均匀沉降的建筑。

刚性防水细部构造介绍如下：

刚性防水屋面也需处理好泛水、天沟、檐口、水落口等细部构造，另外还应做好防水层的分隔缝构造。

分隔缝（又称分舱缝）是一种设置在刚性防水层中的变形缝，其作用有：

①大面积的整体现浇混凝土防水层受气温影响产生的温度变形较大，容易导致混凝土开裂，设置一定数量的分隔缝将单块混凝土防水层的面积减小，从而减少其伸缩变形，可有效地防止和限制裂缝的产生；

②在荷载作用下屋面板会产生挠曲变形，支承端翘起，易引起混凝土防水层开裂，如在这些部位预留分隔缝就可避免防水层开裂。

分隔缝应设置在装配式结构屋面板的支承端、屋面转折处、刚性防水层与立墙的交接处，并应与板缝对齐，纵横间距不宜大于 6m。沿女儿墙四周的刚性防水层与女儿墙之间也应设分隔缝，因为刚性防水层与女儿墙的变形不一致，所以刚性防水层不能紧贴在女儿墙上，它们之间应做柔性封缝处理，以防女儿墙或刚性防水层开裂引起渗漏。其他突出屋面的结构物四周都应设置分隔缝。

分隔缝的构造可参见图 7–1–151。并应注意：

①防水层内的钢筋在分隔缝处应断开；

②屋面板缝用浸过沥青的木丝板等密封材料嵌、填，缝口用油膏等嵌填；

③缝口表面用防水卷材铺贴盖缝，卷材的宽度为 200~300mm。

在屋脊和平行于流水方向的分隔缝处，也可将防水层做成翻边泛水，用盖瓦单边坐灰固定覆盖。

（二）平屋顶保温

寒冷地区或装有空调设备的建筑，其屋顶应设计成保温屋面。保温屋面按稳定传热原理考虑其热工计算，在稳定传热条件下，在屋面设置保温层来提高层顶热阻以防止室内热损失。

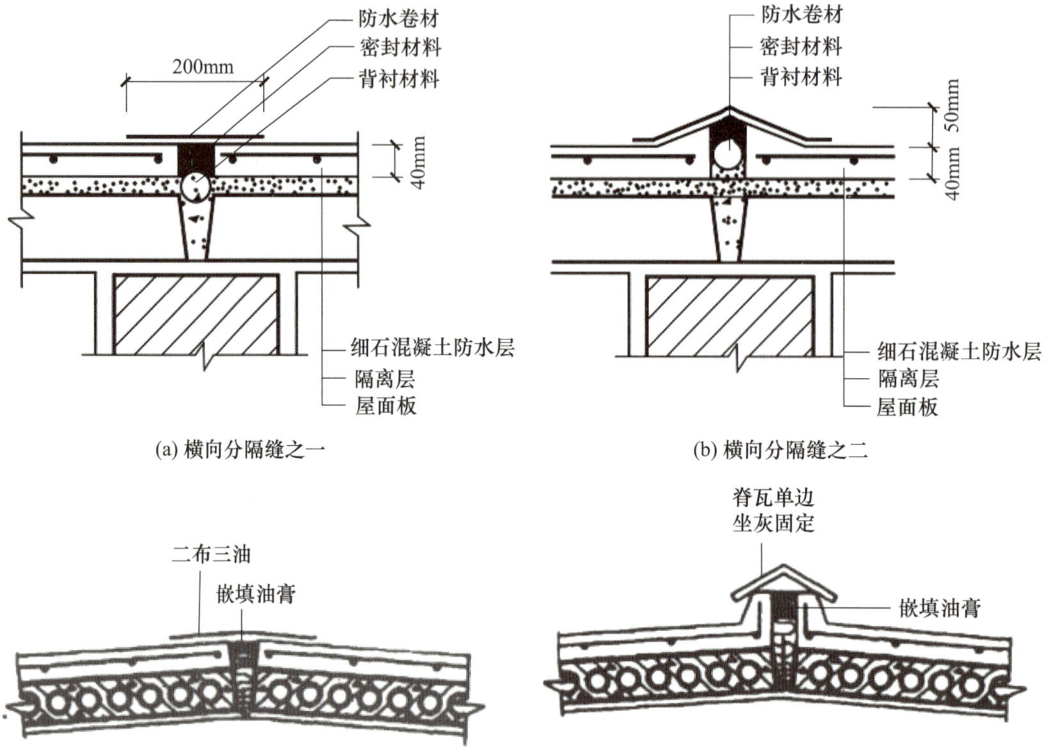

(a) 横向分隔缝之一　(b) 横向分隔缝之二

(c) 屋脊分隔缝之一　(d) 屋脊分隔缝之二

图 7–1–151　刚性防水屋面分隔缝做法

1. 保温材料

屋顶保温应按照《民用建筑热工设计规范》(GB 50176—2016)及不同地区节能标准进行设计。屋顶保温材料一般为轻质、疏松、多孔或纤维的材料，其重度不大于 10 kN/m^3，导热系数不大于 0.25W/(m · K)。屋顶保温材料(图 7–1–152)按其成分有无机材料和有机材料两种，按其形状有可散状材料、纤维材料类和整体材料类三种类型。

图 7–1–152　平屋顶保温材料

（1）松散保温材料

常用的松散材料有膨胀蛭石（粒径 3~15mm）、膨胀珍珠岩、矿棉、岩棉、玻璃棉、炉渣（粒径 5~40mm）等。

（2）整体保温材料

屋顶整体保温的做法通常是用水泥或沥青等胶结材料与松散保温材料拌和，整体浇筑在需保温的部位，所用整体保温材料有沥青膨胀珍珠岩、水泥膨胀珍珠岩、水泥膨胀蛭石、水泥炉渣等。

（3）板状保温材料

屋顶用板状保温材料有加气混凝土板、泡沫混凝土板、膨胀珍珠岩板、膨胀蛭石板、矿棉板、泡沫塑料板、岩棉板、木丝板、刨花板、甘蔗板等。有机纤维材的保温性能一般较无机板材为好，但耐久性较差，只有在通风条件良好、不易腐烂的情况下使用才较为适宜。

各类保温材料的选用应结合工程造价、铺设的具体部位、保温层是封闭还是敞露等因素加以考虑。

2. 保温层的设置

平屋顶的屋面坡度较缓，宜在屋面结构层上放置保温层。其保温层的位置有两种处理方式：正铺法和倒铺法。

（1）正铺法

保温层设在结构层之上、防水层之下，从而形成封闭式保温层，也叫内置式保温（图 7–1–153）。

（2）倒铺法

保温层设置在防水层之上，从而形成敞露式保温层，也叫外置式保温（图 7–1–154）。

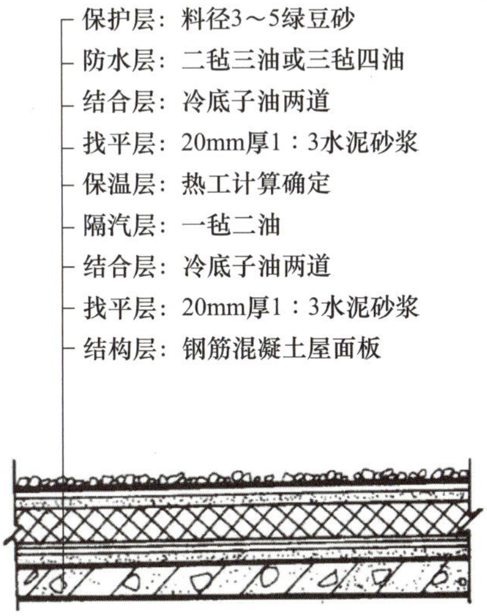

图 7–1–153　正铺法

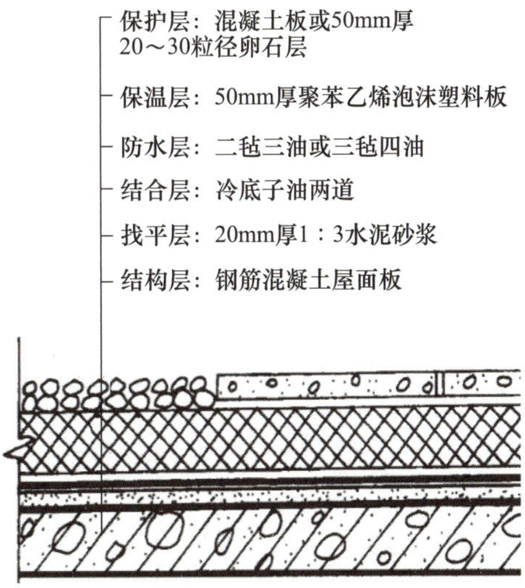

图 7–1–154　倒铺法

刚性防水屋面由于防水层易开裂渗漏，造成内置的保温层受潮失去保温作用，一般不宜设置保温层，故而保温层多设于卷材防水或涂膜防水屋面。

正铺法保温屋面，在保温层上下分别设置找平层及隔汽层。保温层上设找平层是因为保温材料的强度通常较低，表面也不够平整，其上需经找平后才便于铺贴防水卷材。保温层下设隔汽层是因为冬季室内气温高于室外，热气流从室内向室外渗透，空气中的水蒸气随热气流从屋面板的孔隙渗透进保温层，由于水的导热系数比空气大得多，一旦多孔隙的保温材料进了水便会大大降低其保温效果。同时，积存在保温材料中的水分遇热也会转化为蒸汽而膨胀，容易引起卷材防水层的起鼓。隔蒸汽层，常用做法是“一毡二油”或“一布四油”。它阻止了外界水蒸气渗入保温层，但若施工中保温材料或找平层未干透就铺设了防水层，残存于保温层中的水蒸气就无法散发出去，同样影响保温效果。

为了解决这个问题，需在保温层中设置排气道（图 7–1–155），道内填塞大粒径的炉渣，这样既可让水蒸气在其中流动，又可保证防水层的坚实牢靠。找平层内的相应位置也应留槽做排气道，并在其上干铺一层宽 200mm 的卷材，卷材用胶黏剂单边点贴铺盖。排气道应在整个屋面纵横贯通，并与连通大气的排气孔相通。排气孔的数量视基层的潮湿程度而定，一般以每 36m^2 设置一个为宜。

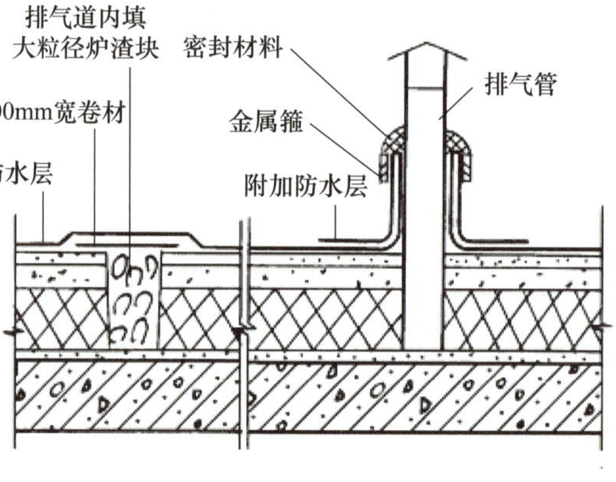

图 7–1–155　排气道构造

倒铺法保温屋面的特点是保温层做在防水层之上，对防水层起到一种屏蔽和防护的作用，不受阳光和气候变化的影响而温度变形较小，也不易受到来自外界的机械损伤。

保温材料应采用吸湿性小的憎水材料，如聚苯乙烯泡沫塑料板、聚氨酯泡沫塑料板等，不宜采用如加气混凝土或泡沫混凝土这类吸湿性强的保温材料。保温层上应铺设防护层，以防止保温层表面破损和延缓其老化。保护层应选择有一定重量、足以压住保温层的材料，使之不致在下雨时漂浮起来，可选择大粒径的石子或混凝土板做保护层，不能采用绿豆砂保护层。

倒铺法保温屋面因其保温材料价格较高，一般适用于高标准建筑的保温屋面。

3. 平屋顶的隔热

在夏季太阳辐射和室外气温的综合作用下，从屋顶传入室内的热量要比从墙体传入室内的热量多得多。在低多层建筑中，顶层房间占有很大比例，屋顶的隔热问题应予以认真考虑。

我国南方地区的建筑屋面隔热尤为重要，应采取适当的构造措施解决屋顶的降温和隔热问题。屋顶隔热降温的基本原理是：减少直接作用于屋顶表面的太阳辐射热量。常见的隔热屋面有通风隔热屋面、蓄水隔热屋面、种植屋面、反射降温屋面等。

①通风隔热屋面。

通风隔热屋面一般有架空通风隔热屋面和顶棚通风隔热屋面（图 7–1–156）。

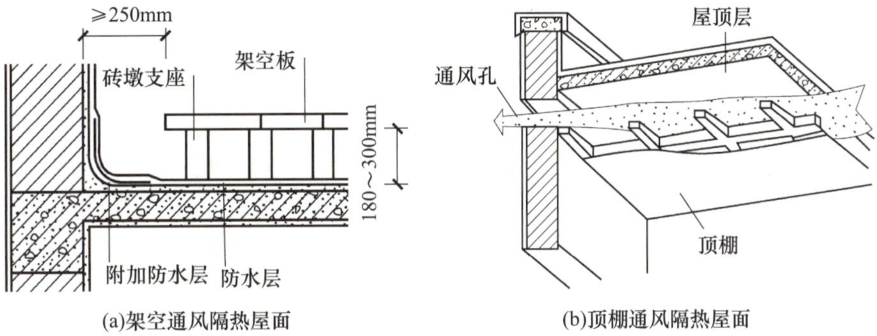

图 7–1–156　通风隔热屋面

②蓄水隔热屋面。

蓄水隔热屋面是指在屋顶设水池蓄水，利用水蒸发时需要大量汽化热的原理，大量消耗晒到屋面的太阳辐射热，以减少屋顶吸收的热能，从而达到降温隔热的目的。蓄水隔热屋面不宜在寒冷地区、地震设防地区和震动较大的建筑物上使用（图 7–1–157）。

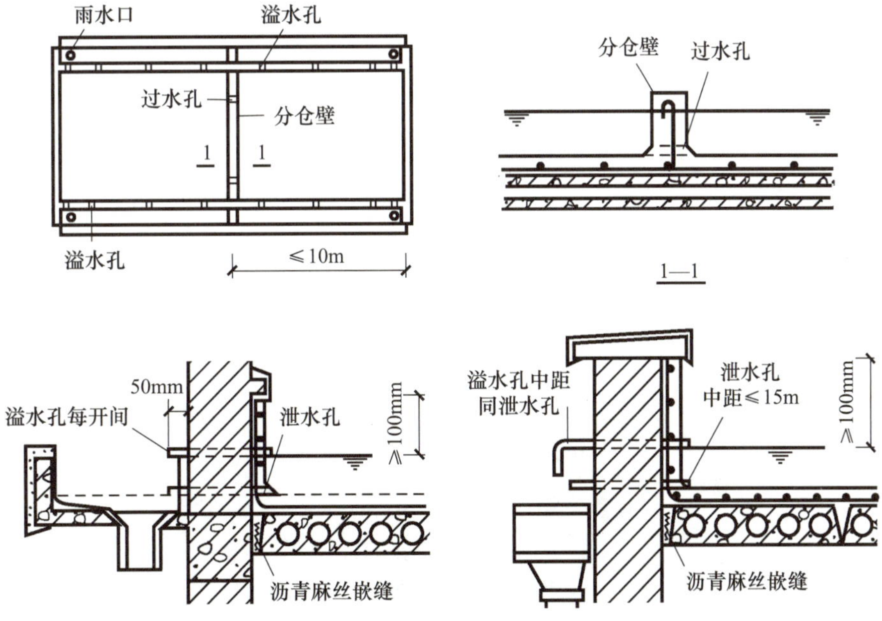

图 7–1–157　蓄水隔热屋面

二、坡屋顶

坡屋顶是指屋面坡度不小于 10% 的屋顶，传统建筑中的小青瓦和平瓦屋顶均属坡屋顶。坡屋顶在我国有着悠久的历史，且普及面大，按其坡面的数量又可分为单坡屋顶、双坡屋顶和四坡屋顶。

房屋宽度不大时可选用单坡屋顶，当房屋宽度较大时，宜采用双坡屋顶或四坡屋顶。双坡屋顶有硬山和悬山之分，硬山指房屋两端山墙高于屋面，将屋顶端部封住；悬山则指屋顶两端悬挑在山墙以外。四坡屋顶指屋顶的四面均呈倾斜的坡面，庑殿和歇山屋顶也属四坡屋顶，这是中国古代建筑特有的屋顶形式。歇山屋顶不同于庑殿之处在于屋顶两端各增加一个山花板，使屋顶外形更加富于变化。此外，还有攒尖屋顶，如圆攒尖、四角攒尖、角攒尖等（图 7-1-158）。

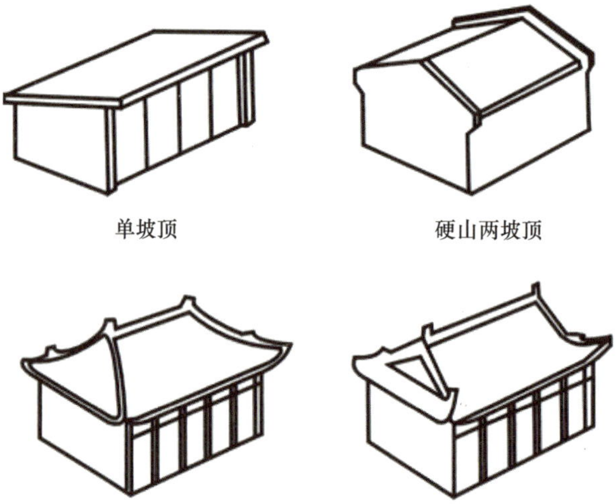

图 7-1-158　坡屋顶

坡屋顶（图 7-1-159）工程应遵循“技术可靠、因地制宜、经济适用”的设计原则，其设计内容包括屋顶防水等级、坡度的确定，屋面工程材料的选择，以及防水、排水系统设计，保温隔热设计和节能措施，通风系统设计。

图 7-1-159　坡屋顶

（一）坡屋顶的承重结构

传统坡屋顶多采用在木屋架或钢木屋架、木檩条、木望板上加铺各种瓦屋面等传统做法；现代坡屋顶多采用钢筋混凝土屋面桁架（或屋面梁）及屋面板。

坡屋顶的承重结构类型主要有横墙承重、屋架承重和梁架承重（图 7–1–160）。

1. 横墙承重

横墙间距较小的房屋，可以把横墙上部砌成三角形，直接把檩条支撑在三角形横墙上，也称为硬山搁檩。檩条可用木材、钢筋混凝土、轻钢桁架、型钢等材料。檩条的斜距不得超过 1.2m。

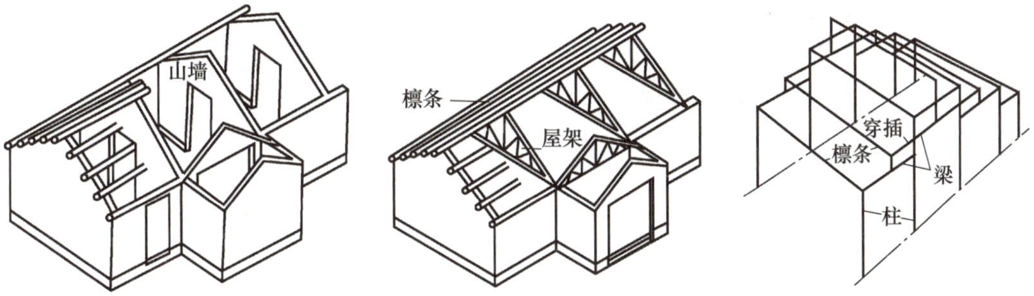

图 7–1–160　传统坡屋顶的承重结构

2. 屋架承重

当房屋内部需要较大空间时，可把部分横向山墙取消，用屋架作为承重构件。坡屋面的屋架多为三角形。屋架可选用木材、型钢制作，也可用钢木混合制作（受压杆件为木材，受拉杆件为钢材），或钢筋混凝土制作。若房屋内部有一道或两道纵向承重墙，可以考虑选用三点支承或四点支承屋架。

为了防止屋架的倾覆，提高屋架及屋面结构的空间稳定性，屋架间要设置支撑。屋架支撑主要有垂直剪刀撑和水平系杆。

3. 梁架支撑

梁架支撑是我国古代建筑传统的结构形式，由立柱、横梁组成，檩条把一排排梁架联系起来形成整体骨架，墙体只是起到维护和分隔作用，不承重，故有“墙倒，屋不塌”之称。

（二）坡屋顶的屋面结构

坡屋顶屋面一般是利用各种瓦材，如平瓦、波形瓦、小青瓦等作为屋面防水材料，其基本构造方法有冷摊瓦屋面、木望板瓦屋面和钢筋混凝土板瓦屋面（图 7–1–161、图 7–1–162）。

1. 冷摊瓦屋面

这是一种构造简单的瓦屋面，在檩条上钉断面 35mm × 60mm，中距 500mm 的椽条，在椽条上钉挂瓦条（挂瓦条间距符合瓦的标志长度），在挂瓦条上直接铺瓦。由于构造简单，冷摊瓦屋面适用于简易或临时建筑。

2. 木望板瓦屋面

在檩条或椽条上铺钉 15~20mm 厚的木望板（亦称屋顶板），木望板可采取密铺法或稀铺法（望板间留 20mm 左右宽的缝）。在木望板上铺设保温材料，再平行于屋脊方向铺卷材，用顺水条固定，再设挂瓦条并挂瓦。木望板瓦屋顶的防水、保温隔热效果较好，但耗用木材多、造价高，多用于质量要求较高的建筑中。

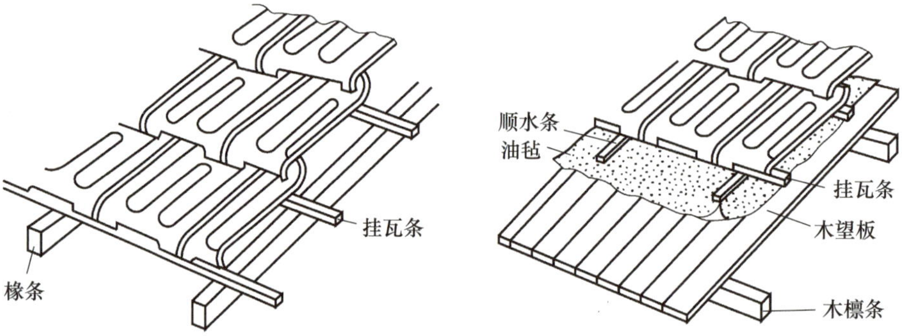

图 7-1-161　冷摊瓦屋面与木望板瓦屋面

3. 钢筋混凝土板瓦屋面

现浇钢筋混凝土坡屋顶的构造层次包括屋面瓦材、顺水条和挂瓦条、持钉层、防水垫层、保温隔热层、隔汽层、找平层、结构层等。

瓦材	沥青瓦、块瓦、波形瓦、压型金属板下设顺水条、挂瓦条
持钉层	木板、胶合板、细石混凝土
防水垫层	沥青类、高分子类、防水卷材和防水涂料
保温隔热层	硬质聚苯乙烯泡沫塑料保温板等，不宜用散状保温材料
隔汽层	乳化沥青、冷底子油底
找平层	20mm厚1：2.5水泥砂浆
结构层	钢筋混凝土屋面板

图 7-1-162　钢筋混凝土坡屋顶的屋面结构

屋面瓦材：主要包括波形瓦、沥青瓦、块瓦、压型金属板等（图 7-1-163）。

图 7-1-163　钢筋混凝土坡屋顶的屋面瓦材

（三）坡屋顶的保温构造

坡屋顶一般坡度都较大，如高跨比为 1/6~1/4，不论是双坡还是四坡，排水都较通畅，下设吊顶，保温隔热效果都较好。坡屋顶的保温层一般布置在瓦材与檩条之间或吊顶上面。

知识测评

1. 填空题

（1）平屋顶是指屋面坡度小于的屋顶，常用坡度为________。

（2）平屋顶包括________、________、隔热层、找坡层、隔汽层、________。

（3）根据防水材料的不同，平屋顶防水可分为________和________等。

（4）保温层的设置有正铺法和________两种。

2. 简答题

（1）什么是涂膜防水？

（2）什么是坡屋顶？

（3）坡屋顶的保温层一般布置在什么位置？

子任务 21　阳台和雨篷

思政导入

遮阳避雨是雨篷的基本功能，从古至今人们都渴望有一处遮风避雨的“港湾”，伴随着中国实现全面脱贫，唐代诗人杜甫的“安得广厦千万间，大庇天下寒士俱欢颜”的理想变为现实。广西凌云县地处山区，贫困程度深、危房存量多、地质环境复杂、农房改造难度大。但是在党和国家的领导下，凌云县上下团结一心坚决打赢脱贫攻坚战，攻克农村贫困群众住房安全难题，农村困难群众的“安居梦”得以实现。由此出发，本节课我们一起来学习的阳台和雨篷。

内容引导

扫描下方二维码，观看子任务配套微课和教学动画。回答问题：

微课 7.1.21 阳台和雨篷　　动画 22 阳台

1. 阳台的结构布置方式有哪些？
2. 什么是隔板式阳台？
3. 什么是挑板式阳台？

知识精讲

一、阳台

阳台是户外与户内的过渡性空间，给楼层上的居住者提供一个舒适的室外活动和休息空间，是住宅和旅馆等建筑中不可或缺的一部分。良好的建筑外观造型对改善建筑的立面效果有一定的作用（图 7–1–164）。

1. 阳台的组成

阳台主要由其承重结构的挑梁、阳台板、封口梁、围护部分的栏杆或栏板、扶手等组成（图 7–1–165）。

图 7–1–164　阳台

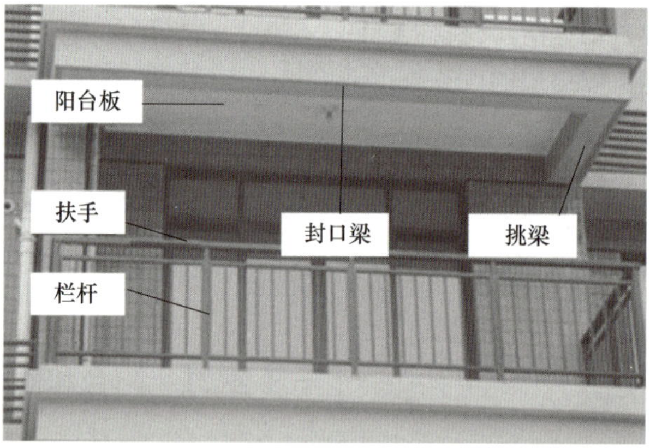

图 7–1–165　阳台的组成

2. 阳台的类型

按其与墙面的关系不同，阳台可以分为凸阳台、凹阳台和半凸凹阳台（图 7–1–166）。

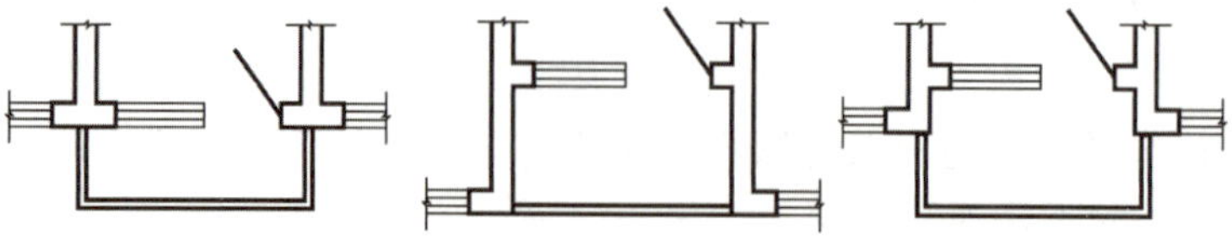

图 7–1–166　阳台的类型

3. 阳台的尺寸

阳台平面尺寸的确定涉及建筑的使用功能和结构的经济性与安全性。阳台悬挑尺寸大，则使用空间大，但遮挡室内阳光，不利于室内采光和日照；并且悬挑长度过大，在结构上不经济。一般悬挑长度以 1.2~1.5m 为宜，过小不便使用，过大则增加结构自重。阳台的宽度通常等于一个开间，以方便结构处理。

4. 阳台的结构布置

阳台的结构布置方式有搁板式、挑板式和挑梁式。

搁板式阳台：也称为墙承式阳台，其阳台板直接支承在两侧的横墙上，多用于凹阳台。搁板式阳台板现浇，与楼板的施工方法一致（图 7–1–167）。

挑板式阳台：挑板式是利用阳台板的楼板向外悬挑一部分的阳台布置方式，阳台板与房间内的现浇板整浇到一起，楼板重量构成阳台板的抗倾覆力矩。这种阳台构造简单、造型轻巧。但阳台与室内楼板在同一标高，雨水易进入室内，挑板式阳台的挑板厚度不小于挑出长度的 1/12（图 7–1–168）。

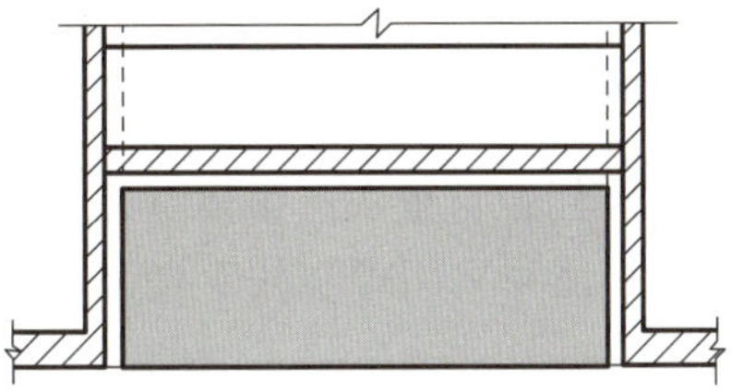

图 7–1–167　隔板式阳台

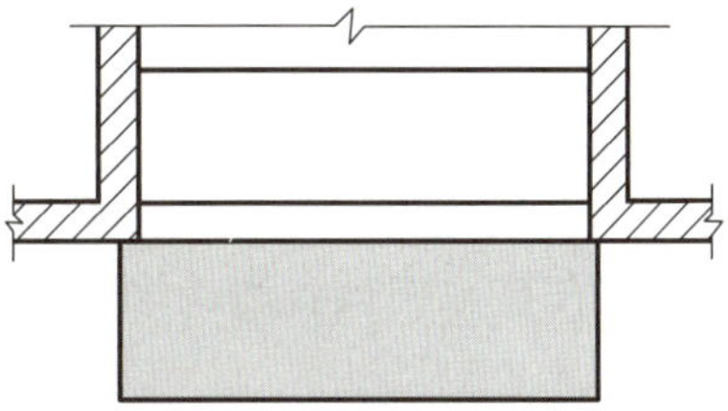

图 7–1–168　挑板式阳台

挑梁式阳台：在阳台两端外伸挑梁，其上搁置预制楼板，阳台荷载通过挑梁传给承重墙的阳台布置方式。这种结构布置简单，其传力直接、明确，施工方便，阳台板与楼板规格一致，是较常采用的一种方式（图 7–1–169）。

由于挑梁尺寸较大，阳台外形笨重，为美观起见，可在挑梁端头设置封口梁，这样既可以遮挡挑梁头，又可以承受阳台栏杆的重量，还可以加强阳台的整体性。

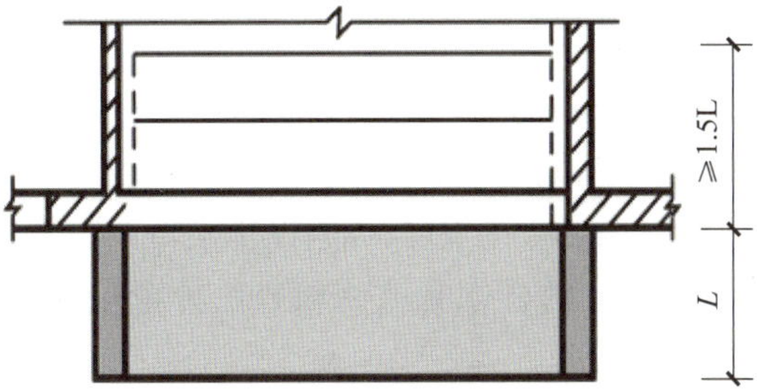

图 7–1–169　挑梁式阳台

5. 阳台栏杆和栏板构造（见动画附件）

栏杆和栏板是阳台外围设置的竖向围护构件，一方面承受人们倚扶时的侧向推力，另一方面对整个房屋有一定的装饰作用，因而其构造应满足坚固、耐久、适用和美观的要求。

为保证人身安全，栏杆和栏板的高度应大于人体重心高度，一般不小于 1.05m，高层建筑的栏杆和栏板应加高，不低于 1.1m 但不宜超过 1.2m。栏杆的垂直立杆的间距应小于 110mm。

栏杆按立面形式的不同可分为空花式、混合式和实体式之分（图 7–1–170）；按材料的不同可分为砖砌栏板、钢筋混凝土栏板和金属栏杆。

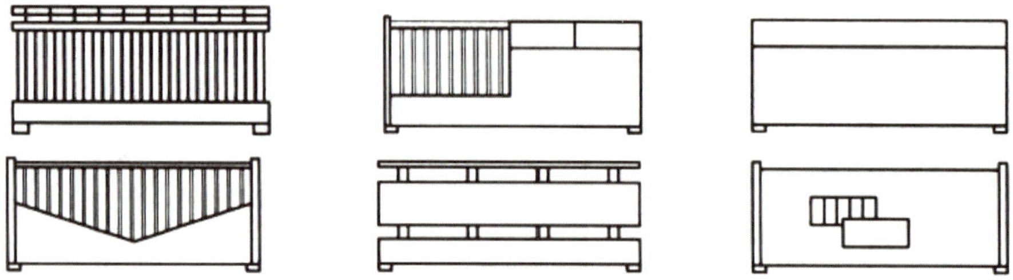

(a) 空花式　(b) 混合式　(c) 实体式

图 7–1–170　阳台栏杆类型

砖砌栏板的厚度一般为 60mm 或 120mm。由于砖砌栏板自重大、整体性差，为了保证安全，常在栏板中设置通长钢筋或在外侧固定钢筋网，并采用现浇扶手增强其整体稳定性。

钢筋混凝土栏板分为现浇和预制两种。现浇栏板的厚度为 60~80mm，用 C20 细石混凝土现浇。预制栏杆下端预埋铁件连接，上端伸出钢筋可与面梁和扶手连接，因其耐久性和整体性较好，故应用较为广泛。

金属栏杆一般采用方钢、圆钢或扁钢焊接成各种形式的镂花，与阳台板中预埋件焊接或直接插入阳台板的预留孔洞中连接。

栏杆扶手有金属和钢筋混凝土两种。金属扶手一般用 ϕ 50mm 钢管与金属栏杆焊接而成；钢筋混凝土扶手用途广泛、形式多样，一般可直接作为栏杆压顶，宽度有 80mm、120mm、160mm 等。

6. 阳台排水（见动画附件）

为避免雨水流入室内，阳台地面应低于室内地面 30mm 以上，并采取一定的排水措施。排水方式可以是外排水也可以是内排水。

外排水适用于低层和多层建筑，在阳台一侧设排水口，阳台地面向排水口做 1%~2% 的坡，排水口内埋设 ϕ 40~ ϕ 50 镀锌铜管或塑料管，外挑长度不应小于 80mm，以防雨水溅到下层阳台。

内排水适用于高层建筑和高标准建筑，在阳台内侧设置排水立管和地漏，将雨水直接排入地下管网，保证建筑物立面的美观。

阳台排水构造见图 7–1–171。

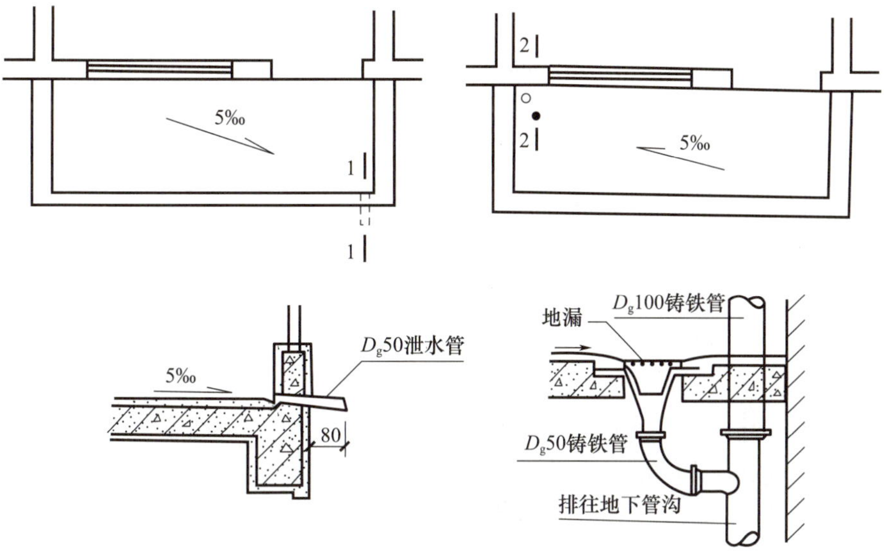

(a) 水舌排水　　(b) 雨水管排水

图 7–1–171　阳台排水构造

7. 阳台隔板

阳台隔板用于连接双阳台，有砖砌和钢筋混凝土隔板两种。砖砌隔板一般采用 60mm 和 120mm 厚两种，由于荷载较大且整体性较差，所以现多采用钢筋混凝土隔板。钢筋混凝土隔板采用 C20 细石混凝土预制板，60mm 厚，通过预埋件或预埋钢筋与其他部件相连（图 7–1–172）。

二、雨篷

雨篷是在建筑物入口大门处和顶层阳台上部延伸出来，用来遮挡雨雪、保护外门免受雨淋、防高空落物砸伤的一种建筑构件。雨篷给人们提供一个从室外到室内的过渡空间，也能起到保护门和丰富建筑立面的作用（图 7–1–173）。

图 7–1–172　阳台隔板

图 7–1–173　雨篷

雨篷的类型

见图 7–1–174。

根据雨篷板的支承方式不同，可分为悬板式和梁板式。

雨篷受力作用与阳台相似，均为悬臂构件。雨篷一般由雨篷板和雨篷梁组成。为防止雨篷发生倾覆，常将雨篷与过梁或圈梁浇筑在一起。雨篷板的悬挑长度由建筑要求决定，当悬挑长度较小时，可采用悬板式，一般挑出长度不大于 1.5m；当需要挑出长度较大时，可采用梁板式。

根据雨篷的材料和结构的不同，可分为钢筋混凝土雨篷、钢结构悬挑雨篷、玻璃采光雨篷、软面折叠多用雨篷等。

图 7–1–174　雨篷的分类

钢筋混凝土雨篷：当挑出长度较大时，由梁、板、柱组成，其构造与楼板相同；当挑出长度较小时，与凸阳台一样做成悬臂构件，一般由雨篷梁和雨篷板组成（图 7–1–175）。

图 7–1–175　钢筋混凝土雨篷

为防止雨水渗入室内，梁面必须高出板面至少 60mm 板面用防水砂浆抹面，并向排水口做出 1% 的坡度，防水砂浆应顺墙上卷至少 300mm。雨篷构造示意见图 7–1–176。

钢结构悬挑雨篷（图 7–1–177）：由支撑系统、骨架系统和板面系统三部分组成。

玻璃采光雨篷（图 7–1–178）：由阳光板、钢化玻璃做雨篷面板的新型透光雨篷。

悬挂的玻璃雨篷（图 7–1–179）：主要由悬挂臂、受力拉索、不锈钢玻璃爪件和安全玻璃组成。

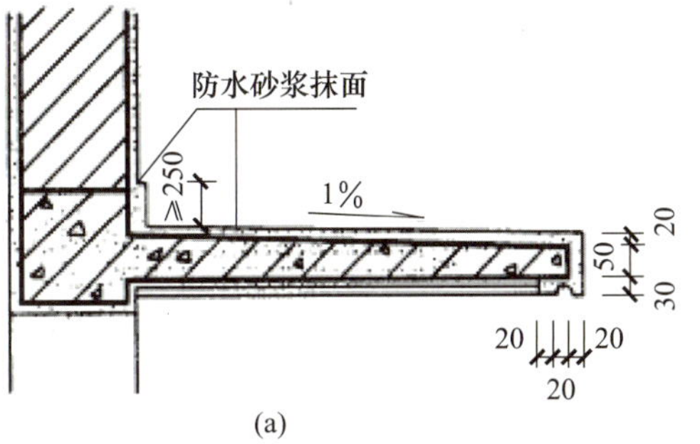

图 7-1-176　雨篷的构造

图 7-1-177　钢结构悬挑雨篷

图 7-1-178　玻璃采光雨篷

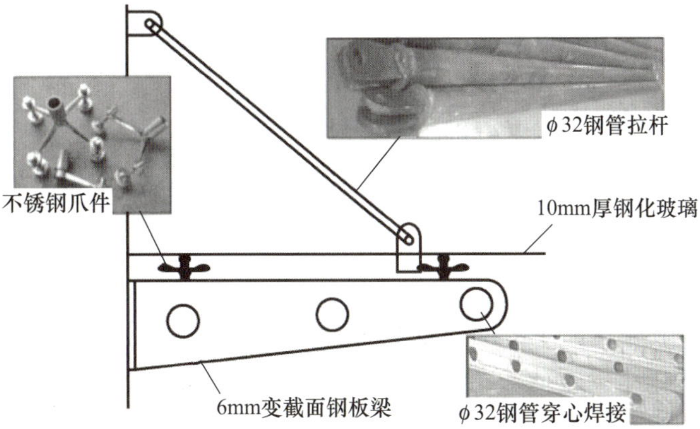

图 7-1-179　悬挂的玻璃雨篷

知识测评

1. 填空题

（1）挑梁式阳台在阳台两端设________，________上搁板。

（2）栏杆和栏板是阳台外围设置的竖向________。

（3）栏杆和栏板的高度应大于人体重心高度，一般不小于________，高层建筑的栏杆和栏板应加高，但不宜超过________。栏杆的垂直立杆的间距应小于________。

2. 简答题

（1）栏杆和栏板的作用是什么？

（2）什么是雨篷？

子任务 22　门窗

思政导入

我国古代大门形式多样，美不胜收，有为了方便院落直接的通行而在院墙上开设的随墙门，寓意团圆的月洞门和上檐柱悬于中柱穿枋上，柱上刻有花瓣莲叶等华丽的木雕的垂花门。中国对于古代建筑的保护颇为重视，经过漫长岁月，中国留存下来的老宅仍然彰显出古建筑文化的源远流长和古代工匠师傅的智慧。

内容引导

扫描下方二维码，观看子任务配套微课。回答问题：

微课 7.1.22　门窗

1. 门的作用是什么？
2. 窗的作用是什么？
3. 按开启方式不同，门可分为哪几种类型？

知识精讲

门、窗是建筑物不可缺少的两个重要的围护构件。门的作用主要是交通联系，并兼采光和通风；窗的作用主要是采光、通风及眺望。在不同情况下，门和窗还有分隔、保温、隔声、防火、防辐射、防风沙等要求。

门窗在建筑立面构图中的影响也较大，它们的尺寸、比例、形状、组合、透光材料的类型等，都影响着建筑的艺术效果（图 7-1-180）。

一、门

1. 门的类型

门的类型很多，主要可按如下方式进行分类。

图 7-1-180 门窗

（1）按开启方式分

按开启方式不同，门可分为平开门、推拉门、折叠门和转门等。

平开门：水平开启。有内开和外开、单扇和双扇之分，构造简单，开启灵活，安装维修方便。

推拉门：沿轨道左右滑行启闭。有手动和电动、单扇和双扇之分，构造较为复杂，密闭性能差。

折叠门：门扇相互折叠到洞口侧，占用空间较少，但五金件制作复杂，安装要求较高。

转门：门扇通过中间竖轴组合而成，加工、制作、安装工艺复杂，造价较高。

（2）按使用材料分

按使用材料不同，门可分为木门、钢门、钢木门、铝合金门、玻璃门及塑钢门等。

（3）按构造方式分

按构造方式不同，门可分为镶板门、夹板门、拼板门和百叶门等。

（4）按功能分

按功能不同，门可分为保温门、防火门、隔声门和防护门等。

2. 门的尺度

门的尺度通常是指门洞的高、宽尺寸。门作为交通疏散通道，门洞口宽度和高度尺寸是由人体平均高度和搬运物体（如家具、设备）尺寸以及人流数、人流量、建筑物的比例来决定的，并要符合现行《建筑模数协调标准》（GB/T 50002—2013）的规定：门的尺度宜采用 3M 模数系列，在混凝土砌块建筑中，可用 1M 为基本模数，并与砌块组合的尺寸相协调。

门的高度：一般以 300mm 为模数，特殊情况以 100mm 为模数。一般民用建筑门的高度不宜小于 2100mm。如门设有亮子，亮子高度一般为 300~600mm，门洞高度为 2400~3000mm。公共建筑的大门高度可视需要适当提高。

门的宽度：一般以 100mm 为模数，当门宽大于 1200mm 时，以 300mm 为模数。单扇门的宽度一般为 700~1000mm，双扇门一般为 1200~1800mm。门的宽度在 2100mm 以上时，宜做成三扇、四扇门或双扇带固定扇的门。辅助房间（如浴厕等）门的宽度可为 700~800mm（图 7-1-181）。

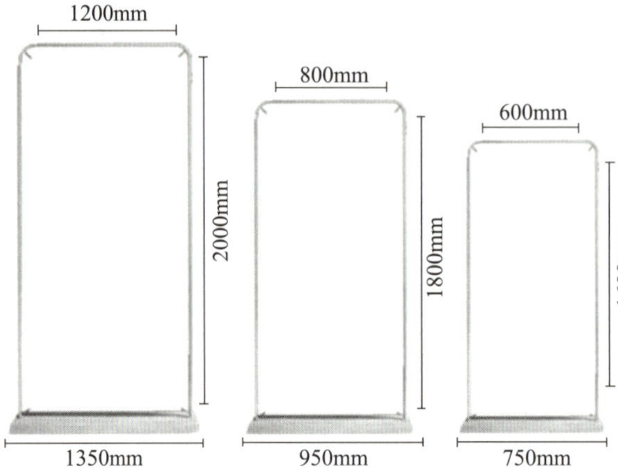

图 7-1-181 门的尺度

3. 门的组成

以木门举例。门主要由门扇、亮窗、门框和五金零件组成（图 7-1-182）。

门扇按其构造方式不同，有镶板门、夹板门、拼板门、玻璃门和纱门等类型。门扇由上、中、下冒头和边梃组成骨架，中间固定门芯板。

亮窗又称腰头窗，位于门的上方，为辅助采光和通风之用，有平开、固定及上中下悬几种，其构造与窗扇相似。

门框是门扇、亮窗与墙的联系构件，由上框、边框、中横框和中竖框组成，有时还有贴脸或筒子板等装饰构件。

五金零件通常有铰链、插销、门锁、拉手、门碰头等。

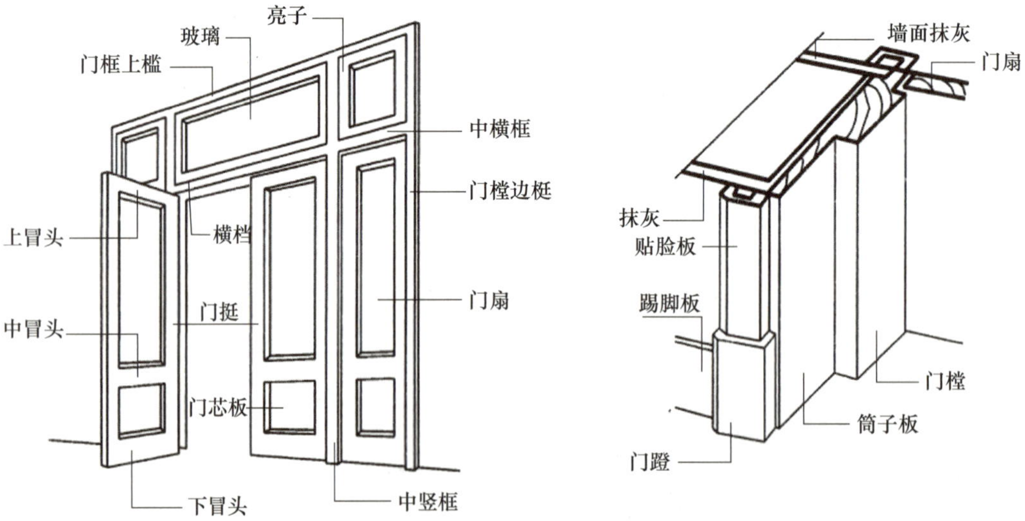

图 7-1-182 木门的组成

4. 门的安装

门框的安装根据施工方式分后塞口和先立口两种（图 7–1–183）。

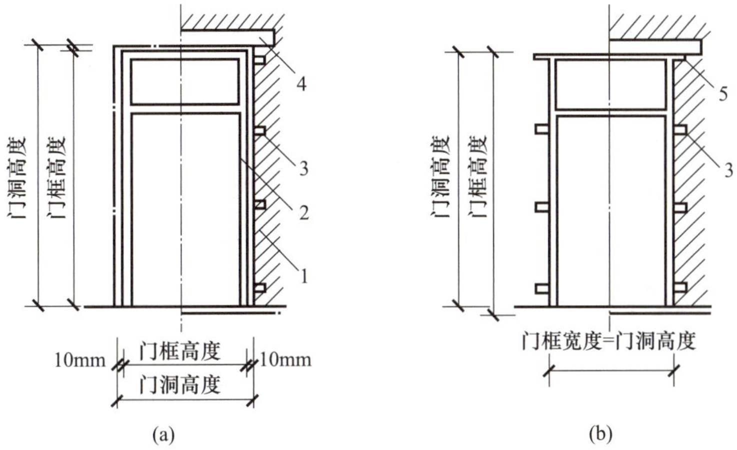

图 7–1–183　门的安装方式

门框在墙中的位置，可在墙的中间或与墙的一边平齐，一般多与开启方向一侧平齐，尽可能使门扇开启时贴近墙面（图 7–1–184）。

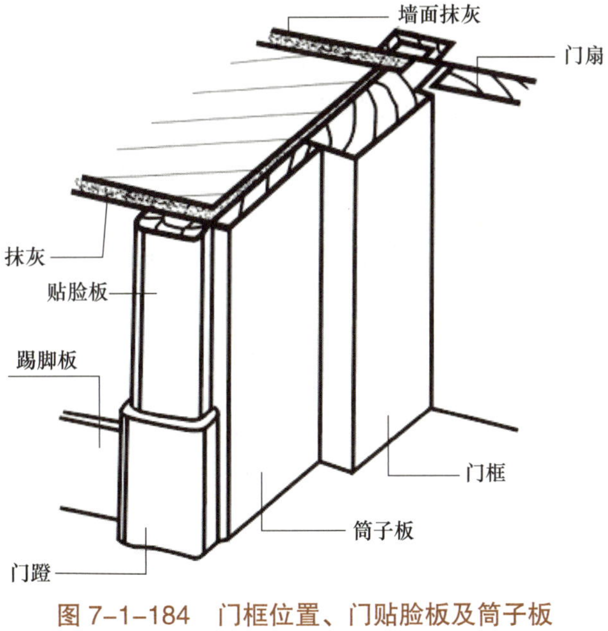

图 7–1–184　门框位置、门贴脸板及筒子板

二、窗

1. 窗的类型

（1）按开启方式分

窗的形式一般按开启方式定，窗的开启方式主要取决于窗扇铰链安装的位置和转动方式。通常根据开启方式不同，窗可分为平开窗、上悬窗、中悬窗、下悬窗、立转窗、

水平推拉窗、垂直推拉窗、固定窗等（图 7-1-185）。

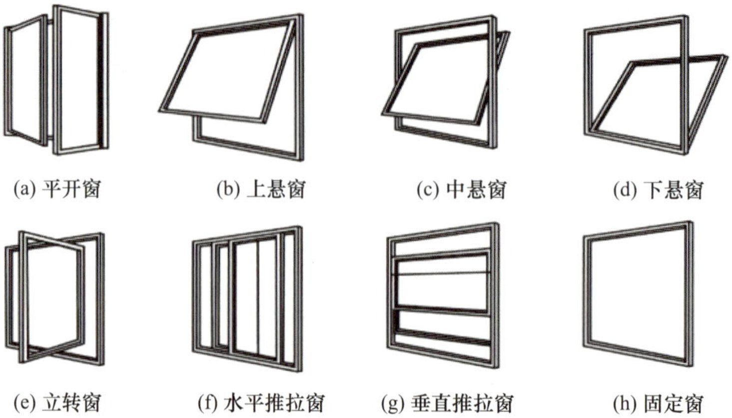

图 7-1-185　窗的分类

（2）按使用材料分

按使用材料不同，窗可分为木窗、钢窗、铝合金窗、塑钢窗等。

（3）按镶嵌材料分

按镶嵌材料不同，窗可分为玻璃窗、纱窗、百叶窗等。

2. 窗的尺度

窗的尺度（图 7-1-186）主要取决于房间的采光、通风、节能、构造做法和建筑造型及模数等要求，并要符合现行《建筑模数协调标准》（GB/T 50002—2013）中的规定。

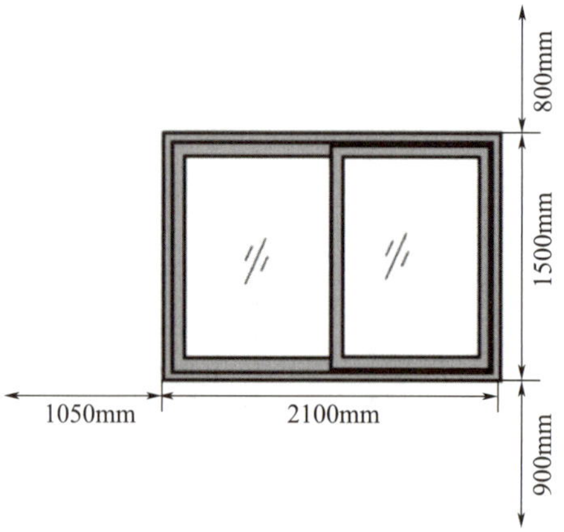

图 7-1-186　窗的尺度

一般先根据房屋的使用性质确定采光等级（分 Ⅰ ~ Ⅴ级，Ⅰ级最高，Ⅴ级最低），再根据采光等级确定具体窗地比（采光面积与房间地面面积之比）。不同房间根据使用功能的要求，有不同的窗地比，如居住房间为 1/8~1/10、教室为 1/4~1/5、会议室为 1/6~1/8、医院手术室为 1/2。走廊和楼梯间等为 1/10 以下。

窗的基本尺寸一般以 300mm 为模数，居住建筑可以 100mm 为模数。为使窗坚固耐久，一般平开木窗的窗扇高度为 800~1200mm，宽度不宜大于 500mm；上、下悬窗的窗扇高度为 300~600mm；中悬窗窗扇高不宜大于 1200mm，宽度不宜大于 1000mm；推拉窗的高宽均不宜大于 1500mm。

对一般民用建筑用窗，各地均有通用图，各类窗的高度与宽度尺寸通常采用扩大模数 3M 数列作为洞口的标志尺寸，需要时只要按所需类型及尺度大小直接选用即可。

3. 窗的组成

以木窗举例，主要由窗框、窗扇和五金件及附件组成。窗框由边框、上框、下框、中横框（中横档）、中竖框组成；窗扇由上冒头、下冒头、边梃、窗芯、玻璃等组成；窗五金件包括铰链、风钩等；附加件包括贴脸、筒子板、木压条等（图 7-1-187）。

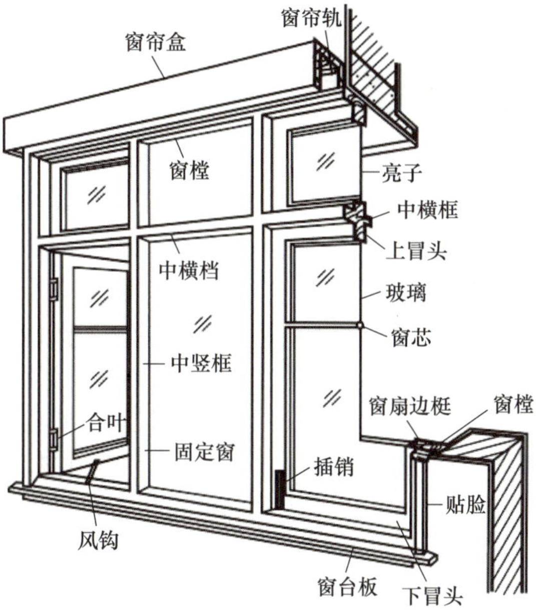

图 7-1-187　平开木门窗的组成

4. 窗的安装

窗框与门框一样，在构造上应有裁口及背槽处理，裁口亦有单裁口与双裁口之分。窗框的安装与门框一样，分后塞口与先立口两种。塞口时洞口的高、宽尺寸应比窗框尺寸大 10~20mm。

窗框在墙中的位置，一般是与墙内表面平，安装时窗框突出砖面 20mm，以便墙面粉刷后与抹灰面平。框与抹灰面交接处，应用贴脸板搭盖，以阻止由于抹灰干缩形成缝隙后风透入室内，同时可增加美观度。贴脸板的形状及尺寸与门的贴脸板相同。

当窗框立于墙中时，应内设窗台板，外设窗台。窗框外平时，靠室内一面设窗台板。

知识测评

1. 填空题

（1）一般民用建筑门的高度不宜小于________。

（2）单扇门的宽度一般为____mm，双扇门一般为____mm。门的宽度在______以上时，宜做成三扇、四扇门或双扇带固定扇的门。

（3）门主要由________、门扇、________和五金零件组成。

（4）窗主要是由________、窗扇和五金件及________组成。

2. 简答题

确定窗洞口的大小应考虑什么？

任务 2　学习装配式建筑

子任务 1　装配式混凝土结构体系概述

思政导入

生态环境保护和经济发展是辩证统一、相辅相成的，推动绿色生态发展已成为全社会的共识。发展装配式建筑符合我国绿色生态发展的总体方向，是建设领域践行绿色发展理念的重要举措，是推动行业转型升级的重要载体，有利于节约资源能源，减少环境污染，全面提升建筑质量、品质和舒适性。中国南极长城站于 1985 年建成，装配式钢结构，采用聚氨酯复合板、快凝混凝土等新材料新工艺和便于运输和施工的集成方法，是中国最早的装配式建筑之一。长城站自建站以来，经过多次扩建，现已初具规模，有各种建筑 25 座，建筑总面积达 4200m^2。其中包括办公栋、宿舍栋、医务文体栋、气象栋、通讯栋和科研栋等 7 座主体房屋，还有若干座科学用房，如固体潮观测室、地震观测室、地磁绝对值观测室、高空大气物理观测室、卫星多普勒观测室、地磁探测室等，以及其他用房，如车库、工具库、木工间，冷藏室和蔬菜库等。

下面，我们就来看一下装配式建筑是如何践行绿色发展理念，实现行业转型升级。

内容引导

扫描下方二维码，观看子任务配套微课。回答问题：

微课 7.2.1　装配式混凝土结构体系

1. 装配式建筑根据结构形式划分可分为几种？
2. 什么是装配式剪力墙结构体系？
3. 装配式混凝土框架主要由什么组成？

知识精讲

装配式建筑（图 7–2–1）如同搭积木一样，构件在工厂里生产好，直接在工地装配就可以了，效率非常高。

装配式建筑根据结构形式划分，主要可分为装配式混凝土结构、钢结构、木结构三种，其中装配式混凝土结构的建设量大约占到了 85% 以上，是应用量最大的一类结构。本节课我们主要讲解装配式混凝土结构。

装配式混凝土结构体系从结构形式角度，主要可以分为剪力墙结构、框架结构、框架 - 剪力墙结构等。

1. 装配式剪力墙结构体系

装配式剪力墙结构适用于高度较大的建筑。

装配式剪力墙结构体系是将整片的剪力墙完全预制好了以后，运到现场进行安装，运到现场以后，关键技术在于剪力墙构件之间的接缝连接形式（图 7-2-2）。

图 7-2-1　装配式建筑

图 7-2-2　装配式剪力墙

预制墙体竖向接缝基本采用后浇混凝土区段连接，墙板水平钢筋在后浇段内锚固或者搭接，预制剪力墙水平接缝处及竖向钢筋的连接主要有以下两种。

①竖向钢筋采用套筒灌浆连接，拼缝采用灌浆料填实，也就是灌浆套筒连接方式（图 7-2-3）。

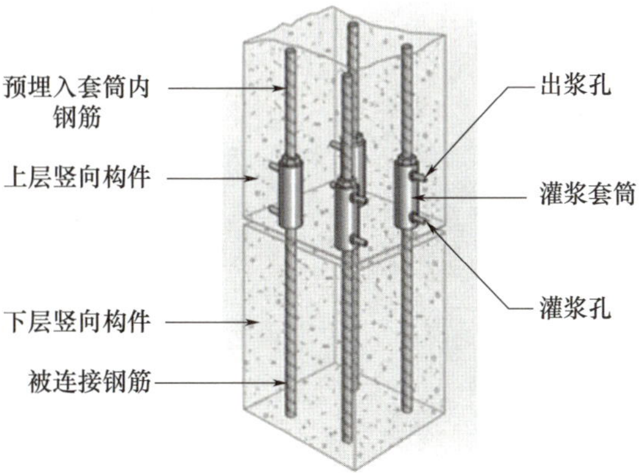

图 7-2-3　灌浆套筒连接方式

②竖向钢筋采用螺旋箍筋约束浆锚搭接连接或者金属波纹管浆锚搭接，拼缝采用灌浆料填实，也就是浆锚搭接连接方式。

浆锚搭接连接包括螺旋箍筋约束浆锚搭接连接、金属波纹管浆锚搭接连接以及其他采用预留孔洞插筋后灌浆的间接搭接连接方式（图 7–2–4）。

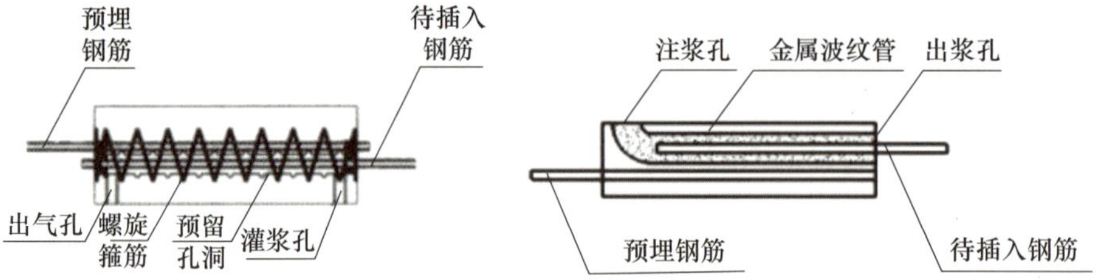

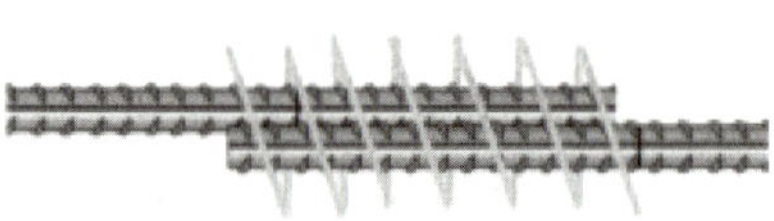

螺旋箍筋浆锚连接

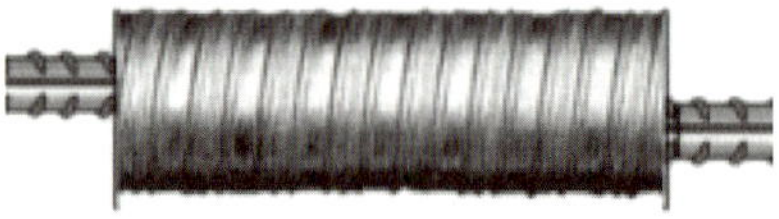

波纹管浆锚连接

图 7–2–4　浆锚搭接连接方式

2. 装配式混凝土框架结构体系

装配式混凝土框架主要由预制柱、预制梁和预制板组成。对于柱子来说，往往采用单层一节的预制方式。预制柱在工厂预制的时候，底部已经预埋有灌浆套筒，柱子吊运到现场后，下部的钢筋深入到套筒里面，然后再对套筒进行灌浆，等浆料硬化以后，就可以形成强有力的连接（图 7–2–5）。

对于预制梁，梁的下半部分是预制的，上半部分是空着的，该部分后期通过现场浇筑混凝土来完成。梁下部的钢筋往往是伸入到柱的节点区的，这是一种比较常见的做法（图 7–2–6）。

图 7–2–5　钢筋混凝土框架结构构件

图 7–2–6　预制梁

预制板和预制梁类似，下半部分预制，上半部分空着，当一个楼层的所有预制柱、预制梁和预制板全部安装到位后，在叠合板上再安装上层的钢筋网，然后浇筑混凝土，等混凝土硬化以后，则完成了楼层的建造（图 7–2–7）。

3. 装配式框架－剪力墙结构体系

装配式框架－剪力墙结构体系是框架结构与剪力墙结构二者的结合，兼有框架结构和剪力墙结构的特点，体系中剪力墙和框架布置灵活，易实现大空间，适用高度较高，可以满足不同建筑功能的要求，广泛应用于居住建筑、商业建筑、办公建筑、工业厂房等，利于用户个性化室内空间的改造（图 7–2–8）。

图 7–2–7　预制板

图 7–2–8　装配式框架－剪力墙结构体系

知识测评

1. 填空题

（1）预制墙体竖向接缝基本采用________连接，墙板水平钢筋在后浇段内锚固或者________。

（2）当一个楼层的所有预制柱、预制梁和预制板全部安装到位以后，我们还需要在叠合板上再安装上层的________，然后再浇筑，等________硬化以后，我们则完成了楼层的建造。

2. 简答题

简述预制剪力墙水平接缝处及竖向钢筋的连接方式。

子任务 2　装配式钢结构建筑

思政导入

为了抗击新冠疫情，我国参考“非典”建立小汤山医院的经验，建立雷神山医院和火神山医院。火神山医院总建筑面积 3.39 万 m^2，可容纳 1000 张床位。雷神山医院总建筑面积 7.5 万 m^2，可容纳 1600 张床位。雷神山医院和火神山医院采用钢结构箱式房装配化施工，这种装配式钢结构最大的优点是施工速度快，从方案设计到建成交付仅用了 10 天，在争分夺秒的抗疫战争中，起到了尤为关键的作用，同时也展现了中国力量、传递着万众一心的中国精神。装配式钢结构受益于政策支持，应用广度与深度都将明显增强。下面我们来学习装配式钢结构。

内容引导

扫描下方二维码，观看子任务配套微课和教学动画。回答问题：

微课 7.2.2　装配式建筑钢结构体系　　动画 23　预制装配式钢筋混凝土楼梯构造

1. 什么是装配式钢结构建筑？
2. 钢结构建筑主要应用于哪些建筑？

知识精讲

1. 装配式钢结构建筑特征

装配式钢结构建筑是指建筑的结构系统由钢构件、部品通过可靠的连接方式装配而成的建筑。装配式钢结构建筑具有安全、高效、绿色、环保、可重复利用的优势，尤其是具有良好的抗震性能、施工安装速度快、建造质量好、施工精度高、布局灵活、使用率高等特点和优势。钢结构建筑主要应用于工业建筑和民用建筑（图 7–2–9）。

图 7–2–9　装配式钢结构

2. 分类

装配式钢结构体系主要根据建筑功能、建筑高度以及抗震设防烈度等分为以下结构体系类型：钢框架结构、钢框架 – 支撑结构、钢框架 – 延性墙板结构、筒体结构、巨型结构、交错桁架结构、门式钢架结构、底层冷弯薄壁型钢结构等。

3. 结构构件生产

钢结构加工制作工艺和质量应符合现行国家标准《钢结构工程施工规范》（GB 50755—2012）和《钢结构工程施工质量验收规范》（GB 50205—2001）的规定。

钢构件一般采用焊接连接和螺栓连接，在焊接的时候采用自动焊接或半自动焊接，并应按评定合格的工艺进行焊接。用螺栓连接的时候，高强度螺栓孔宜采用数控钻床制孔和套模制孔（图 7-2-10、图 7-2-11）。

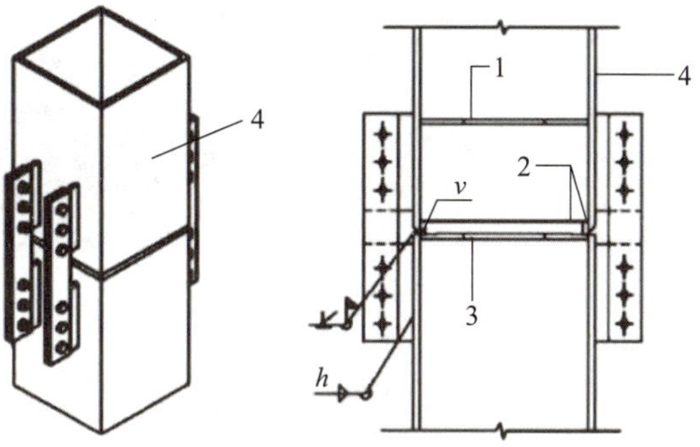

1—上柱隔板；2—焊接衬板；3—下柱顶端隔板；4—柱。

图 7-2-10　焊接连接

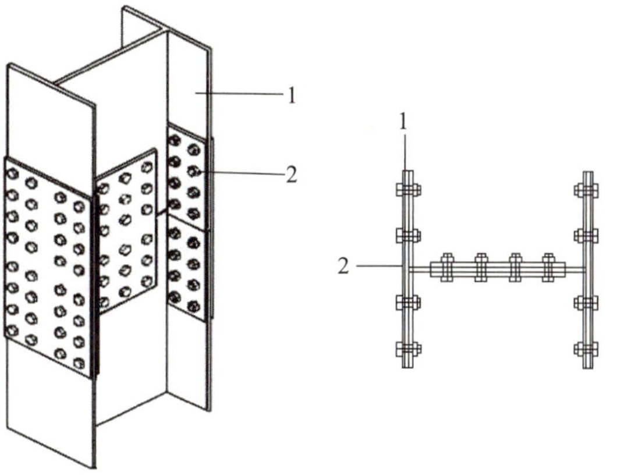

1—柱；2—螺栓。

图 7-2-11　螺栓连接

4. 外围护部品生产

预制外墙部品生产时，应符合：

①外门窗的预埋件设置应在工厂完成；

②不同金属的接触面应避免电化学腐蚀；

③蒸压加气混凝土板的生产应符合现行行业标准《蒸压加气混凝土建筑应用技术规程》（JGJ/T 17—2008）。

5. 内装部品生产

内装部品的生产加工包括深化设计、制造或组装、检测及验收。

（1）装配式钢结构建筑内装部品的生产应符合行业标准和要求，以确保其质量、安全性和功能性（图 7-2-12）。

图 7-2-12　内部部品生产

（2）生产厂家应对出厂部品中每个部品进行编码，并宜采用信息化技术对部品进行质量追溯（表 7-2-1）。

表 7-2-1　部品编码

构件名称	名称代码	备注
钢柱	GZ	
钢框柱	GKZ	
暗柱	AZ	
钢梁	GL	
钢框梁	GKL	
连梁	LL	
暗梁	AL	
边梁	BL	
吊车梁	DCL	
钢板墙	GBQ	
钢桁架	HJ	
伸臂桁架	SHJ	
环形桁架	HHJ	

（3）在生产时宜适度预留公差，并应进行标识，标识系统应包含部品编码、使用位置、生产规格、材质、颜色等信息（表 7-2-2）。

表 7-2-2　预留公差

项目		允许偏差
截面高度 h	$h<500$	±2.0
	$500<h<1000$	±3.0
	$h>1000$	±4.0
截面宽度 b		±3.0

续表

项目		允许偏差
腹板中心偏移		2.0
翼缘板垂直度△		$b/100$，且不应大于 3.0
弯曲矢高（受压构件除外）		$l/1000$，且不应大于 8.0
扭曲		$h/250$，且不应大于 4.0
腹板局部平面度 f	$t<14$	3.0
	$t \geqslant 14$	2.0

6. 包装与运输

部品部件出厂前应进行包装，保障部品部件在运输及堆放过程中不破损、不变形（图 7-2-13）。

图 7-2-13　构件运输

对超高、超宽、形状特殊的大型构件的运输和堆放应制定专门的方案。

运输车装卸与运输时应符合：

①装卸时应采取保证车体平衡的措施；

②应采取防止构件移动、倾倒、变形等的固定措施；

③运输时应采取防止部品部件损坏的措施，对构件边角部或链索接触处宜设置保护衬垫。

知识测评

1. 填空题

（1）钢构件一般采用焊接连接和________，在焊接的时候采用自动焊接或________，并应按评定合格的工艺进行焊接。

（2）内装部品的生产加工包括________、制造或组装、检测及________。

2. 简答题

（1）外围护部品生产时，应符合什么要求？

（2）运输车在装卸与运输钢构件时，应符合什么要求？

扫描下方二维码，获取拓展内容。

动画 24　单层工业厂房

模块 8

房屋建筑工程施工图

思维导图

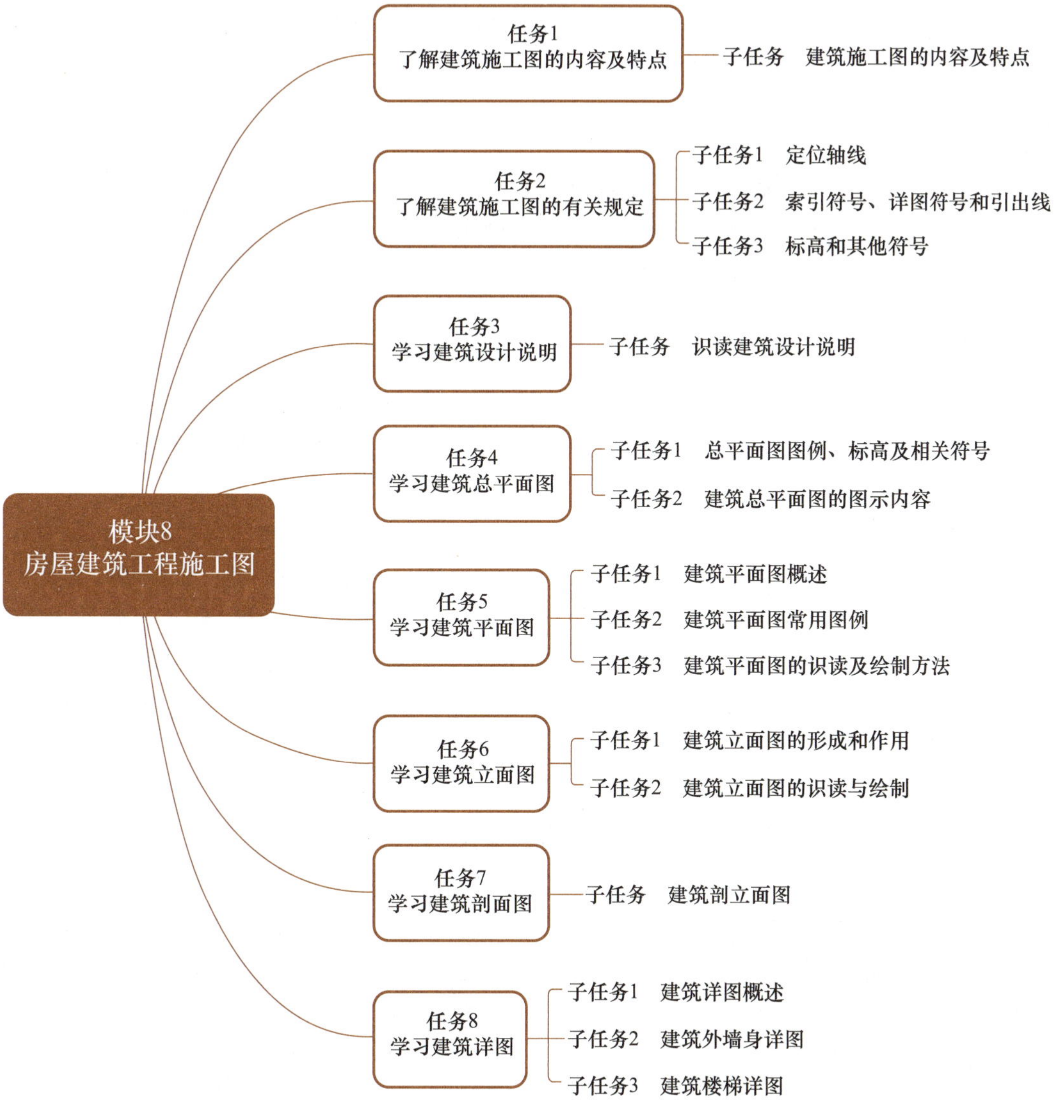

任务1　了解建筑施工图的内容及特点

子任务　建筑施工图的内容及特点

思政导入

《中华人民共和国建筑法》第58条规定，建筑施工企业对工程的施工质量负责。建筑施工企业必须按照工程设计图纸和施工技术标准施工，不得偷工减料。工程设计的修改由原设计单位负责，建筑施工企业不得擅自修改工程设计。

遵纪守法是每个公民应尽的义务和责任，在自己从事的行业领域内，我们要遵守与职业活动相关的法律法规和职业纪律。从《建筑法》中我们能够得知施工图纸的重要性，接下来我们就来了解一下建筑施工图吧。

内容引导

扫描右方二维码，观看子任务配套微课。回答问题：

1. 一套完整的建筑工程施工图，应该包括哪些内容呢？
2. 建筑工程施工图有哪些特点？

微课 8.1.1　建筑施工图的内容及特点

知识精讲

建造房屋要经过两个基本过程：设计和施工。设计时需要把想象中的建筑物用图形表示出来，这种图形统称为建筑工程施工图。建筑工程施工图是用来反映房屋的功能组合、房屋内外貌和设计意图的图样。

1. 建筑工程施工图的内容

一套完整的房屋建筑工程施工图，根据其专业内容或作用的不同，一般包含建筑施工图、结构施工图、设备施工图、建筑装饰装修施工图。

根据《房屋建筑制图统一标准》(GB/T 50001—2017)的规定，工程图纸应按专业顺序编排，一般应为图纸目录、设计总说明、总平面图、建筑施工图、结构施工图、设备施工图、建筑装饰装修施工图等。

(1) 图纸目录

包括图纸的分类、编号及排序内容（表8-1-1）。

表8-1-1　图纸目录

图号	图名及图纸内容	图幅	图号	图名及图纸内容	图幅
建施01	首页图（设计说明等）	A2	结施01	基础平面图、基础详图	A2
建施02	总平面图	A2	结施02	楼面、屋面结构平面图	A2
建施03	底层平面图、标准层平面图	A2	结施03	梁、板、柱结构详图	A2
建施04	屋面平面图	A2	水施01	给排水平面布置图	A2

续表

图号	图名及图纸内容	图幅	图号	图名及图纸内容	图幅
建施 05	①～⑦、⑦～①立面图	A2	水施 02	给排水系统图	A2
建施 06	1—2、2—2 剖面图	A2	电施 01	设备材料图	A2
建施 07	楼梯间详图	A2	电施 02	照明平面布置图	A2
建施 08	厨房、卫星间详图	A2	电施 03	照明配电系统图	A2
建施 09	墙身剖面详图、阳台详图	A2	讯施 04	闭路电视及电话配线图	A2

（2）设计总说明

设计总说明共包括：施工图的设计依据、本工程项目的设计规模及建筑面积、工程项目的相对标高与总图绝对标高的对应关系、建筑材料的用料说明、室内外装饰装修说明、新技术、新材料或有特殊要求做法说明、门窗表。

（3）总平面图

总平面图（图 8–1–1）是新建房屋在基地范围内的总体布置图，是新建房屋范围内的水平正投影图。它反映新建房屋的平面形状、位置、尺寸、标高、层数、朝向及其与周围原有建筑及道路、河流、地形等的关系。它是新建房屋定位、施工放线、土石方施工、现场布置的依据。

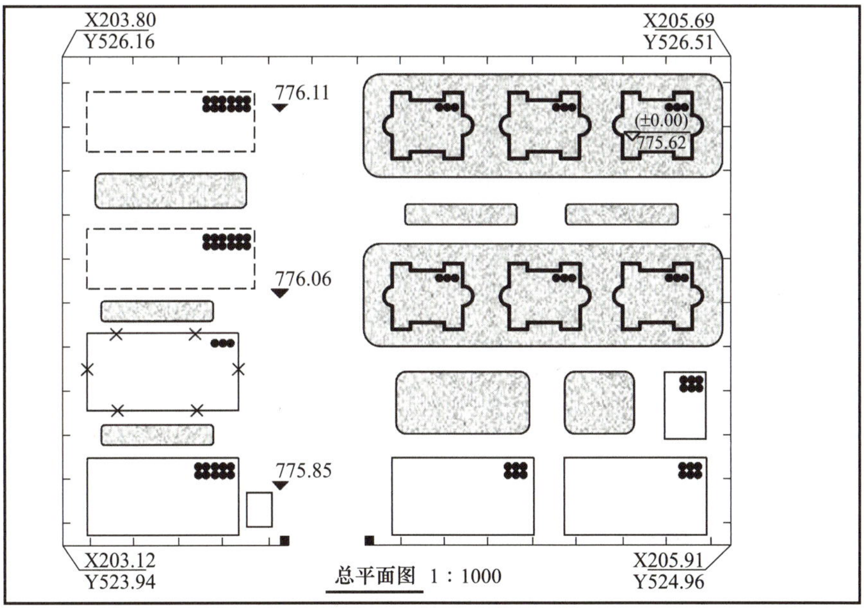

图 8–1–1　总平面图

（4）建筑施工图

简称建施，建筑施工图（图 8–1–2、图 8–1–3）主要表明建筑物的总体布局、外部造型、内部布置、细部构造、内外装饰等情况。它包括首页、总平面图、平面图、立面图、剖面图和详图等。

（5）结构施工图

简称结施，结构施工图（图 8–1–4）主要表明建筑物各承重构件的布置、形状尺寸、所用材料及构造做法等内容。它包括首页、基础平面图、基础详图、结构平面布置图、钢筋混凝土构件详图、节点构造详图等。

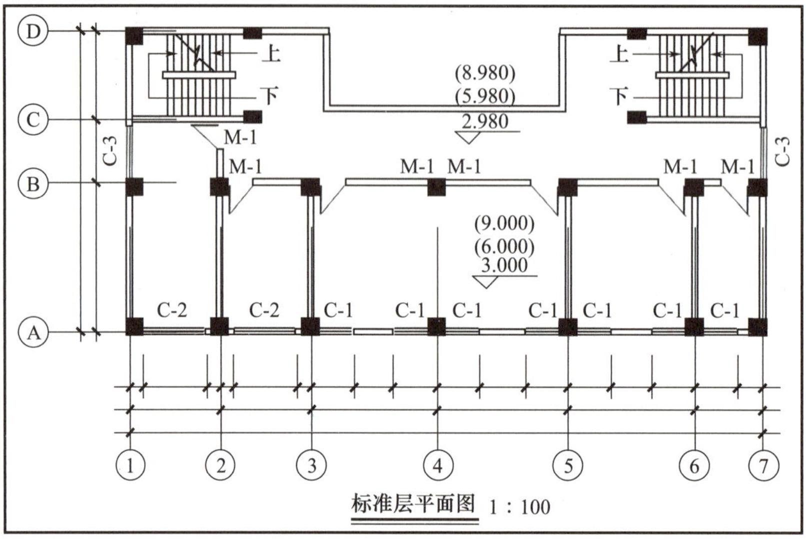

图 8–1–2　平面图

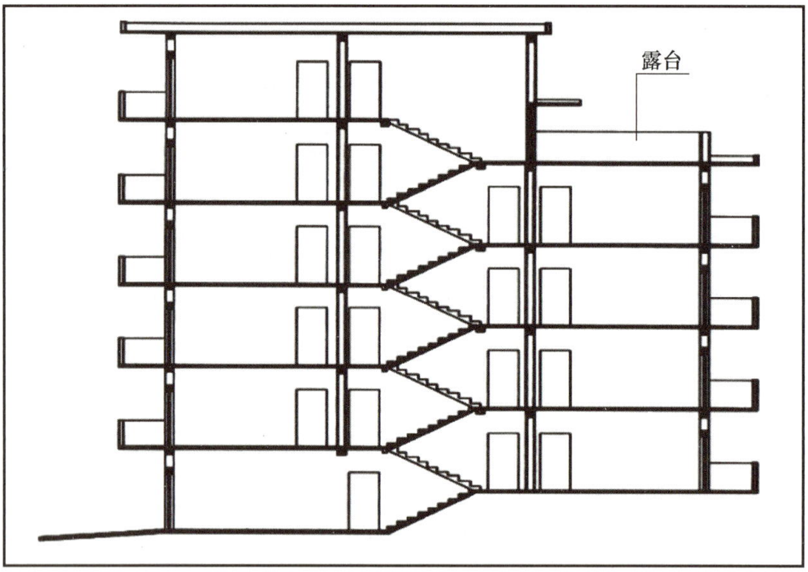

图 8–1–3　剖面图

（6）设备施工图

简称设施，设备施工图（图 8–1–5）是表明建筑工程各专业设备、管道及埋线的布置和安装要求的图样。它包括给水排水施工图、采暖通风施工图、电气施工图等。它们一般都由首页、平面图、系统图、详图等组成。

（7）建筑装饰装修施工图

简称装施，建筑装饰装修施工图（图 8–1–6）是反映建筑物室内外装饰装修设计施工要求的图样。

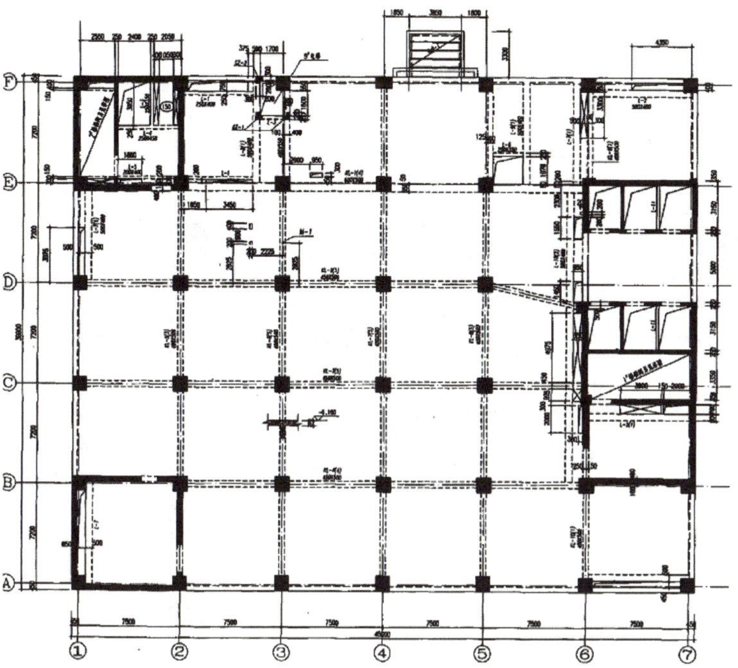

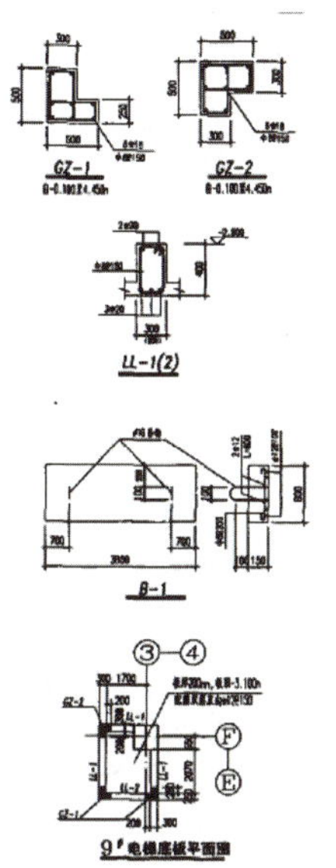

附注：
1.混凝土：C30；钢筋：HPB235 (中)，HRB335 (中)
2.板均为200mm厚，板顶标高除注明外均为-0.100m。
3.框架梁除注明外均轴线居中。
4.墙柱配筋及平面布置另见详图。
5.图中有　示意处楼板钢筋照常通过，待管道安装完毕后用C35补偿收缩混凝土浇筑。
6.M-1做法见总说明。
7.其余说明见结构设计总说明

图 8-1-4　结构施工图

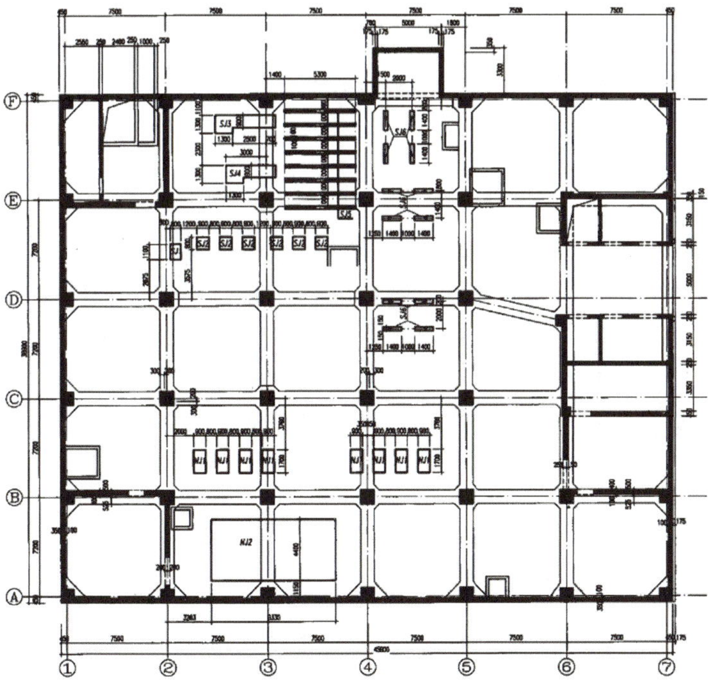

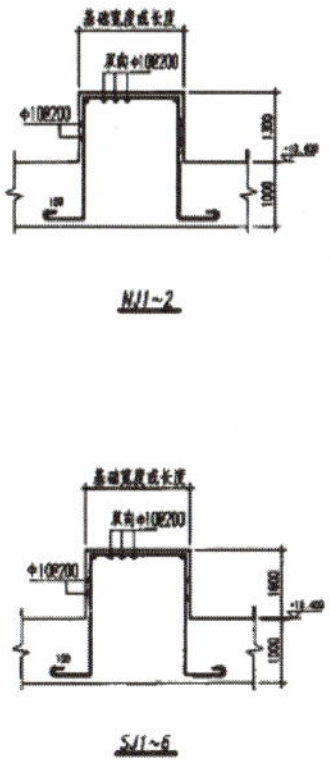

附注：
1.设备基础混凝土：C20
2.设备基础均须待设备到货尺寸核对无误后方可施工，土建施工时可预留插筋
3.本图应配合设备专业图纸施工。

地下室设备基础图

地下室设备基础图	图集号	04G103

图 8-1-5　设备施工图

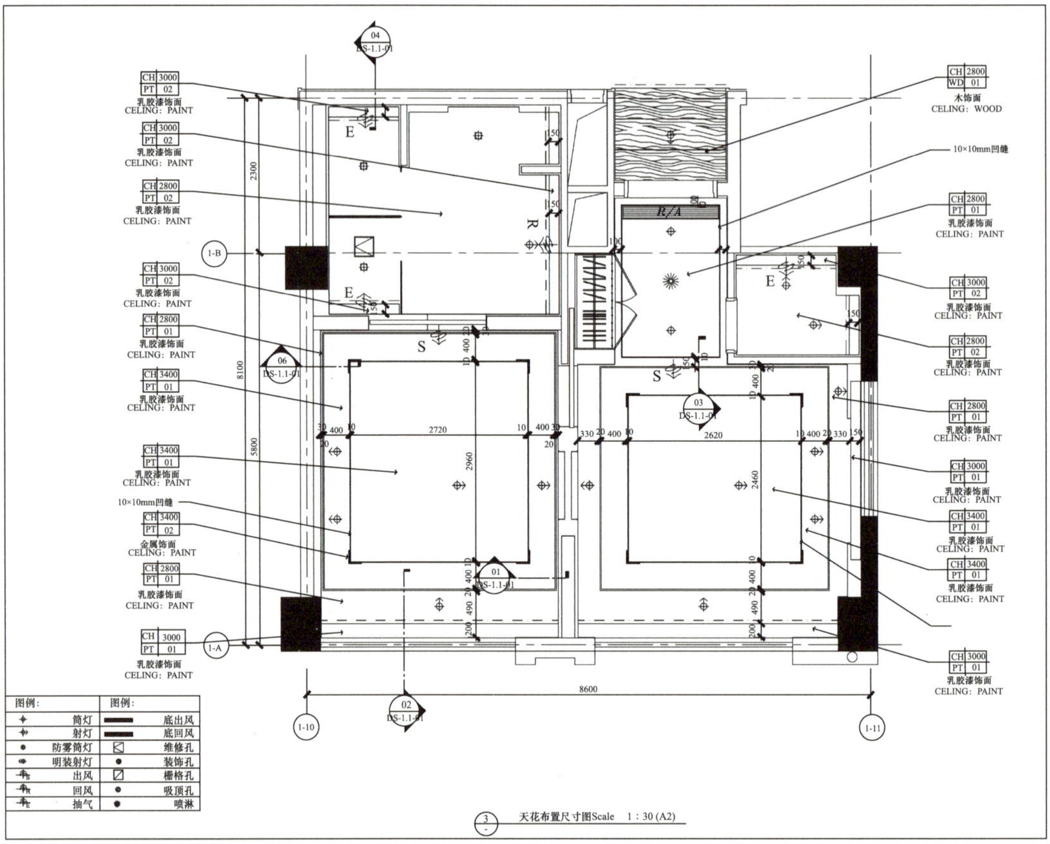

图 8-1-6 建筑装饰装修施工图

2. 建筑工程施工图的特点

其特点如下：

①施工图的图样主要根据正投影法绘制，故应符合正投影的投影规律；

②施工图的绘制比例根据图样的内容及复杂程度进行选择，同一幅图纸中可以出现不同比例的图样；

③施工图的各种图例和符号，根据国家标准的规定绘制；

④施工图中的尺寸，除标高和总平面图以 m 为单位外，其他均以 mm 为单位，尺寸数字后不标注尺寸单位。

知识测评

1. 填空题

（1）图纸目录包括________、________及________。

（2）建筑施工图主要表明建筑物的__________、__________、__________、__________、__________等情况。

（3）设备施工图主要包括________、________、________等。

2. 简答题

（1）设计总说明包括什么内容?

（2）设备施工图的作用是什么?

任务 2　了解建筑施工图的有关规定

子任务 1　定位轴线

思政导入

前后花了 26 年的时间，北斗人研发芯片开发系统，打造出全球最精确的导航系统。2020 年 6 月 23 日，北斗三号第 55 颗卫星顺利进入预定轨道，中国人迎来属于自己的全球定位系统。截至 2022 年 7 月，全球已有 137 个国家和地区与北斗系统签订了合作协议。北斗导航系统精确度可以达到 20cm 以内，远超美国的 GPS。值得一提的是，北斗系统自带短报文通信功能，极端条件下手机无法使用时，可以利用该功能与外界取得联系，这也是 GPS 不具备的。北斗系统提供服务以来，已在交通运输、农林渔业、水文监测、气象测报、通信授时、电力调度、救灾减灾、公共安全等领域得到广泛应用，服务国家重要基础设施，产生了显著的经济效益和社会效益。

北斗系统秉承“中国的北斗、世界的北斗、一流的北斗”发展理念，为服务全球、造福人类贡献中国智慧和力量。北斗系统为经济社会发展提供重要时空信息保障，是中国改革开放 40 余年来取得的重要成就之一，是新中国成立 70 多年来重大科技成就之一，是中国贡献给世界的全球公共服务产品。北斗导航系统的建立也证明了我国综合国力的日益强盛。那么同学们知道在建筑工程制图中，我们用什么对建筑定位吗?

内容引导

扫描下方二维码，观看子任务配套微课。回答问题：

微课 8.2.1　定位轴线

1. 定位轴线是用什么线来绘制呢?
2. 定位轴线的作用是什么呢?

知识精讲

房屋建筑工程施工图的绘制应遵循《房屋建筑制图统一标准》（GB/T 50001—2017）

及《建筑制图标准》（GB/T 50104—2010）等标准的有关规定。其中主要包括：定位轴线、索引符号、详图符号及引出线、标高和其他符号。我们用于定位建筑构件的正是定位轴线（图 8–2–1）。

房屋的主要承重构件，如墙、柱、梁等，均用定位轴线确定基准位置。定位轴线应用细单点长画线绘制，并进行编号，以备设计或施工放线使用（图 8–2–2）。

1. 定位轴线的编号顺序

制图标准规定，平面图定位轴线的编号，宜标注在下方与左方。横向编号应用阿拉伯数字从左至右顺序编写，竖向编号应用大写拉丁字母，从下至上编写。编号应注写在轴线端部的圆内，圆应用细实线绘制，直径为 8~10mm。线型采用细单点长画线（图 8–2–3）。

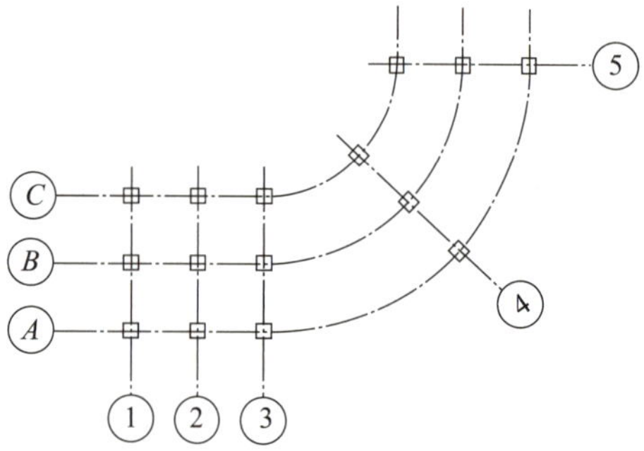

图 8–2–1　定位轴线

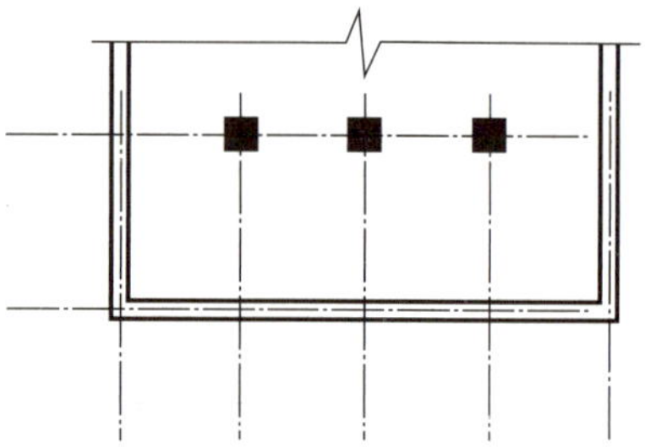

图 8–2–2　定位轴线线型

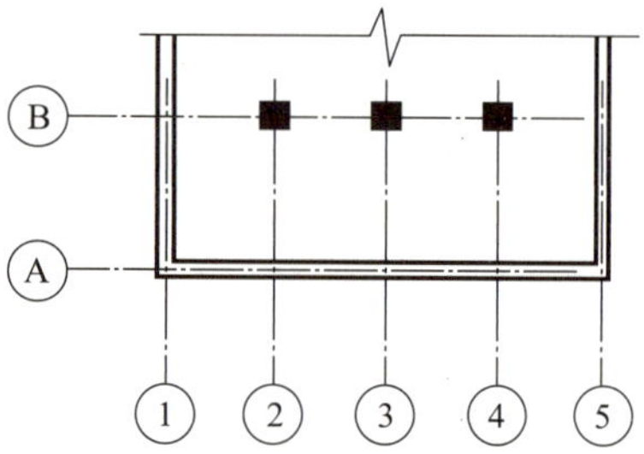

图 8–2–3　轴线编号

拉丁字母的 I、O、Z 不得作为轴线编号，以免与数字 1、0、2 混淆。如字母数量不够使用，可增加双字母或单字母加数字注脚，如 AA，BA，或 A_1、B_1，等等。

2. 标注位置

图样对称时，一般标注在图样的下方和左侧；图样不对称时，以下方和左侧为主，上方和右方也要标注。

3. 附加定位轴线的编号

附加定位轴线的编号是在两条轴线之间，遇到较小局部变化时的一种特殊表示方法。附加定位轴线的编号，应以分数形式表示，并按下列规定编写。

（1）两根轴线间的附加轴线，应以分母表示前一轴线的编号，分子表示附加轴线的编号，编号宜用阿拉伯数字顺序书写

（2）若在 1 号轴线或 A 号轴线之前的附加轴线时，分母应以 01 或 0A 表示

$\frac{1}{2}$ 表示 2 号轴线之后附加的第一根轴线。

$\frac{3}{C}$ 表示 C 号轴线之后附加的第三根轴线。

$\frac{1}{01}$ 表示 1 号轴线之前附加的第一根轴线。

$\frac{1}{0A}$ 表示 A 号轴线之前附加的第三根轴线。

4. 一个详图适用于几根定位轴线的表示方法

一个详图适用于几根定位轴线时，应同时注明各有关轴线的编号（图 8-2-4）。

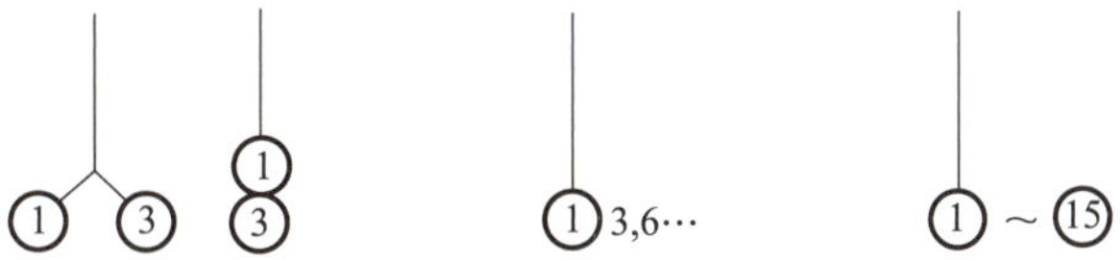

图 8-2-4　一个详图适用于几根定位轴线

5. 通用详图中的定位轴线表示方法

对于通用详图来说，定位轴线应只画圆，不注写轴线编号（图 8-2-5）。

图 8-2-5　通用详图中的定位轴线

知识测评

1. 填空题

（1）房屋建筑工程施工图的绘制应遵循《房屋建筑制图统一标准》（GB/T 50001—2017）及《建筑制图标准》（GB/T 50104—2010）等国标的有关规定，其中主要包括________、________、________、________。

（2）制图标准规定，平面图定位轴线的编号，宜标注在下方与左方。横向编号应用________从左至右顺序编写，竖向编号应用大写________，从下至上编写。

2. 选择题

（1）建筑制图中定位轴线用（　　）来绘制。

A. 双点长画线

B. 细单点长画线

C. 细实线

（2）建筑制图中轴线圈直径为（　　）。

A. 8~10mm

B. 12~14mm

C. 14~16mm

（3）拉丁字母的（　　）不得作为轴线编号。

A. I、O、Z

B. I、L、O

C. I、O、S

子任务 2　索引符号、详图符号和引出线

思政导入

北京中信大厦占地面积 11478m^2，总建筑面积 43.7×10^4m^2，其中地上 35×10^4m^2，地下 8.7×10^4m^2，建筑总高 528m，建筑层数地上 108 层、地下 7 层，可容纳 1.2 万人办公，集甲级写字楼、会议、商业、观光以及多种配套服务功能于一体。无论是“中国尊”的外形，还是竹编的机理，抑或“孔明灯”及 CBD 核心之门户整体城市设计的空间意向，无一不在说明这是一座源于中国文化、立足于中国首都、体现北京未来的新建筑。

中国的文化源远流长，体现在建筑中也是意境深远，同学们，如果把中信大厦的施工图给你，你能从中了解到多少信息呢？图纸中是否需要某些特殊符号方便我们读图呢？

内容引导

扫描下方二维码，观看子任务配套微课。回答问题：

微课 8.2.2　索引符号、详图符号和引出线

1. 索引符号的作用是什么？
2. 多层构造共用引出线有哪些特点？

知识精讲

1. 索引符号

图样中的某一局部或构件，如需另见详图，为了读图方便，应在图中的相应位置以索引符号索引。

（1）索引符号如用于索引剖视详图

应在被剖切的部位绘制剖切位置线，并以引出线引出索引符号，引出线所在的一侧应为投射方向线（图 8-2-6）。

（2）索引符号如用于索引图样某局部进行放大的索引

一般用虚线框选需索引的部位并以引出线引出索引符号（图 8–2–7）。

（3）索引符号是由直径为 8~10mm 的圆和水平直径组成

圆及水平直径均以细实线绘制（图 8–2–8）。

（4）索引出的详图

如与被索引的详图同在一张图纸内，应在索引符号的上半圆中用阿拉伯数字注明该详图编号，并在下半圆中间画一段水平细实线（图 8–2–9）。

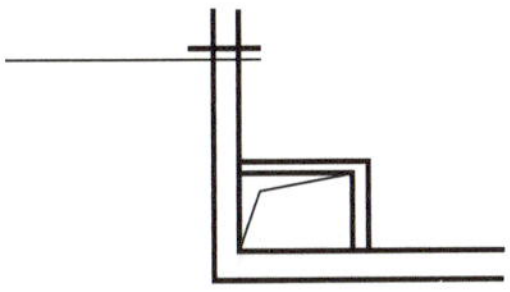

图 8–2–6　剖视详图中的索引

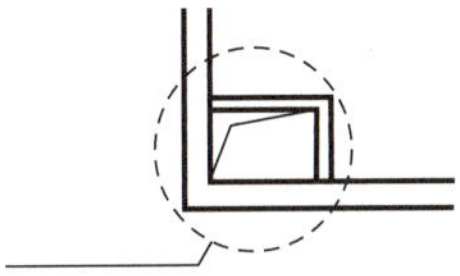

图 8–2–7　局部放大的索引

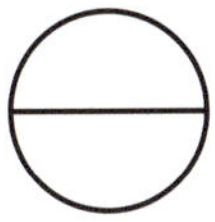

图 8–2–8　索引符号绘制要求

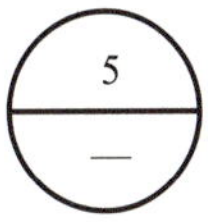

图 8–2–9　与被索引的详图在一起的索引

（5）索引出的详图，如与被索引的详图不在同一张图纸内

应在索引符号的上半圆中用阿拉伯数字注明该详图编号，在下半圆中用阿拉伯数字注明该详图所在图纸的编号（图 8–2–10）。

（6）索引出的详图，如采用标准图

应在索引符号水平直径的延长线上加注标准图册的编号（图 8–2–11）。

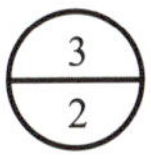

图 8–2–10　索引符号标注方式 1

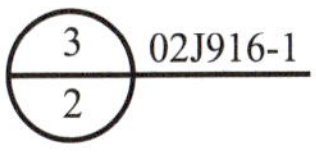

图 8–2–11　索引符号标注方式 2

2. 详图符号

详图的位置与编号，应以详图符号表示。详图符号应以直径为 14mm 粗实线绘制圆，并将详图编号注写在圆内中央。详图与被索引的图样同在一张图纸内，应在圆中用阿拉伯数字注明详图编号（图 8–2–12）。

详图与被索引的图样不在同一张图纸内，应用细实线在详图符号内画一水平直径，在上半圆中注明详图符号，在下半圆中注明被索引的图纸编号（图 8–2–13）。

图 8–2–12　详图符号标注方式 1

图 8–2–13　详图符号标注方式 2

3. 引出线

引出线（图 8–2–14）是对图样上某些部位引出文字说明、符号编号和尺寸标注等用的，其画法规定如下：

①引出线应以细实线绘制。

②采用水平方向的直线绘制。

③采用与水平方向成 30°、45°、60°、90° 的直线绘制，或同时引出几个相同部分的引线。同时引出的几个相同部分的引出线，宜相互平行，也可画成集中于一点的放射线。

④引出的文字说明宜注写在水平线的上方或端部。索引详图的引出线应与水平直径线相连接。

4. 多层构造共用引出线

（1）引出线应通过被引出的各层

（2）文字说明注写顺序应由上至下，并与被说明的层次互相一致

且注写在水平线的上方，或注写在水平线的端部（图 8-2-15）。

（3）如层次为横向排序，则由上至下的文字说明顺序应与由左至右的层次互相一致（图 8-2-16）。

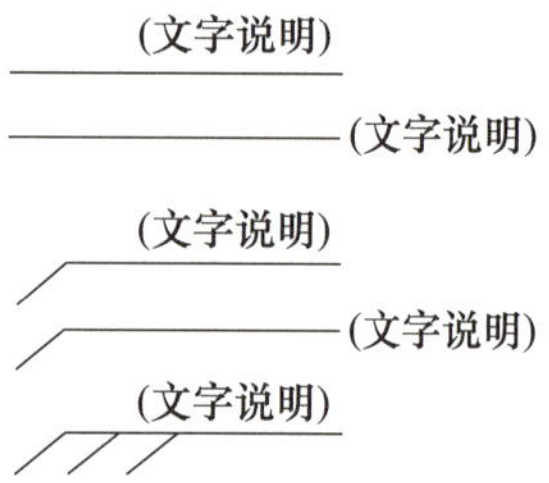

图 8-2-14　引出线

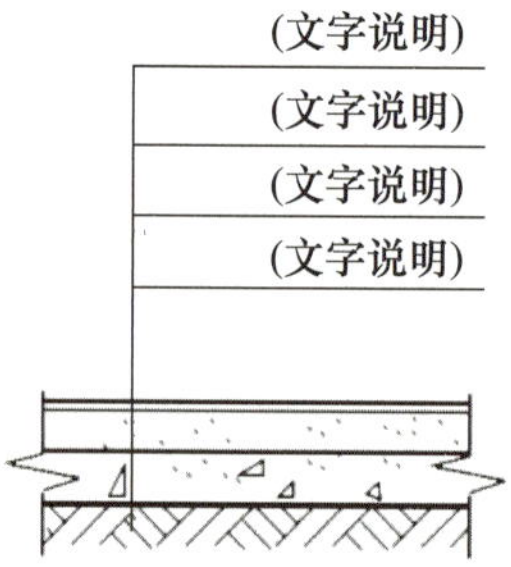

图 8-2-15　文字说明注写

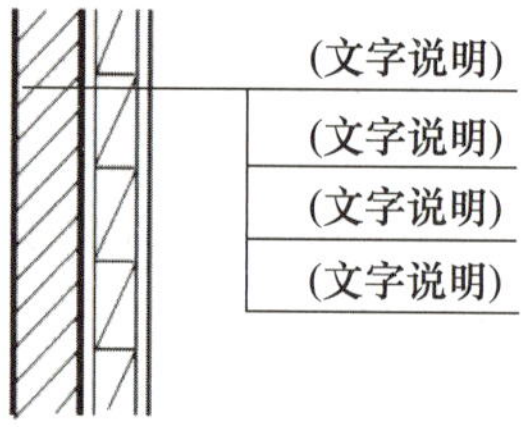

图 8-2-16　引出线中文字说明顺序

知识测评

1. 填空题

（1）索引符号如用于索引剖视详图，应在被剖切的部位绘制________，并以引出线引出索引符号，引出线所在的一侧应为________。

（2）详图与被索引的图样不在同一张图纸内，应用细实线在详图符号内画一水平直径，在上半圆中注明________，在下半圆中注明被索引的________。

2. 选择题

（1）索引符号是由直径为（　　）的圆和水平直径组成，圆及水平直径均以细实线绘制。

A. 10~12mm　　B. 8~10mm　　C. 14mm

（2）详图符号应以直径为（　　）粗实线绘制圆，并将详图编号注写在圆内中央。

A. 10mm　　B. 12mm　　C. 14mm

（3）引出线应以（　　）绘制。

A. 粗实线　　B. 细实线　　C. 中实线

子任务 3　标高和其他符号

思政导入

嵩岳寺塔，在登封市城西北 6 千米太室山南麓嵩岳寺内。嵩岳寺原名闲居寺，早先是北魏皇室的一座离宫，后改建为佛寺。此寺的建造年代在北魏永平元年至正光元年之间，已有 1450 多年的历史。嵩岳寺塔，高大挺拔，雄伟壮观，充分展现了我国对于多元文化的包容和古代建筑的优美壮丽。

嵩岳寺塔辉煌壮丽高耸入云，同学们有没有考虑过，这么高的一个建筑，我们在工程中如何表示它的各个构件的高度呢?

内容引导

扫描下方二维码，观看子任务配套微课。回答问题：

微课 8.2.3　标高和其他符号

1. 标高符号应以什么图形来表示？用什么线来绘制？

2. 什么是连接符号？

知识精讲

建筑工程中，建筑物各部分或各个位置的高度主要用标高来表示。

1. 标高符号

（1）标高符号应以等腰直角三角形表示，并应按图 8-2-17a 所示形式用细实线绘制

如标注位置不够，也可按图 8-2-17b 所示形式绘制。标高具体画法可按图 8-2-17c、8-2-17d 绘制。

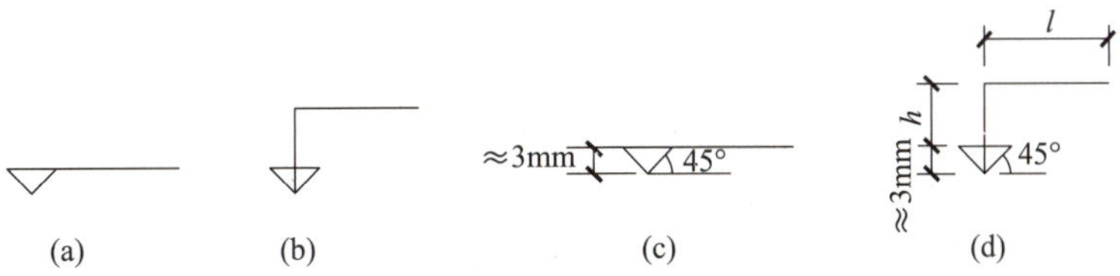

图 8-2-17　标高符号

（2）总平面图的室外地坪标高符号，宜用涂黑的三角形表示

具体画法可参见图 8-2-18。

（3）标高符号的尖端应指至被注高度的位置

尖端一般应向下，当标高数字无法注写时，可采用尖端向上。标高数字应注写在标高符号的上侧或下侧（图 8-2-19）。

图 8-2-18　室外地坪标高符号

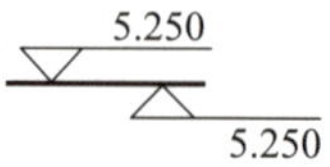

图 8-2-19　标高符号的尖端位置

（4）标高数字应以 m 为单位，注写到小数点以后第三位。在总平面图中，注写到小数点以后第二位。

（5）零点标高应注写成“±0.000”；正数标高不注“+”；负数标高注“-”（图 8-2-20）。

图 8-2-20　零点标高

（6）同一位置需表示几个不同标高时，标高数字可按下面形式注写（图 8-2-21）。

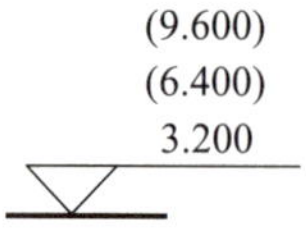

图 8-2-21　同一位置不同标高

2. 标高的分类

房屋建筑工程施工图的标高可分为绝对标高和相对标高。

绝对标高：指的是我国以青岛附近的黄海平均海平面为零点，以此为基准而设置的标高称为绝对标高。

相对标高：凡标高的基准面即 ±0.000 水平面是根据工程需要而选定的，这类标高称为相对标高。在一般建筑工程中，通常取底层室内主要地面作为相对标高的基准面。

房屋的标高还有建筑标高和结构标高的区别。

建筑标高：指构件包括粉刷层在内的、装修完成后的标高。

结构标高：不包括构件表面的粉刷层厚度，是构件在结构施工后的完成面的标高。

3. 其他符号

（1）指北针

在总平面图、首层建筑平面图旁边画出指北针，用来表示朝向。

指北针的圆直径 24mm，用细实线绘制，内部过圆心并对称画出一瘦长形箭头，箭头尾宽取直径的 1/8，即 3mm，指针头部应注“北”或“N”字。圆用细实线绘制，箭头涂黑（图 8-2-22）。

（2）风玫瑰

风玫瑰全称风向频率玫瑰图。根据当地风向资料，将全年中不同风向的次数用同一比例画在一个十六方位线上，然后将各点用实线连成一个像玫瑰的多边形（图 8-2-23）。

（3）连接符号

连接符号是用来表示图形的一部分与另一部分的连接关系。连接符号以折断线表示需连接的部位。两部位相距过远时，折断线两端靠图样一侧应标注大写拉丁字母表示连接编号。两个连接的图样应用相同的字母编号（图 8-2-24）。

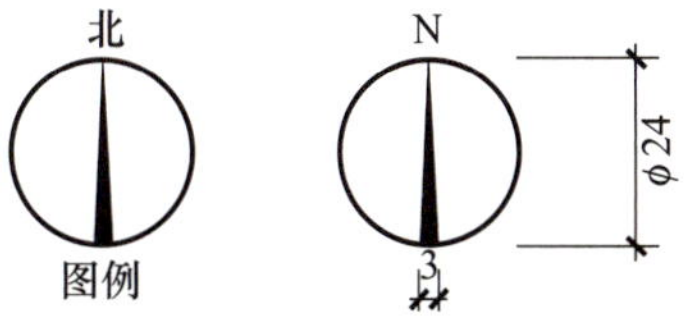

图 8-2-22　指北针

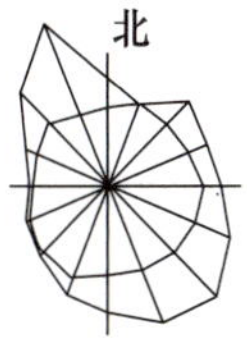

图 8-2-23　风向频率玫瑰图

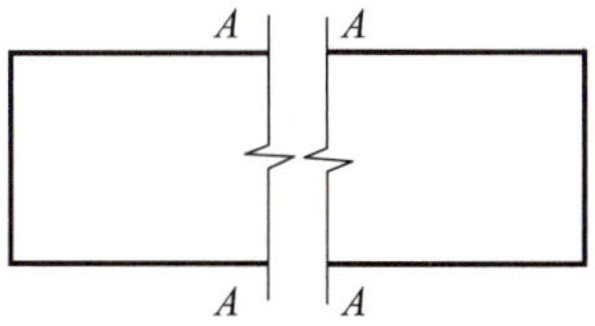

图 8-2-24　连接符号

（4）对称符号

当图形为对称图形，绘图时可画对称图形的一半，然后在图形的对称中心处画上对称符号，另一半图形可省略不画。对称符号（图 8-2-25）由对称线和两对平行线组成。对称线用细单点长画线绘制。平行线用细实线绘制，其长度宜为 6~10mm，每对间距宜为 2~3mm，对称线垂直平分两对平行线，两端超出平行线宜为 2~3mm。

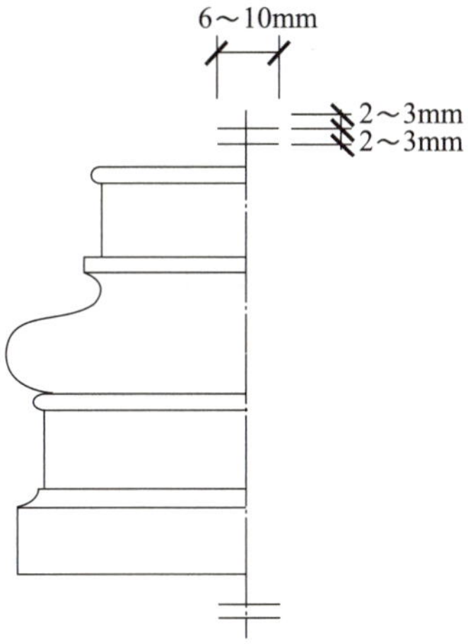

图 8-2-25　对称符号

知识测评

1. 填空题

（1）总平面图的室外地坪标高符号，宜用________表示。

（2）房屋建筑工程施工图的标高分为________和________。

（3）对称符号由________和________组成，对称线用________线绘制。

2. 选择题

（1）标高符号等腰直角三角形的高度应为（　　）。

A. 2mm　　B. 3mm　　C. 4mm

（2）标高数字应以（　　）为单位。

A. mm　　B. cm　　C. m

（3）指北针圆的直径为（　　）。

A. 20mm　　B. 22mm　　C. 24mm

3. 简答题

（1）什么是建筑标高？

（2）什么是结构标高？

任务3　学习建筑设计说明

子任务　识读建筑设计说明

思政导入

有这么一种水利工程，它主要存在于中西部地区，它为干旱缺水的地方提供水源，使得沙漠变为绿洲，是古代劳动人民智慧的体现，至今已有两千多年的历史，到如今还发挥着巨大作用，它就是坎儿井，大量存在于新疆。坎儿井是“井穴”的意思，是一种古老式的、用来开发利用地下水的水平集水建筑，是中国古代三大工程之一。坎儿井一般适用于山麓、冲积扇等地带，用于截取地下的潜水来满足于农田灌溉和居民的用水。新疆的坎儿井全长5000多千米，坎儿井总数有1100多条。要在新疆吐鲁番的土质下挖出又深又窄的暗渠着实不易，但古人用自己的聪明才智完成了这项壮举。

同学们，一个个的工程修建起来都不容易，设计时要考虑很多问题，那么设计中，是否需要一个说明诸多问题的文件呢？不错，这个文件就是设计说明。

内容引导

扫描下方二维码，观看子任务配套微课。回答问题：

微课 8.3.1　识读建筑设计说明

1. 什么是建筑设计说明？

2. 建筑设计说明主要包括什么内容？

知识精讲

1. 建筑设计说明

设计说明将工程的概况和总体的设计要求，用文字或表格的形式详细地表达出来。它主要说明本工程的设计依据、工程概况，如建设地点、建筑面积、平面形式、建筑层数、抗震设防烈度、主要结构类型以及相对标高与总图绝对标高的关系等，此外，还包括建筑材料说明、施工要求及有关技术经济指标等，有些内容还以配置表格的方式表达。

2. 建筑设计说明的识读内容

设计说明要具体说明以下内容。

（1）施工图设计的依据性文件、批文和相关规范。

（2）项目概况

内容一般应包括建筑名称、建设地点、建设单位、建筑面积、建筑基底面积、建筑工程等级、设计使用年限、建筑层数和建筑高度、防火设计建筑分类和耐火等级、人防工程防护等级、屋面防水等级、地下室防水等级、抗震设防烈度等，以及能反映建筑规模的主要技术经济指标，如住宅的套型和套数、旅馆的客房间数和床位数、医院的门诊人次和住院部的床位数、车库的停车泊位数等。

（3）设计标高

在房屋建筑中，规范规定用标高表示建筑物的高度。建筑设计说明中要说明相对标高与绝对标高的关系。

（4）用料说明和室内外装修

墙体、墙身防潮层、地下室防水、屋面、外墙面、勒脚、散水、台阶、坡道、油漆、涂料等材料和做法，可用文字说明或部分文字说明，部分直接在图上引注或注索引号；室内装修部分除用文字说明以外也可用表格形式表达，在表上填写相应的做法或代号；对采用新技术、新材料的做法说明及对特殊建筑造型和必要的建筑构造的说明（表 8–3–1）。

表 8–3–1　室内装修说明

名称 部位	楼、地面	踢脚板	墙裙	内墙面	顶棚	备注
门厅						
走廊						
……						

（5）门窗表及门窗参考图集等的设计要求（表 8–3–2）。

表 8–3–2　门窗设计要求表

类别	设计编号	洞口尺寸（mm）		樘数	采用标准图集及编号		备注
		宽	高		图集代号	编号	
门							
窗							

（6）幕墙工程及特殊的屋面工程的性能及制作要求，平面图、预埋件安装图等，以及防火、安全、隔音构造。

（7）电梯选择及性能说明。

（8）建筑节能设计构造做法。

（9）墙体及楼板预留孔洞需封堵时的封堵方式说明。

（10）其他需要说明的问题。

3. 建筑设计说明的识读

以本书附图教学楼的建筑设计说明识读为例，从图中我们可以读出以下要点。

（1）本项目施工图设计的依据性文件、批文和相关规范

《民用建筑设计统一标准》（GB 50352—2019）、《办公建筑设计标准》（JGJ 67—2019）及现行的国家有关建筑设计规范、规程和规定（含地方规程和规定）。

（2）项目概况

工程名称：教学楼；建设地点：南宁市高新区；建设单位：南宁职业技术学院；结构类型：框架结构；占地面积：223.26m^2；总建筑面积：730.68m^2；建筑工程等级：三级；设计使用年限：50 年；建筑层数：地上 3 层；建筑高度：11.27m；耐火等级：二级；抗震设防烈度：六度；结构设计使用年限：50 年；屋面防水等级：二级。

（3）本工程首层室内主要地面为零点标高 ±0.000，即相对标高。各层标高为建筑完成面标高。

（4）从设计说明第三、四、五、六、七点及工程做法中可以读出墙体、屋面防水、屋面及楼地面、门窗、内外装修工程的用料和做法。

知识测评

填空题

（1）项目概况内容一般应包括________、________、________、________、________、建筑工程等级、设计使用年限、建筑层数和建筑高度、防火设计建筑分类和耐火等级、人防工程防护等级、屋面防水等级、地下室防水等级、抗震设防烈度等。

（2）标高分为相对标高和绝对标高两种，以建筑物底层室内主要地面为零点的标高称为________；以青岛黄海平均海平面的高度为零点的标高称为________。

（3）室内装修部分除用______以外也可用______，在表上填写相应的做法或代号。

任务 4　学习建筑总平面图

子任务 1　总平面图图例、标高及相关符号

思政导入

中国历史悠久，数千年的农耕文明创造了中国传统文化。中国园林建筑是传统文化的典型代表，苏州园林是我国传统建筑艺术设计的经典之作。现代建筑也深受传统文化的影响，许多园林设计元素在当代文创产品设计中皆有体现。苏州园林属于典型的江南建筑风格，与北方古典建筑故宫有所不同。苏州园林的墙多为白色，屋顶采用青瓦，通过山水的映衬显出园林淡雅别致的特点，清新淡雅的艺术色彩与山水融为一体，给人以

宁静、舒适、心旷神怡之感。

苏州园林这样的建筑群如果用总平面图，应该如何来表示呢？建筑结构复杂，构件较多，总平面图中是否绘出所有物体呢？由于总平面图的绘制比例较小，许多物体不可能按原状绘出，因而采用了图例符号来表示。接下来，我们来学习总平面图图例。

内容引导

扫描下方二维码，观看子任务配套微课。回答问题：

微课 8.4.1　总平面图图例、标高及相关符号

总平面图的图例主要有哪些？

知识精讲

1. 总平面图概念

总平面图是新建房屋在基地范围内的总体布置图，是新建房屋范围内的水平正投影图。它反映新建房屋的平面形状、位置、尺寸、标高、层数、朝向及其与周围原有的建筑及道路、河流、地形等的关系。它是新建房屋定位、施工放线、土石方施工、现场布置的依据。

2. 总平面图图例

由于总平面图的绘制比例较小，许多物体不可能按原状绘出，因而采用了图例符号来表示。总平面图常见图例见表 8-4-1。

表 8-4-1　总平面图图例、标高及相关符号

序号	名称	图例	备注
1	新建建筑物	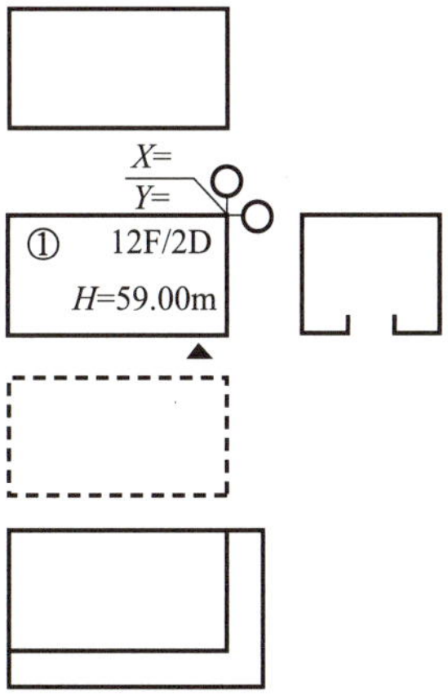	新建建筑物以粗实线表示与室外地坪相接处 ±0.00 外墙定位轮廓线； 建筑物一般以 ±0.00 高度处的外墙定位轴线交叉点坐标定位。轴线用细实线表示，并标明轴线号； 根据不同设计阶段标注建筑编号，地上、地下层数，建筑高度，建筑出入口位置； 地下建筑物以粗虚线表示其轮廓； 建筑上部（±0.000 以上）外挑建筑用细实线表示

续表

序号	名称	图例	备注
2	原有建筑物		用细实线表示
3	计划扩建的预留地或建筑物		用中粗虚线表示
4	拆除的建筑物	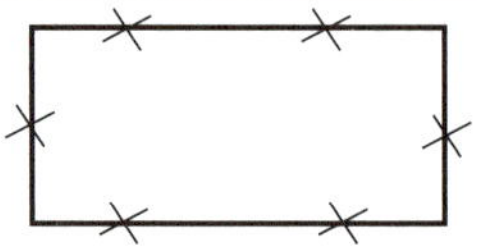	用细实线表示
5	围墙及大门		——
6	室内地坪标高	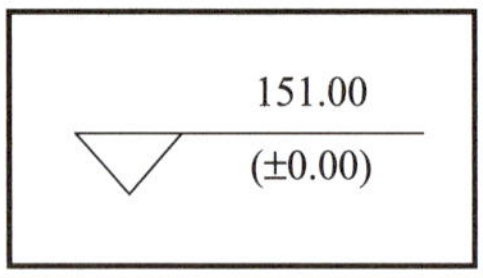	数字平行于建筑物书写
7	室外地坪标高		——
8	新建的道路	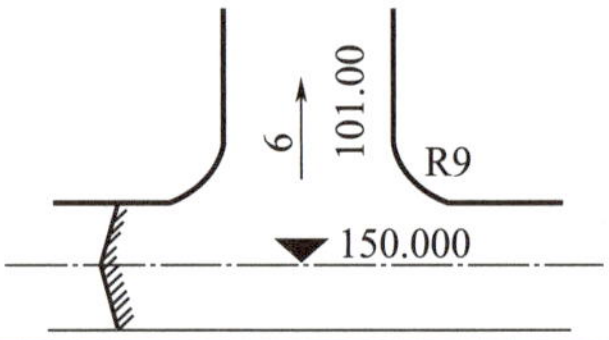	①“R9”表示道路转弯半径为9m，“150.00”为路面中心的标高，“6”表示6%，为纵向坡度，“101.00”表示变坡点间距离；②图中斜线为道路断面示意，根据实际需要绘制
9	原有道路		——
10	计划扩建的道路		——
11	拆除的道路		——
12	人行道	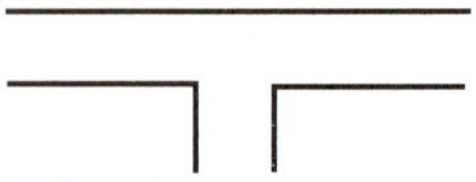	——
13	常绿针叶乔木	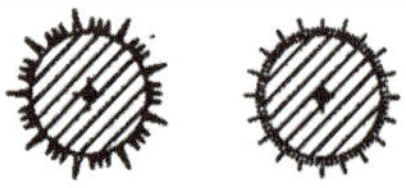	——
14	花卉		——

续表

序号	名称	图例	备注
15	整形绿篱		——
16	草坪	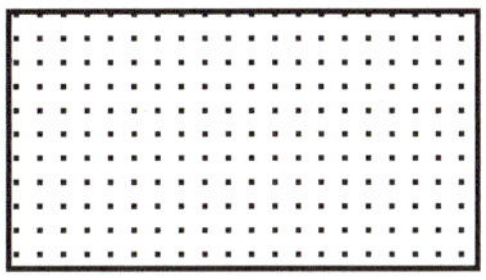	草坪
		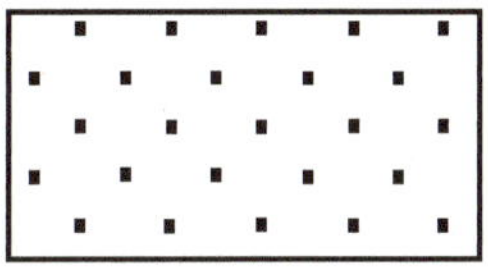	自然草坪
		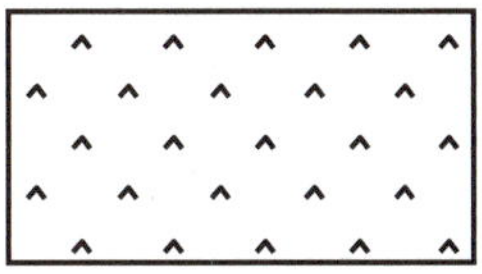	人工草坪
17	植草砖	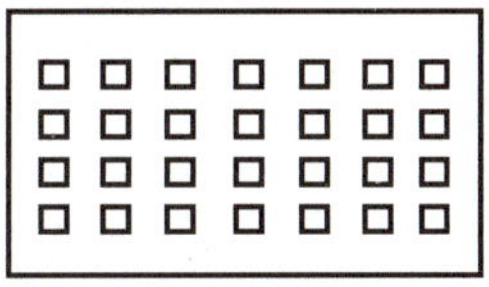	——
18	土石假山	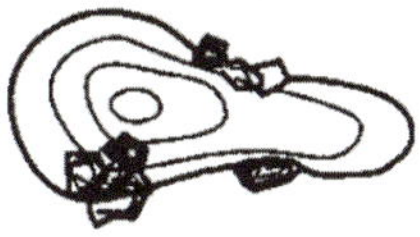	包括土包石、石抱山及假山
19	散装材料露天堆场	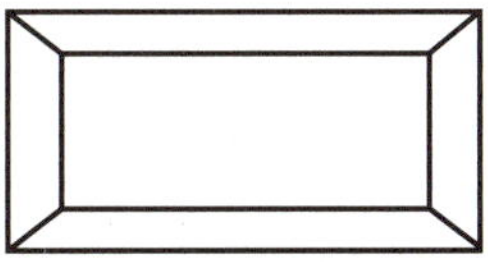	需要时可注明材料名称
20	其他材料露天堆场或露天作业场		需要时可注明材料名称
21	烟囱	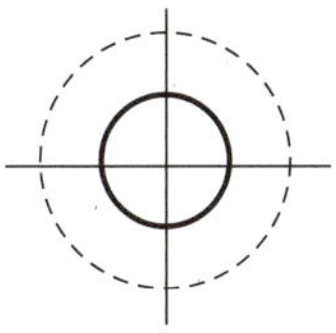	实线为烟囱下部直径，虚线为基础，可注写高度及上下口直径
22	挡土墙	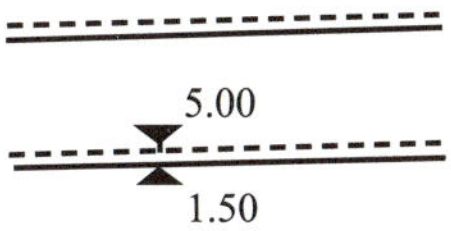	挡土墙根据设计阶段的需要标出，上方标注墙顶标高，下方标注墙底标高

续表

序号	名称	图例	备注
23	方格网交叉点标高	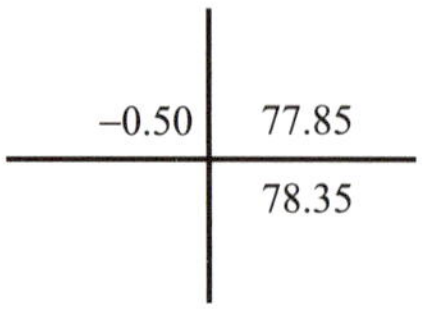	78.35 为原地面标高，77.85 为设计标高，-0.50 为施工高度，- 表示挖方，+ 表示填方
24	台阶及无障碍坡道	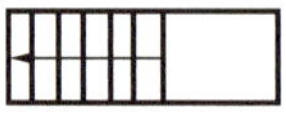	台阶（级数仅为示意）
		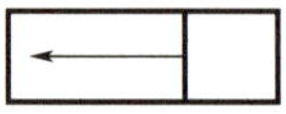	无障碍坡道
25	自然水体	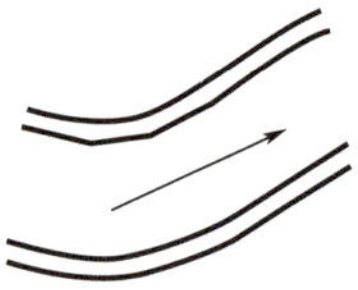	表示河流，以箭头表示水流方向
26	绝对标高	▼ 756.65　● 756.65	以我国青岛黄海平均海平面为零点标高，用于总平面图的标注
27	相对标高	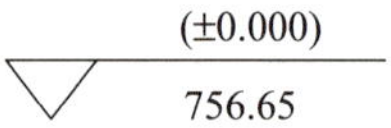	以底层室内主要地坪高度为零点标高，用于施工图的标注。图例中首层主要地坪的相对标高为 ±0.000，相当于绝对标高 756.65
28	风向频率玫瑰图	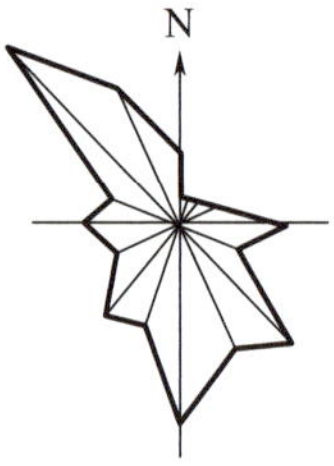	风向频率玫瑰图是根据当地风向资料，将全国中不同风向的次数用同一比例画在一个十六方位线上，然后将各点用实线连接成一个貌似玫瑰的多边形，也称风向玫瑰图
29	坐标	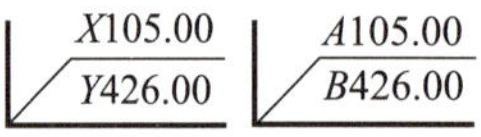	坐标，坐标图例有两种表示方法，第一种表示地形测量坐标系，第二种表示建筑坐标系，坐标数字平行于建筑标注

知识测评

1. 填空题

（1）新建建筑物图例，新建建筑物以________表示与室外地坪相接处________外墙定位轮廓线。

（2）建筑上部外挑建筑以________表示，建筑上部连廊用________表示并标注位置。

2. 选择题

（1）在总平面图中，地下建筑物以（　　）表示其轮廓。

A. 粗实线　　B. 粗虚线　　C. 细虚线

（2）在总平面图中，原有建筑物以（　　）表示。

A. 细实线　　B. 中实线　　C. 粗实线

子任务 2 建筑总平面图的图示内容

思政导入

宝钢千万吨级钢铁基地位于广东省湛江市东海岛，厂区占地面积 12.58 平方千米，规模为年产铁水 823 万吨、钢水 892.8 万吨、钢材 944 万吨，投资约 697 亿元，堪称“巨无霸级”钢铁厂。宝钢千万吨级钢铁基地是华南地区钢铁巨头，以华南地区为目标市场并辐射东南亚，满足目标市场中高端碳钢板材产品需求。宝钢千万吨级钢铁基地的节能环保投资将近 60 亿元，采用成熟可靠的节能环保技术 116 项，目的就是打造一个排放少、资源利用率高、企业与社会资源循环共享的绿色钢铁企业。其环保排放标准在全国领先，在世界上也是处于第一方阵水平。宝钢千万吨级钢铁基地的建立既是我国综合国力的证明也是我国世界影响力的证明。

同学们，这样庞大的基地在工程制图中如何表达它与周边环境的关系呢？此时，我们要用到建筑总平面图。

内容引导

扫描下方二维码，观看子任务配套微课。回答问题：

微课 8.4.2 建筑总平面图图示内容

1. 总平面图的读图注意事项有哪些？
2. 总平面图的作用是什么？

知识精讲

1. 总平面图的形成及用途

（1）总平面图的形成

将拟建工程四周一定范围内的新建、拟建、原有和拆除的建筑物、构筑物连同其周围的地形地貌（道路、绿化、土坡、池塘等），用水平投影方法和相应的图例绘制而成的工程图样，为建筑总平面图（图 8-4-1）。

（2）总平面图表达的内容

主要是表达了新建房屋的位置、朝向、与原有建筑物的关系，以及周围道路、绿化和给水、排水、供电条件等方面的情况。

（3）总平面图的用途

总平面图是建设工程中新建筑物施工定位、土方施工、设备专业管线平面布置的重要依据，也是安排在施工时进入现场的材料和构件、配件堆放场地，构件预制的场地以及运输道路等施工总平面布置的依据。

2. 图示内容

如图 8-4-1 所展现的，该总平面图包括的内容有计划扩建、花坛、室外标高、拆除建筑、围墙、建筑层数，低层建筑的层数可用相应数量的小黑点或阿拉伯数字表示，高层建筑用阿拉伯数字表示。图中还包括原有建筑、坐标、草坪、新建建筑的定位、室内标高、指北针及风向。风向用风向频率玫瑰图表示，根据某一地区多年平均统计的各个方向吹风次数的百分数值，按一定比例绘制，一般多用八个或十六个罗盘方位表示。有风玫瑰图，可以不绘制指北针，此外还包括图名。

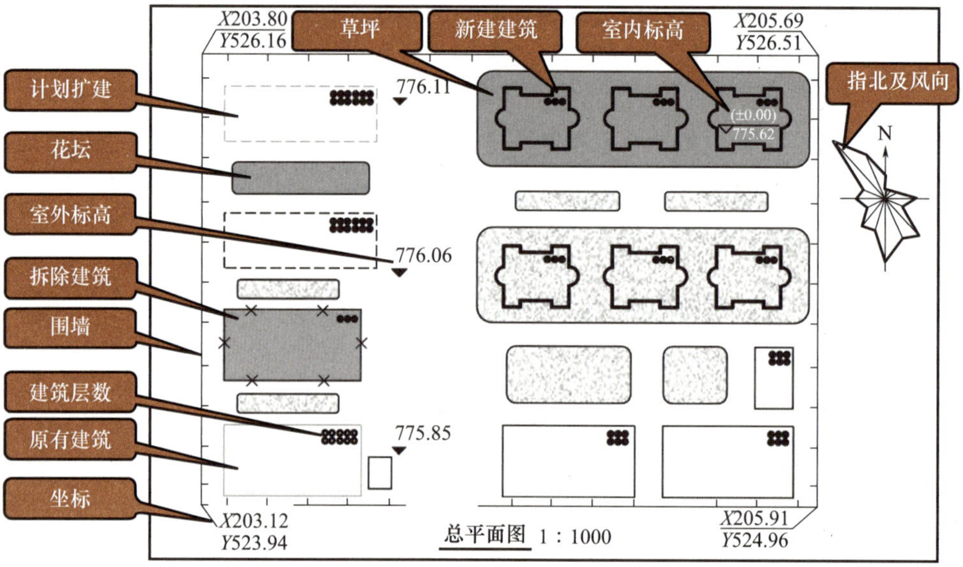

图 8-4-1 总平面图的图示内容

3. 总平面图的读图注意事项

注意事项如下。

①总平面图中的内容，多数是用符号表示的，读图之前要先熟悉图例符号的意义。总平图常见图例见上一节（表 8-4-1）。

②总平面图表现的工程性质，不但要看图，还要看文字说明。

③查看总平面图的比例，以了解工程规模。一般常用比例为 1∶300、1∶500、1∶1000、1∶2000。如图 8-4-1 所示，建筑总平面图的比例为 1∶1000。

④看清用地范围内新建、原有、拟建、拆除建筑物或构筑物的位置。新、旧道路布局，周围环境和建设地段内的地形、地貌情况。

⑤查看新建建筑物的室内、外地面高差和道路标高，地面坡度及排水走向。

⑥根据风向频率玫瑰图看清楚朝向。

⑦查看图中尺寸的表现形式，以便查看清楚建筑物或构筑物自身占地尺寸及相对距离。

⑧总平面图中的各种管线要细致阅读，管线上的窨井、检查井要看清编号和数目，要看清管径、中心距离、坡度、从何处引进到建筑物或构筑物，要看准具体位置。

⑨绿化布置要看清楚哪是草坪、树丛、乔木、灌木、松墙等，是何树种，花坛、小品、桌、凳、长椅、林荫小路、矮墙、栏杆等各种物体的具体尺寸、做法及建造要求和选材说明。

⑩以上全部内容还要查清定位依据。由于总平面图内容多样、庞杂，需要仔细、认真阅读。

知识测评

1. 填空题

（1）将拟建工程四周一定范围内的________、________、________和________的建筑物、构筑物连同其周围的地形地貌（道路、绿化、土坡、池塘等），用水平投影方法和相应的图例所画出的图样，为总平面图（总平面布置图）。

（2）总平面图主要是表达了新建房屋的________、________、________与________的关系，以及周围道路、绿化和给水、排水、供电条件等方面的情况。

2. 简答题

（1）总平面图常用的比例有哪些?

（2）总平面图包括的内容主要有哪些?

任务 5　学习建筑平面图

子任务 1　建筑平面图概述

思政导入

兆域图，是 1983 年 10 月在河北省平山县中山国古墓发现的一块铜版地图。铜版上记述了中山王颁布修建陵园的诏令，图文用金银镶嵌。兆域图是迄今为止世界现存最早的建筑设计平面图。在考古学、历史学、语言学、社会学、建筑学等方面都很有研究价值，在地图史上也占有一定地位，它比外国最早的罗马帝国时代的地图还要早 600 年。兆域图的发现为我国建筑史提供了宝贵的实物资料。同学们对于现代平面图有什么了解呢?

内容引导

扫描下方二维码，观看子任务配套微课和教学动画。回答问题：

微课 8.5.1　建筑平面图的形成　　　　动画 25　建筑平面图的形成

1. 建筑平面图形成的原理是什么?

2. 底层平面图是怎么形成的?

知识精讲

1. 建筑平面图的形成

建筑平面图即建筑物各层的水平剖面图。除屋面平面图之外，每一楼层平面图是用一个假想的水平剖切平面在略高于窗台的部位将整个建筑物切开后，移去剖切平面以上的部分，做剩余部分水平面投射方向的正投影图（图 8-5-1）。

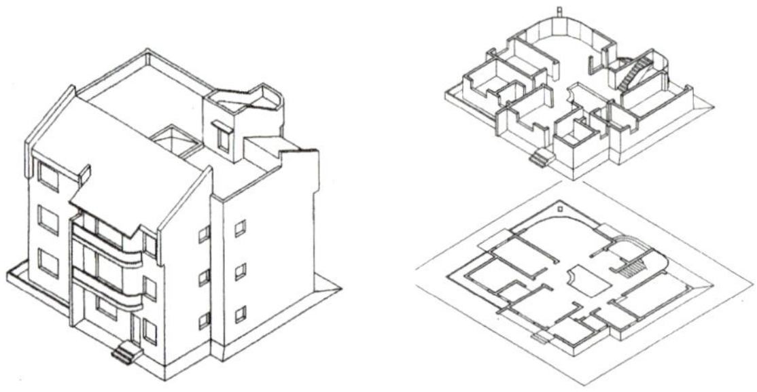

图 8-5-1　建筑平面图的形成

通常来说，房屋有几层，就应画出几个平面图。在图的下方应注明图名和比例。沿房屋底层窗洞口剖切所得到的平面图称为底层平面图（图 8-5-2）。最上面一层平面图称

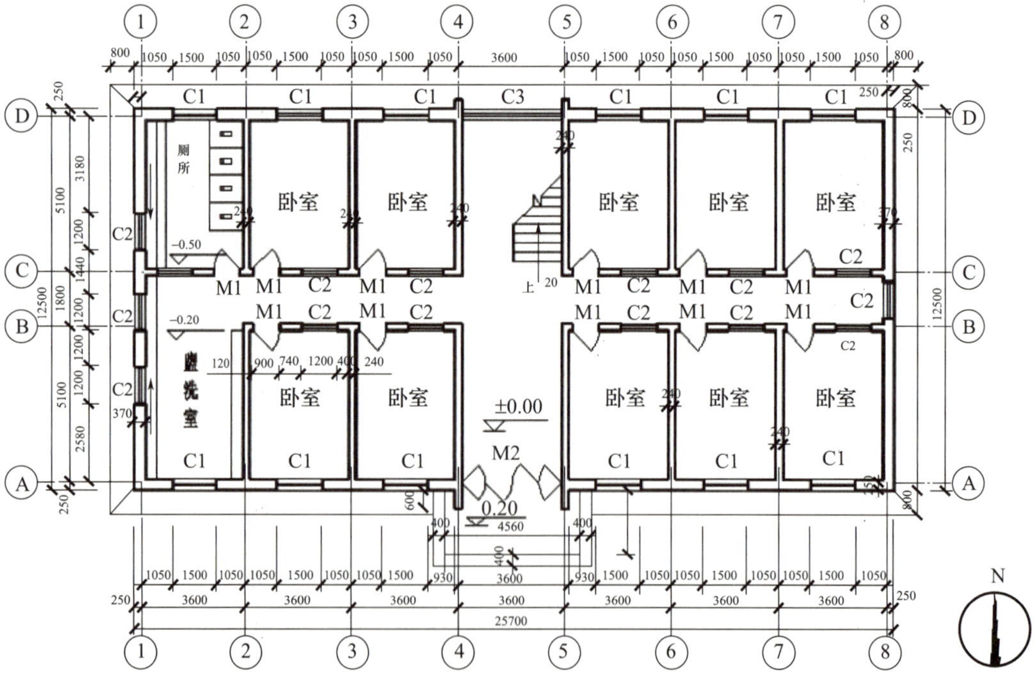

图 8-5-2　底层平面图

为顶层平面图。中间各楼层的平面各层房间的数量、大小、布置如果一样，通常只画一个平面图表示，称为标准层平面图。

2. 建筑平面图的用途

反映房屋的平面形状、大小和房间的相互关系、内部布置、墙的位置、厚度和材料、门窗的位置以及其他建筑构配件的位置和大小等。它是施工放线、砌墙、安装门窗、室内装修和编制预算的重要依据。

3. 建筑平面图的分类

建筑施工图中一般包括以下几种平面图。

（1）地下室平面图

表示房屋建筑地下室的平面形状、各房间的平面布置及楼梯布置等情况（图 8–5–3）。

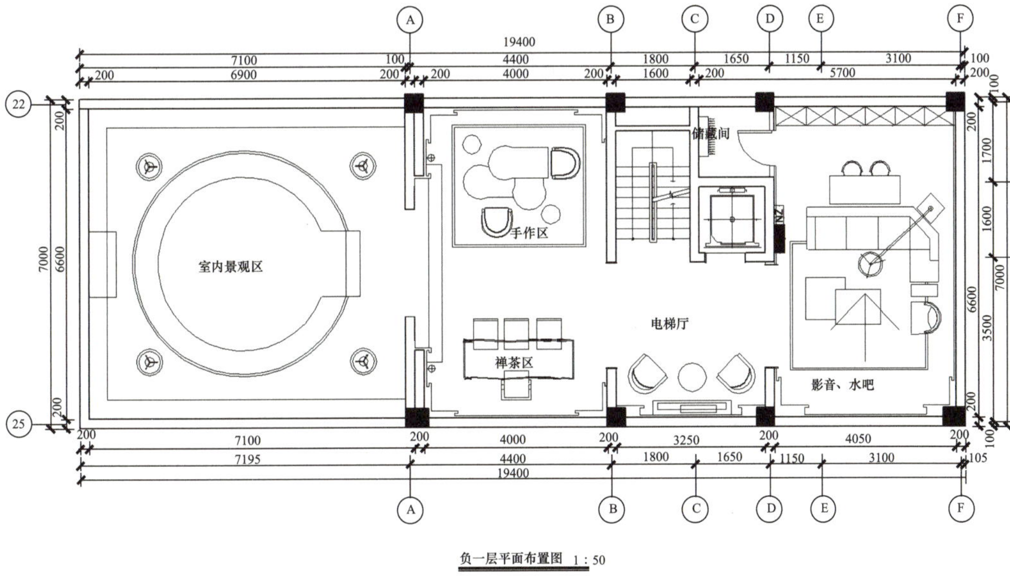

图 8–5–3　地下室平面图

（2）底层或首层平面图

表示房屋建筑底层或首层的布置情况，在底层平面图上还需反映室外可见的台阶、散水、花台、花池等。此外，还应标注剖切符号和指北针（图 8–5–4）。

（3）楼层平面图

表示房屋建筑中间各层（图 8–5–5）及最上一层的布置情况，楼层平面图还需画出本层的室外阳台和下一层的雨篷、遮阳板等。

（4）屋顶平面图

屋顶平面图是在房屋的上方，向下作屋顶外形的水平投射线而得到的投射线图。用它表示屋顶的情况，如屋面排水的方向、坡度、雨水管的位置、上人孔及其他建筑构配件的位置等（图 8–5–6）。

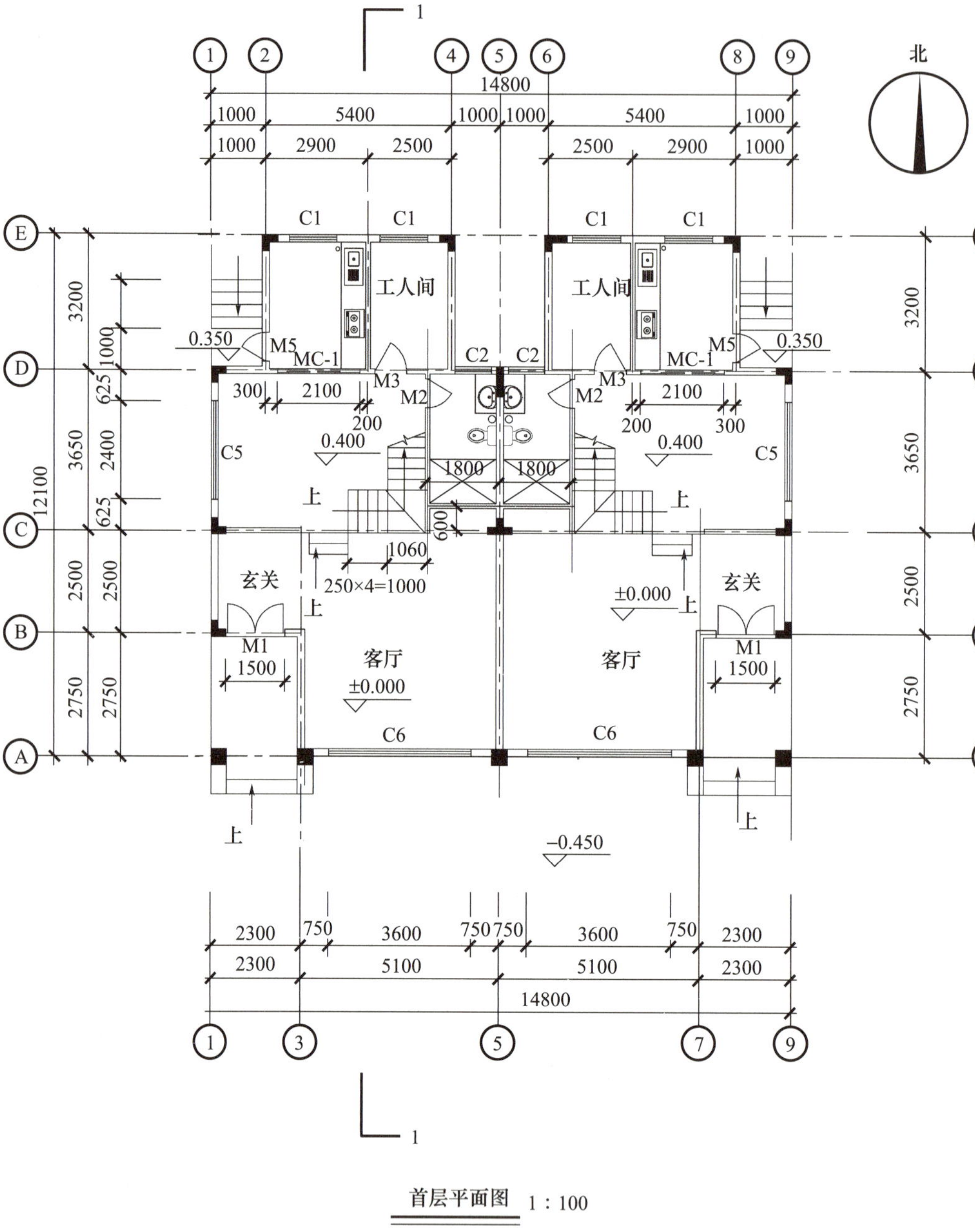
北
14800
1000
5400
1000
1000
5400
1000
2900
2500
C1
工人间
0.350
M5
MC-1
C2
M3
M2
300
2100
200
0.400
C5
1800
上
600
1060
250×4=1000
玄关
M1
1500
客厅
±0.000
C6
-0.450
3200
1000
625
3650
2400
12100
2500
2750
2300
750
3600
5100
首层平面图 1 : 100

图 8-5-4　首层平面图

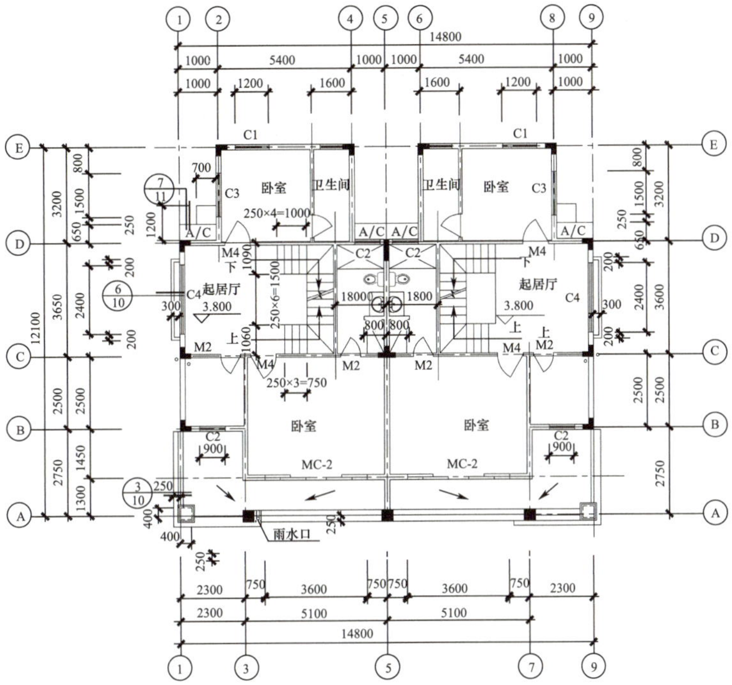

图 8-5-5　三层平面图

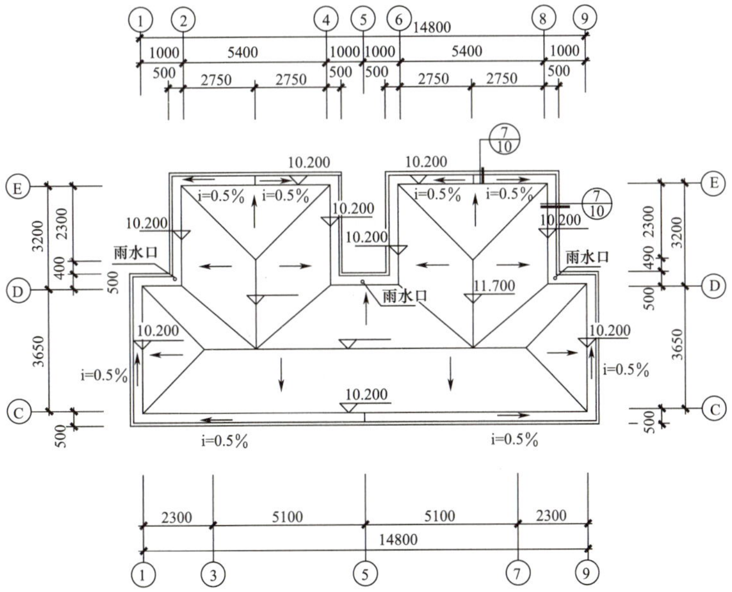

图 8-5-6　屋顶平面图

4. 建筑平面图的规定画法

断面材料的表示：比例大于 1∶50 时，画出材料图例和抹灰层的厚度（图 8-5-7）。

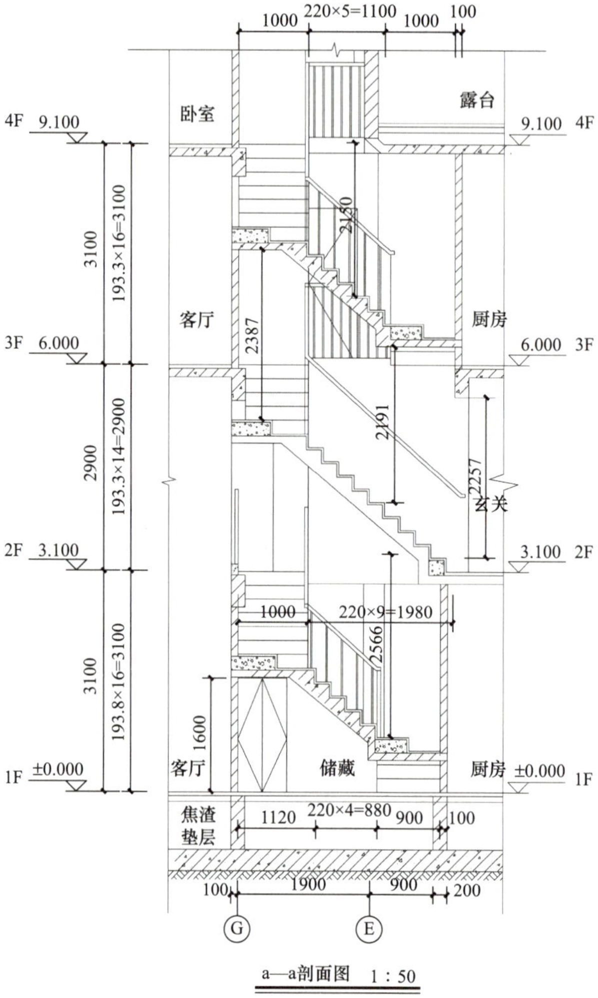

图 8-5-7　剖面大样图

平面图中的线型应粗细分明，凡被剖切到的墙、柱断面轮廓线用粗实线画出，没有剖切到的可见轮廓线，如窗台、梯段、卫生设备、家具陈设等用中实线或细实线画出。尺寸线、尺寸界线、索引符号、标高符号等用细实线画出，轴线用细单点长画线画出。比例小于等于 1∶100 时，可以不画抹灰层的厚度，材料图例可采用简化画法，砖墙涂红，钢筋混凝土涂黑等。

知识测评

1. 填空题

（1）建筑平面图即建筑物各层的________，除屋面平面图之外，每一楼层平面图是假想用水平的剖切平面在窗台上方将整个建筑物切开后，移去剖切平面以上的部分，做剩余部分水平面投射方向的________。

（2）建筑施工图中一般包括地下室平面图、________、________、________这四平面图。

2. 简答题

（1）建筑平面图的作用是什么？

（2）屋顶平面图主要表达什么内容？

子任务 2　建筑平面图常用图例

思政导入

苏州博物馆是著名华人建筑师贝聿铭先生在中国大陆的三座建筑作品之一。苏州博物馆吸取苏州古典园林之精华，现代建筑风格结合中国传统美感，天人合一，意境悠远，淡雅精致。苏州博物馆对于色调的选择与传统民族建筑保持一致，以灰和白两色为主。

随着我国的经济发展，人们的艺术需求与艺术素养也逐步提高，对美的追求也体现在了建筑中，像苏州博物馆这样的建筑结构复杂，构件较多，很多物体无法按照原样画出，这个问题在我们工程中如何解决呢？

内容引导

扫描下方二维码，观看子任务配套微课。回答问题：

微课 8.5.2　建筑平面图常用图例

建筑平面图常用比例主要有哪些？

知识精讲

建筑平面图常用 1∶50、1∶100、1∶150、1∶200、1∶300 的比例绘制，由于比例较小，所以门窗及细部构配件等均应按规定图例绘制。

常用建筑构造及配件图例见表 8-5-1。

表 8-5-1　建筑平面图常用图例

序号	名称	图例	备注
1	墙体	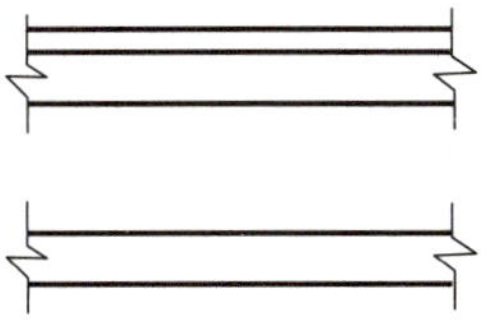	上图为外墙，下图为内墙外墙细线表示有保温层或有幕墙，应加注文字或涂色或图案填充表示各种材料的墙体。在各层平面图中防火墙宜着重以特殊图案填充表示

续表

序号	名称	图例	备注
2	隔断		加注文字、涂色或图案填充以表示各种材料的轻质隔断，适用于到顶与不到顶隔断
3	玻璃幕墙		幕墙龙骨是否表示由项目设计决定
4	楼梯	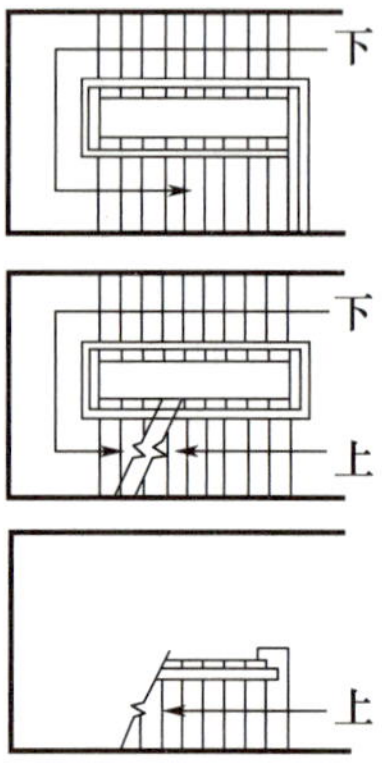	楼梯图例分为顶层楼梯平面、中间层楼梯平面和底层楼梯平面。需设置靠墙扶手或中间扶手，应在图中表示
5	坡道	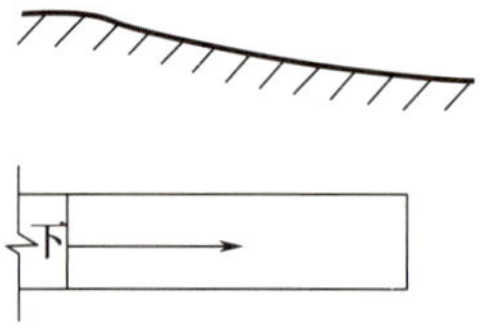	长坡道
		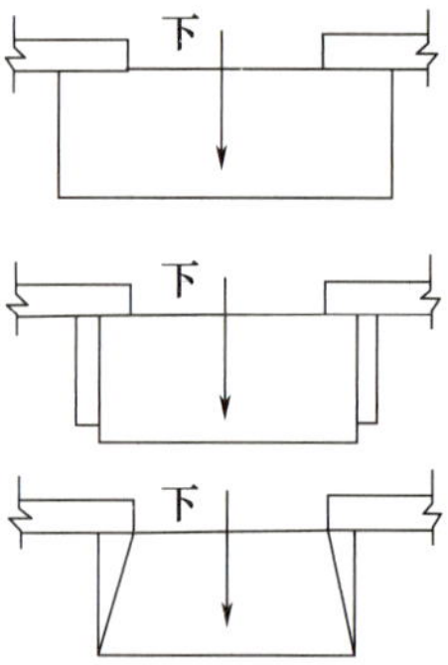	上图为两侧垂直的门口坡道，中图为有挡墙的门口坡道，下图为两侧找坡的门口坡道
6	台阶	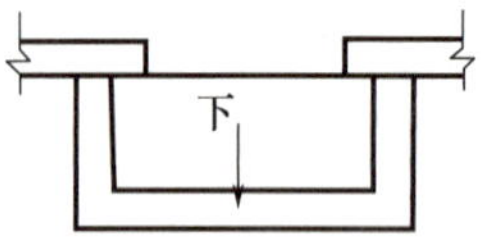	—
7	平面高差	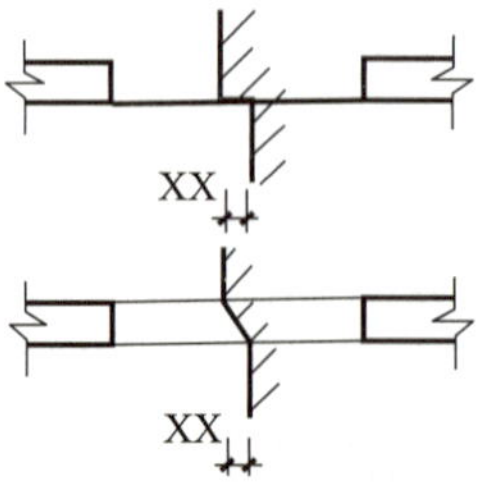	用于高差小的地面或楼面交接处，并应与门的开启方向协调

续表

序号	名称	图例	备注
8	检查口		检查口图例分为可见检查口和不可见检查口
9	孔洞		阴影部分可填充灰度或用涂色代替
10	坑槽		——
11	墙预留洞和墙预留槽	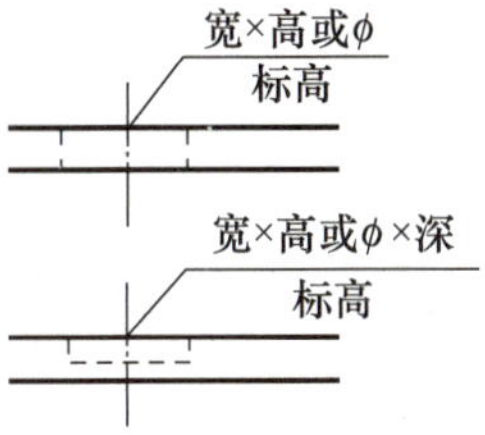	上图为预留洞，下图为预留槽； 平面以洞（槽）中心定位； 标高以洞（槽）底或中心定位； 宜以涂色区别墙体和预留洞（槽）
12	地沟		上图为有盖板地沟，下图为无盖板明沟
13	烟道	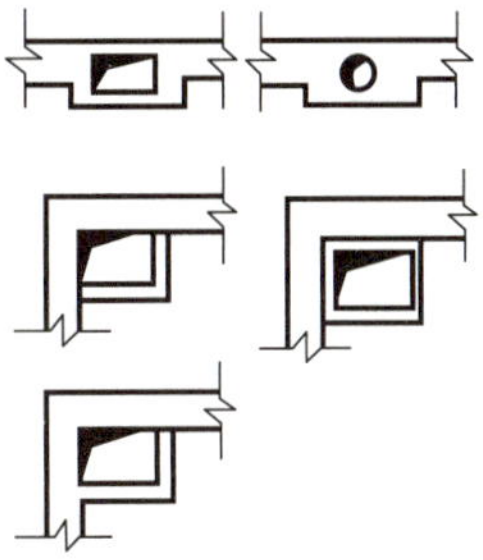	阴影部分亦可填充灰度或涂色代替； 烟道、风道与墙体为相同材料，其相接处墙身线应连通
14	风道	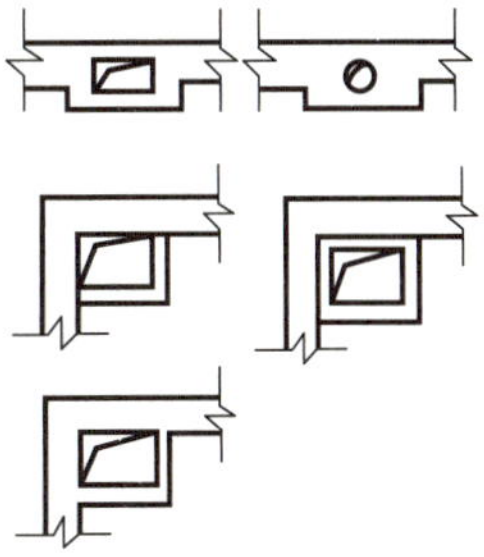	烟道、风道根据需要增加不同材料的内衬
15	新建的墙和窗	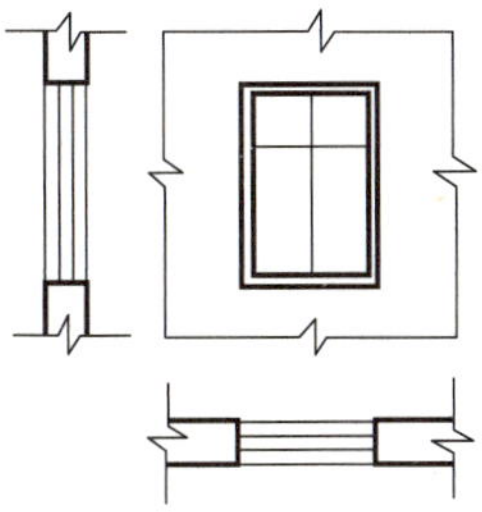	——

续表

序号	名称	图例	备注
16	改建时保留的墙和窗	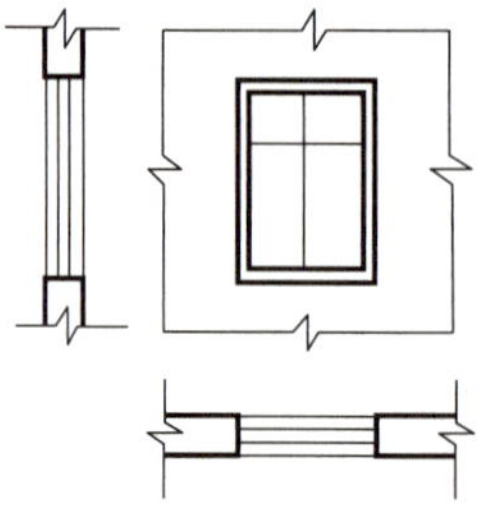	只更换窗，应加粗窗的轮廓线
17	拆除的墙	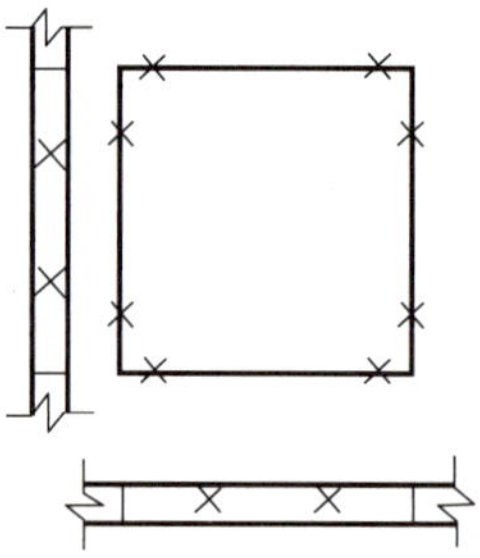	在原有墙或楼板洞旁扩大的洞此处展示洞口向左边扩大的情况在原有墙或楼板上全部填塞的洞
18	空门洞	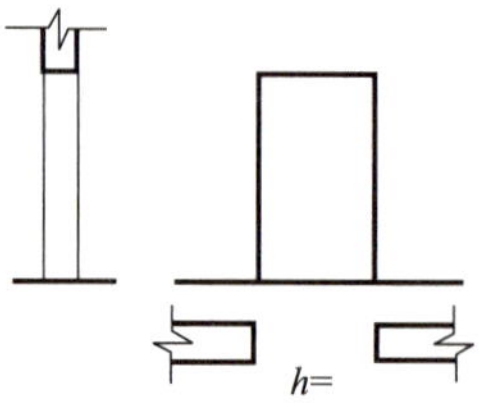	*h* 为门洞高度
19	单面开启单扇门	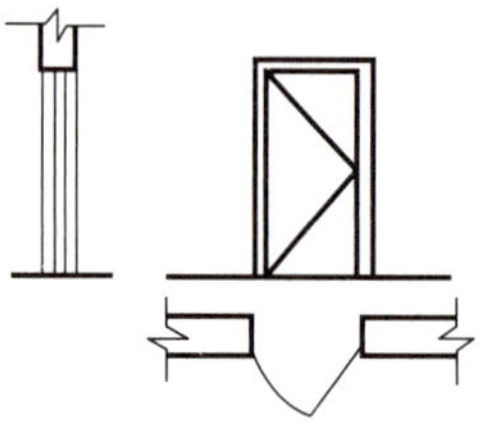	门的名称代号用 M 表示。平面图中，下为外，上为内。门开启线为 90°、60° 或 45°，开启弧线宜绘出。立面图中，开启线实线为外开，虚线为内开，开启线交角的一侧为安装合页一侧。开启线在建筑立面图中可不表示，在立面大样图中可根据需要绘出。剖面图中，左为外，右为内。附加纱扇应以文字说明，在平、立、剖面图中均不表示。立面形式应按实际情况绘制
20	双面开启单扇门	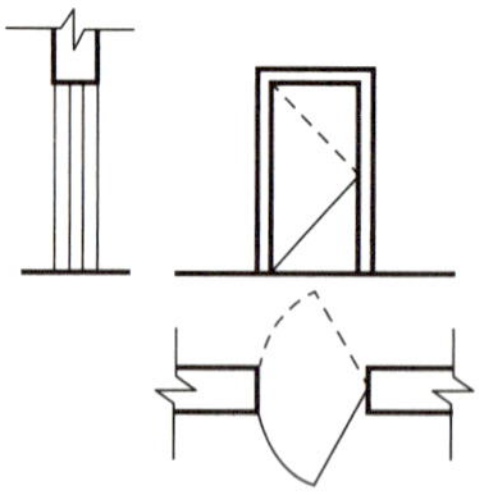	
21	双层单扇平开门	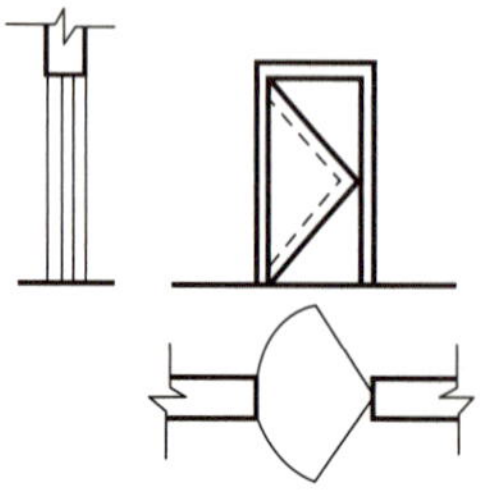	

序号	名称	图例	备注
22	固定窗	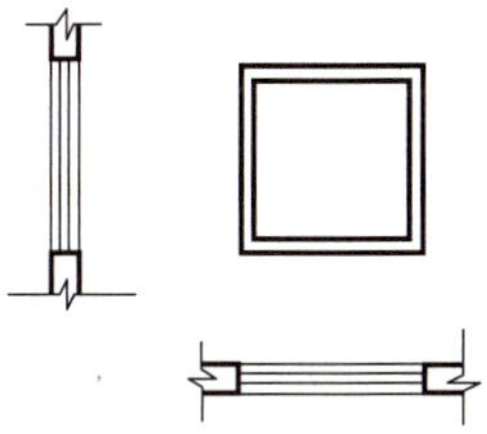	窗的名称代号用 C 表示。平面图中，下为外，上为内。立面图中，开启线实线为外开，虚线为内开。开启线交角的一侧为安装合页一侧。开启线在建筑立面图中可不表示，在门窗立面大样图中需绘出。剖面图中，左为外，右为内。虚线仅表示开启方向，项目设计不表示。附加纱窗应以文字说明，在平、立、剖面图中均不表示。立面形式应按实际情况绘制
23	上悬窗	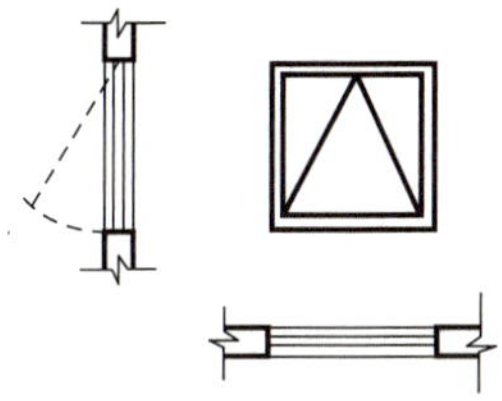	
24	中悬窗	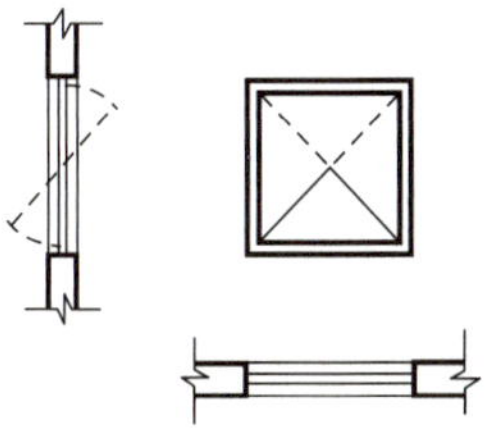	
25	下悬窗	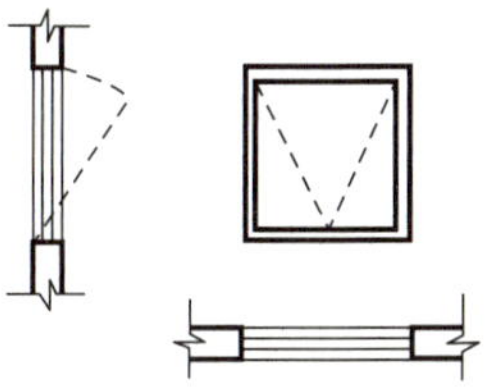	
26	立转窗	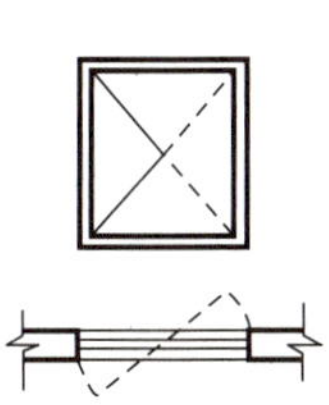	

知识测评

1. 填空题

（1）墙体图例分为________和________，外墙细线表示有________或有________，应加注文字或涂色或图案填充表示各种材料的墙体。

（2）楼梯图例分为________、________和________，需设置靠墙扶手或中间扶手，应在图中表示。

2. 绘图题

（1）请绘制顶层楼梯平面、中间层楼梯平面和底层楼梯平面楼梯图例。

（2）请绘制单面开启单扇门、双面开启单扇门、双层单扇平开门图例。

子任务3　建筑平面图的识读及绘制方法

思政导入

2009年6月27日清晨，位于上海闵行区“莲花河畔景苑”一栋在建13层住宅楼连根“卧倒”。调查结果显示，倾覆的主要原因是，楼房北侧在短期内堆土高达10m，南侧正在开挖4.6m深的地下车库基坑，两侧压力差使土体产生水平位移，过大的水平力超过了桩基的抗侧能力，导致房屋倾倒。

安全生产重于山，工程事故后果严重，万万不可小觑。在施工生产过程中，务必做好平面布局，充分考虑周边各项资源和建筑物，这个时候就需要用到建筑平面图。

内容引导

扫描下方二维码，观看子任务配套微课和教学动画。回答问题：

微课8.5.3　建筑平面图的图示内容及绘制方法

建筑平面图的图示内容主要有哪些？

知识精讲

1. 建筑平面图的识读步骤

以本书附图教学楼的一层平面图识读为例，说明识读平面图的一般步骤。

（1）了解图名、比例及文字说明

可知该图为一层平面图，比例1∶100。

（2）指北针一般画在底层平面图上

该图为底层平面图，看指北针了解房屋的朝向。从图中可知：该建筑物主要出入口在房屋南面，房屋朝向为坐南朝北。

（3）看房屋平面外形和内部墙的分隔情况，了解房屋平面形状和房间分布、用途、数量及相互间关系，如入口、走廊、楼梯和房间的位置等

由该图可知，教学楼平面基本形状为矩形。总长32.4m，总宽6.84m。一层有3间教室，东面设有一间办公室，西面设有男卫生间，在东西两侧设有内部楼梯。

（4）在底层平面图上看室外台阶、花池、散水坡（或明沟）及雨水管的大小和位置

由该图可知，一层教学楼南面有室外台阶，教学楼外侧设有散水。

（5）看图中定位轴线的编号及其间距尺寸

从中了解各承重墙（或柱）的位置及房间大小，以便于施工时定位放线和查阅图纸。从该图定位轴线可以看出墙柱的布置情况，纵向轴线编号1/0A.A.B，横向轴线编号1~8。

其中 1/0A 是附加轴线，表示 A 号轴线之前附加的第一个轴线。

（6）看平面图的各部分尺寸

从各道尺寸的标注，可知墙体厚度、各房间的开间、进深、门窗及室内设备的大小位置。

建筑平面图外部一般标注三道尺寸。最外一道是外包尺寸，表示房屋外轮廓的总尺寸。即从一边外墙面到另一边外墙面的总长和总宽尺寸；中间一道是轴线间尺寸，表示各房间的开间进深大小；最里面一道尺寸是细部尺寸，表示门窗洞口和窗间墙等水平方向的定形和定位尺寸。相邻定位轴线之间的距离，横向称为开间，纵向称为进深。从图中可知：办公室开间 3.6m，进深 6.6m。三间教室的开间进深一样，均是开间 6.6m，进深 6.6m。卫生间开间 3.6m，进深 6.6m。该楼所有墙厚 240mm，定位轴线均为中轴线（轴线居中）。

建筑平面图内部尺寸就近标注。标注内墙门窗洞等的大小和定位尺寸。

（7）看地面标高

一般采用相对标高，取底层室内主要房间地面为 ±0.000。一般平面图分别标注下列标高：室内地面标高、室外地面标高、室外台阶标高、卫生间地面标高、楼梯平台标高等。由该图可知，室外地坪标高为 –0.470m；室外台阶标高 –0.020m；室内房间地面为标高零点，即 ±0.000m；楼梯休息平台标高 –0.450m。

（8）看门窗的分布及其编号

了解门窗的位置、类型及其数量。为了便于识读，建筑施工图中常采用专门的代号标注门窗，门的代号为 M，窗的代号为 C。代号后面用数字表示编号。由该图可知，一层教学楼的门有 M1、M2。窗有 C1、C2、C3。

（9）在底层平面图上看剖面的剖切符号，了解剖切部位及编号，以便与有关剖面图对照阅读

该图为底层平面图，从图中可见楼梯位置有剖切符号，对应 1–1 楼梯剖面图。

（10）查看平面图中的索引符号

当某些构造细部或构件，需另画比例较大的详图或引用有关标准图时，则须标注出索引符号，以便与有关详图符号对照查阅。读该图可知有 4 处索引符号。

①散水明沟剖切索引符号（图 8–5–8）。引出线所在一侧为投影方向，详图见图集 98ZJ901 第 5 页的 3 号详图；

②散水明沟详图索引符号（图 8–5–9）。详图见图集 98ZJ901 第 6 页的 3 号详图；

③黑板详图索引符号（图 8–5–10）。黑板长 3600mm，详图见图集 98ZJ501 第 34 页；

④室外台阶详图索引符号（图 8–5–11）。详图详见图集 98ZJ901 第 8 页的 11 号详图。

（11）图中“1%”“3%”为坡度设计值

例如“1%”是指沿 100cm 水平长度，高度下降了 1cm。

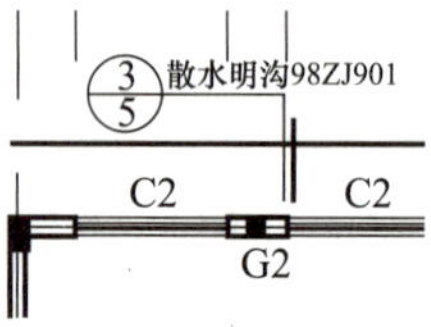

图 8-5-8　散水明沟剖切索引符号

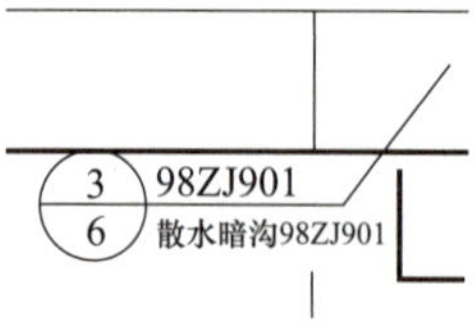

图 8-5-9　散水明沟详图索引符号

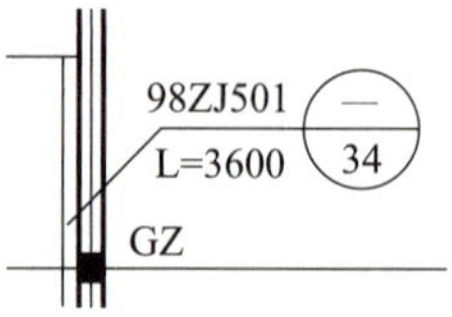

图 8-5-10　黑板详图索引符号

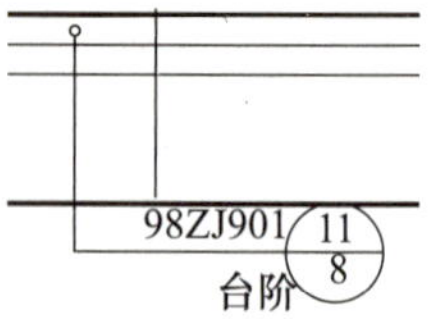

图 8-5-11　室外台阶详图索引符号

2. **建筑平面图的图示内容和绘制方法**

（1）底层平面图

沿房屋底层窗洞口剖切所得到的平面图称为底层平面图，一般包含墙体、柱、门窗及代号、室内外地坪标高、底层楼梯、指北针、剖切符号、室外明沟、散水、尺寸标注、轴线及编号、图名、比例（图 8-5-12）。

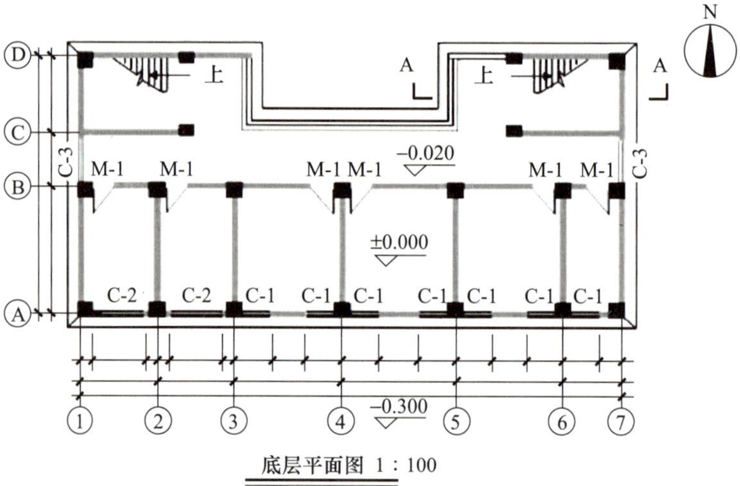

图 8-5-12　底层平面图

底层平面图的绘制：

第一步，画定位轴线（图 8-5-13）；

第二步，根据画好的定位轴线画墙、柱线（图 8-5-14）；

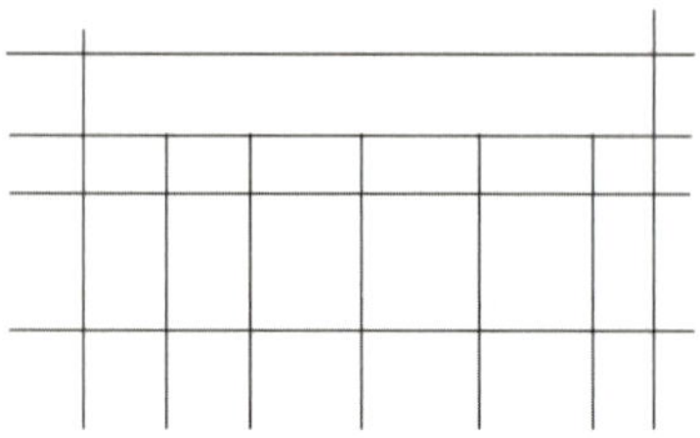

图 8-5-13　画定位轴线

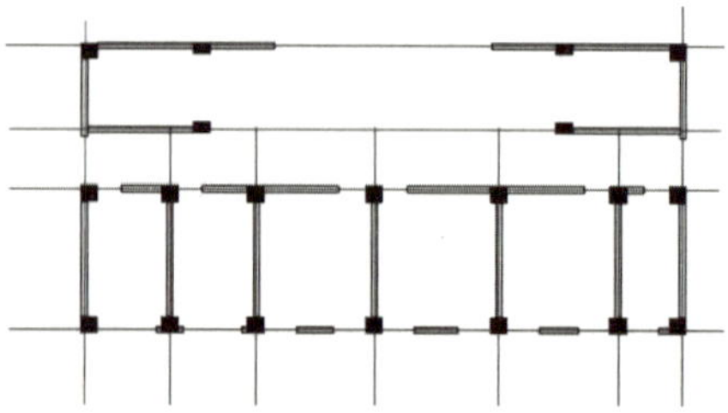

图 8-5-14　画墙、柱线

第三步，画散水线等（图 8–5–15）；
第四步，画门窗线（图 8–5–16）；

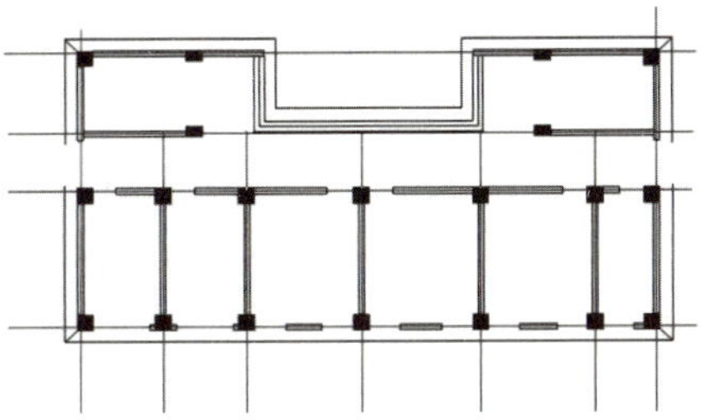

图 8–5–15　画散水线

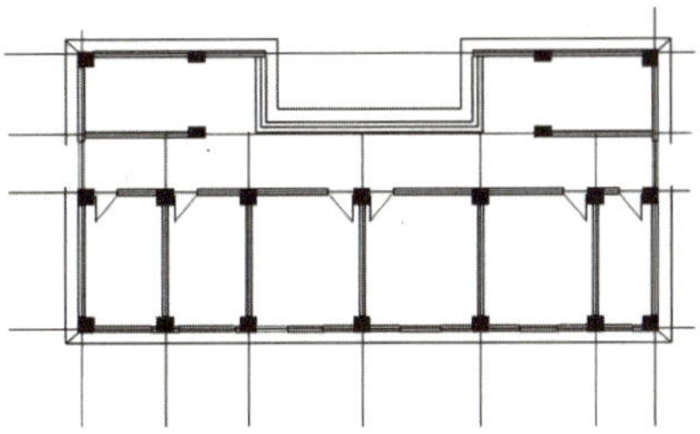

图 8–5–16　画门窗线

第五步，画楼梯（图 8–5–17）；
第六步，标注尺寸（图 8–5–18）；

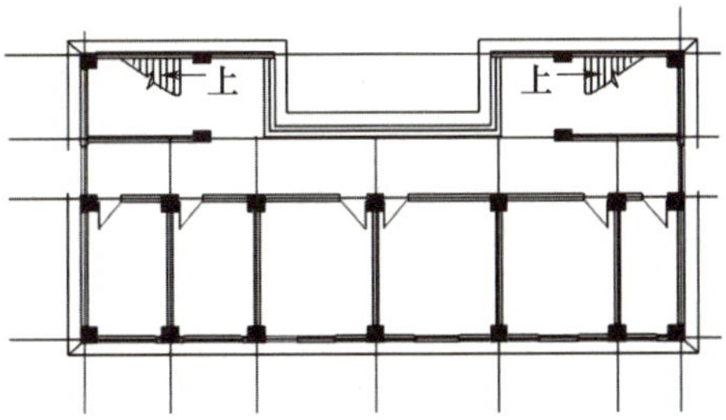

图 8–5–17　画楼梯

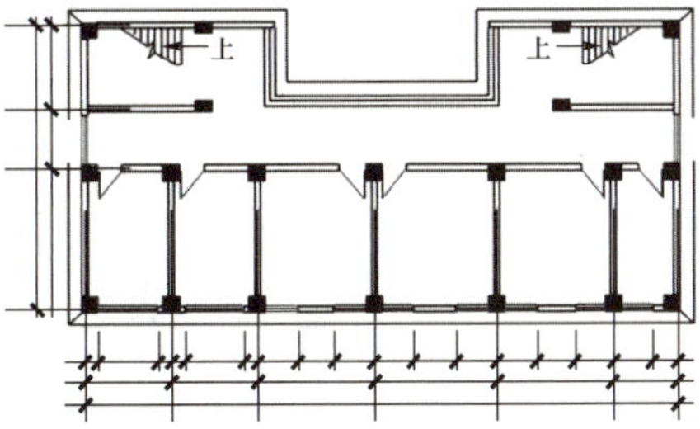

图 8–5–18　标注尺寸

第七步，绘制轴线符号（图 8–5–19）；
第八步，标注门窗代号（图 8–5–20）；

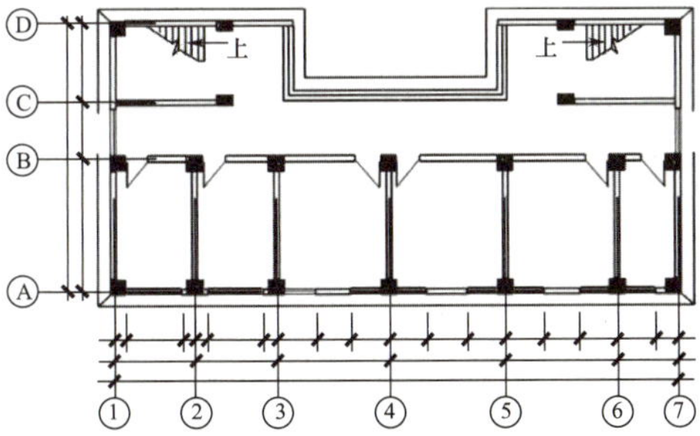

图 8–5–19　绘制轴线符号

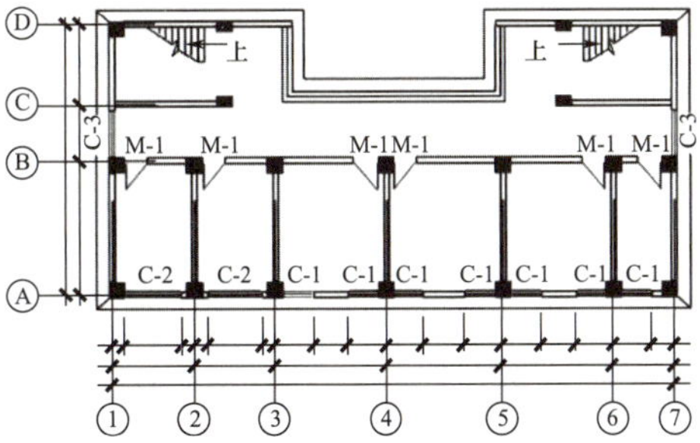

图 8–5–20　标注门窗代号

第九步，标注剖切符号、标高符号和指北针等（图 8–5–21）；
最后，注写图名及比例（图 8–5–22）。

（2）标准层平面图

如果一栋建筑的中间各层平面布置相同，可只画一个平面图表示，该平面图称为标准层平面图，一般包含墙体、柱、门窗及代号、室内地坪标高、标准层楼梯、尺寸标注、轴线及编号、图名、比例（图 8–5–23）。

绘图按照以下步骤。

①定位轴线。

先定横向和纵向的最外两道轴线，再根据开间和进深尺寸定出各轴线。

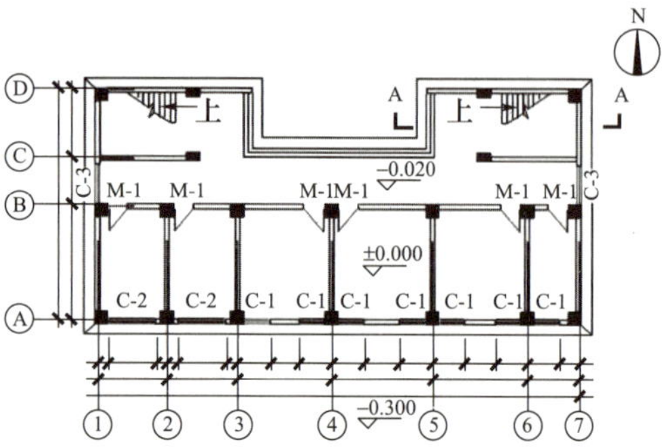

图 8-5-21　标注剖切符号、标高符号和指北针等

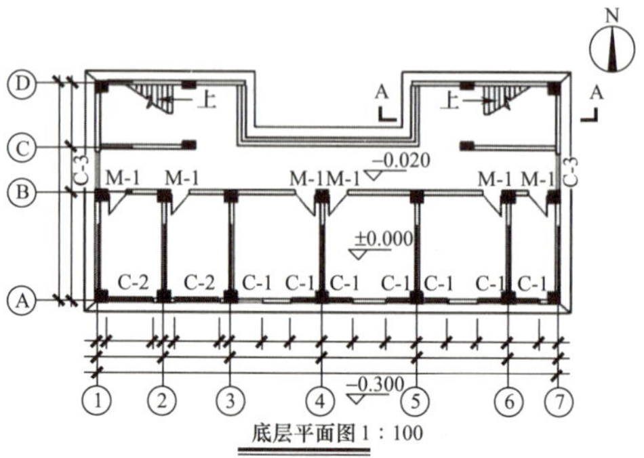

图 8-5-22　注写图名及比例

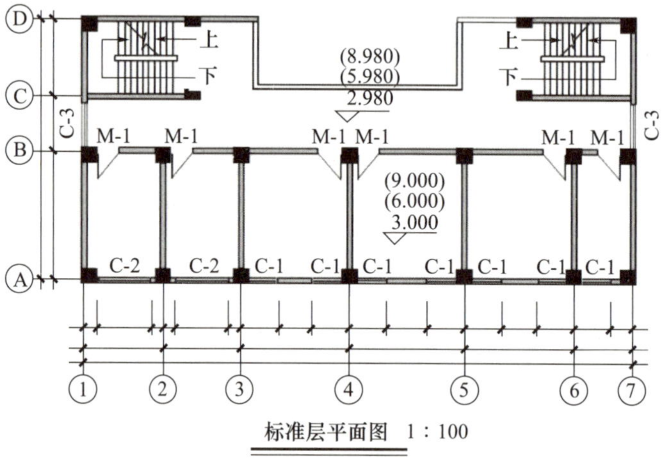

图 8-5-23　标准层平面图

②画墙身厚度，定门窗洞位置，定门窗洞位置时，应从轴线往两边定门窗间墙宽。

③画楼梯、散水、明沟等细部。

④按施工图要求加深或加粗图线，并标注轴线、尺寸，门窗编号、剖切位置线、图名、比例及其他文字说明。

⑤平面图中线性要求是：剖到的墙身用粗实线，看到的墙轮廓线、构配件轮廓线、窗洞、窗台及门扇图为中粗线，窗扇及其他细部为细实线。

（3）顶层平面图

房屋最上面一层的平面图称为顶层平面图。图示内容一般包括墙体、柱、门窗及代号、室内地坪标高、顶层楼梯、尺寸标注、轴线及编号、图名、比例。

顶层平面图的绘制方法基本和标准层平面图相同（图 8-5-24）。

（4）屋面平面图

屋面平面图是屋面的水平正投影图，它表示屋面从上向下作投影所能表现出的一切内容（图 8-5-25）。

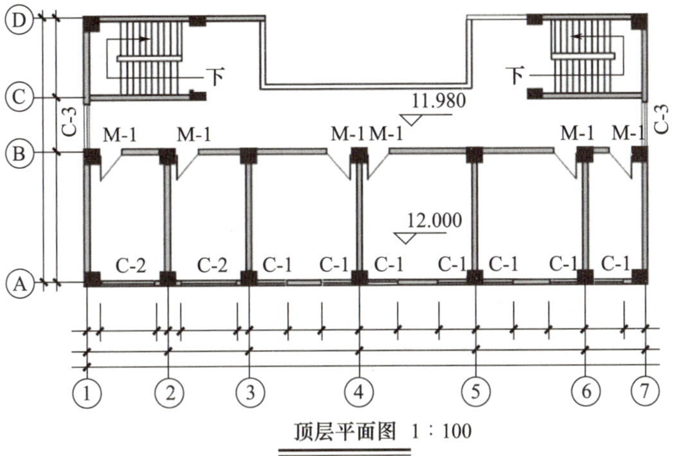

图 8-5-24　顶层平面图

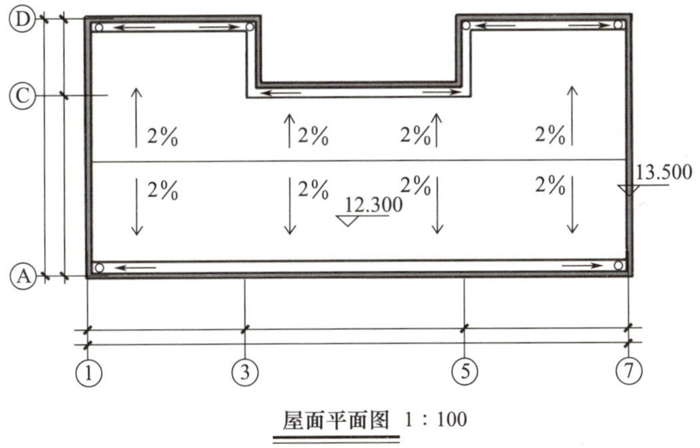

图 8-5-25　屋面平面图

①屋面平面图的作用。

不管是平屋顶还是坡屋顶，主要应表现出屋面排水情况和凸出屋面的全部构造位置。

②屋面平面图的基本内容。

屋面平面图包括墙体、屋面标高、排水坡度及走向、排水沟及坡向、尺寸标注、轴线及编号、图名、比例。

③屋面平面图的读图注意事项。

屋面平面图虽然比较简单，但应与外墙详图和索引屋面细部构造详图对照才能读懂，尤其是由外楼梯、人孔、烟道、通风道、檐口等部位和做法，以及屋面材料防水做法。

知识测评

建筑平面图的绘图步骤是什么？

任务 6　学习建筑立面图

子任务 1　建筑立面图的形成和作用

思政导入

大报恩寺琉璃宝塔位于南京市秦淮区大报恩寺，它是大报恩寺的核心建筑。按明代官方史料，大报恩寺琉璃宝塔的正式名字为“第一塔”，高达 78.2m，通体用琉璃烧制，塔内外置长明灯一百四十六盏，自建成至衰毁一直是中国南方最高的建筑，也是世界建筑史上的奇迹，位列中世纪世界七大奇迹。同学们有没有想过这样的高塔，在我们现代制图领域怎么描绘？

为了反映房屋的外形、高度，在与房屋立面平行的投影面上所做出房屋的正投影图，称为建筑立面图，简称立面图。

内容引导

扫描下方二维码，观看子任务配套微课和教学动画。回答问题：

微课 8.6.1　建筑立面图的形成和作用　　　　动画 26　建筑立面图的形成

建筑立面图形成的原理是什么？

知识精讲

1. 建筑立面图的作用

建筑立面图是用来表达房屋外部造型、门窗位置及形式、阳台、雨篷、雨水管、勒角、台阶、花坛等建筑形式及内容的工程图样。它是建筑工程和装饰工程施工的重要技术文件（图 8-6-1）。

2. 建筑立面图的形成

建筑立面图是在与房屋立面平行的铅垂投影面上对房屋外部形状所作的正投影，主要表达房屋外部形状（图 8-6-2）。

3. 建筑立面图的命名

根据建筑物外形的复杂程度，所需绘制的立面图的数量也不同。建筑立面图一般有三种命名方式：

图 8-6-1　建筑外立面

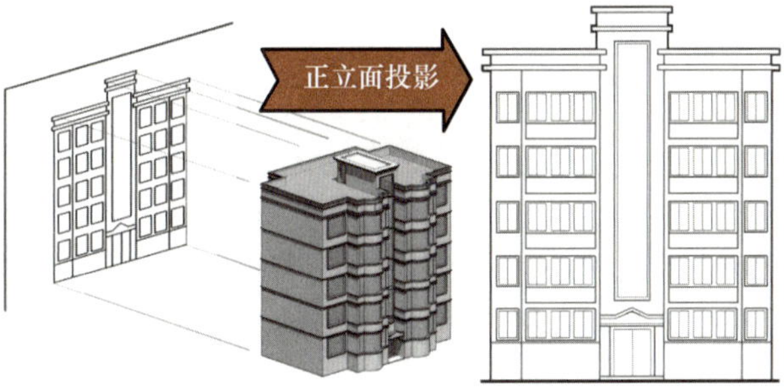

图 8-6-2　建筑立面图的形成

（1）按房屋的朝向来命名

如南立面图、北立面图、东立面图、西立面图。

（2）按轴号命名

对于那些不便于用朝向命名的立面图，可以用定位轴线命名，命名方式就是标示该立面图的首尾两个定位轴线的编号，这是建筑工程立面图命名的常用做法。例如：⑦轴～㉕轴立面图（图 8-6-3）。

（3）房屋立面的主次来命名

规定房屋主出入口所在的墙面为正面，可命名为正立面图、背立面图、左侧立面图、右侧立面图。

在绘图时，根据情况来选择命名方式，最常用的命名方式是按轴线编号命名。

4. 规定画法

立面图一般按投影关系画在平面图上方，与平面图轴线对齐，以便识读。立面图所采用的比例一般和平面图相同。由于比例较小，所以门窗、阳台、栏杆及墙面复杂的装修可按图例绘制。为简化作图，对立面图上同一类型的门窗，可详细地画一个作为代表，其余均用简单图例来表示。此外，在立面图的两端应画出定位轴线符号及其编号。

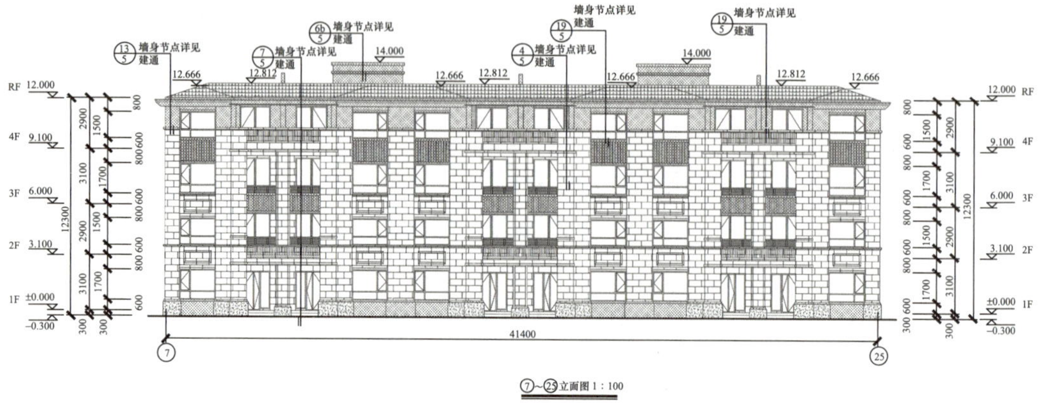

图 8-6-3 建筑立面图

为了使立面图外形清晰、层次感强，立面图应采用多种线型画出。一般立面图的外轮廓用粗实线表示；门窗洞口、檐口、阳台、雨篷、台阶、花池等突出部分的轮廓用中实线表示；门窗扇及其分格线、花格、雨水管、有关文字说明的引出线及标高等均用细实线表示；室外地坪线用加粗实线表示。

知识测评

1. 填空题

（1）建筑立面图是用来表达房屋________、门窗________、雨篷、雨水管、勒角、台阶、花坛等建筑形式及内容的工程图样。

（2）建筑立面图是在与房屋立面平行的________上对房屋外部形状所作的________，主要表达房屋外部形状。

2. 选择题

（1）建筑立面图一般有（　　）方式命名方式。

A. 按房屋的朝向来命名

B. 按轴号命名

C. 按房屋立面的主次来命名

（2）按房屋的朝向来命名有（　　）。

A. 南立面图　　B. 北立面图　　C. 东立面图　　D. 西立面图

子任务 2　建筑立面图的识读与绘制

思政导入

深圳经济特区于 1980 年 8 月 26 日正式成立，40 多年来，深圳由一个边陲小镇发展成为国际化大都市，也成为全球知名的科技创新中心。细数深圳的变化，最直观的莫过于城市天际线。与世界各国名城一样，深圳在历史进程中，天际线一直富于变幻，“第一高楼”的纪录不断被刷新，这既是建筑材料、工程技术等科技的进步，也是经济繁荣的具体表现。如今深圳拥有 150 米以上高度的已竣工建筑达 287 栋，数量位居世界第三，中国第二。位于福田 CBD 的世界最高办公建筑——深圳平安金融中心，由北塔（118 层，近 600m）、南塔（48 层，286m）、裙楼（10 层）及连通南北塔的 5 层地下室组成，已成为深圳城市天际线上最为夺目的制高点，成为对外介绍深圳、讲好中国故事的一张亮丽名片。那我们如何在建筑立面的图纸上绘制耸入天际的摩天大楼呢？

内容引导

扫描下方二维码，观看子任务配套微课。回答问题：

微课 8.6.2　建筑立面图的识读与绘制

建筑立面图包括哪些内容呢？

知识精讲

1. 建筑立面图的内容和规定

（1）建筑立面图中包含建筑物外形上可以看到的全部内容

如散水、台阶、雨水管、遮阳措施、花池、勒脚、门头、门窗、雨篷、阳台、檐口。屋顶上面可以看到烟囱、水箱间、通风道，还可以看到外楼梯等其他内容和位置（图 8-6-4）。

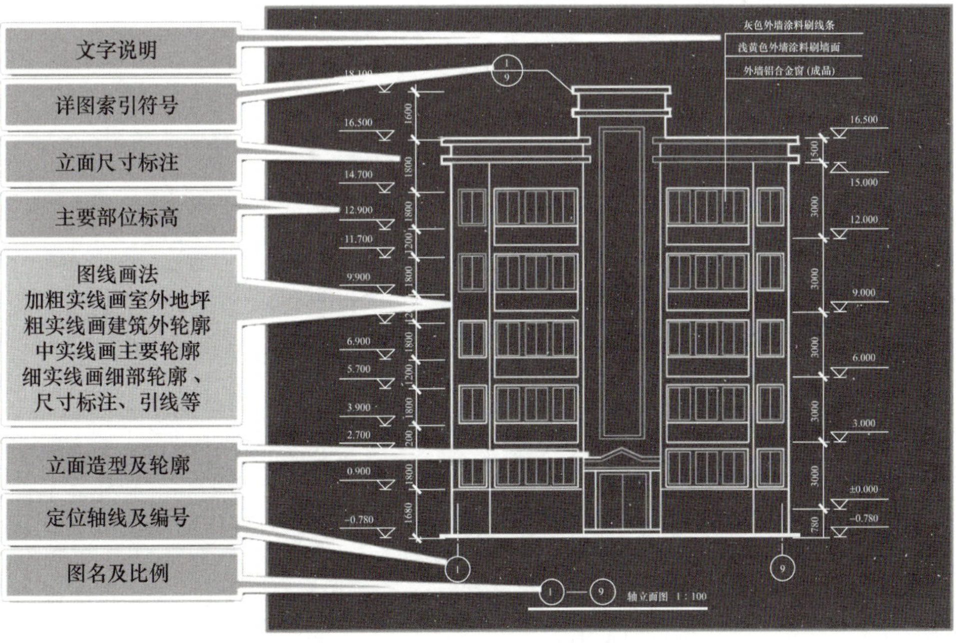

图 8-6-4　建筑立面图的内容

（2）表明外形高度方向的3道尺寸线

即总高度、分层高度、门窗上下皮、勒脚、檐口等具体高度。而长度方向由于平面图已标注过详细尺寸，所以立面图中一般不再注写，但长度方向首层两端的轴线要用数字符号标明。

（3）立面图重点是反映高度方面的变化

虽然标注了3道尺寸，若想知道某一位置的具体高度还需推算，为简便起见，从室外地坪到屋顶最高部位，都注标高，其单位是m，小数点后面的位数一般取三位。

2. 建筑立面图的图线画法

加粗实线画室外地坪；粗实线画建筑外轮廓；中实线画主要轮廓；细实线画细部轮廓、尺寸标注、引线等。

3. 建筑立面图的读图注意事项

①立面图与平面图有密切关系，各立面图轴线编号均应与平面图严格一致，并应校核门、窗等所有细部构造是否正确无误。

②各立面图彼此之间在材料做法上有无不符、不协调一致之处，以及检查房屋整体外观、外装修中的环向构件两端是否相交或相接。

4. 建筑立面图绘图步骤

（1）画出室外地坪、楼面线屋面线、两端定位轴线及外墙轮廓线

在合适的位置画上室外地坪。在定外墙轮廓线时，如果平面图和正立面图在同一张图纸上，则外墙轮廓线应由平面图的外墙外边线根据“长对正”的原理向上投影而得。根据高度尺寸画出屋面檐口线。如无女儿墙时，则应根据侧面或剖面图上屋面坡度的脊点，投影到正立面定出屋脊线。如果有女儿墙，则需要根据标高定出女儿墙的压顶线（图8–6–5）。

（2）由平面图定出门窗位置，并画出细部

如门窗洞、窗台、雨篷、檐口、勒角、墙面分格线条（图8–6–6）。

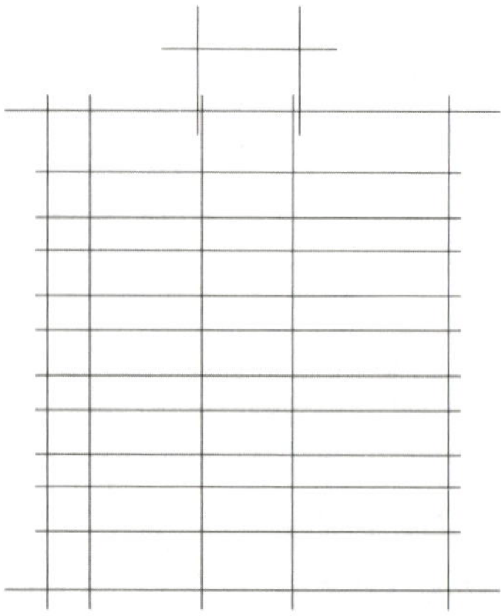

图8–6–5　确定整体轮廓线

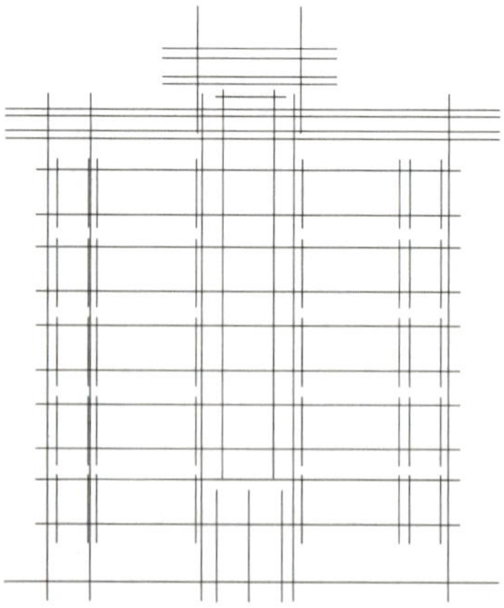

图8–6–6　确定门窗细部位置

正立面图上门窗宽度由平面图下方外墙的门窗宽投影得出。根据窗台高、门窗顶高

度画出窗台线、门窗顶线、檐口线。

（3）检查完善图面各部位图线，根据不同部位用不同线宽加深图线，并擦除多余的图线（图 8-6-7）。

（4）标注尺寸、标注标高、标注文字及详图符号，注写轴线编号、注写图名及比例应注意各标高符号 45° 等腰直角三角形的顶点在同一条竖直线上（图 8-6-8）。

图 8-6-7　完善各部位图线

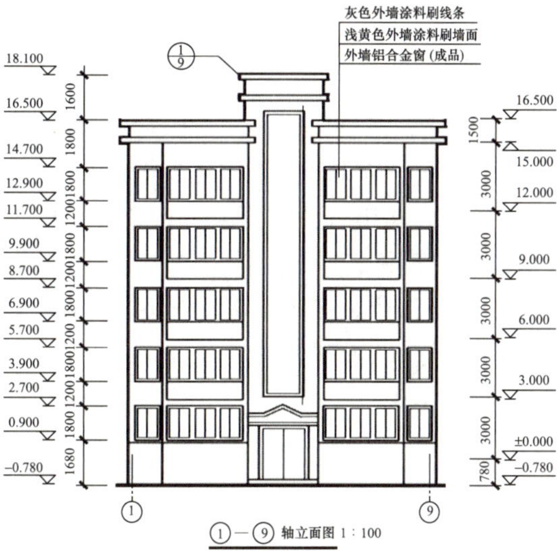

图 8-6-8　绘制标准符号

知识测评

1. 填空题

（1）加粗实线画__________；粗实线画__________；中实线画__________；细实线画__________、__________、__________等。

（2）建筑立面图的内容包括____________、____________、__________、__________、__________、__________、__________等。

2. 选择题

（1）建筑立面图的外轮廓线采用（　　）线绘制。

A. 粗实线　　B. 中粗实线

C. 中实线　　D. 细实线

（2）建筑立面图的地平线采用（　　）线绘制。

A. 粗实线　　B. 加粗实线

C. 中实线　　D. 细实线

3. 问答题

（1）建筑立面图的读图有哪些注意事项？

（2）建筑立面图的绘图步骤是什么？

任务7　学习建筑剖面图

子任务　建筑剖面图

思政导入

1998 年，东软医疗伴随着医疗体制的改革之声诞生了，并正式向市场推出中国第一台全身 CT——东软医疗 CT–C2000，国产 CT 首次实现了产业化。这意味着，在 CT 引进中国整整 20 年后，中国第一台全身 CT 终于打破了国外技术垄断，并首次应用 PC 机代替阵列处理机。东软医疗 CT 产品的上线，使设备采购价格下降 20%~30%，服务价格降低了 50%，让更多医院买得起 CT 设备，让更多老百姓做得起 CT 检查。我们通过 CT 的检查结果能够看到人体的内部情况，那么同学们，我们工程上通过什么图纸来了解建筑的内部情况呢？

内容引导

扫描下方二维码，观看子任务配套微课和教学动画。回答问题：

微课 8.7.1　建筑剖面图　　　　动画 27　建筑剖面图的形成

1. 我们通过 CT 的检查结果能够看到人体的内部情况，那么我们工程上通过什么图纸来了解建筑的内部情况呢？

2. 建筑剖面图的作用是什么？

知识精讲

1. 建筑剖面图的作用

建筑剖面图是表示建筑物垂直方向的高度、楼层、垂直空间的结构布置和构造方式的工程图样。它是建筑工程和装饰工程施工的重要技术文件（图 8–7–1）。

2. 建筑剖面图的形成

假想用一个铅垂的剖切平面将房屋剖开，移去剖切面与观察者之间的房屋部分，将剩余部分向投影面投射所得的正投影图（图 8–7–2）。

建筑剖面图的剖切位置来源于建筑平面图，一般选在平面或组合中不易表示清楚并较为复杂的部位，画出剖切位置和朝向，并给予名称，然后用一个假想的垂直剖切面，将房屋剖开得到的剖面形式投影图，并显示出被剖切到的部位的结构形式与材料做法。

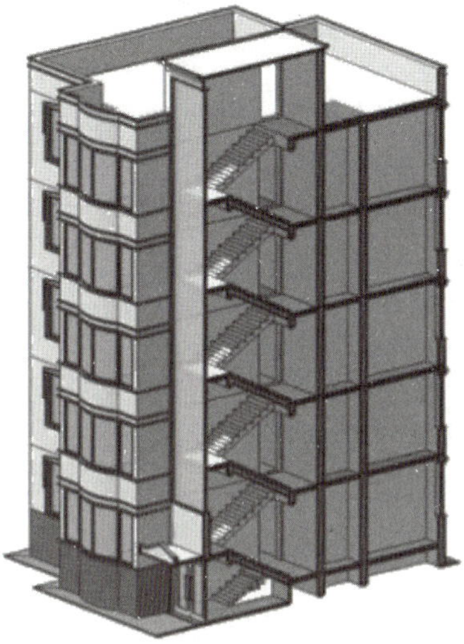

图 8-7-1　建筑剖面图的示意图

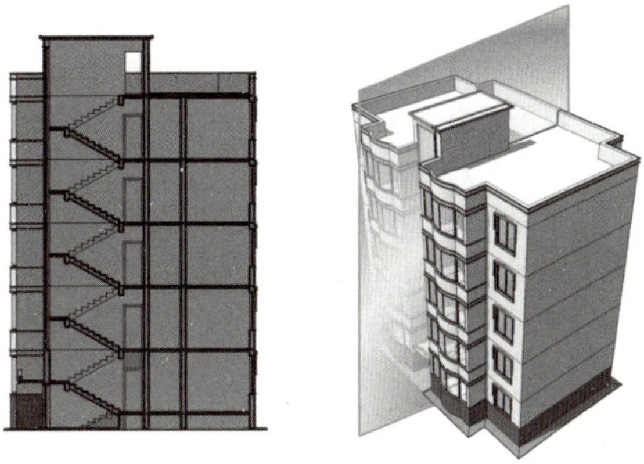

图 8-7-2　剖面图的形成

3. 建筑剖面图的图示内容

①图名及比例。

②墙柱定位轴线及间距尺寸。

③建筑竖向结构形式及内部构造。

④标高及尺寸。

⑤相关图例及文字说明。

4. 建筑剖面图的读图注意事项

我们在识读建筑剖面图的时候要注意：

（1）剖面图表示的内容多为有特殊设备的房间

如锅炉房、实验室、浴室、厕所、厨房等，里面都有固定设备，需用剖面图表示清楚它们的具体位置、形状尺寸等。阅读剖面图就要校核该图所在轴线位置、剖切到的内容和部位是否与平面图中相应的内容完全一致。

（2）剖面图中的尺寸重点表明内外高度尺寸、横向或纵向尺寸和标高时，应仔细校核这些具体细部尺寸是否和平面图、立面图中的尺寸完全一致

内外装修做法与材料做法是否也同平面图与立面图一致。这些校核都要从整体考虑，而不要单纯只是阅读剖面图。

5. 建筑剖面图的规定画法

（1）定位轴线

在剖面图中，通常只需画出建筑物图样两端的墙柱定位轴线、编号及间距尺寸，以便与平面图对照。

（2）图线

①室外地平线用加粗线绘制（1.4b）。

②凡被切到的建筑实体断面（如墙、柱、梁、楼板、楼梯等）的轮廓线，均用粗实线绘制（b）。

③凡未被切到的可见建筑构件，均用细实线绘制（0.25b）。

（3）图例

被剖切的建筑实体断面，均按规定的材料图例绘制。当图样比例≤ 1∶100 时，材料图例可以采用简化画法，如钢筋混凝土、砖墙用涂黑表示。

（4）标高及尺寸

通常对室外地坪、室内一层以及各楼层、屋面、外墙窗等部位进行标高标注；并标出各主要部位高度尺寸和建筑物总高度尺寸，注意与立面图和平面图尺寸对应。

（5）图名及比例

图名应与平面图剖切符号编号对应。比例通常为 1∶100，或 1∶50（图 8-7-3）。

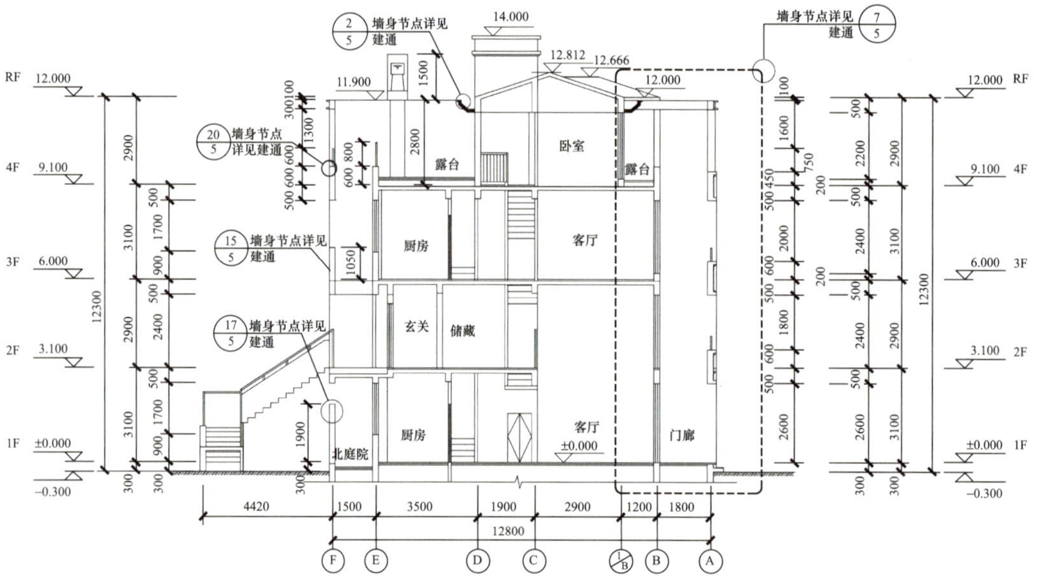

1—1剖面图 1∶100

图 8-7-3 剖面图

6. 绘制剖面图的步骤与方法

（1）起草轮廓

根据平面图轴线位置及间距尺寸，以及立面楼层标高，绘制定位轴线、室内外地平线、各楼层楼面线（图 8-7-4）。

（2）绘制建筑各部位构件轮廓

画出被剖切和未被剖切的建筑构件轮廓线（图 8-7-5）。

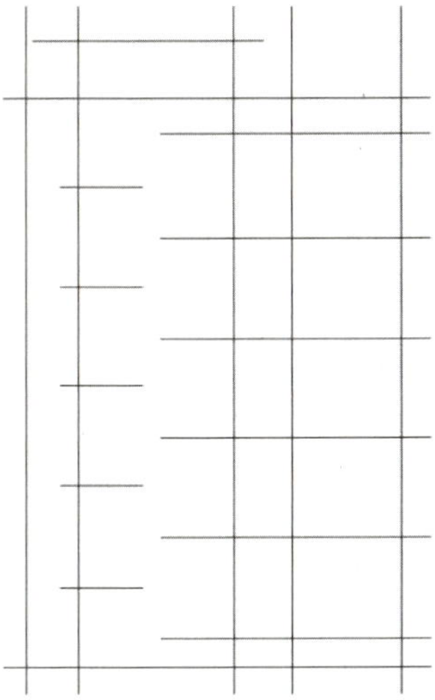

图 8–7–4　起草轮廓

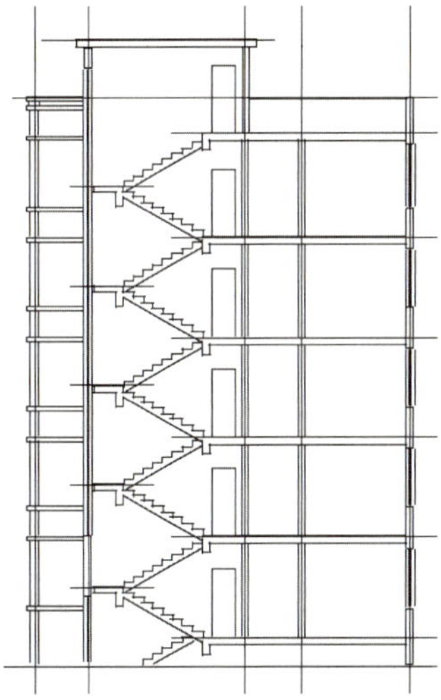

图 8–7–5　绘制建筑各部位构件轮廓

（3）修正图线

被剖切的建筑实体断面轮廓线加深加粗；未被剖切的建筑实体轮廓线用细实线绘制完整。擦除多余线条（图 8–7–6）。

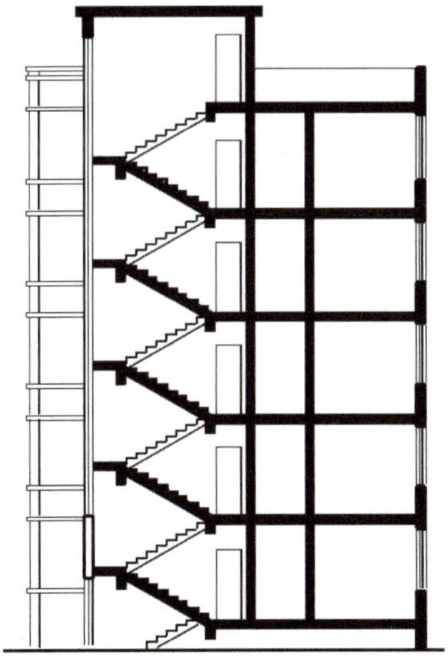

图 8–7–6　修正图线

（4）标注及注释

标注标高、尺寸；注写文字说明；注写图名及比例（图 8–7–7）。

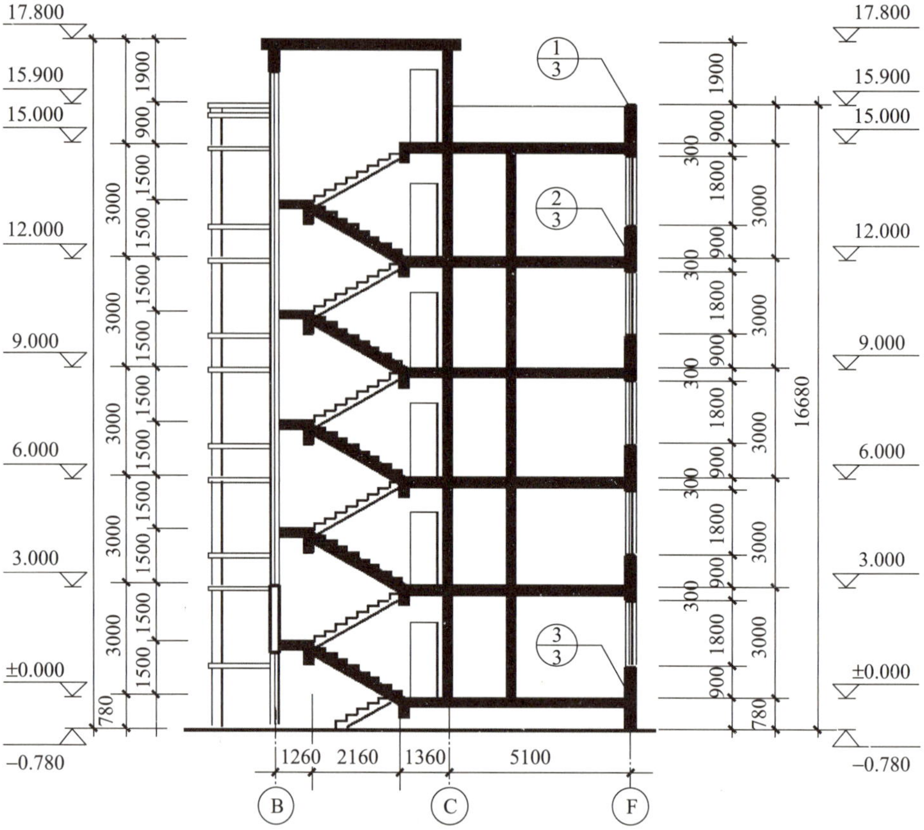

1—1剖面图 1：100

图 8–7–7 剖面图

知识测评

1. 填空题

（1）建筑剖面图是表示建筑物垂直方向的________、________、________的结构布置和构造方式的工程图样。

（2）假想用一个铅垂的剖切平面将房屋剖开，移去剖切面与观察者之间的房屋部分，将剩余部分向投影面投射所得的________。

2. 选择题

（1）凡被切到的建筑实体断面（如墙、柱、梁、楼板、楼梯等）的轮廓线，均用（　　）绘制。

A. 粗实线　　B. 中实线　　C. 细实线

（2）凡未被切到的可见建筑构件，均用（　　）绘制。

A. 粗实线　　B. 中实线　　C. 细实线

3. 简答题

（1）建筑剖面图的图示内容有哪些？

（2）建筑剖面图的读图注意事项有哪些?

（3）建筑剖面图的绘图步骤是什么?

任务 8　学习建筑详图

子任务 1　建筑详图概述

思政导入

20 世纪二三十年代，日本学者就断言，中国已不存在唐代建筑，要想看唐代建筑只有去日本奈良。梁思成、林徽因和营造社的同道者终于在 1937 年初夏，在五台山发现这座唐代建筑佛光寺大殿，佛光寺大殿现为中国现存规模最大的唐代木构建筑暨第二早的木结构建筑（建造时间仅次于五台县的南禅寺大殿），其被梁思成先生称为“中国第一国宝”，因为它的发现打破了日本学者的断言：在中国大地上没有唐朝及其以前的木结构建筑。梁思成等人对佛光寺大殿进行详细测绘，并绘制了详图，撰写了《记五台山佛光寺的建筑》，轰动了中外建筑学界，佛光寺从此真容得现，被誉为“亚洲佛光”。

斗拱是东大殿的主角，它虽然只有檐柱的一半高，却有着威压之势，纵横恣肆，是美木的精魂。在这里，是斗拱而不是屋顶塑造了建筑的形象，中国古典建筑中的斗拱艺术在佛光寺发挥得登峰造极。斗拱雄大，出檐深远，犹如大鹏展翅搏击长空的印象，使本来显得有些压抑的建筑产生了一种轻灵舒展的态势。

我国的古代建筑蕴藏着极大的文化底蕴，在现代，我们要详细描绘室内构件，用到的建筑图叫建筑详图。

内容引导

扫描下方二维码，观看子任务配套微课和教学动画。回答问题：

微课 8.8.1　建筑详图概述

建筑详图的作用是什么？

知识精讲

1. 建筑详图的作用

由于建筑平面图、立面图、剖面图通常采用 1∶100 等较小比例绘制，对房屋的一些细部的构造，如形状、层次、尺寸、材料和做法等无法完全表达清楚。因此，为了满足施工的需要，必须分别将这些内容用较大的比例详细画出图样。这些放大比例的图样称为建筑详图。建筑详图是用较大的比例将建筑细部或建筑构件、配件进行放大绘制和详尽标注的图样，是建筑细部的施工图，是对建筑平面、立面、剖面图等基本图样的深化和补充，是建筑工程细部施工、建筑构配件制作及编制预算的依据。

2. 建筑详图的特点

建筑详图主要有三个特点：一是比例较大，如 1∶50、1∶20、1∶10、1∶5、1∶2 等；二是图示内容详尽；三是尺寸、标高齐全。

3. 建筑详图的表示

应按该部位构造的复杂程度而定，有的只需一个剖面详图就能表达清楚，如墙身节点详图，有的则需另外加平面详图，如楼梯平面详图、卫生间平面详图、厨房平面详图等，或立面详图，如阳台详图等。有的还要在详图中再补充比例更大的局部详图（图 8-8-1~ 图 8-8-5）。

一般房屋的详图有墙身节点详图、楼梯详图及室内外构配件，包括室外的台阶、花池、花格、雨篷等，室内的厕所、卫生间、壁柜及门窗等。

4. 建筑详图有关要求

详图要求图示的内容详尽清楚，尺寸标准、齐全，文字说明详尽。一般应表达出构配件的详细构造；所用的各种材料及其规格；各部分的构造连接方法及相对位置关系；各部位、各细部的详细尺寸；有关施工要求、构造层次及制作方法说明等。同时，建筑详图必须加注图名或详图符号，详图符号应与被索引的图样上的索引符号相对应，在详图符号的右下侧注写比例。对于套用标准图或通用图的建筑构配件和节点，只需注明所用图集的名称、型号、页次，可不必另画详图。

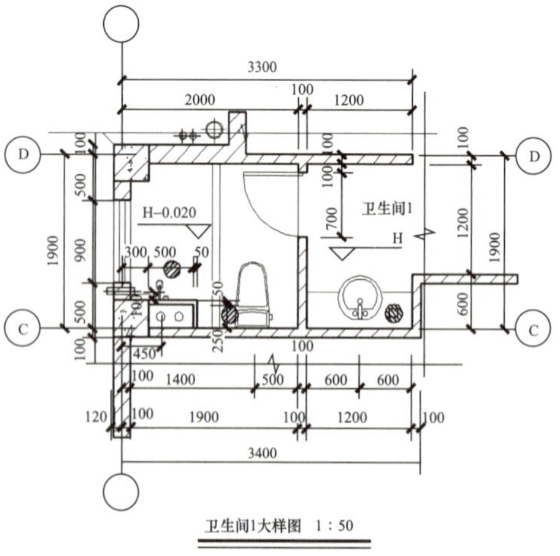

图 8-8-1　卫生间大样图

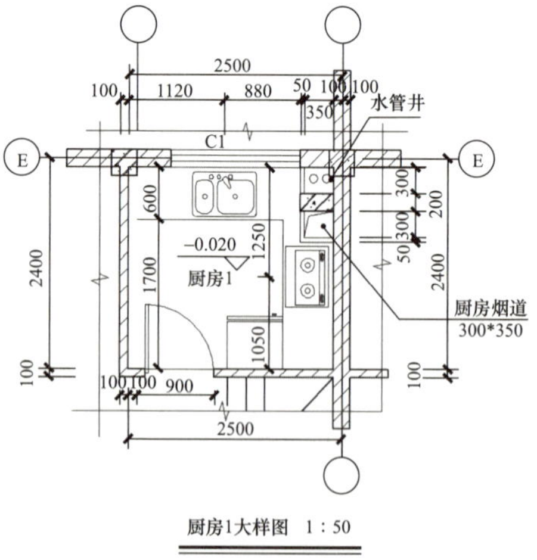

图 8-8-2　厨房大样图

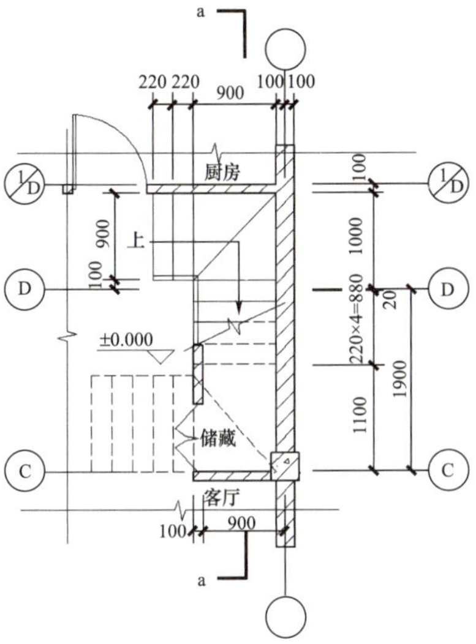

一层平面图　1：50

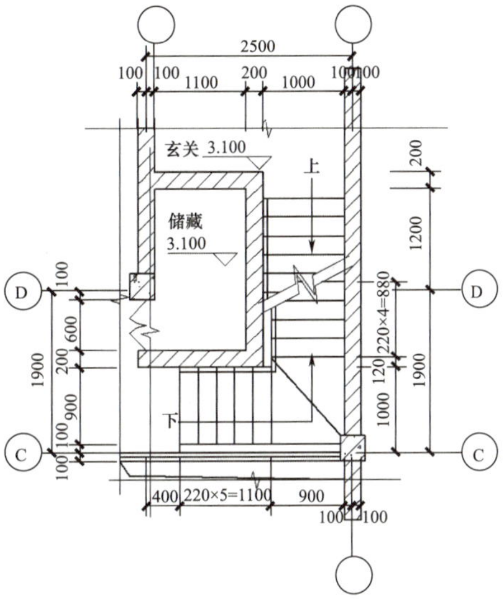

二层平面图　1：50

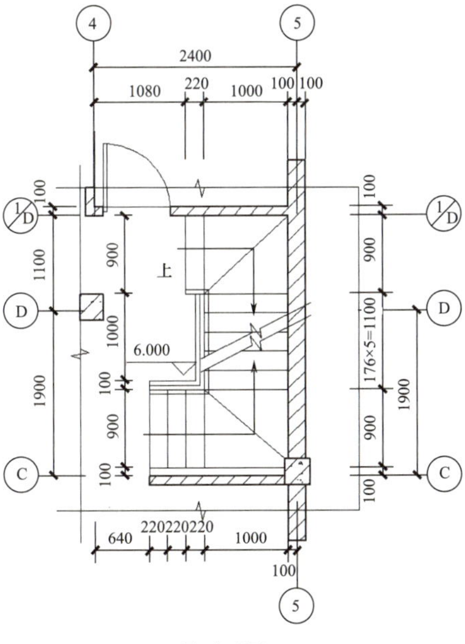

三层平面图　1：50

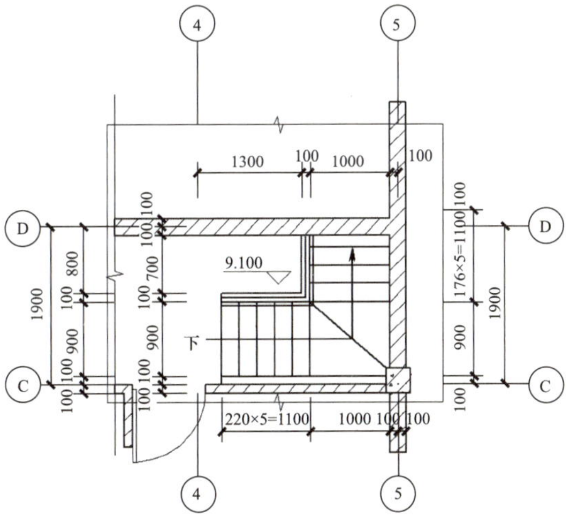

四层平面图　1：50

图 8-8-3　楼梯平面详图

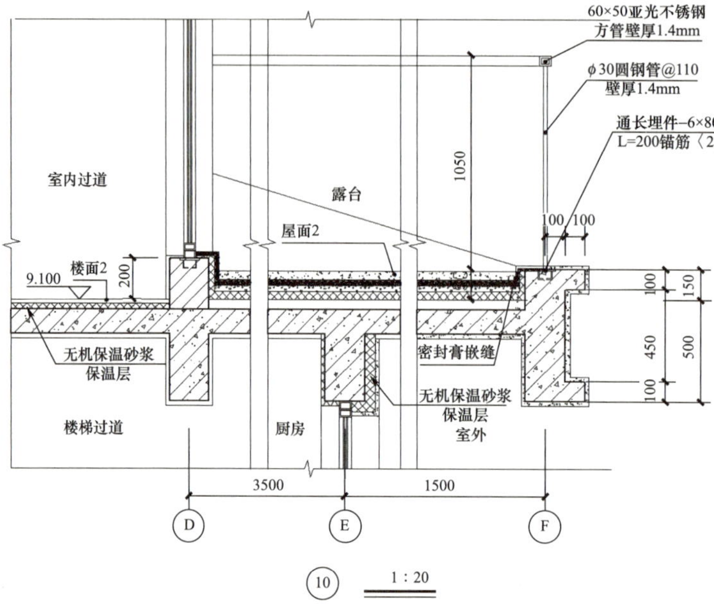

图 8-8-4　阳台详图

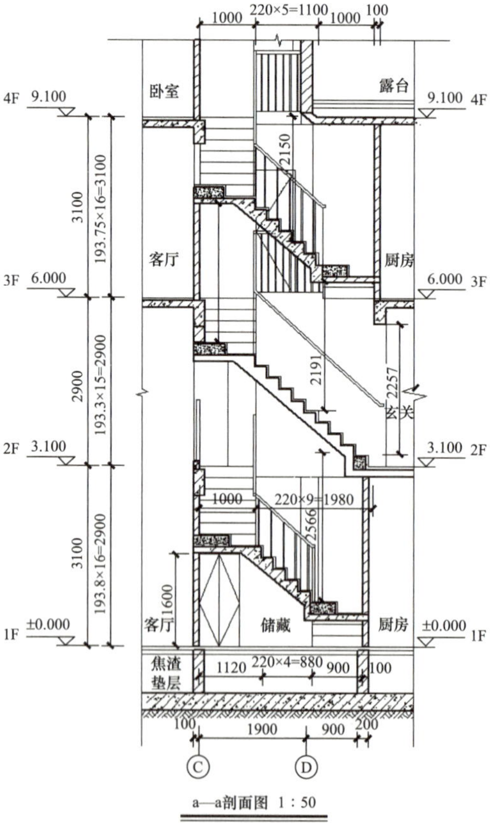

图 8-8-5　楼梯详图

5. 建筑详图符号及应用

（1）详图索引符号

详图索引符号用于原图局部的原形放大索引或剖切放大索引（图 8-8-6、图 8-8-7）。

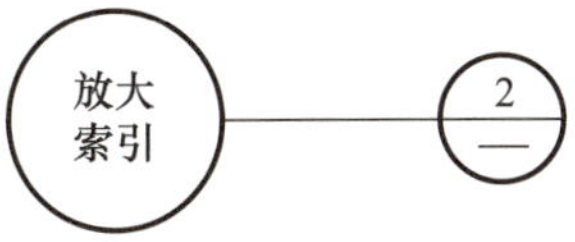

图 8-8-6　原形放大索引

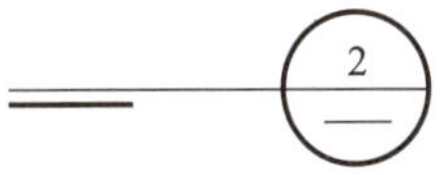

图 8-8-7　剖切放大索引

一个详图索引符号横线上面是详图编号，下面是详图所在图纸的编号，圆圈用细实线绘制，直径选取 10mm（图 8-8-8）。

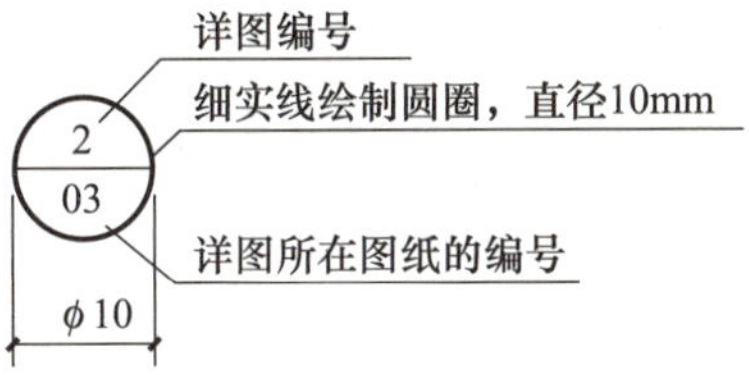

图 8-8-8　详图索引符号各部分的含义

（2）详图符号

详图符号用于详图图名编号。

一个详图符号，横线上方为详图编号，横线下方是索引图所在图纸的编号，用粗实线绘制圆圈，圆圈直径选取 14mm。如果详图在同一图纸内，则仅标注详图编号（图 8-8-9~ 图 8-8-12）。

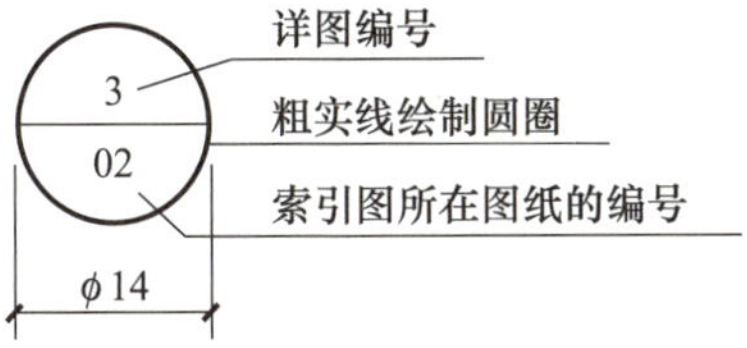

图 8-8-9　详图符号各部分的含义

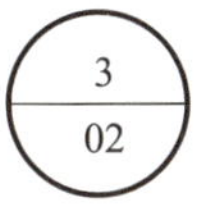

图 8-8-10　详图与被索引图不在同一张图纸

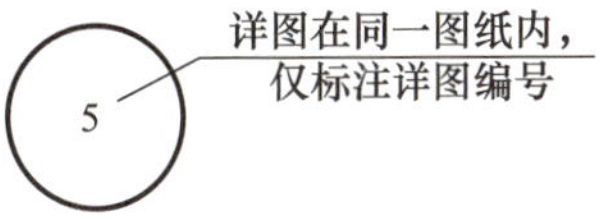

图 8-8-11　详图与被索引图在同一张图纸

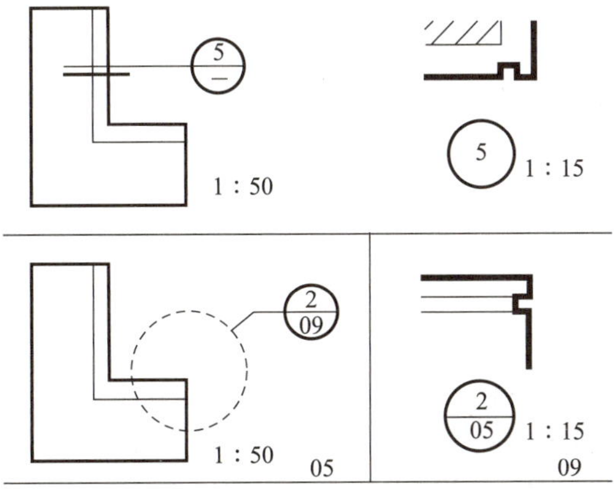

图 8-8-12　上图详图在同样一个图号，下图详图不在同一个图号

知识测评

1. 建筑详图的特点是什么?
2. 建筑详图的要求是什么?

子任务 2　建筑外墙身详图

思政导入

国家游泳中心看似简单的“方盒子”是中国传统文化和现代科技共同“搭建”而成的。中国人认为：没有规矩不成方圆。方形是中国古代城市建筑最基本的形态，它体现的是中国文化中以纲常伦理为代表的社会生活规则。而这个“方盒子”又能够最佳体现国家游泳中心的多功能要求，从而实现了传统文化与建筑功能的完美结合。

“水立方”建筑外墙分布着 3000 个不规则的气枕，即使出现外膜破裂，8 小时内就可以将破损的外膜修补或更换。ETFE 膜立面装配系统在国家游泳中心的运用是迄今世界上规模最大、构造最复杂、技术综合最全面的一次。同学们对工程中如何表示外墙身的详图有什么了解呢?

内容引导

扫描下方二维码，观看子任务配套微课和教学动画。回答问题：

微课 8.8.2　建筑外墙身详图　　　动画 28　建筑外墙身详图

1. 什么是外墙身详图?
2. 外墙身详图的作用是什么?

知识精讲

1. 外墙墙身详图的作用

工程中，外墙身详图实际上是建筑剖面图中，从室外地坪以上到屋顶檐部的外墙身局部放大图，是建筑细部的施工图。

外墙身详图配合建筑平面图可以为砌墙、室内外装修、立门窗口、放预制构件或配件等提供具体做法，并为编制工程预算和准备材料提供依据。

2. 外墙墙身详图的识读

以图 8-8-13 所示 1—1 剖面图 F 轴线外墙部分的外墙详图为例，讲解外墙墙身详图的识读。外墙详图和平面图中的剖切位置或立面图上的详图索引标志、朝向、轴线编号完全一致，并用放大比例画图。示例中外墙身详图比例为 1∶20。

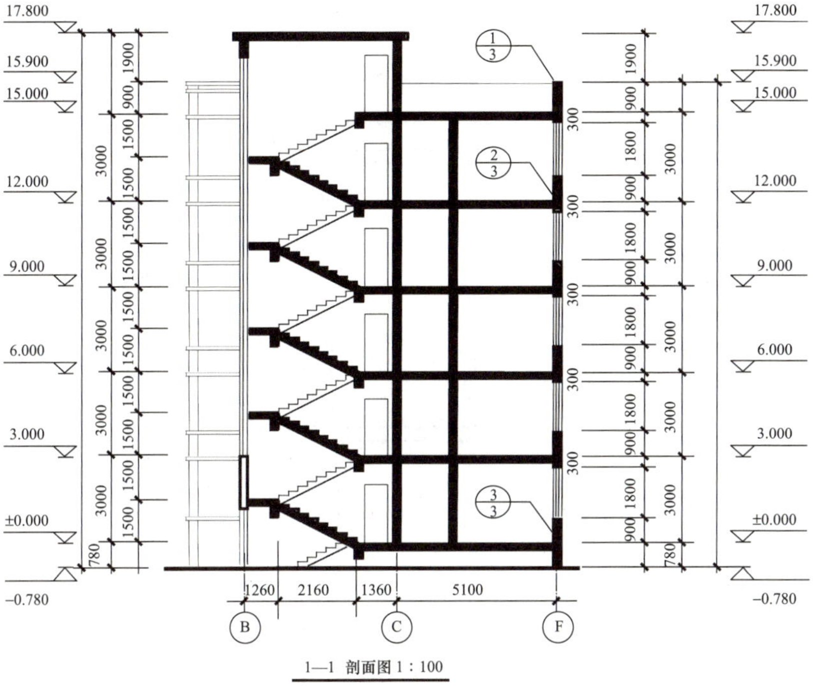

图 8-8-13 建筑 1—1 剖面图

外墙身详图中，将建筑平面图、立面图和剖面图中的某些建筑构配件（如门、窗、楼梯、阳台、各种装饰等）或某些建筑剖面节点（如檐口、窗台、明沟或散水以及楼地面层、屋顶层等）的详细构造（包括样式、层次、做法、用料、详细尺寸等）用较大比例清楚地表达出来形成图样（图 8-8-14）。

从图示内容可以了解：

（1）楼层节点做法

该节点表示了圈梁、过梁（本例中圈梁与过梁合二为一）的位置，楼板搭在横墙上，楼板采用五层构造，面层采用瓷砖贴面，天棚面采用混合砂浆粉面刷白面层，其他各构造层次的厚度、材料及做法，详图中的文字说明均详细标出。

（2）檐口节点做法

图中檐口采用女儿墙形式，高度 1000mm。屋面做法为焦砟混凝土保温屋面，1∶8 焦砟混凝土兼起找坡作用，防水层采用 SBS 改性沥青卷材防水，上做水泥砂浆做保护层，再置 C20 石混凝土预制板做隔热层。

（3）再看所标注的尺寸

图中，注明了室外地面、底层室内地面、窗台、窗顶、楼面、顶棚、檐口底面及顶面的标高。在楼层节点处的标高，其中 6.000、9.000 与 12.000 用括号括起来，表示在此相应的其他楼层高度上，该节点图仍然适用。此外，图中还注明了各部位的标高、高度方向的尺寸和墙身细部尺寸，详图中还画出相应材料图例。

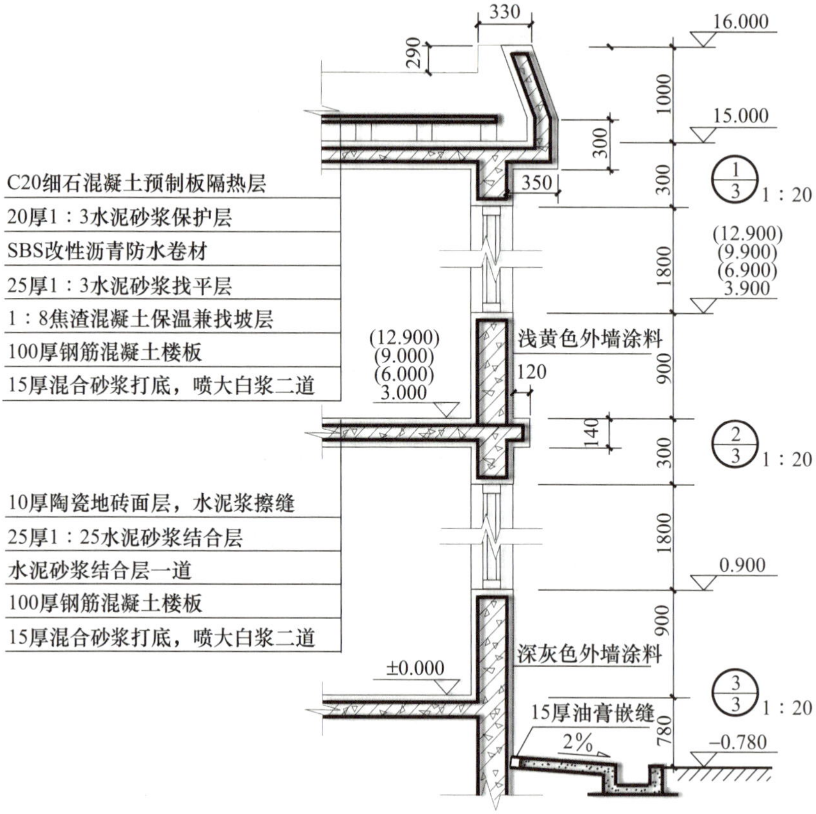

图 8-8-14　外墙身详图

3. 识图注意事项

（1）外墙详图比较明确、清楚地表现出每项工程中绝大部分的主体与装修做法，但看图时除了读懂图面上表达的内容外，还应认真、仔细结合其他图样

如勒脚下的基础墙做法要与结构施工图的基础平面图和剖面图联系阅读，楼层与檐口、阳台、雨篷等也应和结构施工图的各层顶板结构平面图和剖面节点详图联系阅读，这样才能加深理解，并从中发现图样相互之间的联系和出现的问题（图 8-8-15）。

（2）阅读外墙详图时，应反复校核图内尺寸与标高是否一致，并应与本专业其他图样或结构专业图样反复校核

很多由于设计人员疏忽或经验不足，使得本专业图样之间或与其他专业图样在尺寸与标高，甚至在做法上产生不统一的现象，给施工人员阅读图样带来很多困难（图 8-8-16）。

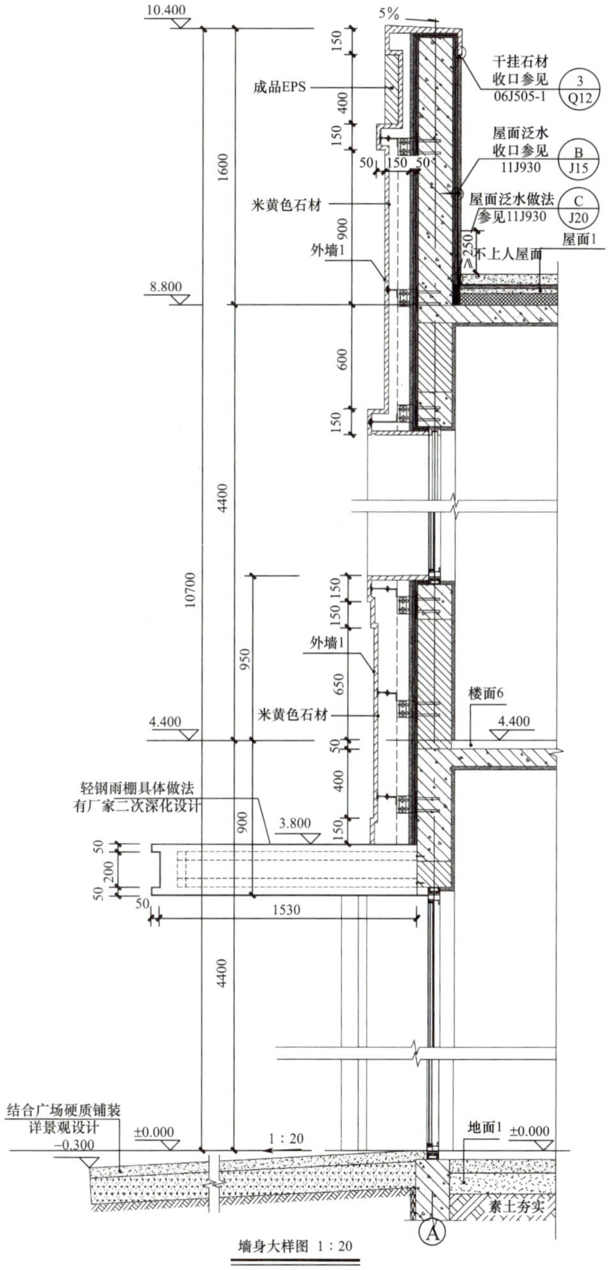

图 8-8-15　外墙详图应结合其他图样

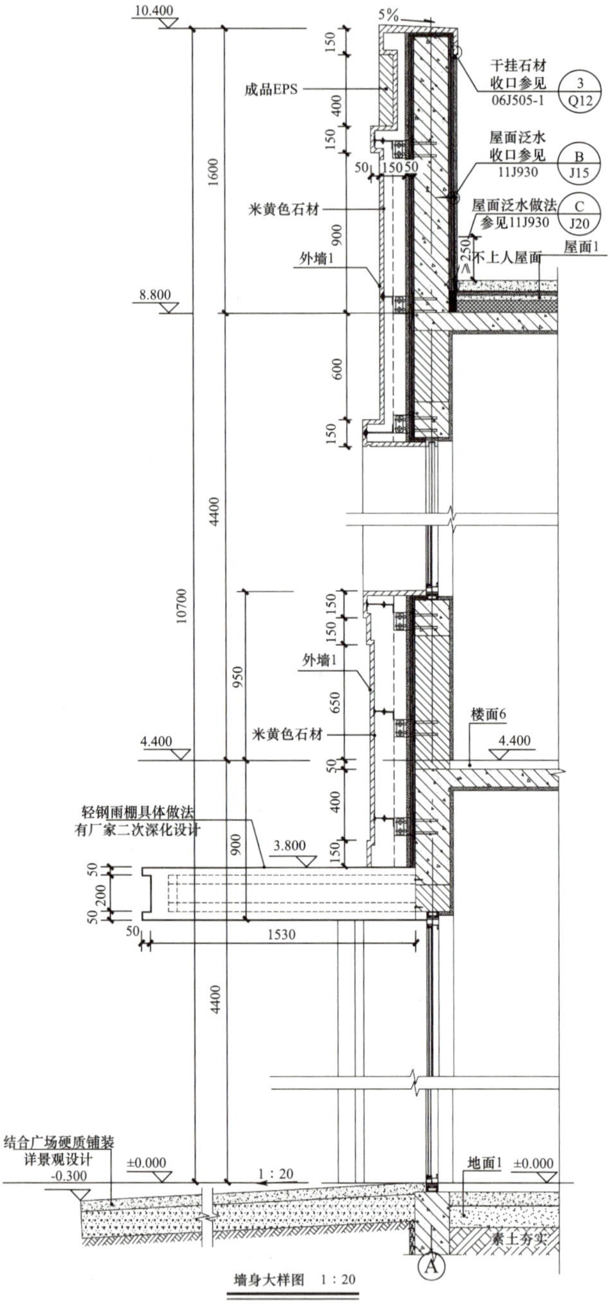

图 8-8-16 核对尺寸标注与标高的一致性

知识测评

填空题

认真阅读图 8-8-16 外墙身详图，回答以下问题：

1. 屋顶泛水采用________图集________做法。

2. 内窗台高度________mm，雨篷外挑宽度________mm。

3. 外墙装饰采用________。

子任务 3　建筑楼梯详图

思政导入

司马台长城全长 5.4 千米，有古楼 35 座。整段长城的构思精巧、设计奇特、构思新颖、形态各异，它集万里长城众多特色于一地，形成了一段“奇妙的长城”。过了“仙女楼”，陡立的山峰一侧就是“天梯”，倾斜 85°，几乎垂直，两侧都是深渊。梯子的宽度也只能容纳一只脚，天梯的惊险正是体现出了我国古代匠人们的智慧与勇气。司马台长城历经战火硝烟，在它身上记录着中华民族可歌可泣、不畏强敌的御敌精神。从天梯出发，本节课我们就一起学习现代楼梯的构造。

内容引导

扫描下方二维码，观看子任务配套微课和教学动画。回答问题：

微课 8.8.3　建筑楼梯详图　　　　动画 29　建筑楼梯详图

1. 楼梯详图的作用是什么？
2. 楼梯详图的内容包括什么？

知识精讲

楼梯是房屋建筑垂直交通的必要设施，由楼梯段（简称梯段）、休息平台、栏杆（或栏板）与扶手等组成。梯段有联系两个不同标高平台的倾斜构件，上面设有踏步。休息平台有休息、缓冲和转换梯段的作用，栏杆（或栏板）与扶手则能保证楼梯交通的安全。

现代建筑中多采用现浇或预制的钢筋混凝土楼梯，由于楼梯的构造比较复杂，因此需要单独画出楼梯详图来反映楼梯的布置类型、结构形式以及踏步、栏杆（或栏板）、扶手、防滑条等细部构造、尺寸和装修做法。楼梯详图是楼梯放样、施工的依据。

比较复杂的楼梯要分别绘制建筑、结构两种专业图样，装修比较简单的楼梯，合并画一种楼梯详图。

1. 楼梯详图的绘制内容

楼梯建筑详图一般由楼梯平面图、楼梯剖面图和楼梯踏步、栏杆（或栏板）、扶手接点等详图组成。如有楼梯剖面详图，在楼梯首层平面图上要有相应的剖切符号，表示剖面的剖切位置和剖视方向。

2. 楼梯平面图

楼梯平面图是用一个假想的水平剖切面在距离地面 1m 以上的位置做剖切，向下所做的正投影图，为了把楼梯的构配件和尺寸详细表达清楚，一般用较大的比例绘制，通常用 1∶50 比例绘制（图 8–8–17）。

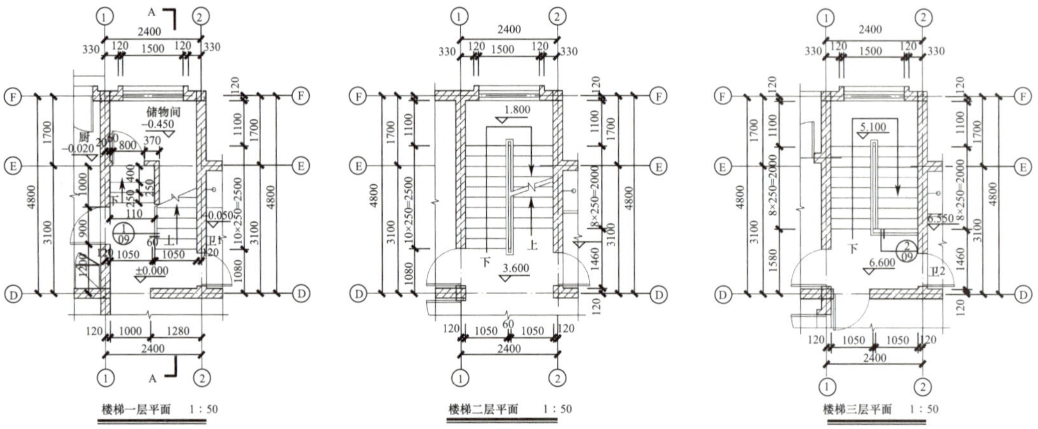

图 8–8–17　楼梯平面图

3. 楼梯剖面图

楼梯剖面图是用一个假想的铅垂剖切面通过各层同一位置梯段和门窗洞口，保留带有未剖切梯段的部分，向未剖切到的梯段方向作正投影所得到的投影图，通常用 1∶50 比例绘制（图 8–8–18）。

4. 楼梯节点详图

楼梯节点详图主要包括楼梯踏步、扶手、栏杆（或栏板）等楼梯节点部位的详图，通常用 1∶20、1∶10 等大比例绘制。如果采用标准图集，只需直接引用标准图集编号（图 8–8–19）。

5. 绘制楼梯平面（详）图

如同建筑平面图一样，楼梯平面图需要对底层楼梯、中间层楼梯、顶层楼梯等各层楼梯平面进行绘制。由于图示中各层楼梯平面是用假想的水平剖切平面沿该层距地面 1.2m 位置剖切，因此，此处梯段用 45° 斜向折断线表示，并在每段楼梯标识箭头指向和注写“上”或“下”文字。

在底层楼梯平面图中，反映向上梯段的一部分和底层零标高地面与门厅地面（▽ –0.750）连接的梯段，并标注剖切符号（图 8–8–20）。

当中间各层楼梯的形式、位置、尺寸和构造完全相同时，通常只画一个平面，即标准层楼梯平面图。向上和向下的梯段投影在剖切位置重合，以 45° 折断线分界（图 8–8–21）。

在顶层楼梯平面图中，由于没有剖切的梯段，完全显示从顶层向下的梯段和中间平台。指向箭头仅标识向下，并注意在悬挑平台边沿画上楼梯扶手的转折延伸部分（图 8–8–22）。

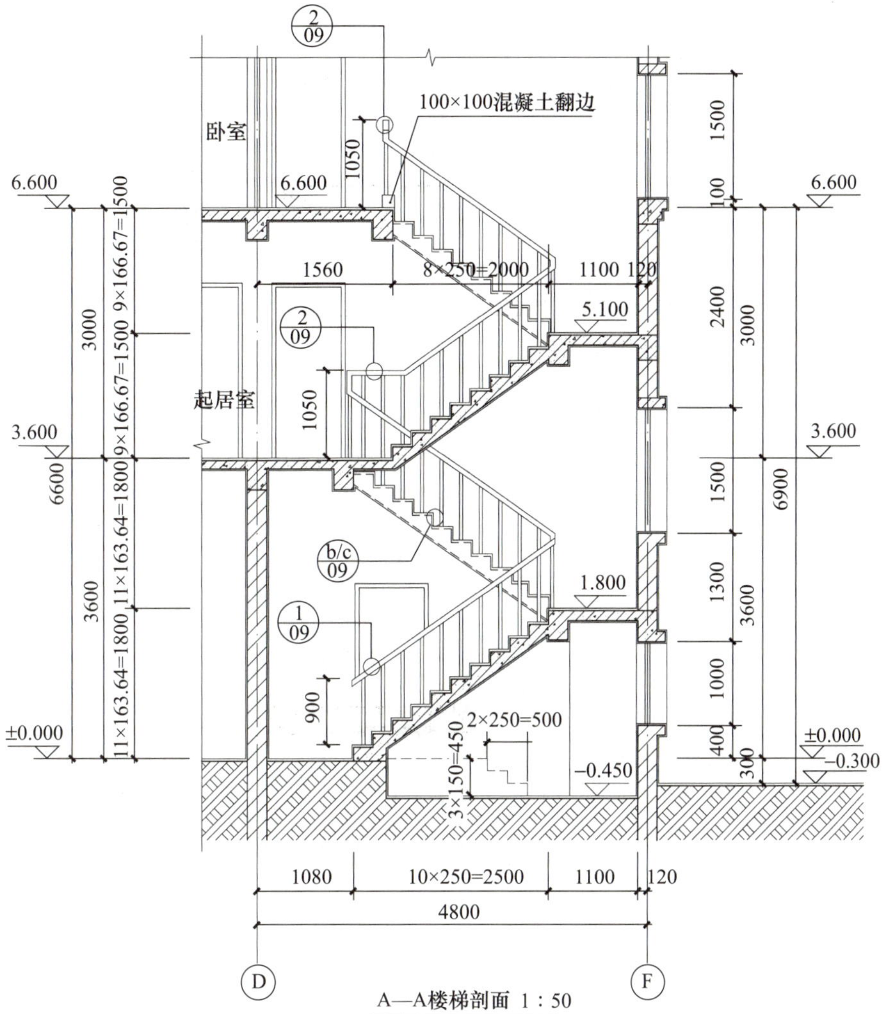

A—A楼梯剖面 1∶50

图 8-8-18　楼梯剖面图

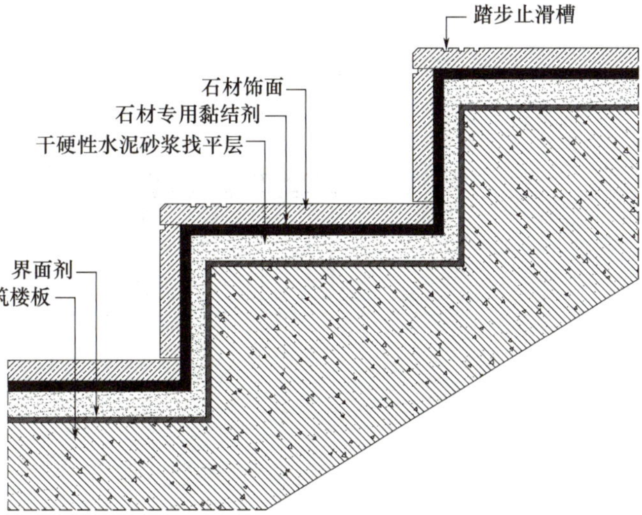

图 8-8-19　踏步节点图

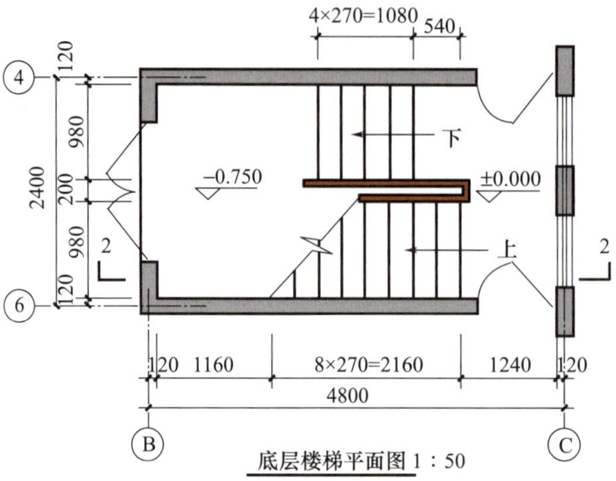

图 8-8-20　底层楼梯平面图

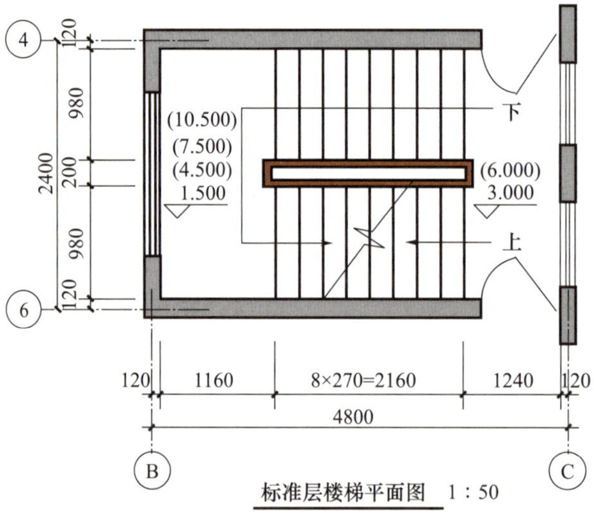

图 8-8-21　标准层楼梯平面图

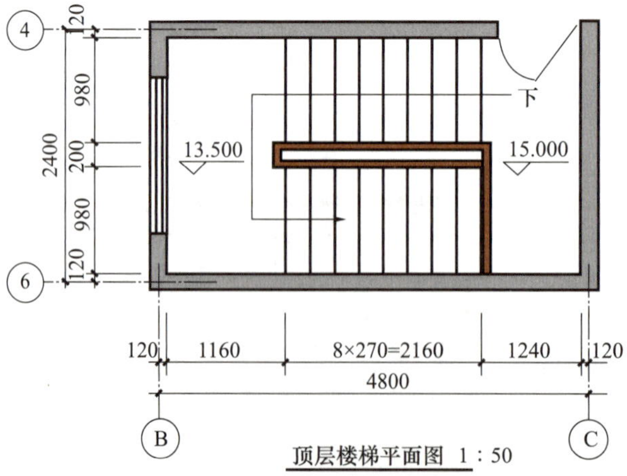

图 8-8-22　顶层楼梯平面图

6. 楼梯平面图的绘制方法及步骤

第一，根据开间尺寸和进深尺寸，画出横向轴线和纵向轴线，并画出墙体、门窗洞口位置。

第二，根据定位尺寸，确定梯段位置及梯长，并确定梯段宽度和梯井宽。将梯段长度等分为 n–1，画出梯段踏步的水平投影。

第三，绕楼梯井画出楼梯扶手顶面宽度，并在上行梯段画出 45° 折断线。画出门窗线。

第四，修整、加深图线，擦除多余图线，标注尺寸、标高及轴线符号等，注写图名及比例。

见图 8–8–23。

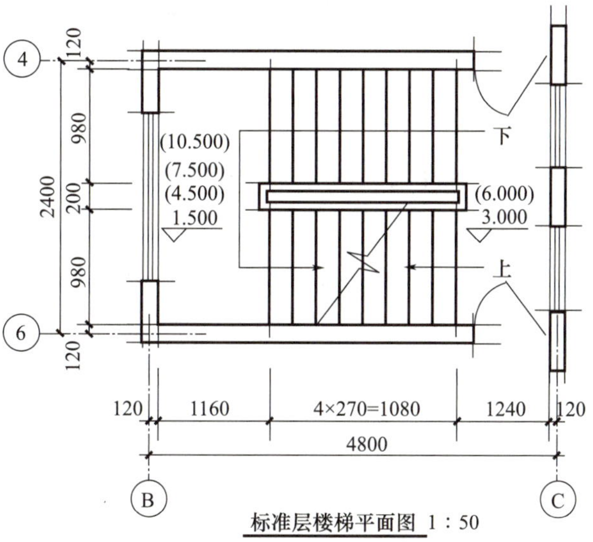

图 8–8–23　楼梯平面图绘制

7. 绘制楼梯剖面详图

楼梯剖面图应能完整、清晰地表达出各梯段、平台、栏杆等构造及相互关系。多层建筑，如中间各层的楼梯构造相同，楼梯剖面图可只画出底层、一个标准层和顶层，中间用折断线分开，并将各层的标高注写在楼面相应的位置。被剖切的楼板、梁及墙体应根据相应的材料按图例画出。

楼梯扶手和栏杆按 900mm 高度绘出，注意前后关系。详图符号按制图标准规定，根据需要反映部位和表达方式进行标示。各梯段的尺寸标注应标出每级踏步高度和步数以及梯段的总高度。

见图 8–8–24。

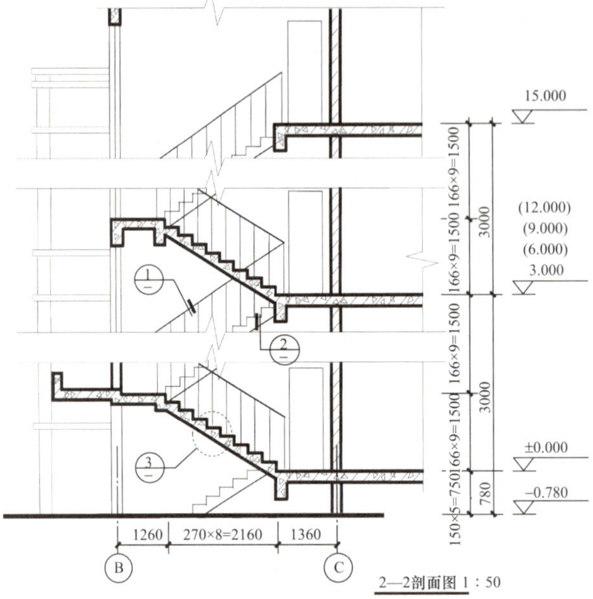

图 8-8-24　楼梯剖面图绘制

8. 绘制楼梯节点详图

节点图是详图中用更大比例绘制的图样，对某局部节点放大或剖切放大，反映建筑及建筑装饰构造细部的详图。楼梯节点详图是反映楼梯构造细部（包括楼梯踏步、栏杆、扶手等部位）的详细图样（图 8-8-25）。

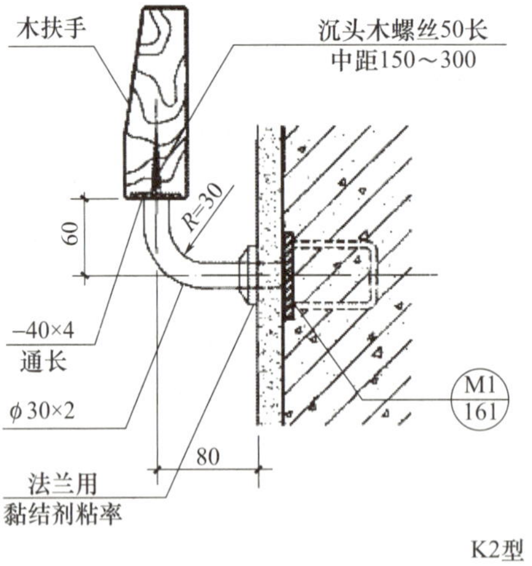

图 8-8-25　扶手节点详图

楼梯节点详图的图示方法有两种：

见图 8-8-26。

（1）局部原形放大

将被索引图形的关键部位进行放大比例绘制，使图形各装饰层面交接的关系更明确，细部尺寸更明确，工艺做法更清楚。

（2）局部剖切放大

反映内部构造，对关键部位进行剖切放大比例绘制。

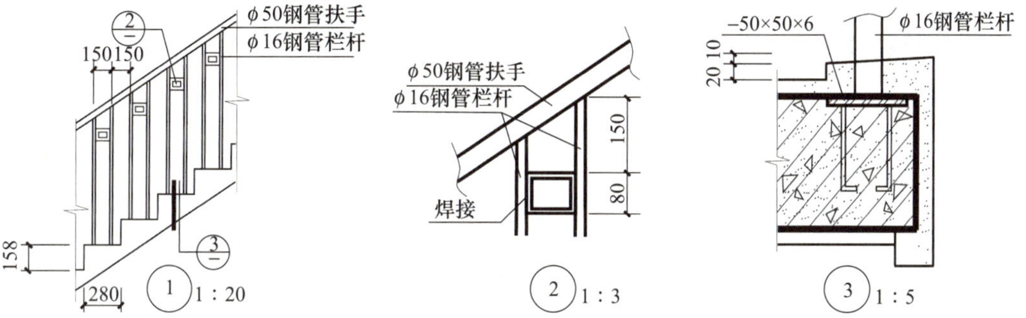

图 8-8-26　节点详图图示方法

如图 8-8-27 所示，用详图索引标志从楼梯剖面详图中画出楼梯踏步、栏杆节点详图。

栏杆与扶手是为上下行人安全而设，靠梯段和平台悬空一侧设置栏杆或栏板，上面做扶手，扶手形式与大小及所用材料要满足一般手握适度弯曲情况。从①、②号详图可以看到楼梯扶手顶部为实木扶手，栏杆底部与楼梯踏步焊接连接。

楼梯踏步由水平踏面和垂直踢面组成，踏步详图表明踏步截面形状及大小、材料与面层做法。踏面边沿磨损较大，易滑跌，踏步平面靠沿部位设置一条或两条防滑条。

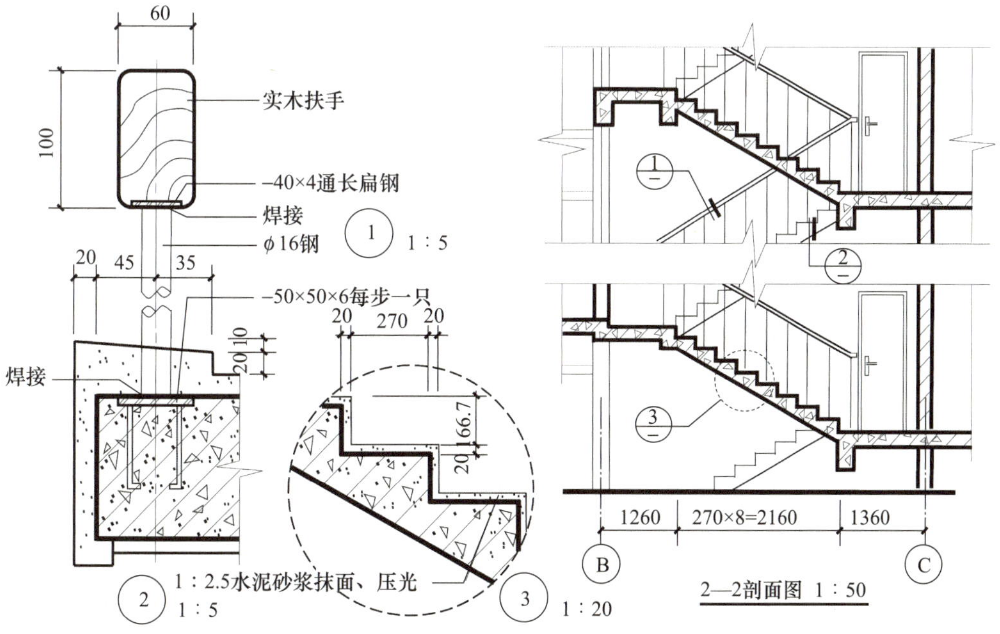

图 8-8-27　绘制楼梯踏步、栏杆节点详图

楼梯详图若分别画有建筑、结构专业图纸时，注意核对好楼梯梁、板交接处的尺寸与标高，结构与建筑装修关系是否互相吻合。若有矛盾，要以结构尺寸为主，再定装修建筑尺寸。

知识测评

简答题

如何绘制楼梯节点详图?

参考文献

1. 中华人民共和国住房和城乡建设部 . 房建筑制图统一标准：GB 50001—2017［S］. 北京：中国建筑工业出版社，2018.
2. 中华人民共和国住房和城乡建设部 . 建筑制图标准：GB 50104—2010［S］. 北京：中国计划出版社，2011.
3. 中华人民共和国住房和城乡建设部 . 总图制图标准：GB 50104—2010［S］. 北京：中国计划出版社，2011.
4. 中华人民共和国住房和城乡建设部 . 建筑模数协调标准：GB/T50002—2013［S］. 北京：中国建筑工业出版社，2013.
5. 中华人民共和国住房和城乡建设部 . 民用建筑设计统一标准：GB 50352—2019［S］. 北京：中国建筑工业出版社，2019.
6. 中华人民共和国住房和城乡建设部 . 建筑设计防火规范：GB 50016—2014［S］. 北京中国计划出版社，2018.
7. 李瑞，李小霞 . 建筑识图与构造［M］. 北京：中国建筑工业出版社，2018.
8. 印宝权，郑秋凤 . 建筑构造与识图实训［M］. 武汉：华中科技大学出版社，2018.
9. 李颖，林巧琴，建筑识图与构造［M］. 北京：清华大学出版社，2019.